Photoshop CC

【中文版】基础教程

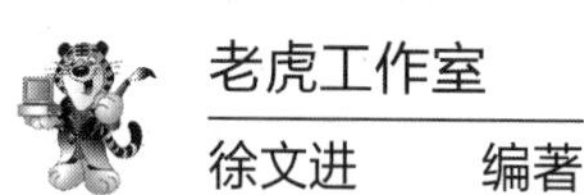

老虎工作室
徐文进　　编著

人民邮电出版社
北京

图书在版编目（CIP）数据

Photoshop CC中文版基础教程 / 老虎工作室，徐文进编著. -- 北京 : 人民邮电出版社，2015.10（2016.12重印）
ISBN 978-7-115-40182-3

Ⅰ. ①P… Ⅱ. ①老… ②徐… Ⅲ. ①图象处理软件—教材 Ⅳ. ①TP391.41

中国版本图书馆CIP数据核字(2015)第213101号

内容提要

本书以平面设计为主线，系统地介绍了 Photoshop CC 软件的基本使用方法和操作技巧。

全书共分为 12 章，内容包括初识 Photoshop CC，图层的基本概念与应用，图像的各种选取技巧与移动工具的应用，图像的优化与输出，绘画工具及各种图像修改工具的应用，渐变颜色的设置与颜色填充，绘制和调整路径，文字的输入与编辑，通道和蒙版的应用技巧，色彩校正方法和各滤镜命令的功能及特效制作方法等。

每章在讲解工具和命令的同时，都穿插了大量功能性的小案例以及综合性的案例，以使读者能够对工具命令有更深刻的理解。在每章最后还精心安排了习题，以便巩固本章所学知识。

本书内容详实、图文并茂、操作性强，可作为高等院校相关专业的培训教材，也可作为 Photoshop 初学者的自学参考用书。

◆ 编　　著　老虎工作室　徐文进
　责任编辑　李永涛
　责任印制　杨林杰
◆ 人民邮电出版社出版发行　　北京市丰台区成寿寺路 11 号
　邮编　100164　　电子邮件　315@ptpress.com.cn
　网址　http://www.ptpress.com.cn
　北京昌平百善印刷厂印刷
◆ 开本：787×1092　1/16
　印张：20.25
　字数：497 千字　　　　　2015 年 10 月第 1 版
　印数：3 001 – 4 000册　　　2016 年 12 月北京第 2 次印刷

定价：45.00 元（附光盘）

读者服务热线：(010)81055410　印装质量热线：(010)81055316
反盗版热线：(010)81055315
广告经营许可证：京东工商广字第8052号

关于本书

Photoshop 自推出之日起就一直深受广大平面设计人员以及计算机图像设计爱好者的喜爱，本书以基本功能讲解与典型实例制作相结合的形式介绍 Photoshop CC 中文版的使用方法和技巧。

内容和特点

本书针对初学者的实际情况，以介绍实际工作中常见的平面设计作品为主线，深入浅出地讲述了 Photoshop CC 软件的基本功能和使用方法。在讲解基本功能时，对常用的功能选项和参数设置进行了详细介绍，并在介绍常用工具和菜单命令后，安排了一些较典型的实例制作，使读者达到融会贯通、学以致用的目的。在范例制作过程中给出了详细的操作步骤，读者只要根据提示一步步操作，就可以完成每个实例的制作，同时轻松地掌握 Photoshop CC 软件的使用方法。另外，在每章的最后都给出了习题，通过练习可以使读者加深对所学内容的理解和记忆，以便提高动手操作能力。

全书分为 12 章，各章的主要内容如下。

- 第 1 章：初识 Photoshop CC，介绍软件的界面及基本操作。
- 第 2 章：介绍图层的基本概念及操作应用。
- 第 3 章：介绍图像的各种选取技巧及移动工具。
- 第 4 章：介绍裁剪、切片、3D 等辅助工具的应用以及图像的优化与输出。
- 第 5 章：介绍绘画工具及各种修复图像的使用方法和应用技巧。
- 第 6 章：介绍渐变工具及其他的图像编辑工具应用。
- 第 7 章：介绍路径的功能及使用方法。
- 第 8 章：介绍文字的输入与编辑方法，以及文字的转换和沿路径排列操作。
- 第 9 章：介绍通道和蒙版的概念及使用方法。
- 第 10 章：介绍图像颜色校正命令的功能及使用技巧。
- 第 11～12 章：介绍滤镜的效果及其应用。

读者对象

本书适合初学者以及在软件应用方面有一定基础并渴望提高的人士，想从事平面广告设计、图案设计、产品包装设计、网页制作、印刷制版等工作人员以及计算机美术爱好者，本书也可以作为 Photoshop 培训教材或高等院校学生的自学教材和参考资料。

附盘内容及用法

为了方便读者的学习，本书配有一张光盘，主要内容如下。

1. “图库”目录

该目录下包含“第 01～第 12 章”共 12 个子目录，分别存放实例制作过程中用到的原始素材。

2. “作品”目录

该目录下包含“第 01～第 12 章”共 12 个子目录，分别存放各章实例制作的最终效果。读者在制作完范例后，可以与这些效果进行对照，查看自己所做的是否正确。

3. “.avi”动画文件

本书典型案例的绘制过程都录制成了“.avi”动画文件，并收录在附盘的“avi\第×章”文件夹下。

注意：播放文件前要安装光盘根目录下的“tscc.exe”插件。

感谢您选择了本书，也欢迎您把对本书的意见和建议告诉我们。

天天课堂网站：www.ttketang.com，电子函件：ttketang@163.com。

老虎工作室

2015 年 7 月

目　录

第1章　初识 Photoshop CC

Photoshop CC 作为专业的图形图像处理软件，可以使用户尝试新的创作方式以及制作适用于打印、Web 图形和其他用途的最佳品质图像，并提高工作效率。通过 Photoshop CC 便捷的文件数据访问、流线型的 Web 设计、更快的专业品质照片润饰功能及其他功能，使用者可创造出无与伦比的图像世界。本章主要介绍平面设计的基本概念、Photoshop CC 软件的界面窗口及简单的文件操作等。

1.1　平面设计的基本概念

学习并掌握平面设计的基本概念是应用好 Photoshop CC 软件的关键，也是深刻理解该软件性质和功能的重要前提。本节讲解的基本概念主要包括位图、矢量图、像素和分辨率。

1.1.1　位图和矢量图

位图和矢量图是根据软件运用以及最终存储方式的不同而生成的两种不同的文件类型。在图像处理过程中，分清位图和矢量图的不同性质是非常有必要的。

一、 位图

位图也叫光栅图，是由很多个像小方块一样的颜色网格（即像素）组成的图像。位图中的像素由其位置值与颜色值表示，也就是将不同位置上的像素设置成不同的颜色，即组成了一幅图像。位图图像放大到一定的倍数后，看到的便是很多个方形的色块，整体图像也会变得模糊、粗糙，如图 1-1 所示。

图1-1　位图图像原图与将其放大后的显示效果对比

位图具有以下特点。

- 文件所占的空间大。用位图存储高分辨率的彩色图像需要较大的储存空间，因为像素之间相互独立，所以占的硬盘空间、内存和显存比矢量图大。
- 会产生锯齿。位图是由最小的色彩单位“像素”组成的，所以位图的清晰度与像素的多少有关。位图放大到一定的倍数后，看到的便是一个一个的像素，

即一个一个方形的色块，整体图像便会变得模糊且会产生锯齿。

- 位图图像在表现色彩、色调方面的效果比矢量图更加优越，尤其是在表现图像的阴影和色彩的细微变化方面效果更佳。

在平面设计方面，制作位图的软件主要是 Adobe 公司推出的 Photoshop，该软件可以说是目前平面设计中图形图像处理的首选软件。

二、 矢量图

矢量图又称向量图，是由线条和图块组成的图像。将矢量图放大后，图形仍能保持原来的清晰度，且色彩不失真，如图 1-2 所示。

图1-2　矢量图原图和将其放大后的显示效果对比

矢量图的特点如下。

- 文件小。由于图像中保存的是线条和图块的信息，所以矢量图形与分辨率和图像大小无关，只与图像的复杂程度有关，简单图像所占的存储空间小。
- 图像大小可以无级缩放。在对图形进行缩放、旋转或变形操作时，图形仍具有很高的显示和印刷质量，且不会产生锯齿模糊效果。
- 可采取高分辨率印刷。矢量图形文件可以在任何输出设备及打印机上以打印机或印刷机的最高分辨率打印输出。

在平面设计方面，制作矢量图的软件主要有 CorelDRAW、Illustrator、InDesign、Freehand、PageMaker 等，用户可以用它们对图形或文字等进行处理。

1.1.2　像素和分辨率

像素与分辨率是 Photoshop 中最常用的两个概念，对它们的设置决定了文件的大小及图像的质量。

一、 像素

像素（Pixel）是 Picture 和 Element 两个词的缩写，是用来计算数字影像的一种单位。一个像素的大小尺寸不好衡量，它实际上只是屏幕上的一个光点。在计算机显示器、电视机、数码相机等的屏幕上都使用像素作为基本度量单位，屏幕的分辨率越高，像素的光点就越小。像素也是组成数码图像的最小单位，例如一幅标有 1 024 像素×768 像素的图像的光点，表明这幅图像的长边有 1 024 个像素，宽边有 768 个像素，1 024×768=786 432，即这是一幅具有近 80 万像素的图像。

二、 分辨率

分辨率（Resolution）是数码影像中的一个重要概念，它是指在单位长度中所表达或获取像素数量的多少。图像分辨率使用的单位是 PPI(Pixel Per Inch)，意思是“每英寸所表达的像素数目”。另外还有一个概念是打印分辨率，它使用的单位是DPI（Dot Per Inch），意思是“每英寸所表达的打印点数”。

PPI和DPI两个概念经常会出现混用的现象。从技术角度说，PPI只存在于屏幕的显示领域，而DPI只出现于打印或印刷领域。对于初学图像处理的用户来说很难分辨清楚，这需要一个逐步理解的过程。

分辨率越高的图像，其包含的像素也就越多，图像文件也就越大，能非常好地表现出图像丰富的细节，但会面临文件的大小增加，同时需要耗用更多的计算机内存（RAM）资源，存储时会占用更大的硬盘空间等问题。而对于低分辨率的图像，其包含的像素也就越少，图像会显得非常粗糙，在排版打印后，打印出的效果也会非常模糊。所以，在图像处理过程中，必须根据图像最终的用途选用合适的分辨率，在能够保证输出质量的情况下，尽量不要因为分辨率过高而占用一些计算机资源。

要点提示 在Photoshop CC中新建文件时，默认的分辨率是“72像素/英寸”。如要印刷彩色图像，分辨率一般设置为“300像素/英寸”；设计报纸广告，分辨率一般设置为“120像素/英寸”；发布于网络上的图像，分辨率一般设置为“72像素/英寸”或“96像素/英寸”；大型广告喷绘图像，分辨率一般不低于“30像素/英寸”。

1.1.3 常用文件格式

Photoshop可以支持很多种图像文件格式，下面介绍几种常用的文件格式，有助于满足以后读者对图像进行编辑、保存和转换的需要。

- PSD格式。PSD格式是Photoshop的专用格式，它能保存图像数据的每一个细节，可以存储为RGB或CMYK颜色模式，也能对自定义颜色数据进行存储。它还可以保存图像中各图层的效果和相互关系，各图层之间相互独立，便于对单独的图层进行修改和制作各种特效。其缺点是存储的图像文件特别大。
- BMP格式。BMP格式也是Photoshop最常用的点阵图格式之一，支持多种Windows和OS/2应用程序软件，支持RGB、索引颜色、灰度和位图颜色模式的图像，但不支持Alpha通道。
- TIFF格式。TIFF格式是最常用的图像文件格式，它既应用于Mac（苹果机），也应用于PC。该格式文件以RGB全彩色模式存储，在Photoshop中可支持24个通道的存储，TIFF格式是除了Photoshop自身格式外，唯一能存储多个通道的文件格式。
- EPS格式。EPS格式是Adobe公司专门为存储矢量图形而设计的，用于在PostScript输出设备上打印，它可以使文件在各软件之间进行转换。
- JPEG格式。JPEG格式是最卓越的压缩格式。虽然它是一种有损失的压缩格式，但是在图像文件压缩前，可以在文件压缩对话框中选择所需图像的最终质量，这样就有效地控制了JPEG在压缩时的数据损失量。JPEG格式支持CMYK、RGB和灰度颜色模式的图像，不支持Alpha通道。
- GIF格式。GIF格式的文件是8位图像文件，几乎所有的软件都支持该格式。它能存储成背景透明化的图像形式，所以大多用于网络传输，并可以将多张图像存储成一个档案，形成动画效果；其最大的缺点是只能处理256种色彩。

- AI 格式。AI 格式是一种矢量图形格式，在 Illustrator 中经常用到，它可以把 Photoshop 中的路径转化为"*.AI"格式，然后在 Illustrator 或 CorelDRAW 中将文件打开，并对其进行颜色和形状的调整。
- PNG 格式。PNG 格式可以使用无损压缩方式压缩文件，支持带一个 Alpha 通道的 RGB 颜色模式、灰度模式及不带 Alpha 通道的位图模式、索引颜色模式。它产生的透明背景没有锯齿边缘，但较早版本的 Web 浏览器不支持 PNG 格式。

1.2 Photoshop CC 的界面

Photoshop CC 作为专业的图像处理软件，应用的领域非常广泛，从修复照片到制作精美的图片，从工作中的简单图案设计到专业的平面设计或网页设计，该软件几乎是无所不能。本节就来认识一下这个功能强大的软件。

1.2.1 Photoshop CC 的启动与退出

下面讲解 Photoshop CC 软件的启动与退出操作。

一、 启动 Photoshop CC

在计算机中安装了 Photoshop CC 后，在 Windows 界面左下角的按钮上单击，在弹出的【开始】菜单中，依次选择【所有程序】/【Adobe Photoshop CC（64 Bit）】命令。稍等片刻，即可启动 Photoshop CC，进入工作界面。

二、 退出 Photoshop CC

退出 Photoshop CC 主要有以下几种方法。

(1) 在 Photoshop CC 工作界面窗口标题栏的右上角有一组控制按钮，单击 × 按钮，即可退出 Photoshop CC。

(2) 执行【文件】/【退出】命令。

(3) 利用快捷键，即按 Ctrl+Q 组合键或 Alt+F4 组合键退出。

要点提示　退出软件时，系统会关闭所有的文件，如果打开的文件编辑后或新建的文件没有保存，系统会给出提示，让用户决定是否保存。

1.2.2 Photoshop CC 界面布局

启动 Photoshop CC 软件后，默认的界面窗口颜色显示为黑色，这对习惯了以前版本的用户来说，无疑有些不太适应，但 Photoshop CC 软件还是非常人性化的，利用菜单命令，即可对界面的颜色进行修改。下面首先来看一下如何改变工作界面的外观颜色。

一、 改变工作界面外观

改变工作界面外观的具体操作如下。

【步骤解析】

1. 执行【编辑】/【首选项】/【界面】命令，弹出如图 1-3 所示的【首选项】对话框。

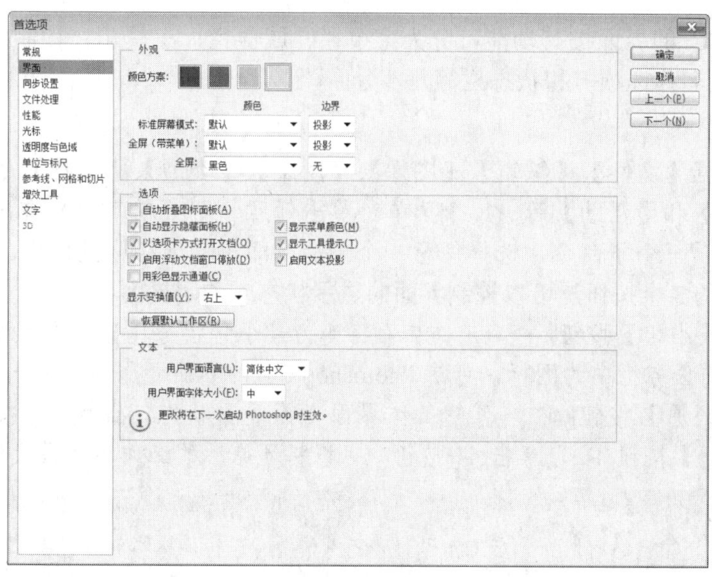

图1-3 【首选项】对话框

2. 单击对话框上方【颜色方案】选项右侧的颜色色块，界面的颜色即可进行改变。
3. 确认后单击 确定 按钮，退出【首选项】对话框。

二、 了解 Photoshop CC 工作界面

在工作区中打开一幅图像，界面窗口布局如图 1-4 所示。打开文件方法参见第 1.3.2 小节的内容。

图1-4 界面布局

Photoshop CC 的界面按其功能可分为菜单栏、属性栏、工具箱、控制面板、文档窗口（工作区）、文档名称选项卡和状态栏等几部分。

一、菜单栏

菜单栏中包括【文件】、【编辑】、【图像】、【图层】、【类型】、【选择】、【滤镜】、【3D】、【视图】、【窗口】和【帮助】等 11 个菜单。单击任意一个菜单，将会弹出相应的下拉菜单，其中又包含若干个子命令，选择任意一个子命令即可实现相应的操作。

菜单栏右侧的 3 个按钮，可以控制界面的显示状态或关闭界面。

- 单击【最小化】按钮，工作界面将变为最小化状态，显示在桌面的任务栏中。单击任务栏中的图标，可使 Photoshop CC 的界面还原为最大化状态。
- 单击【还原】按钮，可使工作界面变为还原状态，此时按钮将变为【最大化】按钮，单击按钮，可以将还原后的工作界面最大化显示。

无论工作界面以最大化还是还原显示，只要将鼠标指针放置在标题栏上双击鼠标，同样可以完成最大化和还原状态的切换。当工作界面为还原状态时，将鼠标指针放置在工作界面的任一边缘处，鼠标指针将变为双向箭头形状，此时拖曳鼠标，可调整窗口的大小；将鼠标指针放置在标题栏内拖曳鼠标，可以移动工作界面在 Windows 窗口中的位置。

- 单击【关闭】按钮，可以将当前工作界面关闭，退出 Photoshop CC。

在菜单栏中单击最左侧的 Photoshop CC 图标 Ps，可以在弹出的下拉菜单中执行移动、最大化、最小化及关闭该软件等操作。

二、属性栏

属性栏显示工具箱中当前选择工具按钮的参数和选项设置。在工具箱中选择不同的工具按钮，属性栏中显示的选项和参数也各不相同。在以后各章节的讲解过程中，会随讲解不同的按钮而进行详细地介绍。

三、工具箱

工具箱的默认位置为界面窗口的左侧，包含 Photoshop CC 的各种图形绘制和图像处理工具。注意，将鼠标指针放置在工具箱上方的灰色区域内，按下鼠标左键并拖曳即可移动工具箱的位置。单击按钮，可以将工具箱转换为双列显示。

将鼠标指针移动到工具箱中的任一按钮上时，该按钮将突起显示，如果鼠标指针在工具按钮上停留一段时间，鼠标指针的右下角会显示该工具的名称，如图 1-5 所示。

单击工具箱中的任一工具按钮可将其选择。另外，绝大多数工具按钮的右下角带有黑色的小三角形，表示该工具是个工具组，还有其他同类隐藏的工具，将鼠标指针放置在这样的按钮上按下鼠标左键不放或单击鼠标右键，即可将隐藏的工具显示出来，如图 1-6 所示。移动鼠标指针至展开工具组中的任意一个工具上单击，即可将其选择，如图 1-7 所示。

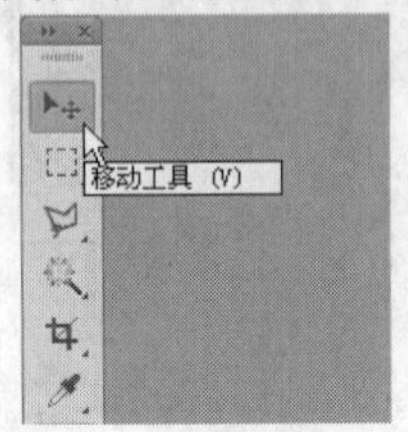

图1-5　显示的按钮名称

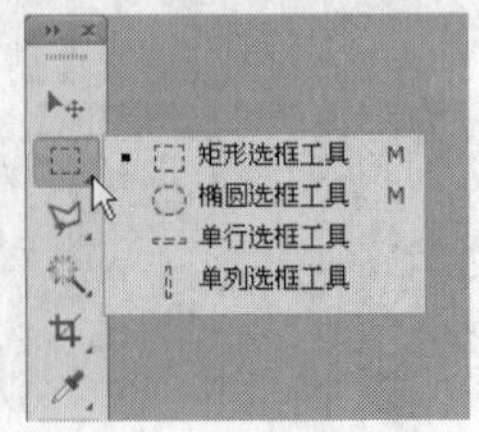

图1-6　显示出的隐藏工具

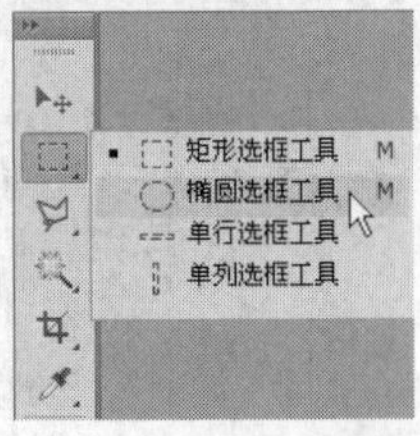

图1-7　选择工具

工具箱及其所有展开的工具按钮如图 1-8 所示。

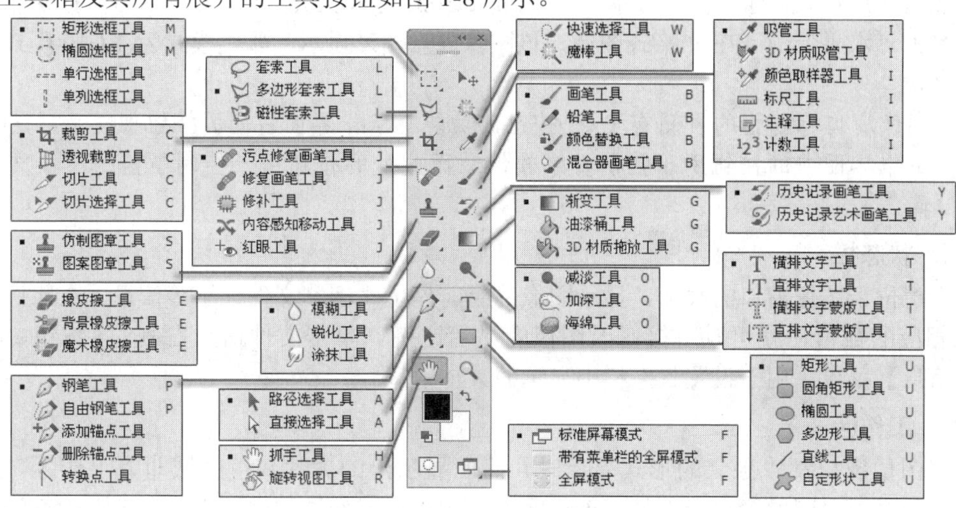

图1-8　工具箱及所有隐藏的工具按钮

四、 控制面板

在 Photoshop CC 中共提供了 26 种控制面板，利用这些控制面板可以对当前图像的色彩、大小显示、样式以及相关的操作等进行设置和控制。

五、 图像窗口

Photoshop CC 允许同时打开多个图像窗口，每创建或打开一个图像文件，工作区中就会增加一个图像窗口，如图 1-9 所示。

图1-9　打开的图像文件

单击其中一个文档的名称，即可将此文件设置为当前操作文件，另外，按 Ctrl+Tab 组合键，可按顺序切换文档窗口；按 Shift+Ctrl+Tab 组合键，可按相反的顺序切换文档窗口。

将鼠标指针放置到图像窗口的名称处按下并拖曳，可将图像窗口从选项卡中拖出，使其以独立的形式显示，如图 1-10 所示。此时，拖动窗口的边线可调整图像窗口的大小；在标题栏中按下鼠标并拖动，可调整图像窗口在工作界面中的位置。

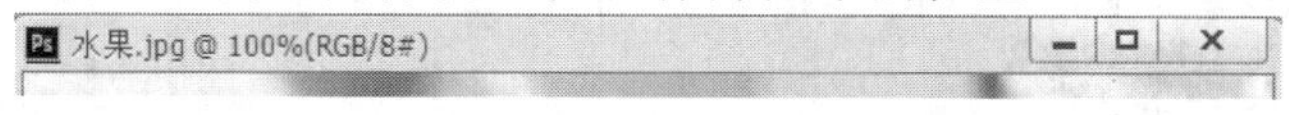

图1-10　以独立形式显示的图像窗口

要点提示 将鼠标指针放置到浮动窗口的标题栏中按下并向选项卡位置拖动，当出现蓝色的边框时释放鼠标，即可将浮动窗口停放到选项卡中。

图像窗口最上方的标题栏中，用于显示当前文件的名称和文件类型。

- 在@符号左侧显示的是文件名称。其中“.”左侧是当前图像的文件名称，“.”右侧是当前图像文件的扩展名。
- 在@符号右侧显示的是当前图像的显示百分比。
- 对于只有背景层的图像，括号内显示当前图像的颜色模式和位深度（8 位或 16 位）。如果当前图像是个多图层文件，在括号内将以“,”分隔。“,”左侧显示当前图层的名称，右侧显示当前图像的颜色模式和位深度。

如图 1-10 所示，标题栏中显示“水果.jpg@100%（RGB/8#）”，就表示当前打开的文件是一个名为“水果”的 JPEG 格式图像，该图像以 100%显示，颜色模式为 RGB 模式，位深度为 8 位。

- 图像窗口标题栏的右侧有 3 个按钮，功能与工作界面右侧的按钮相同，只是工作界面中的按钮用于控制整个软件；而此处的按钮用于控制当前的图像文件。

六、 状态栏

状态栏位于图像窗口的底部，显示图像的当前显示比例和文件大小等信息。在比例窗口中输入相应的数值，就可以直接修改图像的显示比例。单击文件信息右侧的▸按钮，弹出【文件信息】菜单，用于设置状态栏中显示的具体信息。

七、 工作区

当将图像窗口都以独立的形式显示时，后面显示出的大片灰色区域即为工作区。工具箱、各控制面板和图像窗口等都处在工作区内。在实际工作过程中，为了有较大的空间显示图像，经常会将不用的控制面板隐藏，以便将其所占的工作区用于图像窗口的显示。

要点提示　按 Tab 键，即可将属性栏、工具箱和控制面板同时隐藏；再次按 Tab 键，可以使它们重新显示出来。

1.2.3 调整软件窗口的大小

当需要多个软件配合使用时，调整软件窗口的大小可以方便各软件间的操作。

【步骤解析】

1. 在 Photoshop CC 标题栏右上角单击 ▬ 按钮，可以使工作界面窗口变为最小化图标状态，其最小化图标会显示在 Windows 系统的任务栏中，图标形状如图 1-11 所示。
2. 在 Windows 系统的任务栏中单击最小化后的图标，Photoshop CC 工作界面窗口还原为最大化显示。
3. 在 Photoshop CC 标题栏右上角单击 🗗 按钮，可以使窗口变为还原状态。还原后，窗口右上角的 3 个按钮即变为如图 1-12 所示的形状。

图1-11　最小化图标形状

图1-12　还原后的按钮形状

4. 当 Photoshop CC 窗口显示为还原状态时，单击 □ 按钮，可以将还原后的窗口最大化显示。
5. 单击 × 按钮，可以将当前窗口关闭，退出 Photoshop CC。

1.2.4 控制面板的显示与隐藏

在处理图像过程中，为了操作方便，经常需要调出某个控制面板、调整工作区中部分控制面板的位置或将其隐藏等。熟练掌握对控制面板的操作，可以有效地提高工作效率。

【步骤解析】

1. 选择【窗口】菜单，将会弹出下拉菜单，该菜单中包含 Photoshop CC 的所有控制面板。

要点提示 在【窗口】菜单中，左侧带有✔符号的命令表示该控制面板已在工作区中显示，左侧不带✔符号的命令表示该控制面板未在工作区中显示。

2. 选择不带✔符号的命令即可使该面板在工作区中显示，同时该命令左侧将显示✔符号；选择带有✔符号的命令则可以将显示的控制面板隐藏。

要点提示 反复按 Shift+Tab 组合键，可以将工作界面中的所有控制面板在隐藏和显示之间切换。

3. 控制面板显示后，每一组控制面板都有两个以上的选项卡。例如，【颜色】面板上包含【颜色】和【色板】2 个选项卡，单击【色板】选项卡，即可以显示【色板】控制面板，这样可以快速地选择和应用需要的控制面板。

1.2.5 控制面板的拆分与组合

为了使用方便，以组的形式堆叠的控制面板可以重新排列，包括向组中添加面板或从组中移出指定的面板。

【步骤解析】

1. 将鼠标指针移动到需要分离出来的【颜色】面板选项卡上，按下鼠标左键并向工作区中拖曳，状态如图 1-13 所示。
2. 释放鼠标左键，即可将要【颜色】面板从面板组中分离出来，如图 1-14 所示。

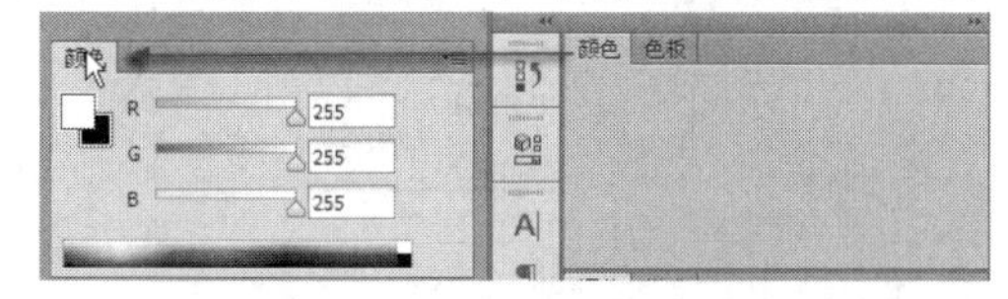

图1-13 拆分控制面板状态

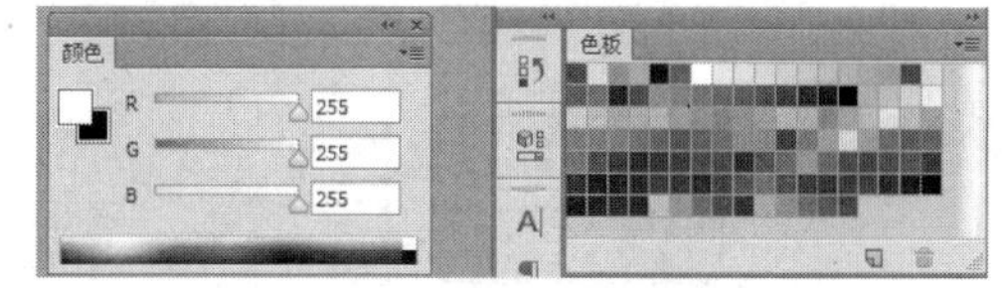

图1-14 拆分控制面板的操作过程示意图

将控制面板分离为单独的控制面板后，控制面板的右上角将显示◂◂和✕按钮。单击◂◂按钮，可以将控制面板折叠，以图标的形式显示；单击✕按钮，可以将控制面板关闭。其他控制面板的操作也都如此。

将控制面板分离出来后，还可以将它们重新组合成组。

3. 将鼠标指针移动到分离出的【颜色】面板选项卡上，按下鼠标左键并向【调整】面板组名称右侧的灰色区域拖曳，如图 1-15 所示。
4. 当出现如图 1-16 所示的蓝色边框时释放鼠标左键，即可将【颜色】面板和【调整】面板组组合，如图 1-17 所示。

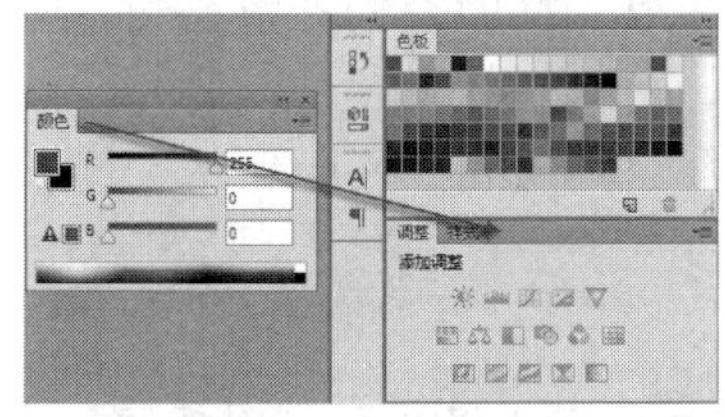

图1-15 拖曳鼠标状态

图1-16 出现的蓝色边框

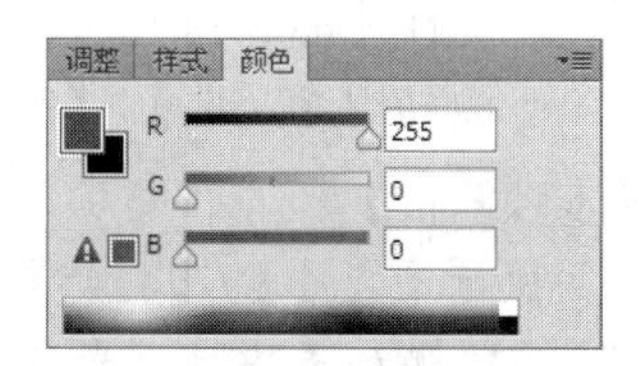

图1-17 合并后的效果

在默认的控制面板左侧有一些按钮，单击相应的按钮可以打开相应的控制面板；单击默认控制面板右上角的双箭头▶▶，可以将控制面板隐藏，只显示按钮图标，这样可以节省绘图区域以显示更大的绘制文件窗口。

1.3　图像文件的基本操作

由于每一个软件的性质不同，其新建、打开及存储文件时的对话框也不相同，下面简要介绍 Photoshop CC 软件的新建、打开及存储对话框。

1.3.1　新建文件

执行【文件】/【新建】命令（快捷键为 Ctrl+N），弹出如图 1-18 所示的【新建】对话框，在此对话框中可以设置新建文件的名称、尺寸、分辨率、颜色模式、背景内容和颜色配置文件等。设置完相关信息，单击 确定 按钮后即可新建一个图像文件。

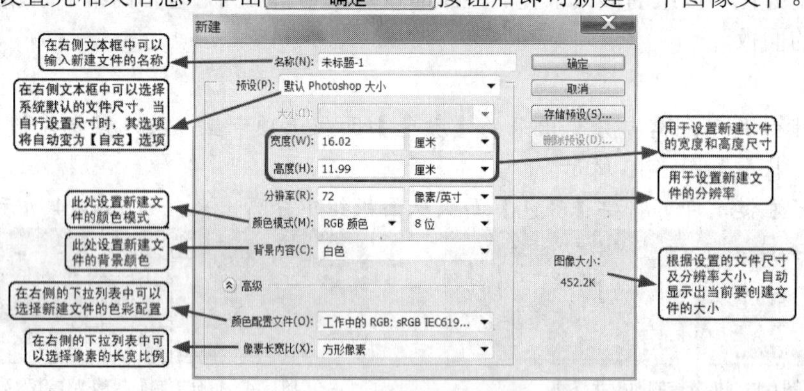

图1-18　【新建】对话框

在工作之前建立一个大小合适的文件至关重要，除尺寸设置要合理外，分辨率的设置也要合理。图像分辨率的正确设置应考虑图像最终发布的媒介，通常对一些有特别用途的图像，分辨率都有一些基本的标准，在作图时要根据实际情况灵活设置。

1.3.2　打开文件

执行【文件】/【打开】命令（快捷键为 Ctrl+O）或直接在工作区中双击，会弹出【打开】对话框，利用此对话框可以打开计算机中存储的 PSD、BMP、TIFF、JPEG、TGA 和 PNG 等多种格式的图像文件。在打开图像文件之前，首先要知道文件的名称、格式和存储路径，这样才能顺利地打开文件。

下面利用【文件】/【打开】命令，打开素材文件中所带的“儿童.jpg”文件。

【步骤解析】

1. 执行【文件】/【打开】命令，弹出【打开】对话框。
2. 在左侧列表中找到光盘所在的盘符并选择，然后在右侧的窗口中依次双击“图库\第 01 章”文件夹。
3. 在弹出的文件窗口中，选择名为“儿童.jpg”图像文件，此时的【打开】对话框如图

1-19 所示。

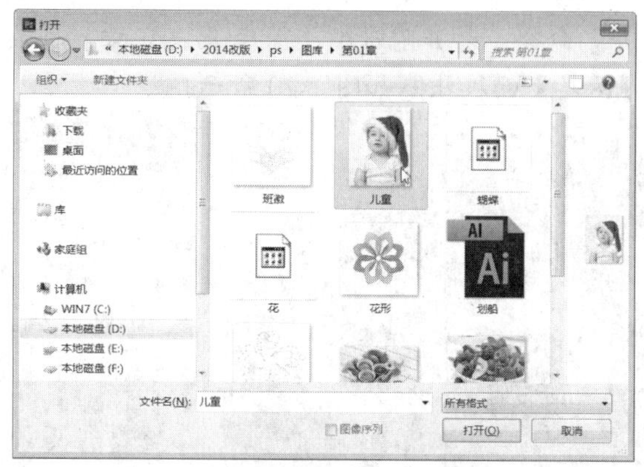

图1-19 【打开】对话框

4. 单击 打开(O) 按钮，即可将选择的图像文件在工作区中打开。

1.3.3 存储文件

在 Photoshop CC 中，文件的存储主要包括【存储】和【存储为】两种方式。当新建的图像文件第一次存储时，【文件】菜单中的【存储】和【存储为】命令功能相同，都是将当前图像文件命名后存储，并且都会弹出【存储为】对话框。

将打开的图像文件编辑后再存储时，就应该正确区分【存储】和【存储为】命令了。【存储】命令是在覆盖原文件的基础上直接进行存储，不弹出【存储为】对话框；而【存储为】命令仍会弹出【存储为】对话框，它是在原文件不变的基础上将编辑后的文件重新命名并另存储。

【存储】命令的快捷键为 Ctrl+S，【存储为】命令的快捷键为 Shift+Ctrl+S。在绘图过程中，一定要养成随时存盘的好习惯，以免因断电、死机等突发情况造成不必要的麻烦，而且保存时一定要分清应该用【存储】命令还是【存储为】命令。

一、 直接保存文件

当绘制完一幅图像后，就可以将绘制的图像直接保存，具体操作步骤如下。

【步骤解析】

1. 执行【文件】/【存储】命令，弹出【存储为】对话框。
2. 在【存储为】对话框的【保存在】下拉列表中选择 本地磁盘 (D:)，在弹出的新【存储为】对话框中单击【新建文件夹】按钮，创建一个新文件夹。
3. 根据绘制的图形设置文件夹的名称，然后双击刚创建的文件夹将其打开，并在【格式】下拉列表中选择【Photoshop (*.PSD;*.PDD)】，再在【文件名】文本框中根据绘制的图形输入文件的名称。
4. 单击 保存(S) 按钮，就可以保存绘制的图像了。以后按照保存的文件名称及路径就可以打开此文件。

二、另一种存储文件的方法

读者对打开的图像进行编辑处理后，再次保存，可将其重命名后另存。

【步骤解析】

1. 执行【文件】/【打开】命令，打开附盘中“图库\第 01 章”目录下名为“花.psd”的文件，打开的图像与【图层】面板状态如图 1-20 所示。

图1-20　打开的图像与【图层】面板

2. 将鼠标指针放置在【图层】面板中如图 1-21 所示的图层上。
3. 按下鼠标左键并拖动该图层到如图 1-22 所示的【删除图层】按钮 上。

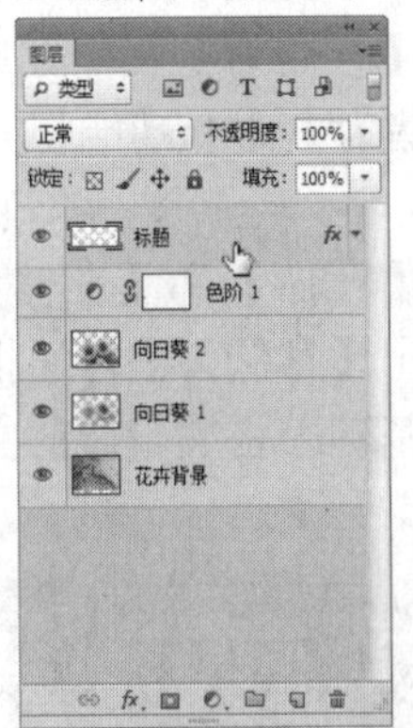

图1-21　鼠标指针放置的位置

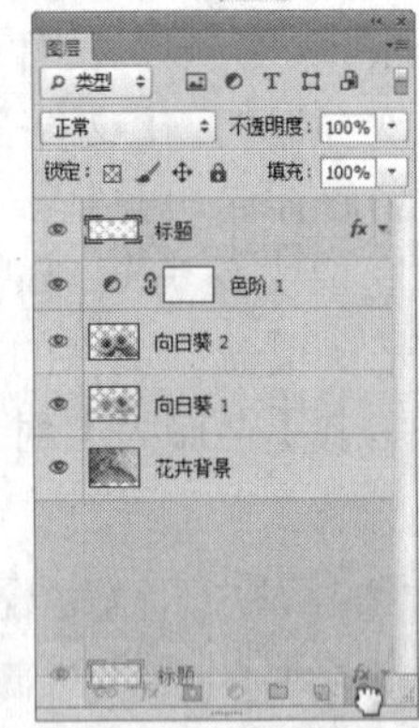

图1-22　删除图层状态

4. 释放鼠标左键，即可将标题在图像中删除。
5. 执行【文件】/【存储为】命令，弹出【存储为】对话框，在【文件名】下拉列表中输入“花修改”文字作为文件名。
6. 单击 保存(S) 按钮，就保存了修改后的文件，且原文件仍保存在计算机中。

1.4　图像文件的颜色设置

利用 Photoshop CC 绘画时，设置颜色和填充颜色是必不可少的操作。本节介绍有关颜色的设置和填充方法。

1.4.1　颜色设置

本节将介绍图像文件的颜色设置。颜色设置的方法有 3 种：在【拾色器】对话框中设置颜色；在【颜色】面板中设置颜色；在【色板】面板中设置颜色，下面分别以案例的形式来详细介绍。

【步骤解析】

一、 在【颜色】面板中设置颜色

1. 执行【窗口】/【颜色】命令，将【颜色】面板显示在工作区中。如该命令前面已经有✔符号，则可不执行此操作。
2. 确认【颜色】面板中的前景色色块处于具有方框的选择状态，利用鼠标任意拖动右侧的【R】、【G】、【B】颜色滑块，即可改变前景色的颜色。
3. 将鼠标指针移动到下方的颜色条中，鼠标指针将显示为吸管形状，在颜色条中单击，即可将单击处的颜色设置为前景色，如图 1-23 所示。

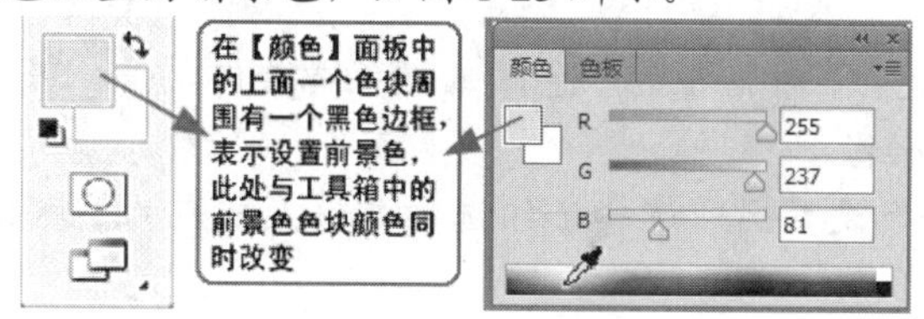

图1-23　利用【颜色】面板设置前景色时的状态

4. 在【颜色】面板中单击背景色色块，使其处于选择状态，然后利用设置前景色的方法即可设置背景色，如图 1-24 所示。
5. 在【颜色】面板的右上角单击▾≡按钮，在弹出的选项列表中选择【CMYK 滑块】选项，【颜色】面板中的 RGB 颜色滑块即会变为 CMYK 颜色滑块，如图 1-25 所示。

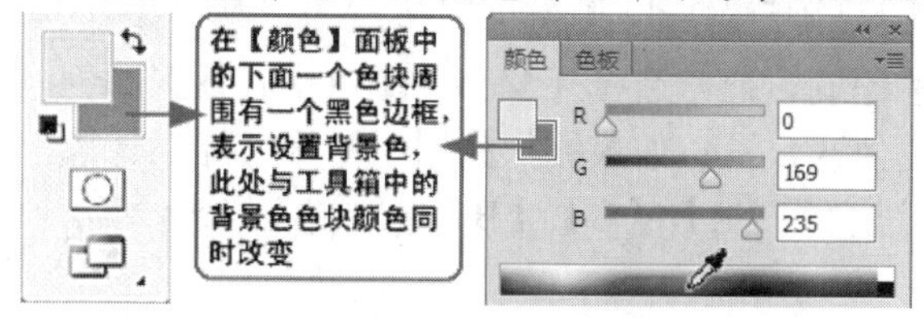

图1-24　利用【颜色】面板设置背景色时的状态

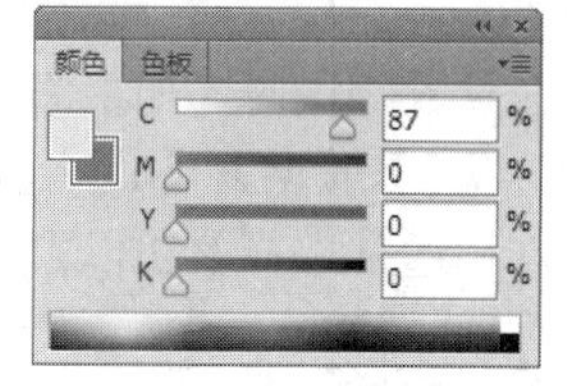

图1-25　CMYK 颜色面板

6. 拖动【C】、【M】、【Y】、【K】颜色滑块，就可以用 CMYK 模式设置背景颜色。

在【颜色】面板中设置前景色时，按住 Alt 键在颜色条中单击，可将单击处的颜色设置为背景色；同样，设置背景色时，按住 Alt 键在颜色条中单击，可将单击处的颜色设置为前景色。另外，拖曳 R、G、B 颜色条下方的三角形滑块，可以直观地修改颜色值。

二、在【色板】面板中设置颜色

7. 在【颜色】面板中选择【色板】选项卡，显示【色板】面板。
8. 将鼠标指针移动至【色板】面板中，鼠标指针变为吸管形状。
9. 在【色板】面板中需要的颜色上单击，即可将选择的颜色设置为前景色。

要点提示

在【色板】面板中的空白位置单击，可以将工具箱中的前景色添加到色板中。按住 Alt 键单击某颜色块，可以将其删除；当删除某一色块后，单击【色板】面板右上角的▾≡按钮，在弹出的菜单中选择【复位色板】命令，即可将默认的色板颜色恢复。

三、在【拾色器】对话框中设置颜色

10. 单击工具箱中如图 1-26 所示的前景色（或背景色）窗口，弹出如图 1-27 所示的【拾色器（前景色）】对话框。

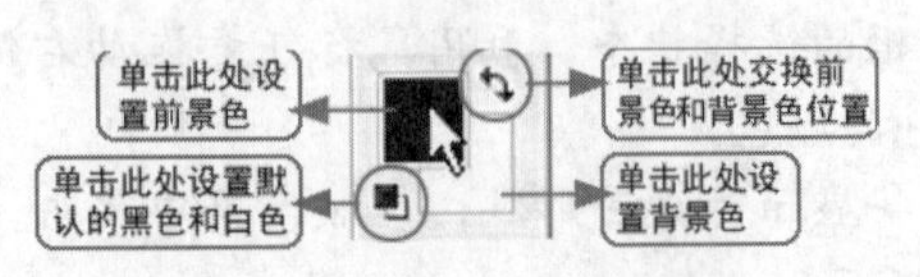

图1-26　前景色和背景色设置窗口

图1-27　【拾色器（前景色）】对话框

11. 在【拾色器（前景色）】对话框的颜色域或颜色滑条内单击，可以将单击位置的颜色设置为当前前景色的颜色。
12. 在对话框右侧的参数设置区中选择一组选项并设置相应的参数值，也可设置需要的颜色。

要点提示　在 HSB 模式中，H 表示色相，S 表示饱和度，B 表示亮度；在 RGB 模式中，R 代表红色，G 代表绿色，B 代表蓝色；在 CMYK 模式中，C 代表青色，M 代表洋红色，Y 代表黄色，K 代表黑色；Lab 模式由 3 个通道组成，它的一个通道是亮度，即 L。另外两个是色彩通道，用 a 和 b 来表示。a 通道包括的颜色是从深绿色（低亮度值）到灰色（中亮度值）再到亮粉红色（高亮度值）；b 通道则是从亮蓝色（低亮度值）到灰色（中亮度值）再到黄色（高亮度值）。

在设置颜色时，如最终作品用于彩色印刷，通常选择 CMYK 颜色模式设置颜色，即通过设置【C】、【M】、【Y】、【K】4 种颜色值来设置；如最终作品用于网络，即在计算机屏幕上观看，通常选择 RGB 颜色模式，即通过设置【R】、【G】、【B】3 种颜色值来设置。

1.4.2 颜色填充

前面介绍了颜色的不同设置方法，本小节介绍颜色的填充方法。关于颜色的填充，在 Photoshop CC 中有 3 种方法：利用菜单命令进行填充；利用快捷键进行填充；利用【油漆桶】工具进行填充。

一、 利用菜单命令填充

执行【编辑】/【填充】命令（或按 Shift+F5 组合键），弹出如图 1-28 所示的【填充】对话框。

- 【使用】选项：单击右侧的下拉列表框，将弹出如图 1-29 所示的下拉列表。

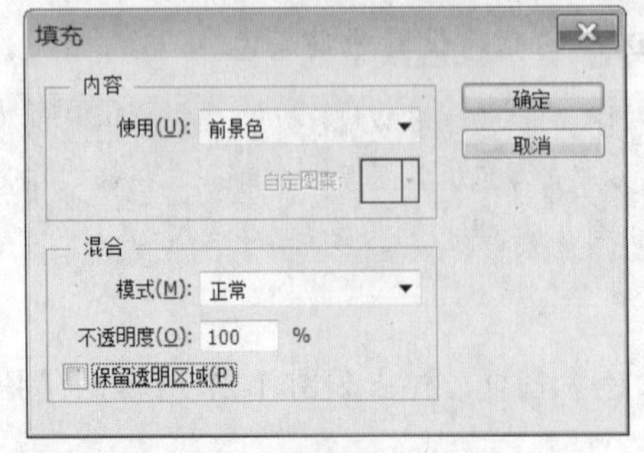

图1-28　【填充】对话框

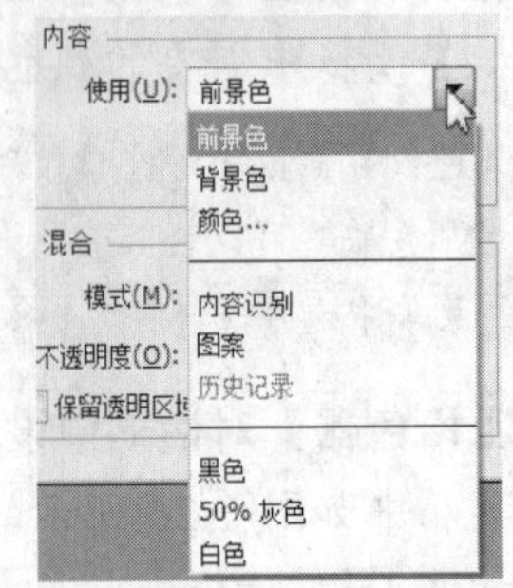

图1-29　弹出的下拉列表

- 选择【颜色】，可在弹出的【选取一种颜色】对话框中设置其他的颜色来填充当前的画面或选区；选择【图案】，对话框中的【自定图案】选项即为可用状态，单击此选项右侧的图案，可在弹出的选项面板中选择需要的图案；选择【历史记录】，可以将当前的图像文件恢复到图像所设置的历史记录状态或快照状态。
- 【模式】选项：在其右侧的下拉列表框中可选择填充颜色或图案与其下画面之间的混合形式。
- 【不透明度】选项：在其右侧的文本框中设置不同的数值可以设置填充颜色或图案的不透明度。此数值越小，填充的颜色或图案越透明。
- 【保留透明区域】选项：勾选此选项，将锁定当前层的透明区域。即再对画面或选区进行填充颜色或图案时，只能在不透明区域内进行填充。

在【填充】对话框中设置合适的选项及参数后，单击 确定 按钮，即可为当前画面或选区填充上所选择的颜色或图案。

二、利用快捷键填充

按 Alt+Backspace 组合键或 Alt+Delete 组合键，可以给当前画面或选区填充前景色。按 Ctrl+Backspace 组合键或 Ctrl+Delete 组合键，可以给当前画面或选区填充背景色。按 Alt+Ctrl+Backspace 组合键，是给当前画面或选区填充白色。

三、利用【油漆桶】工具填充

利用【油漆桶】工具可以在图像中填充颜色或图案。其使用方法非常简单，在工具箱中设置好前景色或在属性栏中的图案选项中选择需要的图案，再设置好属性栏中的【模式】、【不透明度】和【容差】等选项，然后移动鼠标指针到需要填充的图像区域内单击，即可完成填充操作。

【油漆桶】工具的属性栏如图 1-30 所示。

前景 | 模式：正常 | 不透明度：100% | 容差：32 | ☑ 消除锯齿 | ☑ 连续的 | ☐ 所有图层

图1-30 【油漆桶】工具的属性栏

- 前景 按钮：用于设置向画面或选区中填充的内容，包括【前景】和【图案】两个选项。选择【前景】选项，向画面中填充的内容为工具箱中的前景色；选择【图案】选项，并在右侧的图案窗口中选择一种图案后，可向画面中填充选择的图案。为蝴蝶图形填充单色和图案后的效果如图 1-31 所示。

图1-31 填充的单色及图案效果

- 【模式】：用于设置填充颜色后与下面图层混合产生的效果。
- 【不透明度】选项：用于设置填充颜色的不透明度。

- 【容差】文本框：控制图像中填充颜色或图案的范围，数值越大，填充的范围越大，如图 1-32 所示。

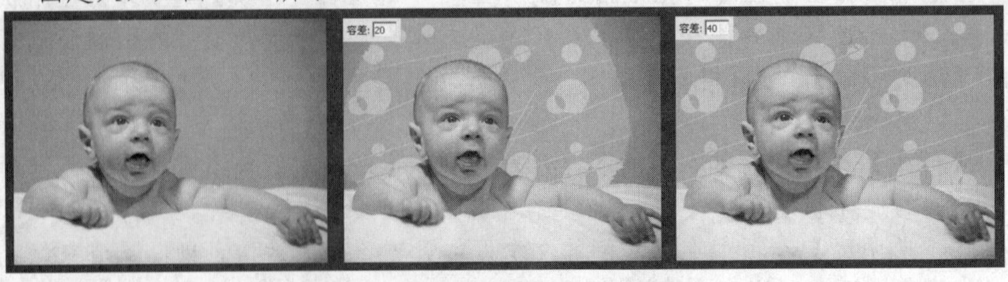

图1-32　设置不同容差值后的填充效果

- 【连续的】复选框：勾选此复选框，利用【油漆桶】工具填充时，只能填充与鼠标单击处颜色相近且相连的区域；若不勾选此复选框，则可以填充与鼠标单击处颜色相近的所有区域，如图 1-33 所示。

图1-33　勾选与不勾选【连续的】复选框后的填充效果

- 【所有图层】复选框：勾选此复选框，填充的范围是图像文件中的所有图层。

以上分别讲解了设置与填充颜色的几种方法，其中利用【拾色器】对话框设置颜色与利用快捷键填充颜色的方法比较实用。

1.5　综合实例——为图形填色

本例来为图形填充颜色，以此来学习设置颜色与填充颜色的方法。

【步骤解析】

1. 执行【文件】/【打开】命令，在弹出【打开】对话框中选择附盘中“图库\第 01 章”目录下名为“班徽.jpg”的文件，单击 打开(O) 按钮，打开的图像文件如图 1-34 所示。
2. 在工具箱中选择【魔棒】工具，将鼠标指针移动到如图 1-35 所示的位置单击，可添加选区，如图 1-36 所示。

图1-34　打开的文件

图1-35 鼠标指针放置的位置

图1-36 添加的选区

3. 在工具箱中单击前景色色块，在弹出的【拾色器】对话框中设置【R】、【G】、【B】颜色参数如图 1-37 所示。
4. 单击 确定 按钮，将前景色设置为绿色（R:110,G:186,B:68）。
5. 在【图层】面板底部单击 按钮新建一个图层“图层 1”，按 Alt+Delete 组合键，为当前选区填充前景色，如图 1-38 所示。

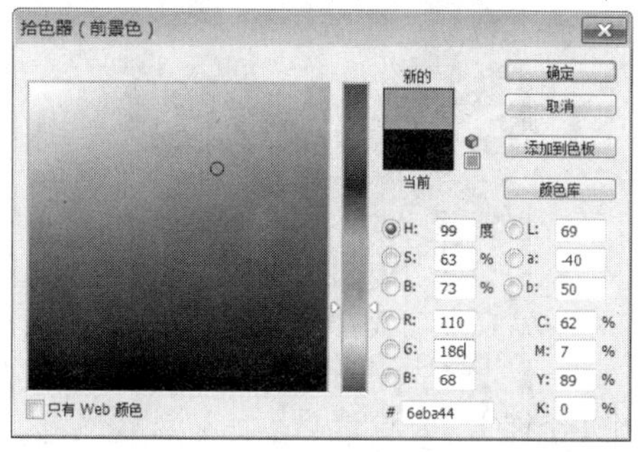

图1-37 设置的颜色

图1-38 填充颜色后的效果

6. 在【图层】面板中单击“背景”层，将其设置为工作层，如图 1-39 所示。
7. 利用【魔棒】工具 创建如图 1-40 所示的选区。

图1-39 选择的图层

图1-40 创建的选区

8. 按住 Shift 键，此时鼠标指针将显示为带“+”号的图标，将鼠标指针移动到如图 1-41 所示的位置单击，可添加选区。
9. 依次单击“海”字中间的图形及最下方的“书”边区域，创建的选区形态如图 1-42 所示。

图1-41　鼠标指针放置的位置

图1-42　创建的选区

10. 执行【窗口】/【色板】命令，将【色板】面板显示，然后将鼠标指针移动到如图 1-43 所示的颜色上单击，吸取颜色。
11. 在【图层】面板底部单击按钮，再新建一个图层"图层 2"，按 Alt+Delete 组合键，为当前选区填充前景色，如图 1-44 所示。

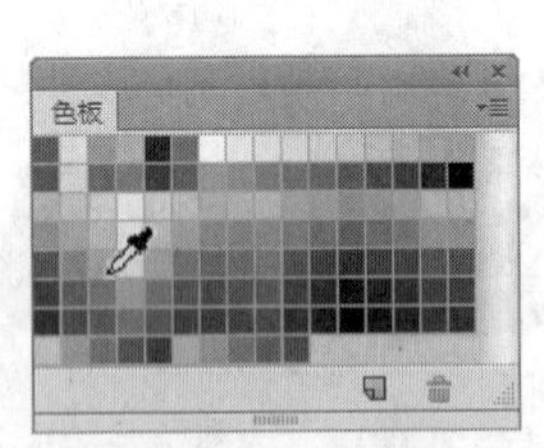

图1-43　选择的颜色

图1-44　填充颜色后的效果

12. 执行【选择】/【取消选择】命令（或按 Ctrl+D 组合键），去除选区。
13. 按 D 键，将工具箱中的前景色与背景色分别设置为黑色和白色。
14. 单击"背景"层，将其设置为工作层，然后按 Ctrl+Delete 组合键，为背景填充白色，此时的画面效果及【图层】面板如图 1-45 所示。

图1-45　填充颜色后的效果及【图层】面板

15. 执行【文件】/【存储为】命令（或按 Shift+Ctrl+S 组合键），在弹出的【存储为】对话框中将文件另命名为"为图形填色"，单击 保存(S) 按钮，即可将此文件以"为图形填色.psd"另存。

1.6 习题

1. 熟悉 Photoshop CC 界面中各部分的功能。
2. 根据本章第 1.2.5 小节“控制面板的拆分与组合”中学习的内容，练习控制面板的拆分与组合。
3. 用与第 1.5 节为班徽图形填色的相同方法，为附盘中“图库\第 01 章”目录下名为“轮廓.jpg”的文件填色，最终效果如图 1-46 所示。

图1-46 填色后的效果

第2章 图层

图层是利用 Photoshop 进行图形绘制和图像处理的最基础和最重要的命令。可以说，每一幅图像的处理都离不开图层的应用，灵活地运用图层还可以提高作图效率，并且可以制作出很多意想不到的特殊艺术效果，因此希望读者认真学习和掌握本章介绍的内容。

2.1 图层的基本概念

图层可以说是 Photoshop 工作的基础。那么什么是图层呢？可以举一个简单的例子来说明。例如，要在纸上绘制一幅儿童画，首先要在纸上绘制出儿童画的背景（这个背景是不透明的），然后在纸的上方添加一张完全透明的纸绘制儿童画的草地，绘制完成后，在纸的上方再添加一张完全透明的纸绘制儿童画的其余图形，以此类推。在绘制儿童画的每一部分之前，都要在纸的上方添加一张完全透明的纸，然后在添加的透明纸上绘制新的图形。绘制完成后，通过纸的透明区域可以看到下面的图形，从而得到一幅完整的作品。在这个绘制过程中，添加的每一张纸就是一个图层。

图层原理说明图如图 2-1 所示。

图2-1　图层原理说明图

上面讲解了图层的概念，那么在绘制图形时为什么要建立图层呢？仍以上面的例子来说明。当儿童画全部绘制完成后，突然发现草地效果不太合适，这时只能选择重新绘制这幅作品，这种修改非常麻烦。而如果是分层绘制的，遇到这种情况就不必重新绘制了，只需找到绘制草地图形的透明纸（图层），将其删除，然后重新添加一个图层，绘制一幅合适的草地图形，放到刚才删除图层的位置即可，这样可以节省绘图时间。另外，除了易修改的优点外，还可以在一个图层中随意拖动、复制和粘贴图形，并能对图层中的图形制作各种特效，而这些操作都不会影响其他图层中的图形。

2.2 【图层】面板

【图层】面板主要用于管理图像文件中的所有图层、图层组和图层效果。在【图层】面板中可以方便地调整图层的混合模式和不透明度，并可以快速地创建、复制、删除、隐藏、显示、锁定、对齐或分布图层。

新建图像文件后，默认的【图层】面板如图 2-2 所示。

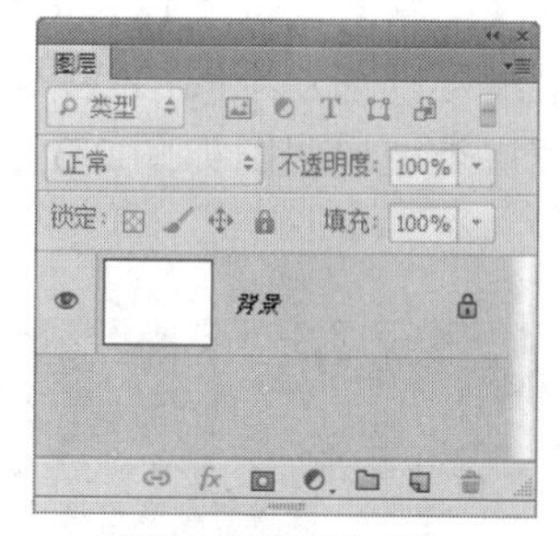

图2-2 【图层】面板

- 【图层面板菜单】按钮：单击此按钮，可弹出【图层】面板的下拉菜单。
- 【图层混合模式】正常：用于设置当前图层中的图像与下面图层中的图像以何种模式进行混合。
- 【不透明度】：用于设置当前图层中图像的不透明程度，数值越小，图像越透明；数值越大，图像越不透明。
- 【锁定透明像素】按钮：单击此按钮，可使当前层中的透明区域保持透明。
- 【锁定图像像素】按钮：单击此按钮，在当前图层中不能进行图形绘制以及其他命令操作。
- 【锁定位置】按钮：单击此按钮，可以将当前图层中的图像锁定不被移动。
- 【锁定全部】按钮：单击此按钮，在当前层中不能进行任何编辑修改操作。
- 【填充】：用于设置图层中图形填充颜色的不透明度。
- 【显示/隐藏图层】图标：表示此图层处于可见状态。单击此图标，图标中的眼睛将被隐藏，表示此图层处于不可见状态。
- 图层缩览图：用于显示本图层的缩略图，它随着该图层中图像的变化而随时更新，以便用户在进行图像处理时参考。
- 图层名称：显示各图层的名称。

在【图层】面板底部有 7 个按钮，下面分别进行介绍。

- 【链接图层】按钮：通过链接两个或多个图层，链接后可以一起移动链接图层中的内容，也可以对链接图层执行对齐与分布以及合并图层等操作。
- 【添加图层样式】按钮 fx：可以对当前图层中的图像添加各种样式效果。
- 【添加图层蒙版】按钮：可以给当前图层添加蒙版。如果先在图像中创建适当的选区，再单击此按钮，可以根据选区范围在当前图层上建立适当的图层蒙版。
- 【创建新的填充或调整图层】按钮：可在当前图层上添加一个调整图层，对当前图层下边的图层进行色调、明暗等颜色效果调整。
- 【创建新组】按钮：可以在【图层】面板中创建一个图层组。图层组类似于文件夹，以便图层的管理和查询，在移动或复制图层时，图层组里面的内容

可以同时被移动或复制。

- 【创建新图层】按钮：可在当前图层上创建新图层。
- 【删除图层】按钮：可将当前图层删除。

2.2.1 常用的图层类型

在【图层】面板中包含多种图层类型，每种类型的图层都有不同的功能和用途。利用不同的类型可以创建不同的效果，它们在【图层】面板中的显示状态也不同。

图层类型说明图如图 2-3 所示。

图2-3　图层类型说明图

下面以列表的形式详细介绍常用图层的类型及其功能。

图层类型	功能及创建方法
背景层	相当于绘画中最下方不透明的纸。在 Photoshop 中，一个图像文件中只有一个背景图层，它可以与普通图层进行相互转换，但无法交换堆叠次序。如果当前图层为背景图层，执行【图层】/【新建】/【背景图层】命令，或在【图层】面板的背景图层上双击，便可以将背景图层转换为普通图层
普通层	相当于一张完全透明的纸，是 Photoshop 中最基本的图层类型。单击【图层】面板底部的按钮，或执行【图层】/【新建】/【图层】命令，即可在【图层】面板中新建一个普通图层
文本层	在文件中创建文字后，【图层】面板中会自动生成文本层，其缩览图显示为 T 图标。当对输入的文字进行变形后，文本图层将显示为变形文本图层，其缩览图显示为图标
形状层	使用工具箱中的矢量图形工具在文件中创建图形后，【图层】面板中会自动生成形状图层。当执行【图层】/【栅格化】/【形状】命令后，形状图层将被转换为普通图层
效果层	为普通图层应用图层效果（如阴影、投影、发光、斜面和浮雕以及描边等）后，右侧会出现一个 fx（效果层）图标，此时，这一图层就是效果图层。注意，背景图层不能转换为效果图层。单击【图层】面板底部的 fx. 按钮，在弹出的菜单命令中选择任意一个选项，即可创建效果图层
填充层和调整层	填充层和调整层是用来控制图像颜色、色调、亮度和饱和度等的辅助图层。单击【图层】面板底部的按钮，在弹出的菜单命令中选择任意一个选项，即可创建填充图层或调整图层
蒙版层	蒙版层是加在普通图层上的一个遮盖层，通过创建图层蒙版来隐藏或显示图像中的部分或全部。在图像中，图层蒙版中颜色的变化会使其所在图层的相应位置产生透明效果。其中，该图层中与蒙版的白色部分相对应的图像不产生透明效果，与蒙版的黑色部分相对应的图像完全透明，与蒙版的灰色部分相对应的图像根据其灰度产生相应程度的透明效果

2.2.2 常用图层类型的转换

为了图像编辑和制作的方便，很多常用图层可以互相转换，本节就来学习常用图层的转换。

一、 背景层转换为普通层

在【图层】面板中选择背景层，执行【图层】/【新建】/【背景图层】命令，或在【图层】面板中双击背景层，弹出的【新建图层】对话框如图 2-4 所示。在【新建图层】对话框中进行适当的设置后，单击 确定 按钮，即可将背景层转换为普通层。

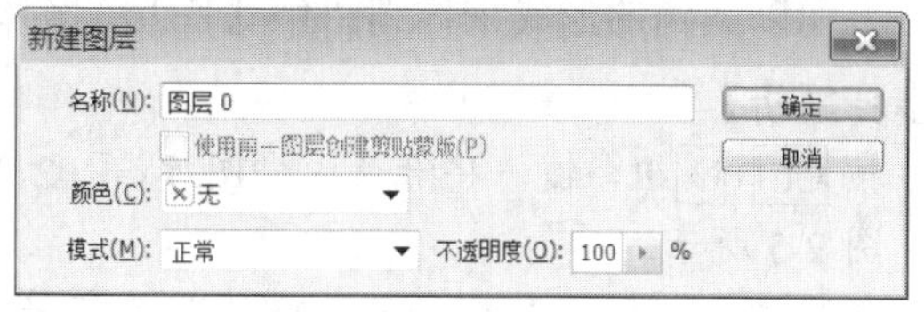

图2-4 【新建图层】对话框

- 【名称】选项：该选项是设置转换后普通层使用的名称。
- 【颜色】选项：该选项是设置该层在【图层】面板中以什么颜色显示。【颜色】选项中设置的颜色对图像本身不产生影响，它的作用只是用来在【图层】面板显著标识某一图层，或利用各种颜色对图层进行分类。对于一般的图层，只要在【图层】面板中要设置的图层上单击鼠标右键，在弹出的快捷菜单中选择【图层属性】命令，就可在弹出的【图层属性】对话框中设置该层的颜色。
- 【模式】选项：该选项用于设置转换后图层的模式，这一选项决定当前图层与下方图层以什么方式进行结合显示。
- 【不透明度】选项：该选项用于设置转换后图层的不透明度。

二、 普通层转换为背景层

要将一个普通层转换为背景层，首先要确认当前图像中没有背景层，因为一个图像文件中只能有一个背景层。

选择要转换的普通层，执行【图层】/【新建】/【背景图层】命令，即可将当前普通层转换为背景层。

三、 文字层转换为普通层

如果当前图层为文字层，很多命令将不能使用，例如，菜单栏中的【滤镜】命令等。如果要使用这些命令和功能就需要先将文字层转换为普通层，在 Photoshop CC 中将一些特殊的图层，如文字层、填充层、图形层、智能对象层等转换为普通可编辑内容的图层过程称为栅格化。选择要进行栅格化的文字层，执行【图层】/【栅格化】/【文字】命令，即可将当前文字层转换为普通层。

四、 其他图层转换为普通层

执行【图层】/【栅格化】命令，可以看到，除了【文字】命令外，还有【形状】、【填充内容】、【矢量蒙版】、【智能对象】、【视频】、【3D】和【图层样式】命令，这 7 个命令可以将形状层、填充层、矢量蒙版层、智能对象层、视频层、3D 图层以及样式层转换为普通层。

- 执行【图层】/【栅格化】/【图层】命令，可以将当前被选择的图层转换为普通层，但不转换图层效果。

- 执行【图层】/【栅格化】/【所有图层】命令，可以将当前文件中的图层全部转换为普通层。

2.2.3 典型实例——图层模式应用

【图层】面板中的图层混合模式及其他相关面板中的【模式】选项，在图像处理及效果制作中被广泛应用，特别是在多个图像合成方面更有其独特的作用及灵活性，掌握好图层模式的使用方法对将来的图像合成操作有极大的帮助。

下面以案例的形式来详细讲解【图层混合模式】的功能及使用方法。

【步骤解析】

1. 按 Ctrl+O 组合键，将附盘中“图库\第 02 章”目录下名为“T 恤衫.jpg”的文件打开，如图 2-5 所示。
2. 选择工具，将鼠标指针移动到画面的黑色背景处单击，添加选区，然后执行【选择】/【反向】命令（或按 Shift+Ctrl+I 组合键），将选区反选，即将“T 恤衫”选取，如图 2-6 所示。

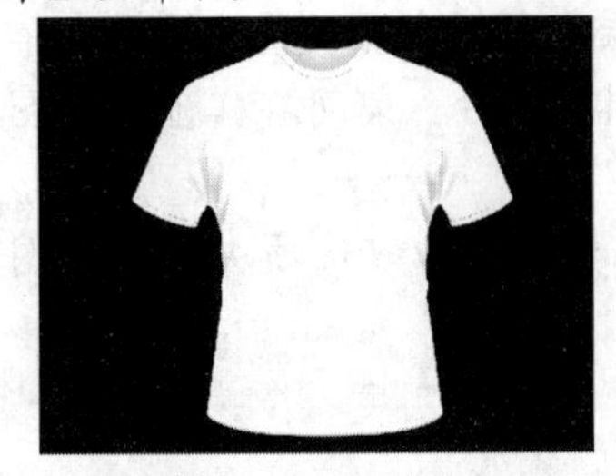

图2-5　打开的文件

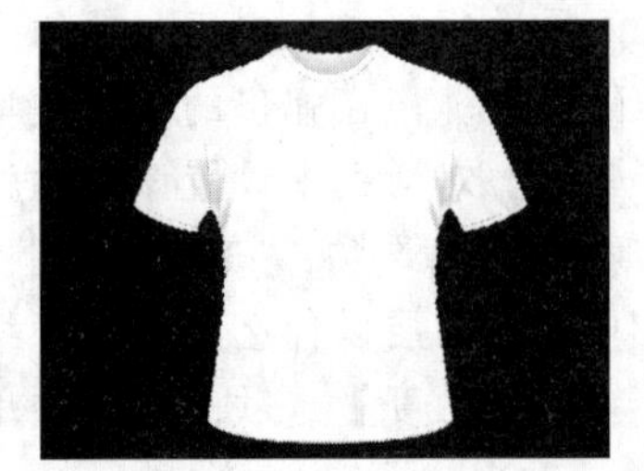

图2-6　反选后的选区

3. 执行【图层】/【新建】/【通过剪切的图层】命令，将选区内的图像通过剪切生成新的图层“图层 1”。
4. 按 D 键，将工具箱中的前景色和背景色设置为默认的黑色和白色，然后在【图层】面板中单击“背景层”，将其设置为工作层，并按 Alt+Delete 组合键，为背景层填充黑色，【图层】面板如图 2-7 所示。
5. 单击“图层 1”，将其设置为工作层，然后按 Ctrl+O 组合键，将附盘中“图库\第 02 章”目录下名为“卡通图案.jpg”的文件打开，如图 2-8 所示。

图2-7　填充黑色后缩览图的效果

图2-8　打开的文件

6. 选择工具，将鼠标指针移动到“卡通图案”文件中，按下鼠标左键并向“T 恤衫.jpg”文件的选项卡上拖曳，当“T 恤衫”文件显示为工作状态时，移动鼠标至画面中，当鼠标显示为图标时释放鼠标左键，将图案复制到 T 恤衫文件中，生成“图层 2”。

7. 在【图层】面板中单击 正常 按钮，在弹出的下拉列表中选择【正片叠底】，设置图层混合模式后的效果如图 2-9 所示。
8. 执行【编辑】/【自由变换】命令（或按 Ctrl+T 组合键），为图形添加自由变形框，然后将鼠标指针放置到任意角点位置，当鼠标指针显示为双向箭头时按下并向外拖曳，调整图像至合适大小。
9. 将鼠标指针放置到变形框内部按下并拖曳，可调整图像的位置。图像调整后的大小及位置如图 2-10 所示。

图2-9 设置图层混合模式后的效果

图2-10 图像调整后的大小及位置

10. 按 Enter 键，即可完成图像的调整操作。
11. 至此，利用图层混合模式为 T 恤衫添加图案操作完成，按 Shift+Ctrl+S 组合键，将此文件另命名为“添加图案.psd”保存。

2.3 图层的基本操作

图层在 Photoshop 的应用中非常重要，它的灵活性是其重要的优势之一，用户可以通过对图层进行创建、移动、复制、删除等操作制作特殊艺术效果的图片，下面就来学习一些图层的基本操作。

2.3.1 典型实例——新建图层

下面通过实例的形式来详细讲解各种新建图层的方法。

【步骤解析】

1. 执行【图层】/【新建】命令，弹出如图 2-11 所示的【新建】子菜单。
2. 当选择【图层】命令时，系统将弹出如图 2-12 所示的【新建图层】对话框。在此对话框中，可以对新建图层的颜色、模式和不透明度进行设置。

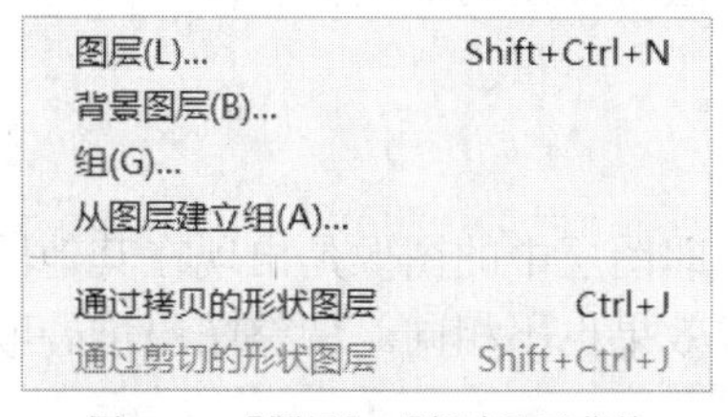

图2-11 【图层】/【新建】子菜单

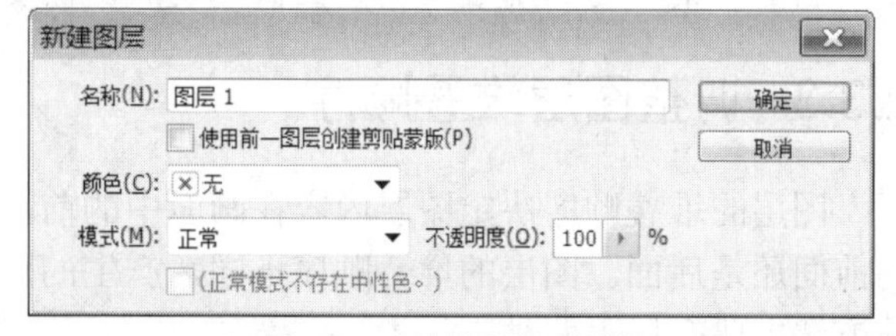

图2-12 【新建图层】对话框

3. 当选择【背景图层】命令时，可以将背景图层改为一个普通图层，更改后，此时列表中的【背景图层】命令会变为【图层背景】命令；选择【图层背景】命令，可以将当前图层重新更改为背景图层。

4. 当选择【组】命令时，将弹出【新建组】对话框，在此对话框中可以创建图层组。
5. 当在【图层】面板中选择除背景层外的图层时，【从图层建立组】命令才可用，选择此命令可以新建一个图层组，并将当前选择的图层放置在新建的图层组中。
6. 选择【通过拷贝的图层】命令，可以将当前画面选区中的图像通过复制生成一个新的图层，且原画面不会被破坏。
7. 选择【通过剪切的图层】命令，可以将当前画面选区中的图像通过剪切生成一个新的图层，而原画面被破坏。

2.3.2　复制图层

常用的复制图层的方法有以下 3 种。

一、 利用【图层】面板中的工具按钮复制

在【图层】面板中，将要复制的图层拖曳至下方的 按钮上，释放鼠标左键，即可在当前层的上方复制该图层，使之成为该图层的拷贝层。在复制过程中如果按下 Alt 键，会弹出【复制图层】对话框。

二、 利用【图层】面板中的右键命令复制

在【图层】面板中选择要复制的图层，单击鼠标右键（不要在缩览图上单击鼠标右键，否则弹出的快捷菜单中没有复制该层的命令），在弹出的快捷菜单中选择【复制图层】命令，弹出【复制图层】对话框，如图 2-13 所示。

- 【为】选项：该选项用来输入新复制图层的名称。
- 单击【文档】下拉列表，弹出的下拉列表中显示当前打开的所有图像文件名称以及一个【新建】选项。选择一个图像文件名称，可以将新复制的图层复制至选定的图像文件中；选择【新建】选项，可以将新复制的图层作为一个新文件单独创建，选择【新建】选项后，【名称】文本框显示为可用状态，可以输入新创建文件的名称。

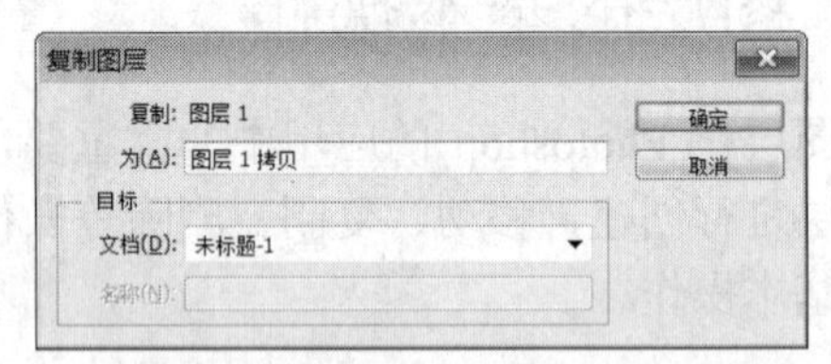

图2-13　【复制图层】对话框

三、 利用菜单命令复制

在【图层】面板中选择要复制的图层，执行【图层】/【复制图层】命令，弹出的【复制图层】对话框与利用【图层】面板中的右键命令复制图层时弹出的对话框相同。

2.3.3　调整图层堆叠顺序

图层的堆叠顺序决定图层内容在画面中的前后位置，即图层中的图像是出现在其他图层的前面还是后面。图层的堆叠顺序不同，产生的图像合成效果也不相同。调整图层堆叠顺序的方法主要有以下两种。

一、拖动鼠标调整

在【图层】面板中要调整堆叠顺序的图层上按下鼠标左键，向上或向下拖曳，将出现一个矩形框跟随鼠标指针移动，当拖曳到适当位置后，释放鼠标左键，即可将工作层调整至相应的位置。

二、利用菜单命令调整

执行【图层】/【排列】命令，将弹出如图 2-14 所示的【排列】子菜单。选择相应的命令，也可以调整图层的堆叠顺序，各种排列命令的功能如下。

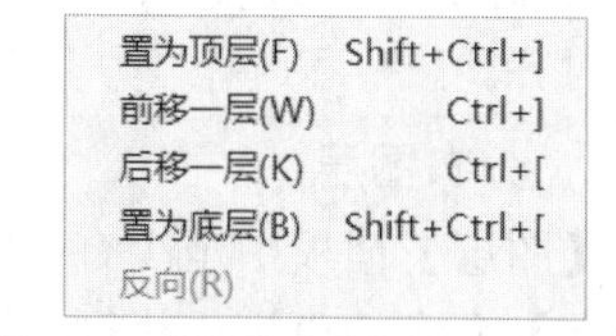

图2-14 【图层】/【排列】命令子菜单

- 【置为顶层】命令：可以将工作层移动至【图层】面板的最顶层，快捷键为 Shift+Ctrl+]组合键。
- 【前移一层】命令：可以将工作层向前移动一层，快捷键为 Ctrl+]组合键。
- 【后移一层】命令：可以将工作层向后移动一层，快捷键为 Ctrl+[组合键。
- 【置为底层】命令：可以将工作层移动至【图层】面板的最底层，即背景层的上方，快捷键为 Shift+Ctrl+[组合键。
- 【反向】命令：当在【图层】面板中选择多个图层时，选择此命令，可以将当前选择的图层反向排列。

2.3.4 删除图层

常用删除图层的方法有以下 3 种。

一、 利用【图层】面板中的工具按钮删除

在【图层】面板中选择要删除的图层，单击【图层】面板下方的【删除图层】按钮，弹出的提示框如图 2-15 所示。单击 是(Y) 按钮，即可将该图层删除。在提示框中勾选【不再显示】复选框，以后单击按钮时将不再弹出提示框。

Adobe Photoshop CC
要删除图层"图层 1"吗？
是(Y) 否(N)
不再显示

图2-15 Adobe 提示框

二、 利用【图层】面板中的工具按钮直接删除

在【图层】面板中直接拖曳要删除的图层至【删除图层】按钮上，松开鼠标，可直接删除该图层。

三、 利用菜单命令删除

在【图层】面板中选择要删除的图层，执行【图层】/【删除】命令，在弹出的子菜单中有以下两个命令。

- 选择【图层】命令，可将当前被选择的图层删除。
- 选择【隐藏图层】命令，可将当前图像文件中的所有隐藏图层全部删除，这一命令一般用于当图像制作完毕后，将一些不需要的图层进行删除。

2.3.5 对齐图层和分布图层

对齐和分布命令在绘图过程中经常用到，它可以将指定的内容在水平或垂直方向上按设置的方式对齐和分布。【图层】菜单中的【对齐】和【分布】命令与工具箱中【移动】工具属性栏中的对齐与分布按钮的作用相同。

一、　对齐图层

当【图层】面板中至少有两个同时被选择的图层时，图层的【对齐】命令才可用。执行【图层】/【对齐】命令，将弹出如图 2-16 所示的【对齐】子菜单。执行其中的相应命令，可以将选择的图像分别进行顶边对齐、垂直居中对齐、底边对齐、左边对齐、水平居中对齐和右边对齐。

二、　分布图层

在【图层】面板中至少有 3 个同时被选择的图层，且背景图层不处于选择状态时，图层的【分布】命令才可用。执行【图层】/【分布】命令，将弹出如图 2-17 所示的【分布】子菜单。执行相应命令，可以将选择的图像按顶边、垂直居中、底边、左边、水平居中或右边进行分布。

图2-16　【对齐】子菜单

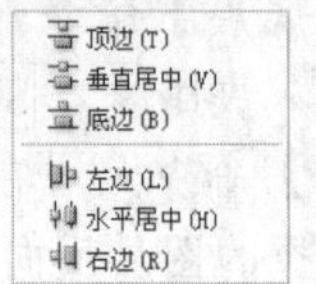

图2-17　【分布】子菜单

2.3.6　图层的合并

在复杂实例制作过程中，一般将已经确定不需要再调整的图层合并，这样有利于下面的操作。图层的合并命令主要包括【向下合并】、【合并可见图层】和【拼合图像】。

- 执行【图层】/【向下合并】命令，可以将当前工作图层与其下面的图层合并。在【图层】面板中，如果有与当前图层链接的图层，此命令将显示为【合并链接图层】，执行此命令可以将所有链接的图层合并到当前工作图层中。如果当前图层是序列图层，执行此命令可以将当前序列中的所有图层合并。
- 执行【图层】/【合并可见图层】命令，可以将【图层】面板中所有的可见图层合并，并生成背景图层。
- 执行【图层】/【拼合图像】命令，可以将【图层】面板中的所有图层拼合，拼合后的图层生成为背景图层。

2.3.7　典型实例——制作环环相扣效果

下面通过制作环环相扣的手镯来学习图层的基本应用方法，图片素材及效果如图 2-18 所示。

图2-18　图片素材及效果

【步骤解析】

1.　打开附盘中“图库\第 02 章”目录下名为“玉手镯.jpg”的图片文件。

2. 选择工具，取消对属性栏中 连续 复选项的勾选，设置 容差: 50 的参数为“50”，在图片黑色背景位置单击建立选区。
3. 执行【选择】/【反向】命令将选区反选，如图 2-19 所示。
4. 执行【图层】/【新建】/【通过拷贝的图层】命令，将手镯复制为“图层 1”。
5. 选择工具，绘制出如图 2-20 所示的矩形选框，将右边的玉手镯选择。

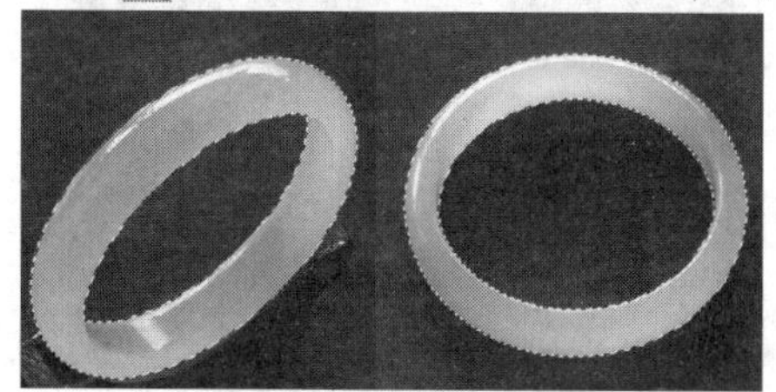
图2-19　创建的选区

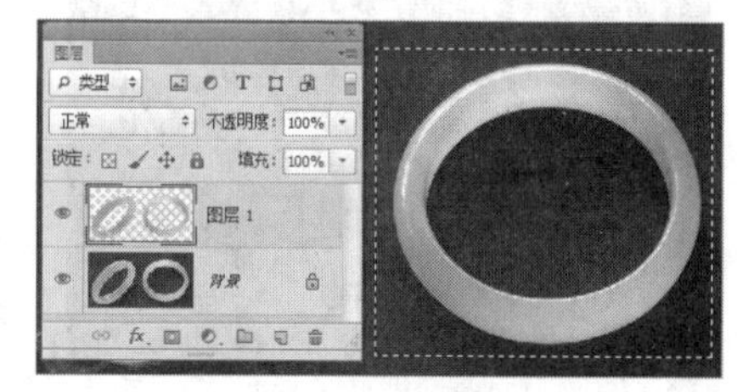

图2-20　绘制的选区

6. 执行【图层】/【新建】/【通过剪切的图层】命令（快捷键为 Shift+Ctrl+J），将手镯剪切生成“图层 2”。
7. 分别按键盘中的 D 键和 X 键，将工具箱中的背景色设置成黑色。
8. 将“背景”层设置为工作层，执行【图像】/【画布大小】命令，在弹出的【画布大小】对话框中设置如图 2-21 所示的参数，单击 确定 按钮。
9. 按 Ctrl+Delete 组合键，将“背景”层重新填充上黑色，覆盖掉“背景”层中的杂色。
10. 在【图层】面板中单击“图层 1”然后按住 Shift 键单击“图层 2”，将两个图层同时选择，然后将手镯图片移动到画面的左下角位置，如图 2-22 所示。

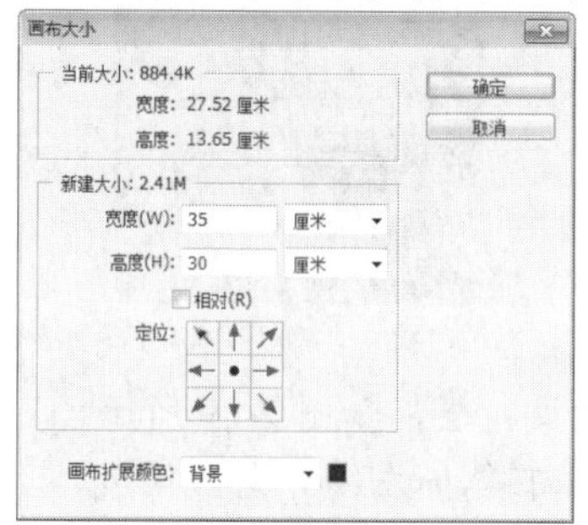

图2-21　【画布大小】对话框

图2-22　手镯放置的位置

11. 设置“图层 2”为工作层，然后利用工具移动手镯图形，将其调整至如图 2-23 所示的交叉摆放状态。
12. 按住 Ctrl 键，单击“图层 1”左侧的图层缩览图将手镯选择，如图 2-24 所示。

图2-23　手镯放置的位置

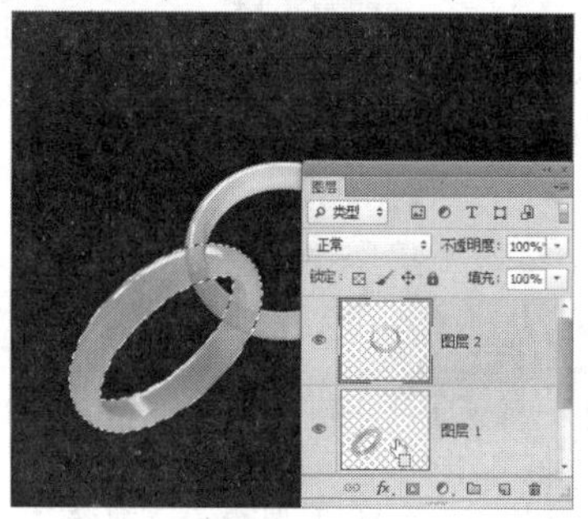

图2-24　添加选区

13. 选择[套索]工具，并激活属性栏中的[从选区减去]按钮，然后在如图 2-25 所示的位置绘制选区，使其与原选区相减，释放鼠标后生成的新选区如图 2-26 所示。

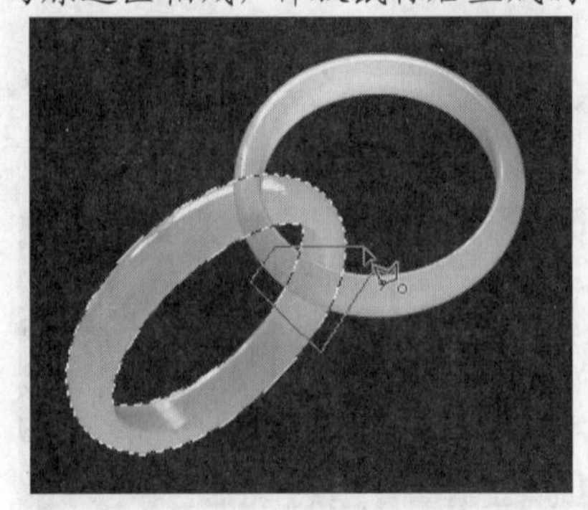

图2-25　绘制的选区

图2-26　生成的新选区

14. 按 Delete 键，删除“图层 2”中被选择的部分，得到如图 2-27 所示的效果，再按 Ctrl+D 组合键，将选区去除。
15. 将鼠标指针移动【图层】面板中的“图层 1”上，按下鼠标左键并向下拖曳至[新建图层]按钮处，如图 2-28 所示。

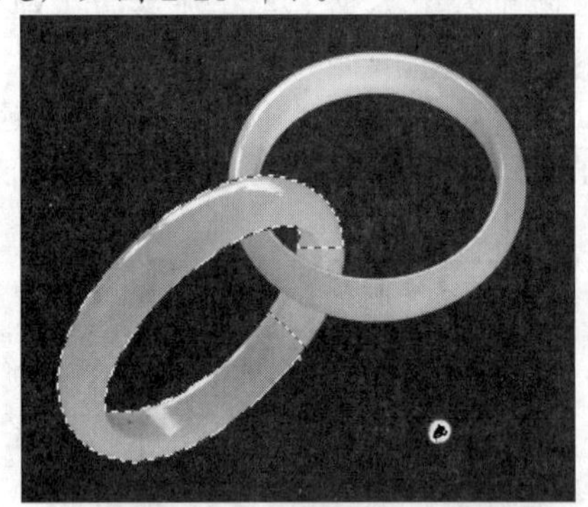

图2-27　删除后的效果

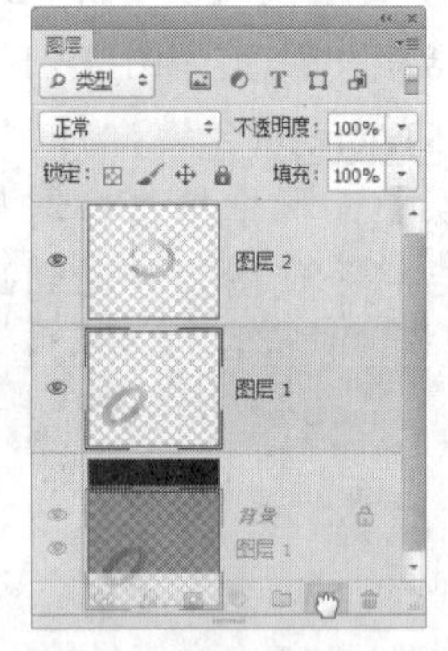

图2-28　复制图层状态

16. 释放鼠标后，即可将“图层 1”复制为“图层 1 拷贝”层，如图 2-29 所示。
17. 将鼠标指针移动到复制出的“图层 1 拷贝”层上按下鼠标左键并向上拖曳，至“图层 2”的上方位置时释放鼠标，将“图层 1 拷贝”层调整至“图层 2”的上方，状态如图 2-30 所示。

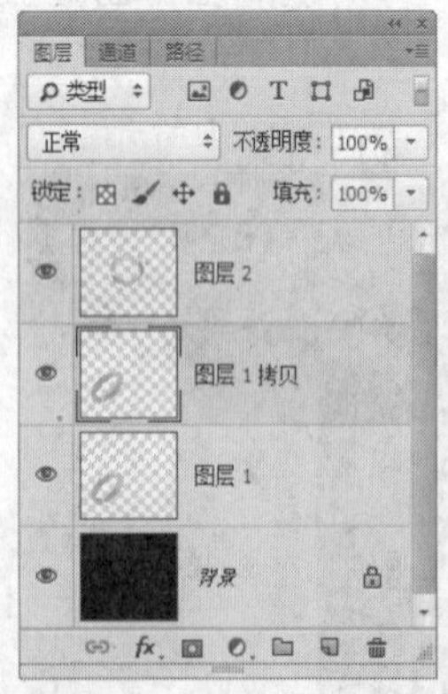

图2-29　复制出的图层

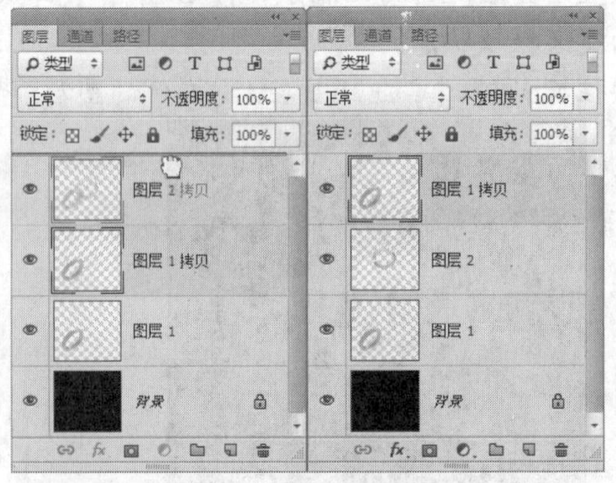

图2-30　调整图层堆叠顺序

18. 利用[工具图标]工具将复制出的手镯移动到如图 2-31 所示的位置。
19. 按住 Ctrl 键单击“图层 2”的缩览图，加载如图 2-32 所示的选区。

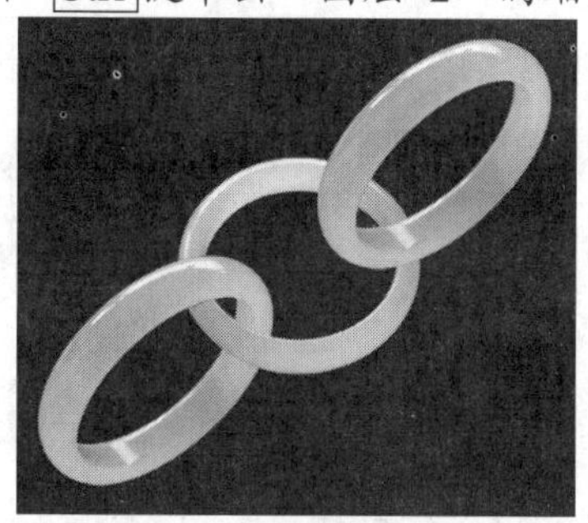

图2-31　复制手镯调整的位置

图2-32　加载的选区

20. 选择[工具图标]工具，并激活属性栏中的[按钮图标]按钮，然后在如图 2-33 所示的位置绘制选区，使其与原选区相减。
21. 按 Delete 键，删除“图层 1 拷贝”层中被选择的部分，得到如图 2-34 所示的效果，再按 Ctrl+D 组合键，将选区去除。

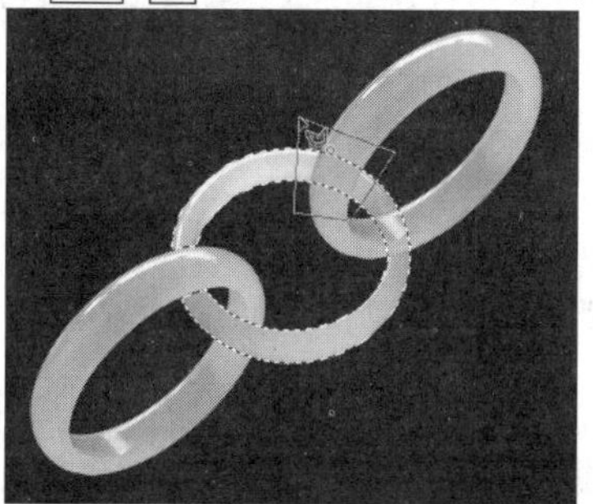

图2-33　修剪选区状态

图2-34　删除后的效果

22. 至此，环环相扣效果制作完成，按 Shift+Ctrl+S 组合键，将此文件另命名为“环环相扣.psd”保存。

2.4 图层样式

利用图层样式可以对图层中的图像快速应用效果，通过【图层样式】对话框还可以快速地查看和修改各种预设的样式效果，为图像添加阴影、发光、浮雕、颜色叠加、图案和描边等各种特效。

为文字添加图层样式后的原图及效果如图 2-35 所示。

原文字

添加样式后的效果

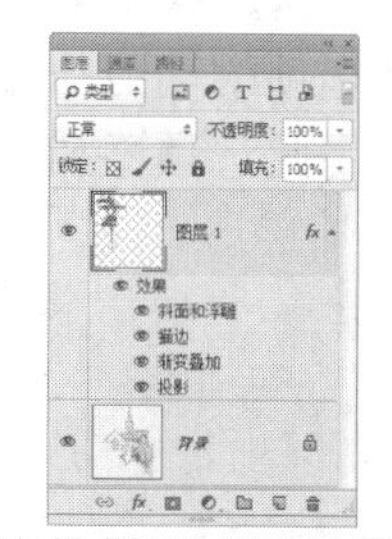

添加样式后的【图层】面板

图2-35　为文字添加样式后的效果

2.4.1 图层样式命令

执行【图层】/【图层样式】/【混合选项】命令，弹出【图层样式】对话框，如图 2-36 所示。【图层样式】对话框中左侧设置了 10 种效果。在此对话框中可自行为图形、图像或文字添加需要的样式。

【图层样式】对话框的左侧是【样式】选项区，用于选择要添加的样式类型，右侧是参数设置区，用于设置各种样式的参数及选项。

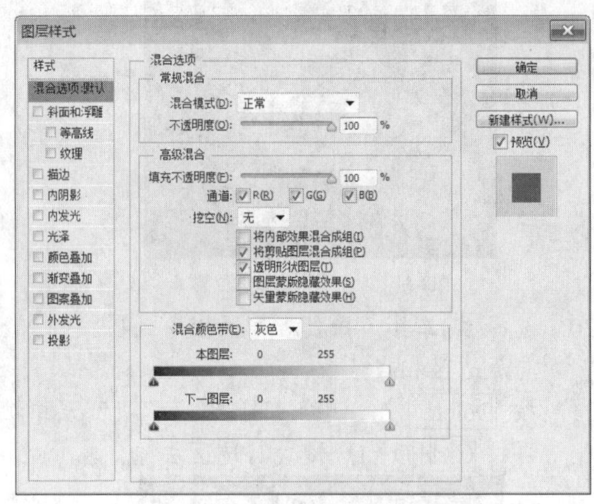

图2-36　【图层样式】对话框

一、【斜面和浮雕】

通过【斜面和浮雕】选项的设置可以使工作层中的图像或文字产生各种样式的斜面浮雕效果，同时选择【纹理】选项，然后在【图案】选项面板中选择应用于浮雕效果的图案，还可以使图形产生各种纹理效果。利用此选项添加的浮雕效果如图 2-37 所示。

二、【描边】

通过【描边】选项的设置可以为工作层中的图形添加描边效果，描绘的边缘可以是一种颜色、渐变色或者图案。为图形描绘紫色的边缘的效果如图 2-38 所示。

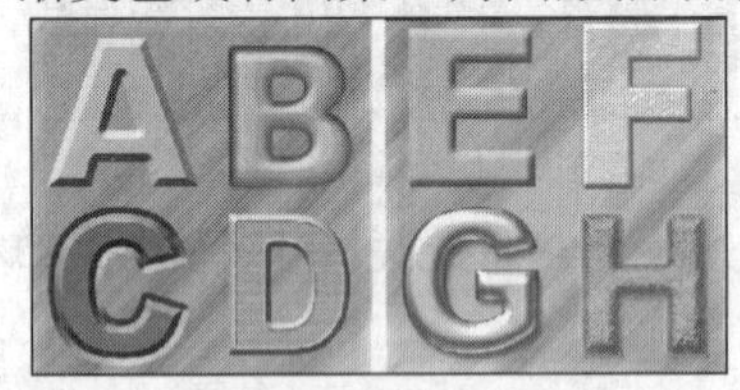

图2-37　浮雕效果

图2-38　描边效果

三、【内阴影】

通过【内阴影】选项的设置可以在工作层中的图像边缘向内添加阴影，从而使图像产生凹陷效果。在右侧的参数设置区中可以设置阴影的颜色、混合模式、不透明度、光源照射的角度、阴影的距离和大小等参数。利用此选项添加的内阴影效果如图 2-39 所示。

四、【内发光】

此选项的功能与【外发光】选项的相似，只是此选项可以在图像边缘的内部产生发光效果。利用此选项添加的内发光效果如图 2-40 所示。

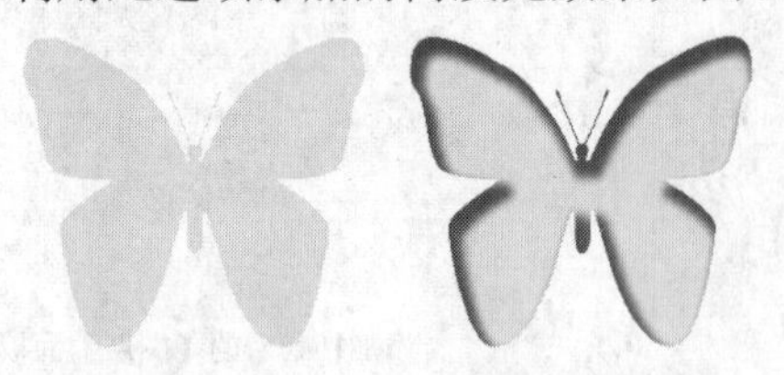

图2-39　内阴影效果

图2-40　内发光效果

五、【光泽】

通过【光泽】选项的设置可以根据工作层中图像的形状应用各种光影效果，从而使图像产生平滑过渡的光泽效果。勾选此项后，可以在右侧的参数设置区中设置光泽的颜色、混合模式、不透明度、光线角度、距离和大小等参数。利用此选项添加的光泽效果如图 2-41 所示。

六、【颜色叠加】

【颜色叠加】样式可以在工作层上方覆盖一种颜色，并通过设置不同的混合模式和不透明度使图像产生类似于纯色填充层的特殊效果。为白色图形叠加洋红色的效果如图 2-42 所示。

图2-41　添加的光泽效果

图2-42　颜色叠加

七、【渐变叠加】

【渐变叠加】样式可以在工作层的上方覆盖一种渐变叠加颜色，使图像产生渐变填充层的效果。为白色图形叠加渐变色的效果如图 2-43 所示。

八、【图案叠加】

【图案叠加】样式可以在工作层的上方覆盖不同的图案效果，从而使工作层中的图像产生图案填充层的特殊效果。为白色图形叠加图案后的效果如图 2-44 所示。

图2-43　渐变叠加

图2-44　图案叠加

九、【外发光】

通过【外发光】选项的设置可以在工作层中图像的外边缘添加发光效果。在右侧的参数设置区中可以设置外发光的混合模式、不透明度、添加的杂色数量、发光颜色（或渐变色）、扩展程度、大小和品质等。利用此选项添加的外发光效果如图 2-45 所示。

十、【投影】

通过【投影】选项的设置可以为工作层中的图像添加投影效果，并可以在右侧的参数设置区中设置投影的颜色、与下层图像的混合模式、不透明度、是否使用全局光、光线的投射角度、投影与图像的距离、投影的扩散程度和投影大小等，还可以设置投影的等高线样式和杂色数量。利用此选项添加的投影效果如图 2-46 所示。

图2-45　外发光效果

图2-46　投影效果

2.4.2　【样式】面板

执行【窗口】/【样式】命令，即可将【样式】面板调出，如图 2-47 所示。单击面板中的任一样式，即可将其添加至当前图层中。单击【样式】面板右上角的 按钮，在弹出的菜单中可以加载其他样式。

- 【取消】按钮 ：单击此按钮，可以将应用的样式删除。
- 【新建】按钮 ：单击此按钮，将弹出【新建样式】对话框。
- 【删除】按钮 ：选择要删除的样式并将其拖曳到此按钮上，即可删除选择的样式。

图2-47　【样式】面板

2.4.3　复制和删除图层样式

选择添加了图层样式的图层后，执行【图层】/【图层样式】/【拷贝图层样式】命令或在该图层上单击鼠标右键，在弹出的快捷菜单中选择【拷贝图层样式】命令，即可将当前选中的图层样式进行复制；选择其他的图层，执行【图层】/【图层样式】/【粘贴图层样式】命令，或在该图层上单击鼠标右键，在弹出的快捷菜单中选择【粘贴图层样式】命令，即可将当前的图层样式粘贴到新的图层中。

将图层样式拖曳到【图层】面板下方的 按钮上，即可将其删除；也可以选中要删除的图层样式，然后执行【图层】/【图层样式】/【清除图层样式】命令将其删除。

2.4.4　典型实例——制作照片拼图效果

下面灵活运用图层的基本操作，来制作照片的拼图效果。

【步骤解析】

1. 按 Ctrl+O 组合键，将附盘中“图库\第 02 章”目录下名为“小朋友.jpg”的图片打开，如图 2-48 所示。
2. 执行【图层】/【新建】/【背景图层】命令，在弹出如图 2-49 所示的【新建图层】对话框中单击 确定 按钮，将“背景”层转换为“图层 0”。

图2-48　打开的图片

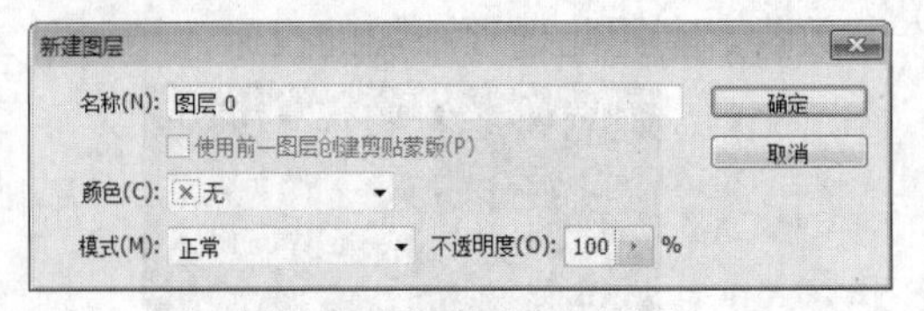

图2-49　【新建图层】对话框

3. 执行【图像】/【画布大小】命令，在弹出的【画布大小】对话框中设置参数如图

2-50 所示，然后单击按钮，调整后的画布形态如图 2-51 所示。

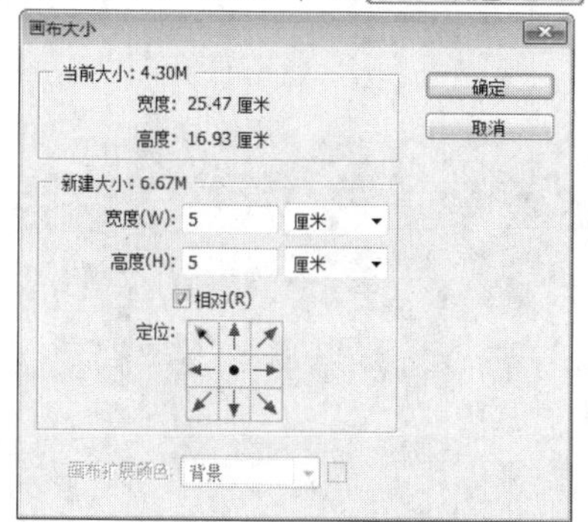

图2-50 【画布大小】对话框

图2-51 调整后的画布形态

4. 新建"图层 1"，将鼠标指针放置到"图层 1"上按下并向下拖曳至如图 2-52 所示的状态，释放鼠标，将"图层 1"调整至"图层 0"的下方位置。
5. 将前景色设置为浅黄色（R:255,G:235,B:185），然后按 Alt+Delete 组合键，将其填充至"图层 1"中，效果如图 2-53 所示。

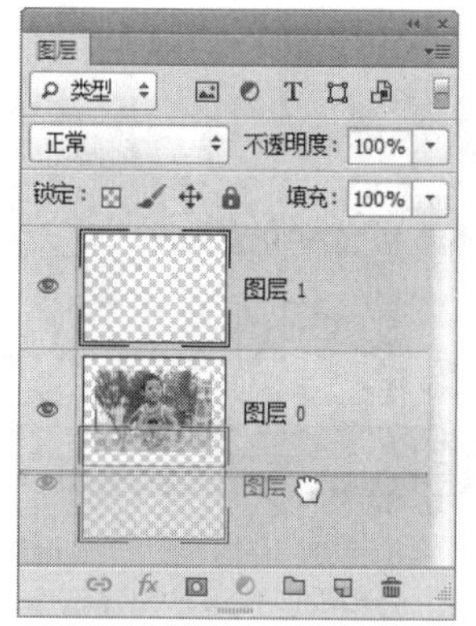

图2-52 调整图层顺序状态

图2-53 填充颜色后的效果

6. 单击"图层 0"，将其设置为当前层，然后执行【图层】/【图层样式】/【混合选项】命令，在弹出的【图层样式】对话框中分别设置【描边】和【投影】，选项的参数如图 2-54 所示。

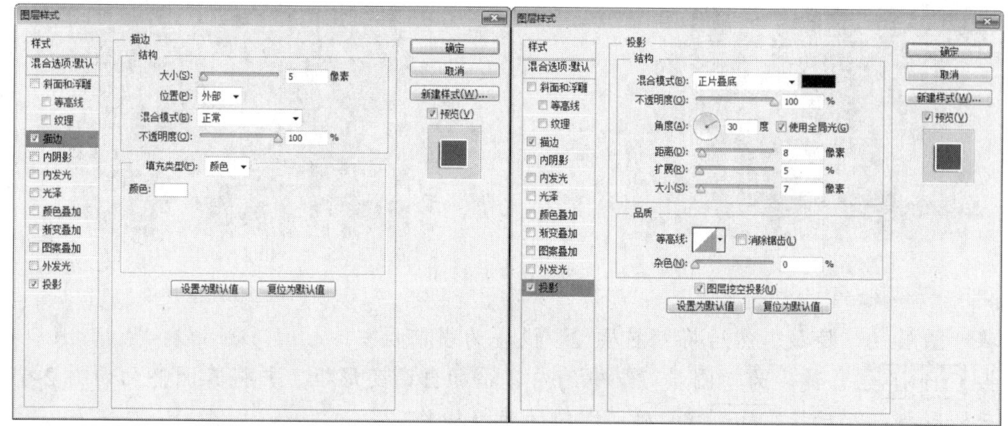

图2-54 【图层样式】对话框

7. 单击 确定 按钮，添加图层样式后的图像效果如图 2-55 所示。
8. 利用 工具，绘制出如图 2-56 所示的矩形选区。

图2-55　添加图层样式的图像效果

图2-56　绘制的选区

9. 按 Ctrl+J 组合键，将选区中的内容通过复制生成“图层 2”，复制出的图像效果如图 2-57 所示。
10. 继续利用 工具，绘制出如图 2-58 所示的矩形选区。

图2-57　复制出的图像

图2-58　绘制的选区

11. 将“图层 0”设置为当前层，然后按 Ctrl+J 组合键，将选区中的内容通过复制生成“图层 3”，复制出的图像效果如图 2-59 所示。
12. 用与步骤 10～步骤 11 相同的方法，依次复制出如图 2-60 所示的图像。

图2-59　复制出的图像

图2-60　复制出的图像

13. 将“图层 0”隐藏，然后将“图层 2”设置为当前层。
14. 按 Ctrl+T 组合键，为“图层 2”中的内容添加自由变形框，并将其调整至如图 2-61 所示的形态，然后按 Enter 键，确认图像的变换操作。
15. 用与步骤 14 相同的方法，依次将各层中的图像调整至如图 2-62 所示的形态。

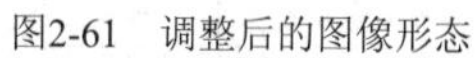

图2-61　调整后的图像形态

图2-62　调整后的图像形态

16. 按Shift+Ctrl+S组合键，将文件另命名为“制作拼图效果.psd”保存。

2.5　综合实例——制作婚纱相册

本例灵活运用图层的各种操作来制作婚纱相册。

【步骤解析】

1. 按Ctrl+O组合键，将附盘中“图库\第 02 章”目录下名为“背景.psd”和“照片 01.jpg”的图片打开，如图 2-63 所示。

图2-63　打开的图片

2. 将“照片 01”图片移动复制到“背景”文件中生成“图层 1”，效果如图 2-64 所示。

要点提示　如自动生成的“图层 1”位于其他图层的上方，可灵活运用【图层】/【排列】命令对图层的堆叠顺序进行调整。

3. 将鼠标指针移动到如图 2-65 所示的“眼睛”位置单击，将“画框”层在画面中隐藏，然后用相同的方法，将“文字”层在画面中隐藏。

图2-64　移动图片

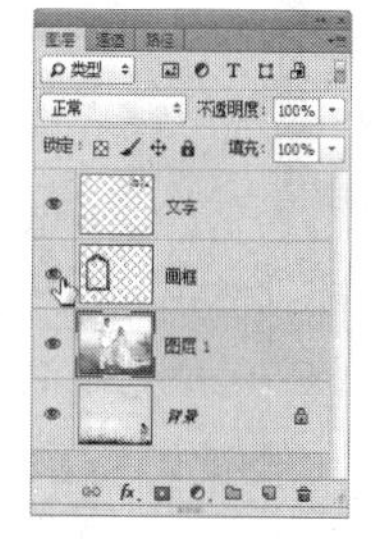

图2-65　隐藏图层

4. 确认“图层 1”为工作层，将该图层的【不透明度】选项的参数设置为“50%”，降低不透明度后的效果如图 2-66 所示。

5. 选择工具，然后单击属性栏中的按钮，在弹出的【笔头设置】面板中设置参数如图 2-67 所示。

图2-66　降低不透明度后的效果

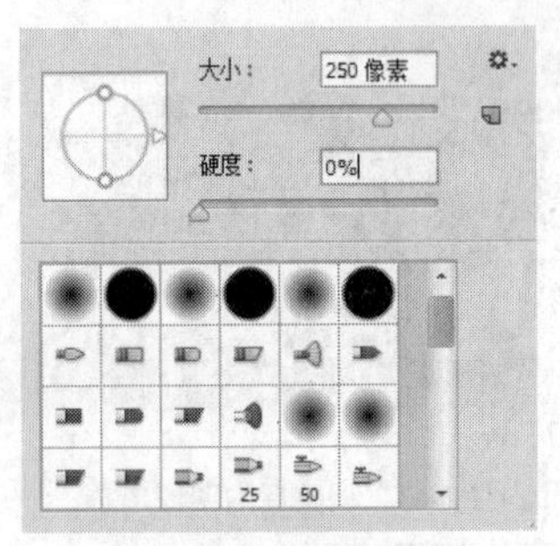

图2-67　设置的笔头参数

6. 在属性栏中设置不透明度：50% 选项的参数为“50%”，然后将鼠标指针移动到画面的右下角，按住左键并拖曳鼠标，对图像进行擦除，效果如图 2-68 所示。
7. 单击“背景”层，将其设置为工作层，然后利用工具对其右下角和下部区域进行擦除，擦除后的效果如图 2-69 所示。

图2-68　擦除图像

图2-69　擦除图像后的效果

8. 在【图层】面板中分别单击“画框”和“文字”层前面的显示控制区，将隐藏的图层在画面中显示，如图 2-70 所示。
9. 按 Ctrl+O 组合键，将附盘中“图库\第 02 章”目录下名为“照片 02.jpg”的图片打开，如图 2-71 所示。

图2-70　显示隐藏图像后的效果

图2-71　打开的图片

10. 按 Ctrl+A 组合键，将画面全部选择，然后按 Ctrl+C 组合键，将选择的内容复制到剪贴板中。
11. 将“背景”文件设置为工作状态，然后将“画框”层设置为当前层。
12. 选择工具，勾选属性栏中的【连续】复选框，然后在画框内单击鼠标左键添加如图 2-72 所示的选区。
13. 执行【编辑】/【选择性粘贴】/【贴入】命令，将剪贴板中的内容贴入当前选区中，此

时会在【图层】面板中生成“图层 2”，且生成蒙版层，如图 2-73 所示。

图2-72　添加的选区

图2-73　复制图像贴入选区后的效果

14. 按 Ctrl+O 组合键，将附盘中“图库\第 02 章”目录下名为“照片 03.jpg”的图片打开，并将其移动复制到“背景”文件中生成“图层 3”。
15. 按 Ctrl+T 组合键为“图层 3”中的图像添加自由变形框，并将属性栏中 W: 65.00% H: 65.00% 选项的参数都设置为“65.00%”，然后按 Enter 键，确认图像的变换操作。
16. 利用工具，将调整大小后的图像移动到如图 2-74 所示的位置。
17. 选择工具，绘制出如图 2-75 所示的矩形选区，然后按 Delete 键，删除选择的内容。

图2-74　图片放置的位置

图2-75　绘制的选区

18. 在选区内按住左键并向右拖曳鼠标，将选区移动至如图 2-76 所示的位置，再按 Delete 键，删除选择的内容，然后按 Ctrl+D 组合键，取消选取，删除后的效果如图 2-77 所示。

图2-76　选区放置的位置

图2-77　删除后的效果

19. 执行【图层】/【图层样式】/【描边】命令，在弹出的【图层样式】对话框中，单击【颜色】选项右侧的色块，在弹出的【选取描边颜色】对话框中，将颜色设置为白色，然后设置其他参数，如图 2-78 所示。
20. 在【图层样式】对话框中单击左侧的【投影】选项，设置投影选项参数，如图 2-79 所示。

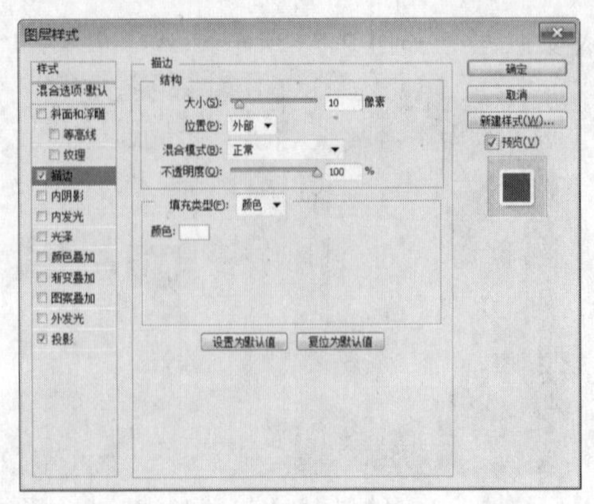

图2-78　描边参数设置

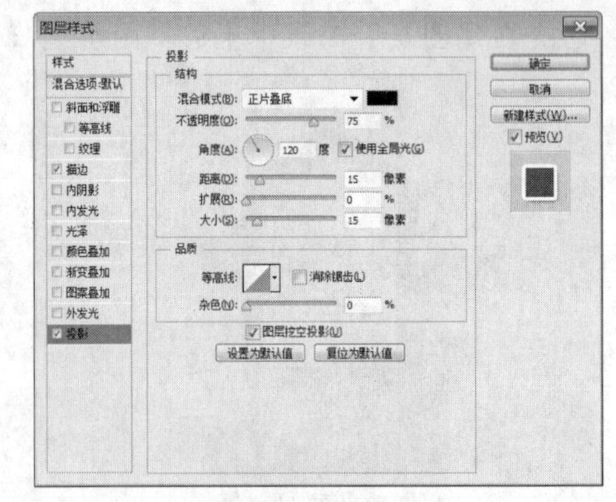

图2-79　投影参数设置

21. 单击 确定 按钮，为“图层 3”中的图像描绘白色边缘并添加黑色的投影效果，如图 2-80 所示。

图2-80　添加图层样式后的效果

22. 执行【图层】/【图层样式】/【拷贝图层样式】命令，将“图层 3”中的图层样式复制到剪贴板中。
23. 将“画框”图层设置为当前层，然后执行【图层】/【图层样式】/【粘贴图层样式】命令，将剪贴版中的图层样式粘贴到当前层中。
24. 在“画框”图层下方的【描边】样式层上按住鼠标左键，并向下拖曳至 按钮上释放鼠标左键，将【描边】样式层删除。

    至此，婚纱相册设计完成，整体效果如图 2-81 所示。

图2-81　设计的婚纱相册效果

25. 按 Shift+Ctrl+S 组合键，将文件另命名为“婚纱相册.psd”保存。

2.6 习题

1. 灵活运用【图层混合模式】选项，为白色 T 恤衫添加卡通图案，原图片及添加图案后的效果如图 2-82 所示。

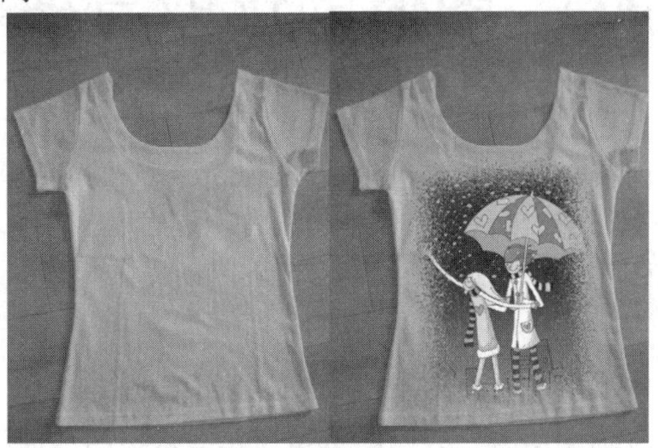

图2-82　原图片及添加图案后的效果

2. 灵活运用图层及各【图层】命令合成如图 2-83 所示的婚纱相册。

图2-83　合成的婚纱相册画面效果

第3章　图像的选取与移动

工具箱默认位于界面窗口的左侧，包含 Photoshop CC 的各种图形绘制和图像处理工具。工具箱中的工具较多，也比较重要，为了使读者能更好地学习和理解这部分内容，本书分为 4 个章节对工具箱中的工具进行介绍。本章先对选区工具和移动工具进行详细的讲解。

3.1　区域选择工具

在利用 Photoshop 处理图像时，对图像局部及指定位置的处理，需要先用选区将其选择。Photoshop CC 提供的选区工具有很多种，利用它们可以按照不同的形式来选定图像进行调整或添加效果。

3.1.1　选框工具

选框工具组中有 4 种选框工具，分别是【矩形选框】工具、【椭圆选框】工具、【单行选框】工具和【单列选框】工具。默认情况下处于选择状态的是工具，将鼠标指针放置到此工具上，按住鼠标左键不放或单击鼠标右键，即可展开隐藏的工具组。

一、　【矩形选框】工具的使用方法

【矩形选框】工具主要用于绘制各种矩形或正方形选区。选择工具后，在画面中的适当位置按下鼠标左键并拖曳，释放鼠标左键后即可创建一个矩形选区，如图 3-1 所示。

二、　【椭圆选框】工具的使用方法

【椭圆选框】工具主要用于绘制各种圆形或椭圆形选区。选择工具后，在画面中的适当位置按下鼠标左键并拖曳，释放鼠标左键后即可创建一个椭圆形选区，如图 3-2 所示。

图3-1　绘制的矩形选区

图3-2　绘制的椭圆形选区

三、　【单行选框】工具和【单列选框】工具的使用方法

【单行选框】工具和【单列选框】工具主要用于创建 1 像素高度的水平选区和 1 像素宽度的垂直选区。选择或工具后，在画面中单击即可创建单行或单列选区。

要点提示 用【矩形选框】工具和【椭圆选框】工具绘制选区时，按住 Shift 键拖曳鼠标，可以绘制以按下鼠标左键位置为起点的正方形或圆形选区；按住 Alt 键拖曳鼠标，可以绘制以按下鼠标左键位置为中心的矩形或椭圆选区；按住 Alt+Shift 组合键拖曳鼠标，可以绘制以按下鼠标左键位置为中心的正方形或圆形选区。

选框工具组中各工具的属性栏完全相同，如图 3-3 所示，下面是对属性栏中各功能按钮的详细介绍。

图3-3 选框工具属性栏

(1) 选区运算按钮。

在 Photoshop CC 中除了能绘制基本的选区外，还可以结合属性栏中的按钮将选区进行相加、相减和相交运算。

- 【新选区】按钮：默认情况下此按钮处于激活状态。即在图像文件中依次创建选区，图像文件中将始终保留最后一次创建的选区。
- 【添加到选区】按钮：激活此按钮或按住 Shift 键，在图像文件中依次创建选区，后创建的选区将与先创建的选区合并成为新的选区，如图 3-4 所示。

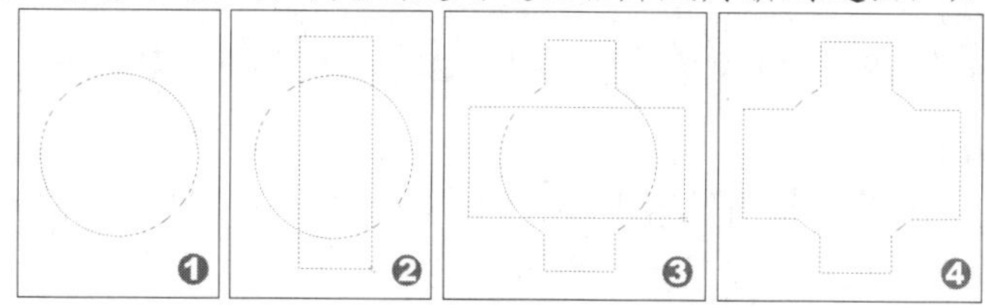

图3-4 添加到选区操作示意图

- 【从选区减去】按钮：激活此按钮或按住 Alt 键，在图像文件中依次创建选区，如果后创建的选区与先创建的选区有相交部分，则从先创建的选区中减去相交的部分，剩余的选区作为新的选区，如图 3-5 所示。

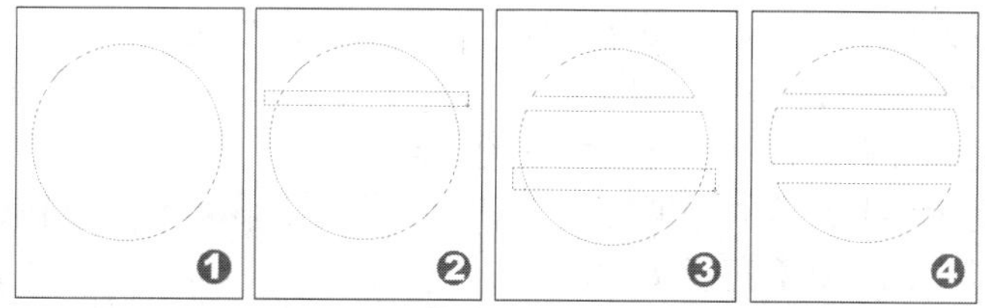

图3-5 从选区中减去操作示意图

- 【与选区交叉】按钮：激活此按钮或按住 Shift+Alt 组合键，在图像文件中依次创建选区，如果后创建的选区与先创建的选区有相交部分，则相交的部分会成为新的选区，如图 3-6 所示；如果创建的选区之间没有相交部分，系统将弹出如图 3-7 所示的【Adobe Photoshop CC】对话框，警告未选择任何像素。

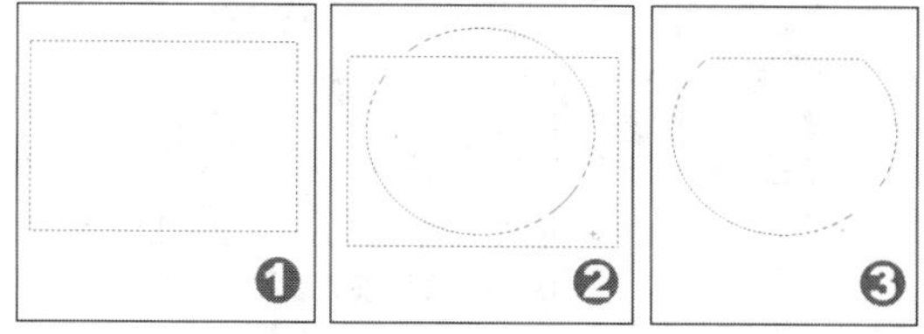

图3-6 与选区交叉操作示意图

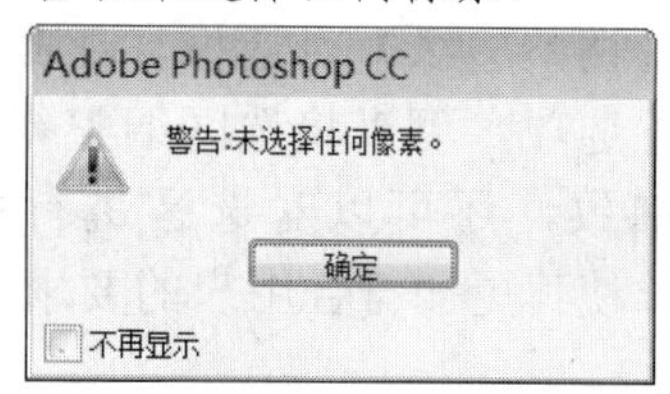

图3-7 警告对话框

(2)　选区羽化设置。

在绘制选区之前，在【羽化】文本框中输入数值，再绘制选区，可使创建选区的边缘变得平滑，填色后产生柔和的边缘效果。图 3-8 所示为无羽化选区和设置羽化后填充红色的效果。

要点提示 在设置【羽化】选项的参数时，其数值一定要小于要创建选区的最小半径，否则系统会弹出警告对话框，提示用户将选区绘制得大一点，或将【羽化】选项设置得小一点。

当绘制完选区后，执行【选择】/【修改】/【羽化】命令（快捷键为 Shift+F6 组合键），在弹出的如图 3-9 所示的【羽化选区】对话框中，设置适当的【羽化半径】选项的值，单击 确定 按钮，也可对选区进行羽化设置。

图3-8　设置不同的【羽化】值填充红色后的效果

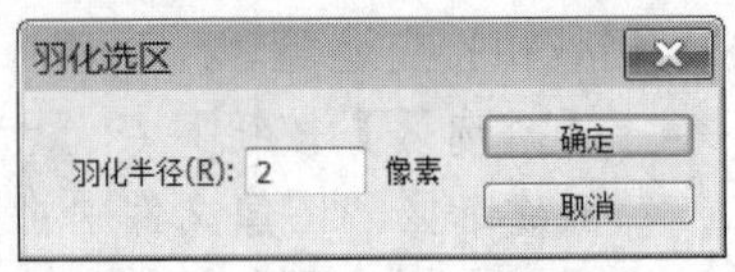

图3-9　【羽化选区】对话框

要点提示 羽化半径值决定选区的羽化程度，其值越大，产生的平滑度越高，柔和效果也越好。另外，在进行羽化值的设置时，如文件尺寸与分辨率较大，其值相对也要大一些。

(3)　【消除锯齿】选项。

Photoshop 中的位图图像是由像素点组成的，因此在编辑圆形或弧形图形时，其边缘会出现锯齿现象。当在属性栏中勾选【消除锯齿】复选框后，即可通过淡化边缘来产生与背景颜色之间的过渡，使锯齿边缘得到平滑效果。

(4)　【样式】选项。

单击属性栏中【样式】选项右侧的 正常 按钮，弹出的下拉列表中有【正常】、【约束长宽比】和【固定大小】3 个选项。

- 选择【正常】选项，可以在图像文件中创建任意大小或比例的选区。
- 选择【约束长宽比】选项，可以在【样式】选项后的【宽度】和【高度】文本框中设定数值来约束所绘选区的宽度和高度比。
- 选择【固定大小】选项，可以在【样式】选项后的【宽度】和【高度】文本框中设定将要创建选区的宽度和高度值，其单位为像素。

(5)　调整边缘... 按钮

单击此按钮，将弹出如图 3-10 所示的【调整边缘】对话框。在此对话框中设置选项，可以将选区调整得更加平滑和细致，还可以对选区进行扩展或收缩，使其更加符合用户的要求。

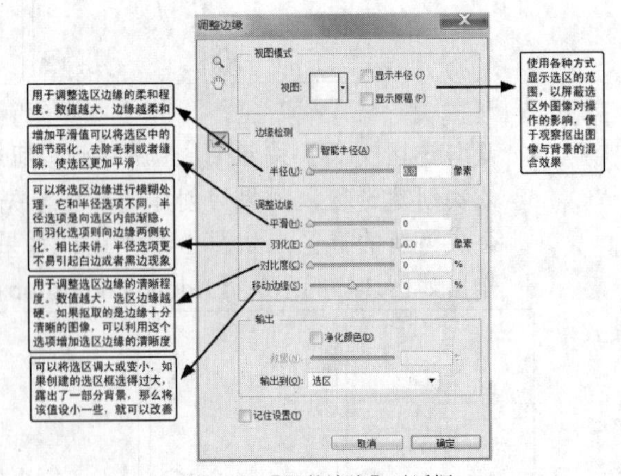

图3-10　【调整边缘】对话框

3.1.2 套索工具

套索工具是一种使用灵活、形状自由的选区绘制工具，该工具组包括【套索】工具、【多边形套索】工具和【磁性套索】工具。下面介绍这 3 种套索工具的使用方法。

一、【套索】工具的使用方法

选择【套索】工具，在图像轮廓边缘任意位置按下鼠标左键设置绘制的起点，拖曳鼠标到任意位置后释放鼠标左键，即可创建出形状自由的选区，如图 3-11 所示。套索工具的自由性很大，在利用套索工具绘制选区时，必须对鼠标有良好的控制能力，才能绘制出满意的选区。此工具一般用于修改已经存在的选区或绘制没有具体形状要求的选区。

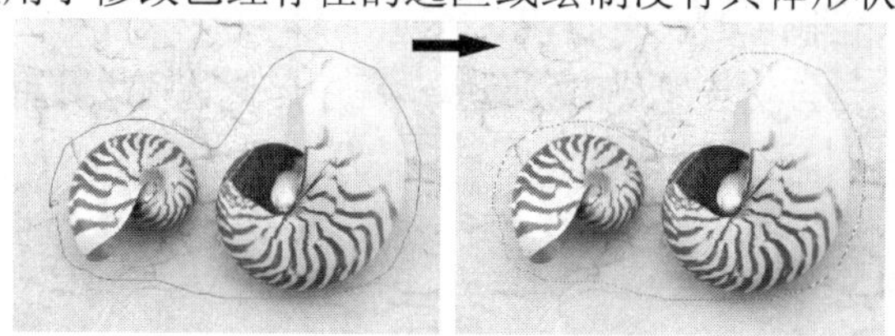

图3-11 【套索】工具操作示意图

二、【多边形套索】工具的使用方法

选择【多边形套索】工具，在图像轮廓边缘任意位置单击设置绘制的起点，拖曳鼠标到合适的位置后再次单击鼠标设置转折点，直到鼠标指针与最初设置的起点重合（此时鼠标指针的下面会出现一个小圆圈），然后在重合点上单击即可创建出选区，如图 3-12 所示。

图3-12 【多边形套索】工具操作示意图

要点提示 在利用【多边形套索】工具绘制选区的过程中，按住 Shift 键，可以沿水平方向、垂直方向或成 45° 倍数的方向绘制；按 Backspace 键，可逐步撤销已经绘制的选区转折点；双击可以闭合选区。

三、【磁性套索】工具的使用方法

选择【磁性套索】工具，在图像边缘单击设置绘制的起点，然后沿图像的边缘拖曳鼠标，选区会自动吸附在图像中对比最强烈的边缘，如果选区的边缘没有吸附在想要的图像边缘，可以通过单击鼠标添加一个紧固点来确定要吸附的位置，再拖曳鼠标，直到鼠标指针与最初设置的起点重合时，单击鼠标即可创建选区，如图 3-13 所示。

图3-13 【磁性套索】工具操作示意图

套索工具组的属性栏与选框工具组的属性栏基本相同，只是【磁性套索】工具的属性

栏增加了几个新的选项，如图 3-14 所示。

图3-14　【磁性套索】工具属性栏

- 【宽度】选项：决定使用【磁性套索】工具时的探测范围。数值越大，探测范围越大。
- 【对比度】选项：决定【磁性套索】工具探测图形边界的灵敏度。该数值过大时，将只能对颜色分界明显的边缘进行探测。
- 【频率】选项：在利用【磁性套索】工具绘制选区时，会有很多的小矩形对图像的选区进行固定，以确保选区不被移动。此选项决定这些小矩形出现的次数。数值越大，在拖曳过程中出现的小矩形越多。
- 【压力】按钮：当安装了绘图板和驱动程序后此选项才可用，它主要用来设置绘图板的笔刷压力。设置此选项时，钢笔的压力增加，会使套索的宽度变细。

3.1.3 快速选择和魔棒工具

对于轮廓分明、背景颜色单一的图像来说，利用【快速选择】工具和【魔棒】工具选择图像是非常不错的方法。下面介绍这两种工具的使用方法。

一、【快速选择】工具

【快速选择】工具是一种非常直观、灵活和快捷的选择图像中面积较大的单色区域的工具。其使用方法为，在需要添加选区的图像位置按下鼠标左键，然后移动鼠标，即可将鼠标指针经过的区域及与其颜色相近的区域添加为一个选区，如图 3-15 所示。

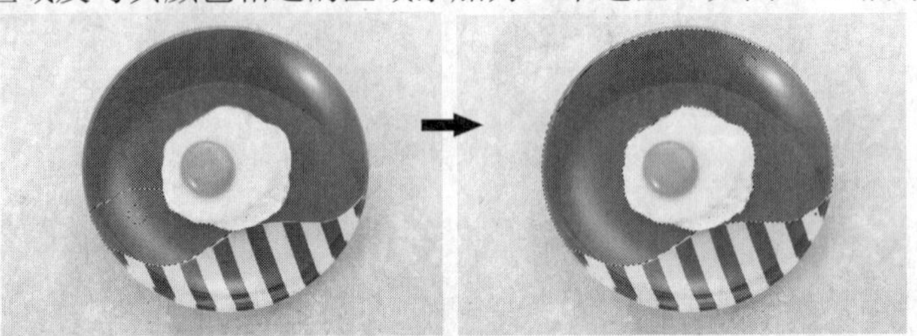

图3-15　【快速选择】工具操作示意图

【快速选择】工具的属性栏如图 3-16 所示。

图3-16　【快速选择】工具属性栏

- 【新选区】按钮：默认状态下此按钮处于激活状态，此时在图像中按下鼠标左键拖曳可以绘制新的选区。
- 【添加到选区】按钮：当使用按钮添加选区后，此按钮会自动切换为激活状态，按下鼠标左键在图像中拖曳，可以增加图像的选择范围。
- 【从选区减去】按钮：激活此按钮，可以将图像中已有的选区按照鼠标拖曳的区域来减少被选择的范围。
- 【画笔】选项：用于设置所选范围区域的大小。
- 【对所有图层取样】选项：勾选此复选框，在绘制选区时，将应用到所有可见图层中。若不勾选此复选框，则只能选择工作层中与单击处颜色相近的部分。

- 【自动增强】选项：设置此选项，添加的选区边缘会减少锯齿的粗糙程度，且自动将选区向图像边缘进一步扩展调整。

二、【魔棒】工具的使用方法

【魔棒】工具主要用于选择图像中面积较大的单色区域或相近的颜色。其使用方法非常简单，只需在要选择的颜色范围内单击，即可将图像中与鼠标指针落点相同或相近的颜色全部选择，如图 3-17 所示。

图3-17 【魔棒】工具操作示意图

【魔棒】工具的属性栏如图 3-18 所示。

图3-18 【魔棒】工具属性栏

- 【容差】文本框：决定创建选区的精度。数值越大，选择精度越小，创建选区的范围就越大。
- 【连续】复选框：勾选此复选框，只能选择图像中与鼠标单击处颜色相近且相连的部分；若不勾选此复选框，则可以选择图像中所有与鼠标单击处颜色相近的部分，如图 3-19 所示。

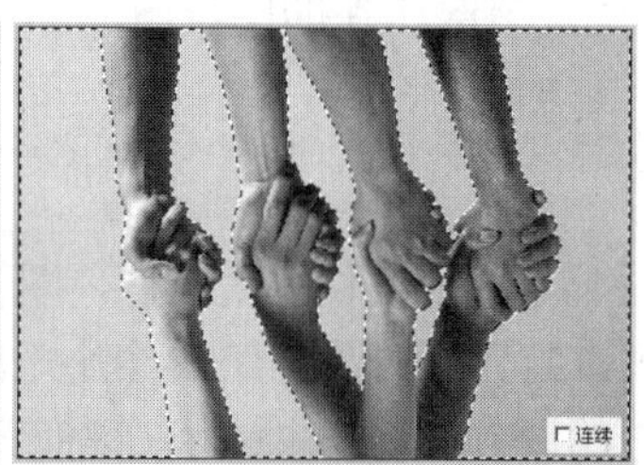

图3-19 勾选与不勾选【连续】复选框时创建的选区

- 【对所有图层取样】复选框：勾选此复选框，可以选择所有可见图层中与鼠标单击处颜色相近的部分；若不勾选此复选框，则只能选择工作层中与鼠标单击处颜色相近的部分。

3.1.4 移动选区和取消选区

在图像中创建选区后，无论当前使用哪一种选区工具，将鼠标指针移动到选区内，此时鼠标指针变为形状，按下鼠标左键拖曳即可移动选区的位置。按键盘上的→、←、↑或↓方向键，可以按照 1 个像素单位来移动选区的位置；如果按住 Shift 键再按方向键，可以一次以 10 个像素单位来移动选区的位置。

当图像编辑完成，不再需要当前的选区时，可以通过执行【选择】/【取消选择】命令

将选区取消。最常用的还是通过按 Ctrl+D 组合键来取消选区，此组合键在处理图像时会经常用到。

3.2 【移动】工具

【移动】工具是图像处理操作中应用最频繁的工具。利用它可以在当前文件中移动或复制图像，也可以将图像由一个文件移动复制到另一个文件中，还可以对选择的图像进行变换、排列、对齐与分布等操作。

利用【移动】工具移动图像的方法非常简单，在要移动的图像内拖曳鼠标，即可移动图像的位置。在移动图像时，按住 Shift 键可以确保图像在水平、垂直或 45º 的倍数方向上移动；配合属性栏及键盘操作，还可以复制和变形图像。

【移动】工具的属性栏如图 3-20 所示。

自动选择：组　显示变换控件　3D 模式：

图3-20　【移动】工具的属性栏

默认情况下，【移动】工具属性栏中只有【自动选择】复选框和【显示变换控件】复选框可用，右侧的【对齐】和【分布】按钮及 3D 模式按钮只有在满足一定条件后才可用。

3.2.1 自动选择要移动的图层

勾选【自动选择】选项复选框，在图像文件中移动图像，软件会自动选择鼠标指针所在位置上第一个有可见像素的图层，否则工具移动的是【图层】面板中当前选择的图层。

单击图层按钮，可在弹出的选项中选择移动图层或者图层组。选择【组】选项，在移动图层时，会同时移动该图层所在的图层组。

3.2.2 变换图像

勾选属性栏中的【显示变换控件】复选框，图像文件中会根据当前层（背景层除外）图像的大小出现虚线的定界框。定界框的四周有 8 个小矩形，称为调节点。中间的符号为调节中心。将鼠标指针放置在定界框的调节点上按住鼠标左键拖曳，可以对定界框中的图像进行变换调节。

在 Photoshop CC 中，变换图像的方法主要有 3 种。一是直接利用【移动】工具属性栏中的显示变换控件复选框来变换图像；二是执行【编辑】/【自由变换】命令来变换图像；三是利用【编辑】/【变换】子菜单中的命令变换图像。但无论使用哪种方法，都可以得到相同的变换效果。各种变换形态的具体操作如下。

一、　缩放图像

将鼠标指针放置到变换框各边中间的调节点上，当鼠标指针显示为↔或↕形状时，按下鼠标左键左右或上下拖曳，可以水平或垂直方向上缩放图像。将鼠标指针放置到变换框 4 个角的调节点上，当鼠标指针显示为↖或↗形状时，按下鼠标左键并拖曳，可以任意缩放图像。此时，按住 Shift 键可以等比例缩放图像；按住 Alt+Shift 组合键可以以变换框的调节中心为基准等比例缩放图像。以不同方式缩放图像时的形态如图 3-21 所示。

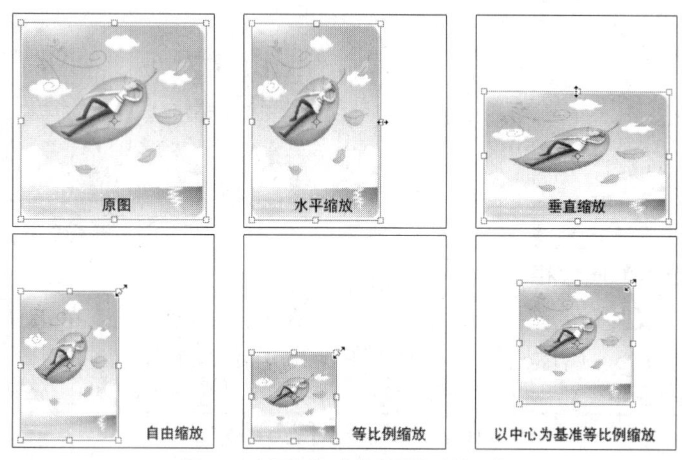

图3-21　以不同方式缩放图像时的形态

二、 旋转图像

将鼠标指针移动到变换框的外部，当鼠标指针显示为 ↰ 或 ↶ 形状时拖曳鼠标指针，可以围绕调节中心旋转图像，如图 3-22 所示。若按住 Shift 键旋转图像，可以使图像按 15°角的倍数旋转。

要点提示 在【编辑】/【变换】子菜单中选择【旋转 180 度】、【旋转 90 度（顺时针）】、【旋转 90 度（逆时针）】、【水平翻转】或【垂直翻转】命令，可以将图像旋转 180°、顺时针旋转 90°、逆时针旋转 90°、水平翻转或垂直翻转。

三、 斜切图像

执行【编辑】/【变换】/【斜切】命令，或按住 Ctrl+Shift 组合键调整变换框的调节点，可以将图像斜切变换，如图 3-23 所示。

图3-22　旋转图像

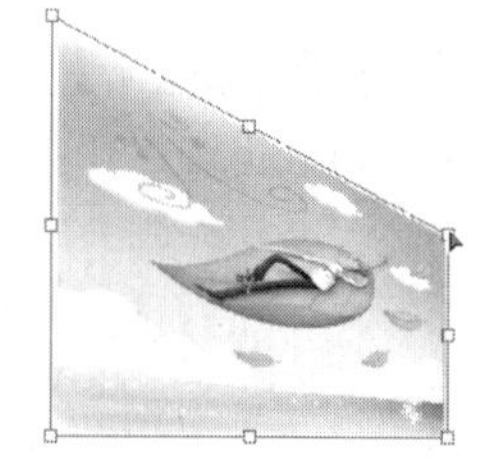

图3-23　斜切变换图像

四、 扭曲图像

执行【编辑】/【变换】/【扭曲】命令，或按住 Ctrl 键调整变换框的调节点，可以对图像进行扭曲变形，如图 3-24 所示。

五、 透视图像

执行【编辑】/【变换】/【透视】命令，或按住 Ctrl+Alt+Shift 组合键调整变换框的调节点，可以使图像产生透视变形效果，如图 3-25 所示。

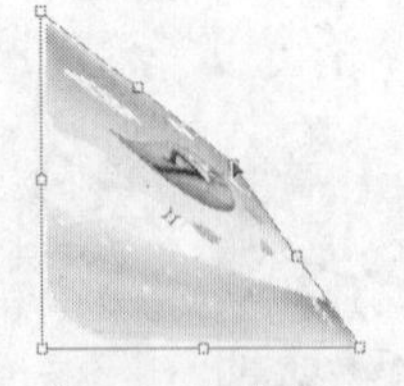

图3-24　扭曲变形

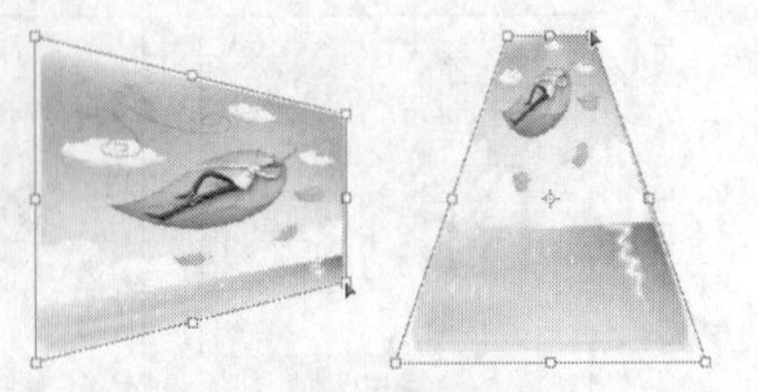

图3-25　透视变形

六、【自由变换】属性栏

勾选属性栏中的【显示变换控件】复选框，并在显示的变换框上单击鼠标，或执行【编辑】/【自由变换】命令，属性栏将显示为如图 3-26 所示的形态。

图3-26　【自由变换】命令属性栏

- 【参考点位置】图标：中间的黑点表示调节中心在变换框中的位置，在任意白色小点上单击，可以定位调节中心的位置。另外，将鼠标指针移动至变换框中间的调节中心上，待鼠标指针显示为形状时拖曳，可以在图像中任意移动调节中心的位置。
- 【X】、【Y】文本框：用于精确定位调节中心的坐标。
- 【W】、【H】文本框：分别控制变换框中的图像在水平方向和垂直方向缩放的百分比。激活【保持长宽比】按钮，可以保持图像的长宽比例来缩放。
- 【旋转】按钮：用于设置图像的旋转角度。
- 【H】、【V】文本框：分别控制图像的倾斜角度，【H】文本框表示水平方向，【V】文本框表示垂直方向。
- 【在自由变换和变形之间切换】按钮：激活此按钮，可以将自由变换模式切换为变形模式；取消其激活状态，可再次切换到自由变换模式。
- 【取消变换】按钮：单击按钮（或按 Esc 键），将取消图像的变形操作。
- 【进行变换】按钮：单击按钮（或按 Enter 键），将确认图像的变形操作。

七、变形图像

执行【编辑】/【变换】/【变形】命令，或激活属性栏中的【在自由变换和变形模式之间切换】按钮，变换框将转换为变形框，通过调整变形框来调整图像，如图 3-27 所示。

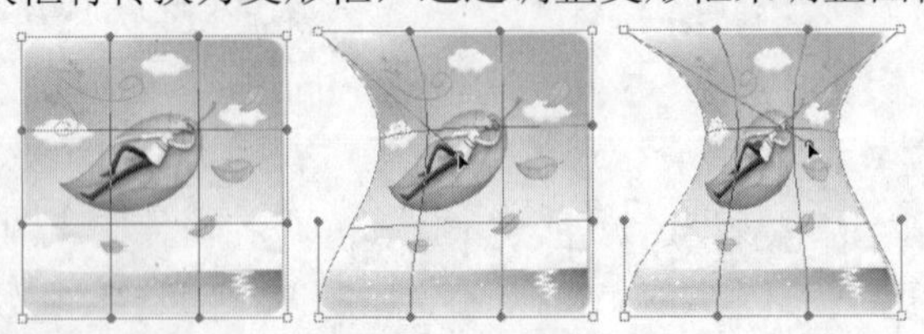

图3-27　变形图像

此时的属性栏如图 3-28 所示。

图3-28　图像变形时的属性栏

- 【样式】按钮 自定 ：单击此按钮将弹出下拉列表，其中包含了 15 种变形样式及无样式和自定样式选项。选择不同样式产生的文字变形效果如图 3-29 所示。

- 按钮：设置图形是在水平方向还是在垂直方向上进行变形。
- 【弯曲】选项：设置图形扭曲的程度。
- 【H】和【V】选项：设置图形在水平或垂直方向上的扭曲程度。

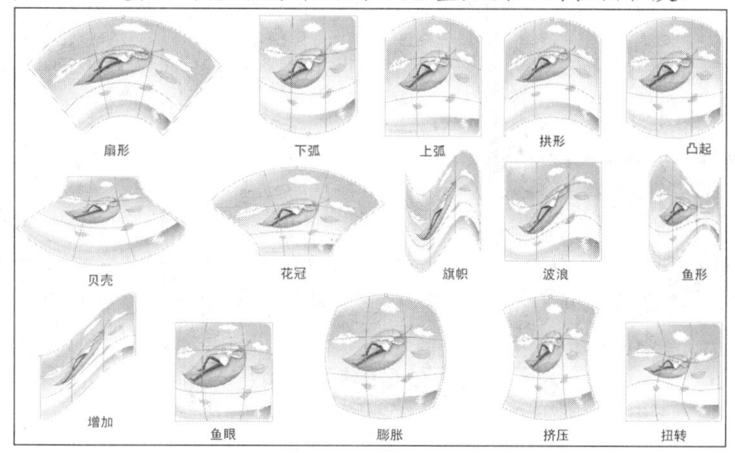

图3-29　各种变形效果

3.2.3 典型实例 1——合成装饰画

下面灵活运用【移动】工具，将两幅图像进行合成，制作出装饰画效果。

【步骤解析】

1. 执行【文件】/【打开】命令，打开附盘中“图库\第 03 章”目录下名为“画框.jpg”和“风景画.jpg”的文件，如图 3-30 所示。

图3-30　打开的图片文件

2. 将“画框.jpg”文件设置为当前工作状态，再选择工具，并将属性栏中【连续】选项的勾选取消，设置【容差】的参数为“32”，然后将鼠标指针移动到画面中的白色区域单击鼠标左键，创建如图 3-31 所示的选区。
3. 执行【选择】/【反向】命令（快捷键为 Shift+Ctrl+I 组合键），将创建的选区反选。
4. 按 D 键，将工具箱中的背景色设置为白色。
5. 执行【图层】/【新建】/【通过剪切的图层】命令（快捷键为 Shift+Ctrl+J 组合键），将选择的画框通过剪切生成新的图层“图层 1”，此时的【图层】面板如图 3-32 所示。

执行【通过剪切的图层】命令后，剪切后的图形下面将显示与工具箱中的背景色相同的颜色。在使用【图层】/【新建】/【通过剪切的图层】命令进行操作之前，设置背景色为白色，是为了使剪切后画框下面的背景位置也显示为白色。

图3-31　创建的选区

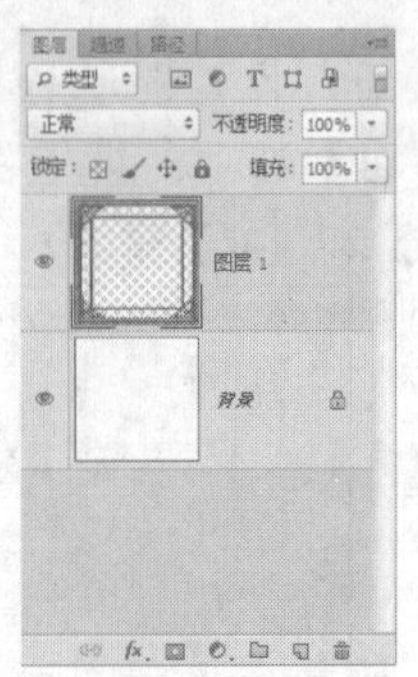

图3-32　生成的新图层

6. 将鼠标指针移动到“风景画.jpg”文件的文档名称位置单击，将此文件设置为工作状态。
7. 选择工具，将鼠标指针放置到风景画上按住鼠标左键，并将其拖曳到“画框.jpg”文件的文档名称处，如图 3-33 所示。

图3-33　拖曳鼠标状态

8. 当“画框.jpg”文件显示为当前工作状态时，将鼠标指针向下移动至文档窗口中，此时鼠标指针的显示状态如图 3-34 所示。
9. 释放鼠标左键，“风景画”图片即移动复制到“画框”图片中，如图 3-35 所示。

图3-34　移动复制图片时的鼠标指针显示形态

图3-35　移动复制后的图片

10. 此时在【图层】面板中将自动生成一个新的图层“图层 2”，如图 3-36 所示。
11. 执行【图层】/【排列】/【后移一层】命令，将“图层 2”调整至“图层 1”的下方，如图 3-37 所示，此时的画面效果如图 3-38 所示。

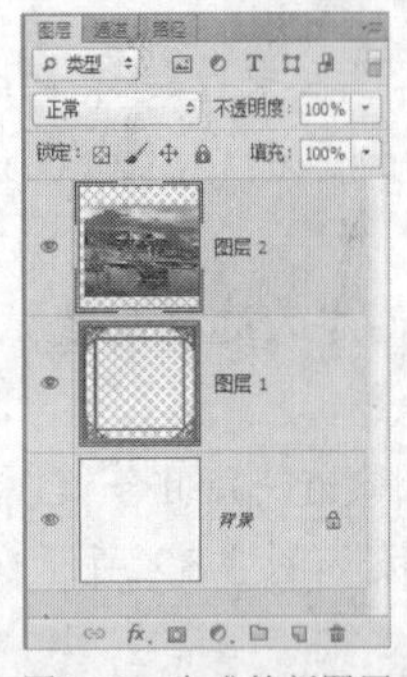

图3-36　生成的新图层

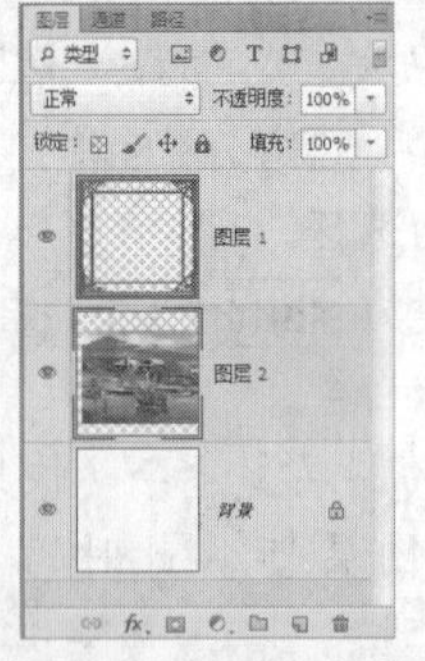

图3-37　调整顺序后的效果

图3-38　调整图层位置后的画面

12. 确认工具箱中的背景色为白色，执行【图像】/【画布大小】命令（快捷键为 Alt+Ctrl+C 组合键），弹出【画布大小】对话框，设置【宽度】选项的参数为“12”，然后单击如图 3-39 所示的定位点，即向右侧增加画布的大小。

13. 单击 确定 按钮，扩展画布后的文件如图 3-40 所示。

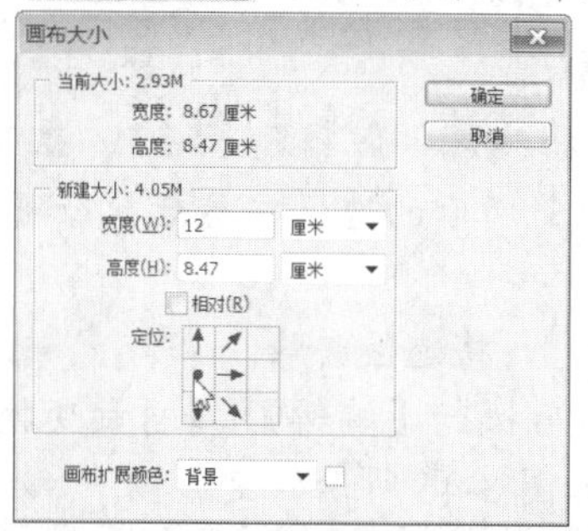

图3-39 【画布大小】对话框中的参数设置

图3-40 扩展画布后的文件

此时可以看到，“风景画”与“画框”图片的大小不适合，下面利用移动复制画框的方法来调整画框与画面的大小。

14. 在【图层】面板中单击“图层 1”，将其设置为工作层，选择[ ]工具，并在画面中绘制如图 3-41 所示的矩形选区。
15. 选择[ ]工具，按住 Shift 键，将鼠标指针放置到选区内，按住鼠标左键并向右拖曳，将选区内的画框向右水平移动到如图 3-42 所示的位置。

图3-41 绘制出的矩形选区

图3-42 移动选区内的画框放置的位置

16. 在【图层】面板中将背景层设置为工作层，然后按 Ctrl+Delete 组合键，为其填充一次白色，去除移动画框时所留下的边缘痕迹。
17. 将“图层 1”设置为工作层，然后继续利用[ ]工具绘制出如图 3-43 所示的矩形选区。
18. 选择[ ]工具，按住 Shift+Alt 组合键，将鼠标指针放置到选区内，此时鼠标指针显示为[ ]状态。
19. 按住鼠标左键并向右拖曳，将选区内的画框向右水平移动复制，使画框变为一个整体，状态如图 3-44 所示。

图3-43 绘制出的矩形选区

图3-44 移动复制画框时的状态

利用【移动】工具移动图像时，按住 Shift 键，可以确保图像在水平、垂直或 45° 角的倍数上移动；按住 Alt 键，可以对图像移动复制；同时按住 Shift+Alt 组合键，可以将图像在水平、垂直或 45° 角的倍数上移动复制。当前选择的不是【移动】工具时，按住 Ctrl+Alt 组合键移动图像，也可以进行图像的移动复制。

20. 再次利用 工具，根据画框的大小绘制出如图 3-45 所示的选区，然后执行【图像】/【裁剪】命令，将选区以外的区域裁剪掉。
21. 执行【选择】/【取消选择】命令（快捷键为 Ctrl+D），将选区去除。
22. 在【图层】面板中将“图层 2”设置为工作层，然后执行【编辑】/【自由变换】命令（快捷键为 Ctrl+T），此时将在风景画的周围显示如图 3-46 所示的变形框。

图3-45　绘制的选区

图3-46　显示的变换框

23. 按住 Shift 键，将鼠标指针移动到变换框左下角的控制点上，当鼠标指针显示为双向箭头时，按下鼠标左键并向右上方拖曳，等比例缩小风景画。
24. 当风景画的下边缘与画框中间框的下边框对齐时，释放鼠标左键。
25. 再次将鼠标指针移动到变换框左侧中间的控制点上，当鼠标指针显示为双向箭头时按下鼠标左键并向右拖曳，将风景画调整至如图 3-47 所示的大小。
26. 单击属性栏中的【进行变换】按钮，确认图片的大小调整，效果如图 3-48 所示。

图3-47　风景画调整后的大小及位置

图3-48　组合后的画面效果

27. 至此，画面组合完成，按 Shift+Ctrl+S 组合键，将当前文件另命名为“合成图像.psd”保存。

3.2.4　典型实例 2——移动复制图像

下面以实例的形式来讲解移动复制图像操作。

【步骤解析】

1. 将附盘中"图库\第 03 章"目录下名为"花卉.jpg"的文件打开，如图 3-49 所示。
2. 利用工具将白色背景选取，然后执行【选择】/【反选】命令，将选区反选。
3. 执行【图层】/【新建】/【通过拷贝的图层】命令，将选区内的图像通过复制生成"图层 1"。
4. 将"背景"层设置为工作层，然后将前景色设置为白色，并按 Alt+Delete 组合键为背景层填充白色。
5. 将"图层 1"设置为工作层，按 Ctrl+T 组合键给图案添加变换框，将图案缩小后移动到如图 3-50 所示的画面左上角位置。

图3-49　打开的图片

图3-50　图案调整后的大小及位置

6. 单击属性栏中的按钮，确认图案的大小调整。
7. 按住 Ctrl 键，在【图层】面板中单击"图层 1"前面的缩览图，给图案添加选区。
8. 按住 Alt 键，将鼠标指针移动到选区内，然后按住左键拖曳鼠标，移动复制选取的图案，状态如图 3-51 所示。
9. 释放鼠标左键后，图案即被移动复制到指定的位置。
10. 按住 Alt 键，继续向右移动复制选取的图案，如图 3-52 所示。

图3-51　移动复制图案状态

图3-52　复制出的花卉图案

11. 按住 Ctrl 键，在【图层】面板中再次单击"图层 1"前面的缩览图，将复制出的几个花卉一起选取，然后按住 Alt 键向下移动复制，如图 3-53 所示。
12. 再继续向下复制花卉图案至画面的底部位置，然后按 Ctrl+D 组合键去除选区，效果如图 3-54 所示。

图3-53　向下复制图片

图3-54　复制出的图片

13. 选择【裁剪】工具，在画面中绘制一个裁剪框，如图 3-55 所示。单击属性栏中的按钮确认裁剪操作，效果如图 3-56 所示。
14. 将前景色设置为淡蓝色（R:190,G:255,B:245），然后将背景层设置为工作层，并按 Alt+Delete 组合键为其填充前景色，制作完成的图案效果如图 3-57 所示。

图3-55　绘制裁剪框

图3-56　裁剪后的图像

图3-57　修改背景颜色后的效果

15. 按 Shift+Ctrl+S 组合键，将当前文件另命名为“移动复制图像.psd”保存。

3.2.5　典型实例 3——书籍装帧设计

下面灵活运用图像的变形操作进行书籍装帧设计。

【步骤解析】

1. 新建一个【宽度】为“22 厘米”，【高度】为“18 厘米”，【分辨率】为“150 像素/英寸”，【颜色模式】为“RGB 颜色”的文件。
2. 将前景色设置为灰色（R:228,G:230,B:233），然后将其填充至“背景”图层中。
3. 将附盘中“图库\第 03 章”目录下名为“书本封面.jpg”的文件打开，然后利用工具将书本封皮选择，如图 3-58 所示。
4. 利用工具将选择的图像移动复制到新建的文件中，生成“图层 1”，在属性栏中勾选 ☑显示变换控件 复选框，给图像添加变形框，效果如图 3-59 所示。

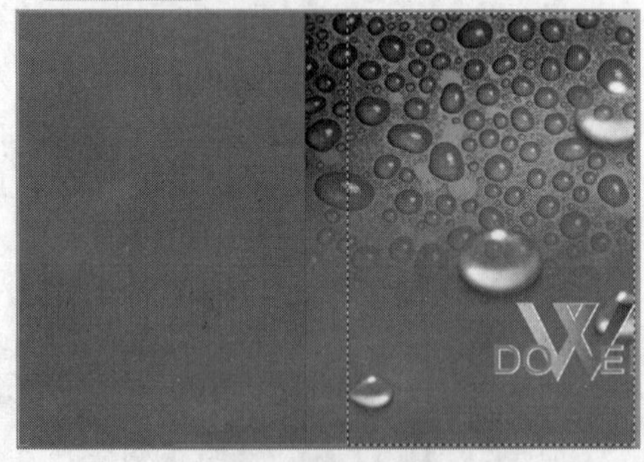

图3-58　选择的图像

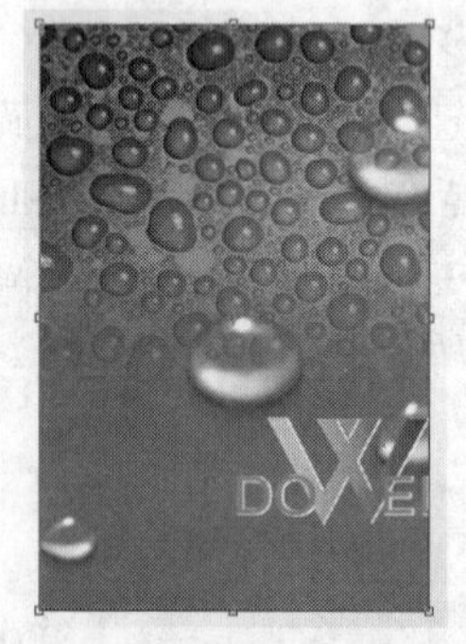

图3-59　显示的变换框

5. 按住 Ctrl 键，将鼠标指针放置在变换框左上角的控制点上向上移动此控制点，然后向上移动右上角的控制点，调整出透视效果，如图 3-60 所示。在调整透视关系时，一般遵循近大远小的透视规律。
6. 调整完成后按 Enter 键，确认图片的透视变形调整。
7. 单击“书本封面.jpg”文件的选项卡，将其设置为工作状态，然后利用工具，将侧面选取，并移动复制到新建文件中，生成“图层 2”，如图 3-61 所示。

图3-60　调整后的形态

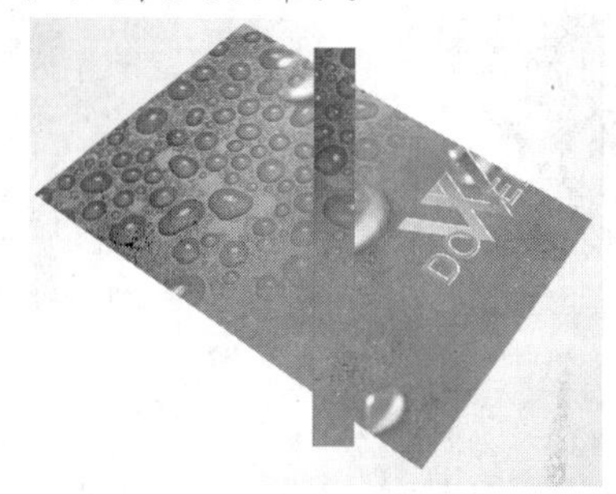
图3-61　移动复制的图像

8. 用与调整正面相同的透视变形方法，将侧面图形进行透视变形调整，状态如图 3-62 所示，然后按 Enter 键确认。
9. 利用工具，在画面中根据书本的结构绘制出如图 3-63 所示的选区。

图3-62　图像调整后的形态

图3-63　绘制的选区

10. 新建“图层 3”，将前景色设置为淡灰色（R:232,G:232,B:231），然后按 Alt+Delete 组合键，给选区填充上颜色，效果如图 3-64 所示。
11. 按 Ctrl+D 组合键，去除选区，然后新建“图层 4”。
12. 选择工具，确认属性栏中选择的 像素 绘图模式，设置 粗细: 2 px 选项的参数为“2px”，然后沿书本侧面和正面结构的转折位置绘制出如图 3-65 所示的直线。
13. 执行【滤镜】/【模糊】/【高斯模糊】命令，弹出【高斯模糊】对话框，设置【半径】选项的参数为“4”像素，单击 确定 按钮，将直线进行模糊处理，使其不要太生硬，效果如图 3-66 所示。

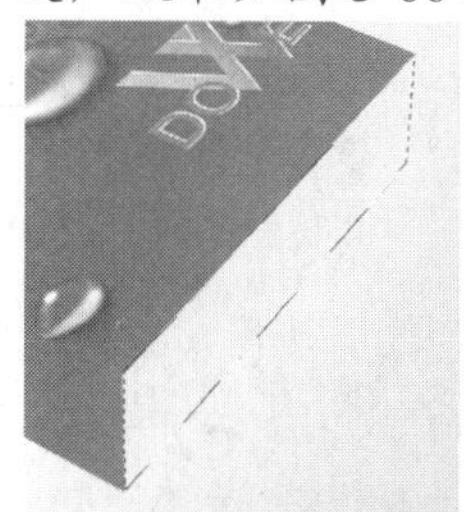
图3-64　填充的颜色

图3-65　绘制的直线

图3-66　模糊后的效果

14. 新建“图层 5”，利用工具，在书本上绘制出如图 3-67 所示的选区。
15. 将前景色设置为灰色（R:177,G:177,B:177），按住 Alt+Delete 组合键，给选区填充上颜色，效果如图 3-68 所示，然后按 Ctrl+D 组合键，去除选区。
16. 新建“图层 6”，利用工具，在书本的厚度上依次绘制出若干条直线，表示书本的纸

张，效果如图 3-69 所示。

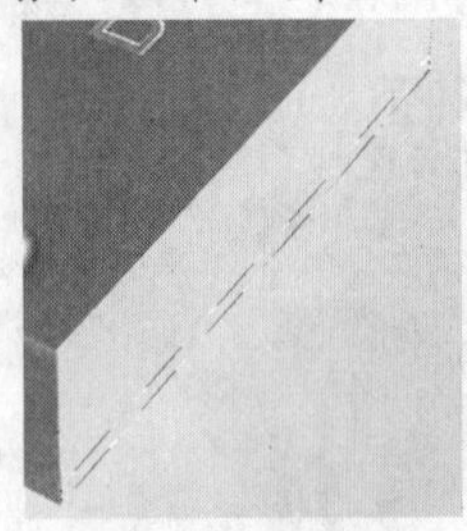
图3-67 绘制的选区

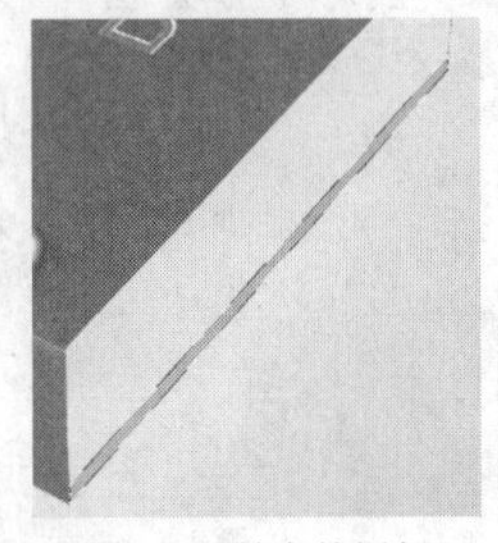
图3-68 填充的颜色

图3-69 绘制的直线

17. 选择[lasso]工具，并设置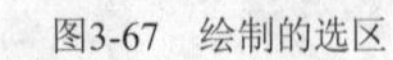选项的参数为“50 px”，在画面中根据书本的结构绘制出如图 3-70 所示的投影区域。
18. 新建“图层 7”，执行【图层】/【排列】/【置为底层】命令，将其调整至“图层 1”的下方，然后为其填充灰色（R:57,G:59,B:65），效果如图 3-71 所示。

图3-70 绘制的选区

图3-71 制作的投影效果

19. 至此，书本的立体效果就制作完成了，按 Ctrl+S 组合键，将此文件命名为“书本立体效果图.psd”保存。

3.3 快速蒙版

快速蒙版是用来创建、编辑和修改选区的，主要用来选择图像。单击工具箱下方的[button]按钮就可直接创建快速蒙版。在快速蒙版状态下，被选择的区域显示原图像，而被屏蔽不被选择的区域显示默认的半透明红色，如图 3-72 所示。

图3-72 快速蒙版及生成的选区

3.3.1 典型实例——使用快速蒙版选取图像

在 Photoshop CC 中，激活工具箱下方的[button]按钮，可切换到快速蒙版编辑模式，此时进行的各种编辑操作不是针对图像的，而是针对蒙版的，同时，【通道】面板中会增加一个临时的蒙版通道。在激活的按钮上单击，可将其关闭，恢复到系统默认的编辑模式下。

【步骤解析】

1. 将附盘中“图库\第 03 章”目录下名为“玻璃瓶.jpg”的文件打开，如图 3-73 所示。
2. 单击工具箱下方的按钮，将默认的编辑模式转换为快速蒙版编辑模式。
3. 利用工具将图像放大显示，状态如图 3-74 所示。

图3-73　打开的图片

图3-74　放大显示状态

4. 选择工具，将前景色设置为黑色，然后将鼠标指针移动到图像文件中，沿着瓶子的边缘拖曳鼠标，创建选区的边界，如图 3-75 所示。
5. 用同样的方法，沿瓶子的边缘拖曳鼠标，至如图 3-76 所示的画面下方时，可先按住空格键将当前工具暂时切换为【抓手】工具，然后调整图像的显示区域，释放鼠标左键后，再次沿瓶子的边缘拖曳鼠标，创建选区的边缘，最终效果如图 3-77 所示。

图3-75　拖曳鼠标时的状态 1

图3-76　拖曳鼠标时的状态 2

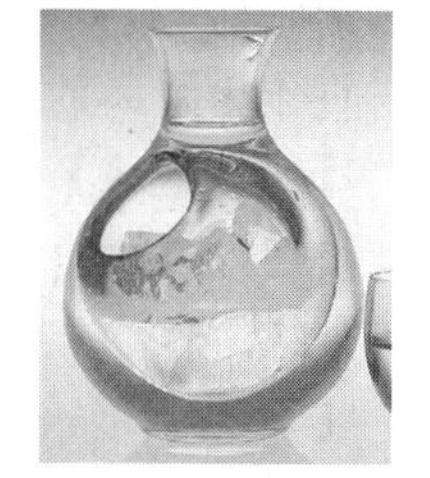

图3-77　确定的选区边界

6. 选择工具，然后将鼠标指针移动到红色边缘线的内部单击，为瓶子区域覆盖颜色，效果如图 3-78 所示。

在红色的边缘线内填充颜色后，通过放大图像显示会发现填充颜色的区域与边界线之间有一条缝隙，如图 3-79 所示。这些区域也必须覆盖上颜色，否则在选择图像时不能生成精确的效果，下面进行修改。

7. 利用工具，在没有覆盖颜色的区域拖曳鼠标进行填充，使其完全覆盖瓶子区域，如图 3-80 所示。

图3-78　填充颜色后的效果

图3-79　放大显示的效果

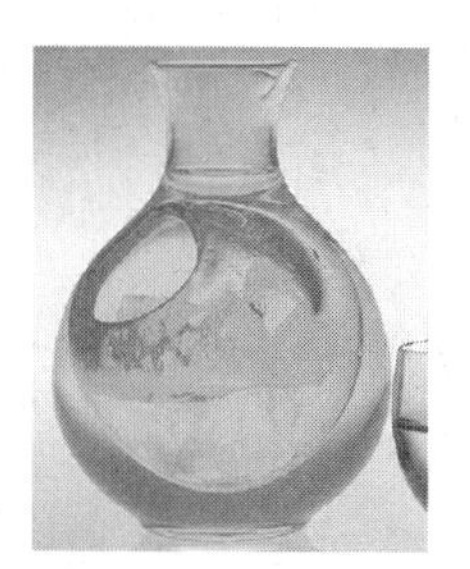

图3-80　填色后的效果

8. 单击工具箱下方的按钮，回到默认模式编辑状态，此时在瓶子的边缘将出现如图 3-81 所示的选区。
9. 按Shift+Ctrl+I组合键将选区反选，然后按Ctrl+J组合键将选区内的图像通过复制生成"图层 1"，将背景层隐藏后的效果如图 3-82 所示。

图3-81 生成的选区

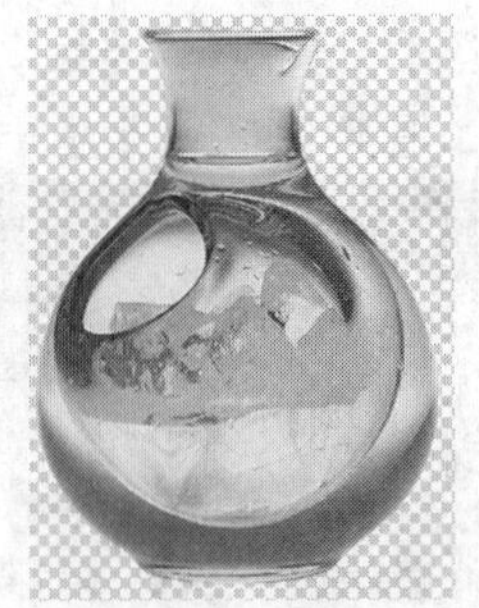

图3-82 选取出的瓶子效果

10. 按Shift+Ctrl+S组合键，将选择的图像命名为"使用快速蒙版创建选区.psd"另存。

3.3.2 设置快速蒙版选项

双击工具箱中的按钮，将弹出如图 3-83 所示的【快速蒙版选项】对话框。

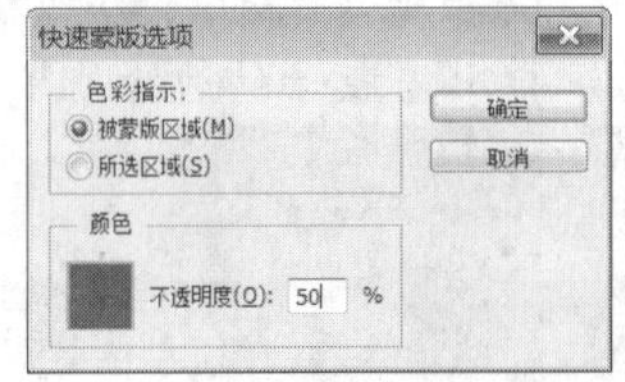

图3-83 【快速蒙版选项】对话框

- 【被蒙版区域】单选按钮：单击选择此单选按钮，在快速蒙版中不显示色彩的部分将作为最终的选择区。
- 【所选区域】单选按钮：单击选择此单选按钮，在快速蒙版中显示色彩的部分将作为最终的选择区。
- 【颜色】栏：决定快速蒙版在图像文件中的显示色彩。单击其中的色块，可在弹出的【拾色器】对话框中设置快速蒙版在图像窗口中显示的色彩。
- 【不透明度】文本框：指定快速蒙版颜色的不透明度。

3.4 综合实例——装饰照片

下面灵活运用移动工具、选区工具和【变换】命令对人物照片进行装饰。

【步骤解析】

1. 将附盘中"图库\第 03 章"目录下名为"美女.jpg"和"蝴蝶.jpg"的文件打开，如图 3-84 所示。

图3-84 打开的图片

2. 将“蝴蝶.jpg”文件设置为工作状态，然后利用[ ]工具选取如图 7-85 所示的蝴蝶图形。
3. 利用[ ]工具，将选取的蝴蝶移动复制到“美女.jpg”文件中，如图 7-86 所示。

图3-85 选取的蝴蝶

图3-86 移动复制到另一文件中

4. 选取[ ]工具，将鼠标指针移动到蝴蝶图形上的白色背景上单击，添加选区，然后按 Delete 键删除白色背景，去除选区后的效果如图 7-87 所示。
5. 用与步骤 2～步骤 4 相同的方法，将另外两只蝴蝶也移动复制到“美女.jpg”文件中，效果如图 7-88 所示。

图3-87 去除白色背景后的效果

图3-88 移动复制的图片

6. 按 Shift+Ctrl+Alt+E 组合键盖印图层，生成“图层 4”，然后按 Ctrl+J 组合键，将“图层 4”复制为“图层 4 副本”。
7. 隐藏“图层 4 副本”层，然后将“图层 4”设置为工作层，并利用[ ]工具绘制出如图 7-89 所示的矩形选区。
8. 按 Ctrl+Alt+T 组合键，将选区中的内容复制并添加自由变形框，然后将其调整至如图 7-90 所示的角度。

图3-89 绘制的选区

图3-90 变换的角度

9. 调整完成后，按 Enter 键确认图像的旋转变形调整。
10. 新建“图层 5”，执行【编辑】/【描边】命令，弹出【描边】对话框，设置参数与选项

如图 7-91 所示。

11. 单击 确定 按钮，描边效果如图 7-92 所示。

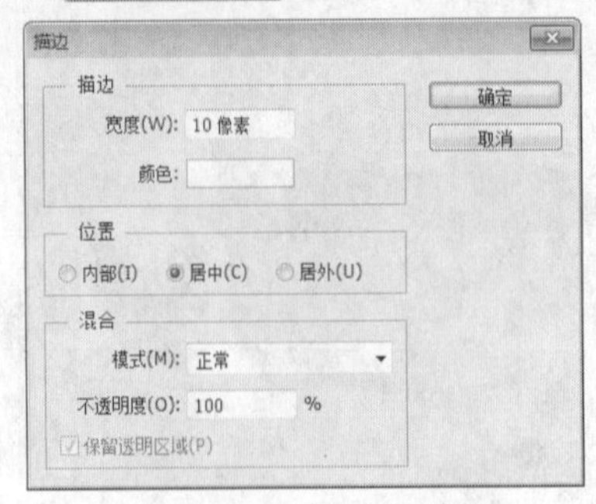

图3-91　【描边】对话框

图3-92　添加描边效果

12. 执行【图层】/【图层样式】/【投影】命令，各参数和选项设置如图 7-93 所示。
13. 单击 确定 按钮，给画面边框添加的投影效果如图 7-94 所示。

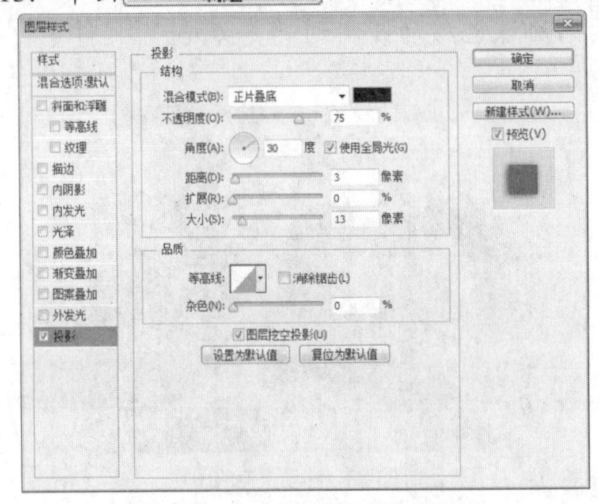

图3-93　【图层样式】对话框

图3-94　添加的投影效果

14. 将“图层 4”设置为工作层，按 Shift+Ctrl+I 组合键，将选区反选，然后执行【图像】/【调整】/【去色】命令，效果如图 7-95 所示，再按 Ctrl+D 组合键，取消选区。
15. 将“图层 4 副本”层显示，然后用与步骤 7～步骤 13 相同的方法，制作出蝴蝶的边框效果，如图 7-96 所示。

图3-95　去色后的效果

图3-96　蝴蝶边框效果

16. 将“图层 4 副本”隐藏，然后将制作好的蝴蝶加边框，按住 Alt 键移动复制出另外两个，并将其分别放置到如图 7-97 所示的位置。

图3-97　复制出的蝴蝶图形

17. 至此，人物图像照片修饰完成，按 Shift+Ctrl+S 组合键，将此文件另命名为“装饰照片.psd”保存。

3.5　习题

1. 灵活运用选区和【移动】工具，对盘子中的图像进行替换，替换前后的效果对比如图 3-98 所示。

图3-98　替换图像前后的效果对比

2. 灵活运用移动复制操作复制出如图 3-99 所示的花布图案。
3. 用第 3.2.5 小节介绍的书籍装帧设计，制作出如图 3-100 所示的书籍装帧效果。

图3-99　制作的花布图案

图3-100　书籍装帧效果图

第4章　辅助工具讲解

工具箱中除了主要的图像处理工具外，还有很多辅助工具，这些工具的运用虽然不是很频繁，但在工作过程中也是必不可少的，如【裁剪】、【切片】、【吸管】、【缩放】和【抓手】工具等。熟练掌握这些工具的使用，有助于读者对 Photoshop 的整体认识。

4.1 【裁剪】工具

在 Photoshop CC 软件中，【裁剪】工具分为【裁剪】工具和【透视裁剪】工具。

(1) 使用【裁剪】工具裁切图像。

使用裁剪工具对图像进行裁切的操作步骤为：打开需要裁切的图像文件，然后选择【裁剪】工具或【透视裁剪】工具，在图像文件中要保留的图像区域按住左键拖曳鼠标创建裁剪框，并对裁剪框的大小、位置及形态进行调整，确认后，单击属性栏中的按钮，即可完成裁切操作。

除利用单击按钮来确认对图像的裁剪外，还可以将鼠标指针移动到裁剪框内双击或按 Enter 键来确认来完成裁剪操作。单击属性栏中的按钮或按 Esc 键，可取消裁剪框。

(2) 调整裁剪框。

当在图像文件中创建裁剪框后，可对其进行调整，具体操作如下。

- 将鼠标指针放置在裁剪框内，按住左键拖曳鼠标可调整裁剪框的位置；
- 将鼠标指针放置到裁剪框的各角控制点上，按住左键拖曳可调整裁剪框的大小；如按住 Shift 键，将鼠标指针放置到裁剪框各角的控制点上，按住左键拖曳可等比例缩放裁剪框；如按住 Alt 键，可按照调节中心为基准对称缩放裁剪框；如按住 Shift+Alt 组合键，可按照调节中心为基准等比例缩放裁剪框。
- 将鼠标指针放置在裁剪框外，当鼠标指针显示为旋转符号时按住左键拖曳鼠标，可旋转裁剪框。将鼠标指针放置在裁剪框内部的中心点上，按住左键拖曳可调整中心点的位置，以改变裁剪框的旋转中心。注意，如果图像的模式是位图模式，则无法旋转裁切选框。

将鼠标指针放置到透视裁剪框各角点位置，按住左键并拖曳，可调整裁剪框的形态。在调整透视裁剪框时，无论裁剪框调整得多么不规则，当确认后，系统都会自动将保留下来的图像调整为规则的矩形图像。

4.1.1 典型实例 1——重新构图裁剪图像

在照片处理过程中，经常会遇到照片中的主要景物太小，而周围不需要的多余空间较大；或周围照上一些多余人物的情况，此时就可以利用【裁剪】工具对其进行裁剪处理，使照片的主题更为突出，并将多余的人物裁剪。

原素材图片及裁剪后的效果对比如图 4-1 所示。

图4-1　原素材图片及裁剪后的效果对比

【步骤解析】

1. 按 Ctrl+O 组合键，打开附盘中“图库\第 04 章”目录下名为“照片 01.jpg”的图片文件。
2. 选择工具，单击属性栏中的按钮，在弹出的面板中设置选项如图 4-2 所示。

如果不勾选属性栏中的【删除裁剪的像素】选项，裁切图像后并没有真正将裁切框外的图像删除，只是将其隐藏在画布之外，如果在窗口中移动图像还可以看到被隐藏的部分。这种情况下，图像裁切后，背景层会自动转换为普通层。

3. 将鼠标指针移动到画面中的人物周围单击拖曳鼠标，即可绘制出裁剪框，如图 4-3 所示。

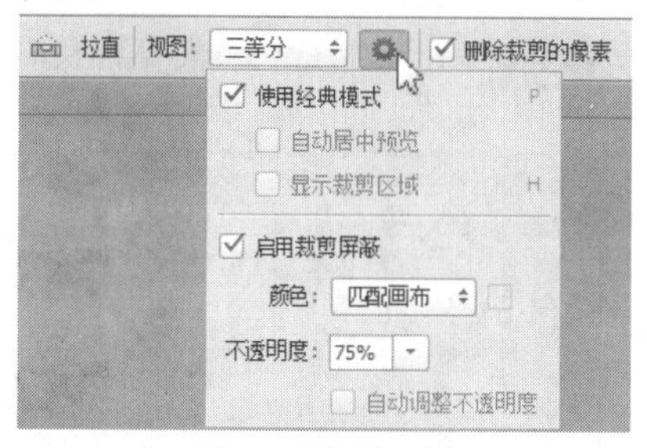

图4-2　设置的选项

图4-3　绘制的裁剪框

4. 对裁剪框的大小进行调整，效果如图 4-4 所示。
5. 单击属性栏中的按钮，确认图片的裁剪操作，裁剪后的画面如图 4-5 所示。

图4-4　调整后的裁剪框

图4-5　裁剪后的图像文件

6. 按 Shift+Ctrl+S 组合键将此文件另命名为“裁剪 01.jpg”保存。

4.1.2　典型实例 2——固定比例裁剪图像

照相机及照片冲印机都是按照固定的尺寸来拍摄和冲印的，所以当对照片进行后期处理时其照片的尺寸也要符合冲印机的尺寸要求，而在【裁剪】工具的属性栏中可以按照固定的比例对照片进行裁剪。

下面将图片调整为竖向 10 寸大小的冲洗比例，照片裁剪前后的对比效果如图 4-6 所示。

图4-6　照片裁剪前后的对比效果

【步骤解析】

1. 按 Ctrl+O 组合键，打开附盘中“图库\第 04 章”目录下名为“照片 02.jpg”的图片文件。
2. 选择工具，单击属性栏中的 不受约束 按钮，在弹出的列表中选择“4 × 5（8 × 10）”选项，此时在图像文件中会自动生成该比例的裁剪框，如图 4-7 所示。
3. 单击属性栏中的按钮，可将裁剪框旋转角度，如图 4-8 所示。注意，裁剪框旋转后仍然会保持设置的比例，不需要再重新设置。

图4-7　自动生成的裁剪框

图4-8　旋转后的裁剪框

4. 将鼠标指针移动到裁剪框内按下并向右移动位置，使人物在裁剪框内居中，然后按 Enter 键，确认图像的裁剪，即可完成按比例裁剪图像。
5. 按 Shift+Ctrl+S 组合键，将此文件另命名为“裁剪 02.jpg”保存。

4.1.3　典型实例 3——旋转裁剪倾斜的照片

在拍摄或扫描照片时，可能会由于各种失误而导致图像中的主体物出现倾斜的现象，此时可以利用【裁剪】工具来修整。

原素材图片与裁剪后的效果对比如图 4-9 所示。

【步骤解析】

1. 按 Ctrl+O 组合键，将附盘中“图库\第 04 章”目录下名为“照片 03.jpg”的图片文件打开。
2. 选择 工具，单击属性栏中的 不受约束 按钮，在弹出的列表中选择“原始比例”选项。
3. 在图像中绘制一个裁剪框，先指定裁剪的大体位置，然后将鼠标指针移动到裁剪框外，当鼠标指针显示为旋转符号时按住鼠标左键并拖曳，将裁剪框旋转到与图像中的地平线位置平行，如图 4-10 所示。

图4-9　原素材图片与裁剪后的效果对比

图4-10　旋转裁剪框形态

4. 单击属性栏中的 按钮，即可将图片旋转并裁剪。
5. 按 Shift+Ctrl+S 组合键，将此文件另命名为“裁剪 03.jpg”保存。

4.1.4　典型实例 4——拉直倾斜的照片

在 Photoshop CC 中，【裁剪】工具还有一个“拉直”功能，该功能可以直接将倾斜的照片进行旋转矫正，以达到更加理想的效果。

原素材图片与裁剪后的效果对比如图 4-11 所示。

图4-11　原素材图片与裁剪后的效果对比

【步骤解析】

1. 按 Ctrl+O 组合键，将附盘中“图库\第 04 章”目录下名为“照片 04.jpg”的图片文件打开。
2. 选择 工具，并激活属性栏中的 按钮，然后沿着海平线位置单击拖曳出如图 4-12 所示的裁剪线。
3. 释放鼠标左键后，即根据绘制的裁剪线生成如图 4-13 所示的裁剪框。

图4-12　绘制的裁剪线

图4-13　生成的裁剪框

4. 单击属性栏中的✓按钮，确认图片的裁剪操作，此时倾斜的海平面即被矫正过来。
5. 按 Shift+Ctrl+S 组合键，将此文件另命名为“裁剪 04.jpg”保存。

4.1.5 典型实例 5——透视裁剪倾斜的照片

在拍摄照片时，由于拍摄者所站的位置或角度不合适而经常会拍摄出具有严重透视的照片，对于此类照片可以通过【透视裁剪】工具进行透视矫正。照片裁剪前后的对比效果如图 4-14 所示。

图4-14　照片裁剪前后的对比效果

【步骤解析】

1. 按 Ctrl+O 组合键，将附盘中“图库\第 04 章”目录下名为“照片 05.jpg”的图片文件打开。
2. 选择工具，然后将鼠标指针移动到左上角的控制点上按下并向右拖曳，状态如图 4-15 所示。
3. 用相同的方法，对右上角的控制点进行调整，使裁剪框与建筑物楼体垂直方向的边缘线平行，如图 4-16 所示。

图4-15　绘制的裁剪框

图4-16　调整透视裁剪框

4. 按 Enter 键确认图片的裁剪操作，即可对图像的透视进行矫正。

5. 按Shift+Ctrl+S组合键，将此文件另命名为“裁剪 05.jpg”保存。

4.2 【切片】工具

使用【切片】工具组中的工具可以将整幅图像分成许多小图像。在存储图像和 HTML 文件时，每个切片都会作为独立的文件储存，并具有自己的设置。此设置组加强了对网页的支持，节省了上传、下载和打开网页的时间。

【切片】工具组包括【切片】工具和【切片选择】工具，【切片】工具主要用于分割图像，【切片选择】工具主要用于编辑切片。

4.2.1 【切片】工具属性栏

【切片】工具的属性栏如图 4-17 所示。

图4-17 【切片】工具属性栏

- 【样式】下拉列表中的 3 个选项。
- 选择【正常】选项，可以在图像中建立任意大小与比例的切片。
- 选择【固定长宽比】选项，可以在【样式】下拉列表右侧的【宽度】文本框和【高度】文本框中设置将要创建切片的宽度和高度的比例。
- 选择【固定大小】选项，可以在【样式】下拉列表右侧的【宽度】文本框和【高度】文本框中设置将要创建切片的宽度和高度值。
- 基于参考线的切片按钮：此按钮只有在图像中有参考线时才可用，单击此按钮，可以按当前的参考线形态对图像进行切片。

4.2.2 切片类型

根据创建方式的不同，切片主要分为用户切片、基于图层的切片和自动切片。

- 利用【切片】工具创建的切片称为用户切片。
- 基于图层内容创建的切片称为基于图层的切片。
- 在创建用户切片或基于图层的切片时，系统自动生成的切片称为自动切片。

要点提示 自动切片可以填充用户切片和基于图层的切片未定义的图像空间，并且每次创建或编辑用户切片和基于图层的切片后，都将重新生成自动切片。利用【切片选择】工具选择自动切片或基于图层的切片后，单击属性栏中的提升按钮，可以将其转换为用户切片。

4.2.3 创建切片

图像的切片创建方法有以下 3 种。

一、 用切片工具创建切片

将附盘中“图库\第 04 章”目录下名为“冰箱广告.jpg”的文件打开，选择工具，在画面中按下鼠标左键拖曳，释放鼠标左键后，即可绘制出如图 4-18 所示的切片。

图4-18　创建的切片

要点提示　在创建切片的时候，如果从图像左上角开始创建切片，切片左上角默认的编号显示为“01”；如果从其他位置开始创建切片，新创建切片的编号就可能是“02”或“03”等。这是因为当不是从左上角开始创建切片时，系统根据创建切片的边线，将图像的其他部分自动分割，生成了一些自动切片。

二、 基于参考线创建切片

如果图像文件中有参考线存在，如图 4-19 所示，在工具箱中选择工具后，单击属性栏中的 基于参考线的切片 按钮，即可根据参考线添加切片，如图 4-20 所示。

图4-19　添加的参考线

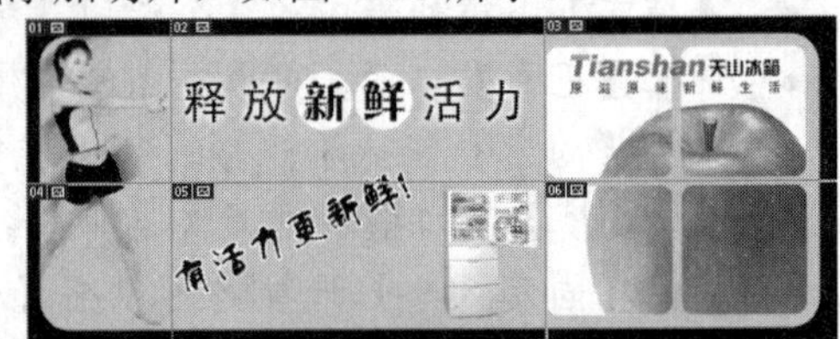

图4-20　根据参考线添加的切片

三、 基于图层创建切片

对于 PSD 格式分层的图像来说，可以根据图层来创建切片，创建的切片会包含图层中所有的图像内容，当移动该图层或编辑其内容时，切片将自动跟随图层中的内容一起进行调整。在【图层】面板中选择需要创建切片的图层，执行【图层】/【新建基于图层的切片】命令，即可完成切片的创建。

4.3 【切片选择】工具

【切片选择】工具主要用于选择切片并对其进行调整或设置。使用【切片】工具或【切片选择】工具时，按住 Ctrl 键可在两者之间进行切换。

【切片选择】工具的属性栏如图 4-21 所示。

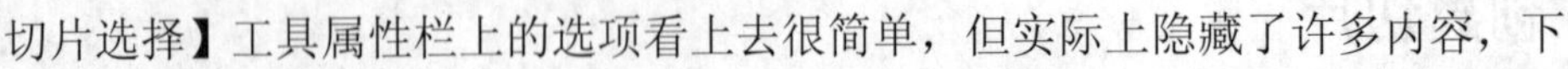

提升　划分 ...　隐藏自动切片

图4-21　【切片选择】工具属性栏

【切片选择】工具属性栏上的选项看上去很简单，但实际上隐藏了许多内容，下面根据其内容分别介绍这些选项。

4.3.1 选择切片

选择工具，将鼠标指针移动到图像文件中的任意切片内单击，可将该切片选择。按住 Shift 键依次单击用户切片，可选择多个切片。在选择的切片上单击鼠标右键，在弹出的快捷菜单中选择【组合切片】命令，可将选择的切片组合。

系统默认被选择的切片边线颜色显示为橙色，其他切片边线颜色显示为蓝色。

4.3.2 显示/隐藏自动切片

创建切片后，单击工具属性栏中的 隐藏自动切片 按钮，即可将自动切片隐藏。此时，隐藏自动切片 按钮显示为 显示自动切片 按钮。单击 显示自动切片 按钮，即可再次显示自动切片。显示和隐藏自动切片的效果对比如图 4-22 所示。

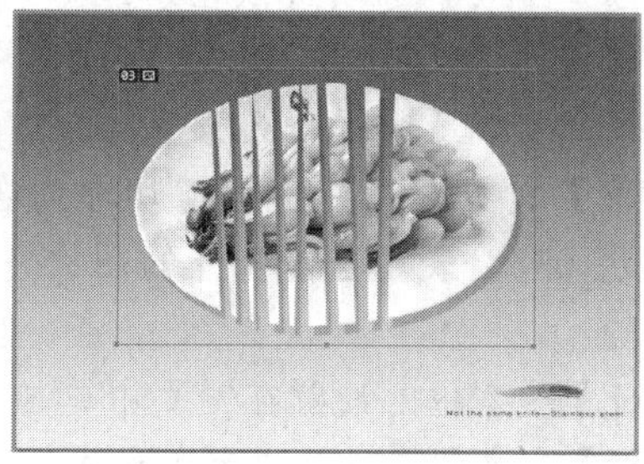

图4-22　显示和隐藏自动切片的对比效果

4.3.3 移动切片及调整切片大小

在切片内按住左键拖曳鼠标，可调整切片的位置。如按住 Alt 键移动切片，可将其复制。将鼠标指针放置在选择用户切片的各个控制点或边线上，当鼠标指针显示为双箭头时，按住左键拖曳鼠标，可调整用户切片的大小。

4.3.4 设置切片堆叠顺序

切片重叠时，最后创建的切片位于最顶层。如果要查看底层的切片，可以更改切片的堆叠顺序，将选择的切片置于顶层、底层或上下移动一层。当需要调整切片的堆叠顺序时，可以通过单击属性栏中的堆叠按钮来完成。

- 【置为顶层】按钮：单击此按钮，可以将选择的切片调整至所有切片的最顶层。
- 【前移一层】按钮：单击此按钮，可以将选择的切片向上移动一层。
- 【后移一层】按钮：单击此按钮，可以将选择的切片向下移动一层。
- 【置为底层】按钮：单击此按钮，可以将选择的切片调整至所有切片的最底层。

4.3.5 设置切片选项

切片的功能不仅仅是使图像分为较小的部分以便在网页上显示，还可以适当设置切片的选项来实现链接及信息提示等功能。

在工具箱中选择工具，在图像窗口中选择一个切片，单击属性栏中的【为当前切片

设置选项】按钮，弹出的【切片选项】对话框如图 4-23 所示。

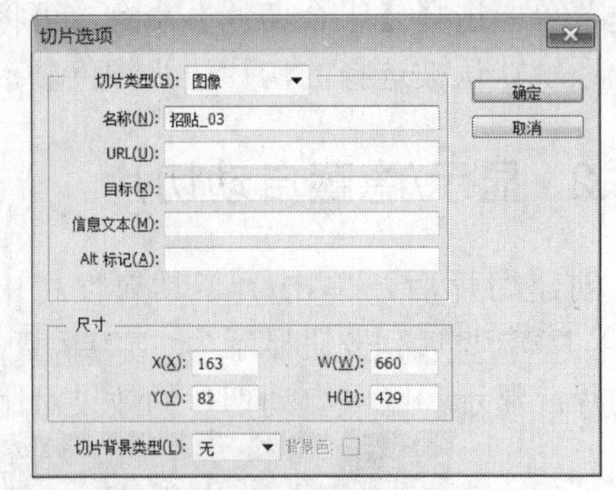

图4-23　【切片选项】对话框

- 【切片类型】下拉列表：选择【图像】选项表示当前切片在网页中显示为图像。选择【无图像】选项，表明当前切片的图像在网页中不显示，但可以设置显示一些文字信息。为了避免混乱，有关选择【无图像】选项的内容后面会具体介绍。选择【表】选项可以在切片中包含嵌套表，这涉及 ImageReady 的内容，本书不进行介绍。
- 【名称】文本框：显示当前切片的名称，也可自行设置。如图 4-23 所示的"招贴_03"，表示当前打开的图像文件的名称为"招贴"，当前切片的编号为"03"。
- 【URL】文本框：设置在网页中单击当前切片可链接的网络地址。
- 【目标】文本框：可以决定在网页中单击当前切片时，是在网络浏览器中弹出一个新窗口打开链接网页，还是在当前窗口中直接打开链接网页。其中，输入"_self"表示在当前窗口中打开链接网页，输入"_blank"表示在新窗口打开链接网页，如果在【目标】文本框不输入内容，默认为在新窗口打开链接网页。
- 【信息文本】文本框：设置当鼠标指针移动到当前切片上，网络浏览器下方信息行中显示的内容。
- 【Alt 标记】文本框：设置当鼠标指针移动到当前切片上弹出的提示信息。当网络上不显示图片时，图片位置将显示【Alt 标记】文本框中的内容。
- 【尺寸】栏：其中的【X】和【Y】值为当前切片的坐标，【W】和【H】值为当前切片的宽度和高度。
- 【切片背景类型】下拉列表：可以设置切片背景的颜色。当切片图像不显示时，网页上该切片相应的位置上显示背景颜色。

4.3.6 平均分割切片

读者可以将现有的切片进行平均分割。在工具箱中选择工具，在图像窗口中选择一个切片，单击属性栏中的 划分... 按钮，弹出的【划分切片】对话框如图 4-24 所示。

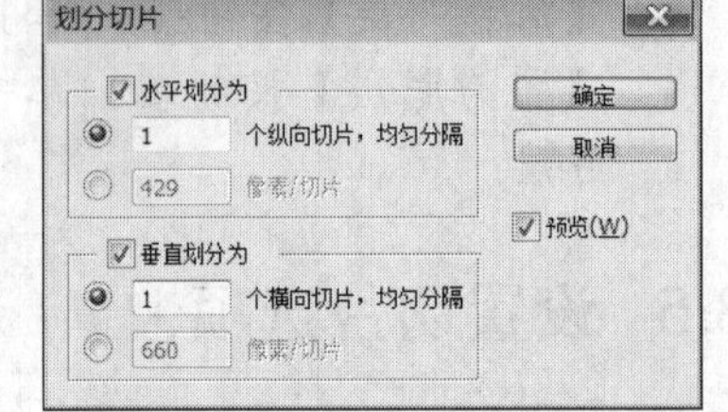

图4-24　【划分切片】对话框

【划分切片】对话框中的参数介绍如下。

- 勾选【水平划分为】复选框，可以通过添加水平分割线，将当前切片在高度上进行分割。
- 设置【个纵向切片，均匀分隔】值，决定当前切片在高度上平均分为几份。
- 设置【像素/切片】值，决定每几个像素的高度分为 1 个切片。如果剩余切片的高度小于【像素/切片】值，则停止切割。

- 勾选【垂直划分为】复选框，可以通过添加垂直分割线，将当前切片在宽度上进行分割。
- 设置【个横向切片，均匀分隔】值，决定将当前切片在宽度上平均分为几份。
- 设置【像素/切片】值，决定每几个像素的宽度分为 1 个切片。如果剩余切片的宽度小于【像素/切片】值，则停止切割。
- 勾选【预览】复选框，可以在图像窗口中预览切割效果。

4.3.7 锁定切片和清除切片

执行【视图】/【锁定切片】命令，可将图像中的所有切片锁定，此时将无法对切片进行任何操作。再次执行【视图】/【锁定切片】命令，可将切片解锁。

利用工具选择一个用户切片，按 Backspace 键或 Delete 键即可将该用户切片删除。删除用户切片后，系统会重新生成自动切片以填充文档区域。如要删除所有用户切片和基于图层的切片，可执行【视图】/【清除切片】命令。注意，此命令无法删除自动切片。将所有切片清除后，系统会生成一个包含整个图像的自动切片。

要点提示 删除基于图层的切片并不会删除相关的图层；但是，删除图层会删除基于图层生成的切片。

4.3.8 输出为网页格式

在 Photoshop 中设置图像切片，最终目的是在网上发布，所以首先要把它们保存为网页的格式。

将一幅图像的切片设置完成后，执行【文件】/【存储为 Web 所用格式】命令，弹出的【存储为 Web 所用格式】对话框，如图 4-25 所示。

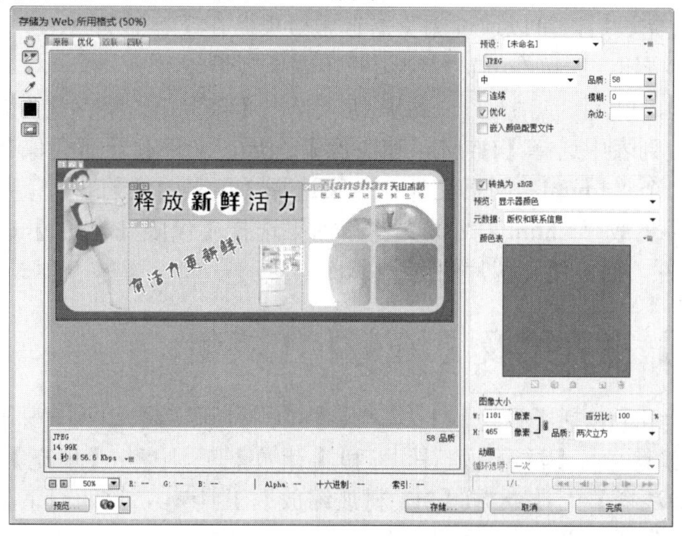

图4-25 【存储为 Web 所用格式】对话框

- 查看优化效果：对话框左上角为查看优化图片的 4 个选项卡。单击【原稿】

选项卡，则显示图片未进行优化的原始效果；单击【优化】选项卡，则显示图片优化后的效果；单击【双联】选项卡，则同时显示图片的原稿和优化后的效果；单击【四联】选项卡，则同时显示图片的原稿和 3 个版本的优化效果。

要点提示　在预览窗口的左下角，显示了当前优化状态下图像文件的大小，以及下载该图片时所需要的下载时间。

- 查看图像的工具：在对话框左侧有 6 个工具按钮，分别用于查看图像的不同部分、选择切片、放大或缩小视图、设置颜色、隐藏和显示切片标记。
- 优化设置：对话框的右侧为进行优化设置的区域。在【预设】下拉列表中可以根据对图片质量的要求设置不同的优化格式。不同的优化格式，其下的优化设置选项也会不同，图 4-26 所示分别为设置“JPEG”格式和“GIF”格式所显示的不同优化设置选项。

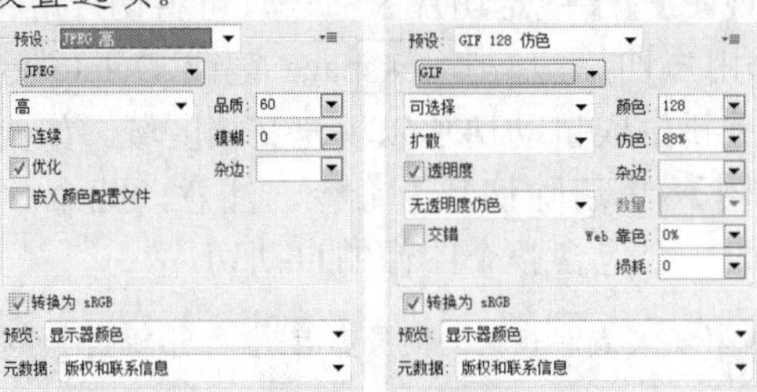

图4-26　优化设置选项

对于“JPEG”格式的图片，可以适当降低图像的【品质】数值来得到较小的文件，一般设置为“40”左右即可。如果图像文件是删除了“背景”层而包含透明区域的图层，在【杂边】下拉列表中可以设置用于填充图像透明图层区域的背景色；对于“GIF”格式的图片，可以适当减小【颜色】数量和设置【损耗】值来得到较小的文件，一般设置不超过“10”的损耗值即可。

- 【图像大小】栏：可以根据需要自定义图像的大小。

所有选项设置完成后，可以通过浏览器查看效果。在【存储为 Web 所用格式】对话框左下角单击 预览... 按钮，即可在浏览器中预览该图像效果。

关闭该浏览器，单击 存储... 按钮，弹出【将优化结果存储为】对话框，如果在【保存类型】下拉列表中选择【HTML 和图像】选项，文件存储后会保存所有的切片图像文件并同时生成一个“*.html”网页文件；如果选择【仅限图像】选项，则只保存所有的切片图像文件，而不生成“*.html”网页文件；如果选择【仅限 HTML】选项，则保存一个“*.html”网页文件，而不保存切片图像文件。

4.4　【吸管】工具组及【填充】工具组

【吸管】工具组中包括【吸管】工具、【3D 材质吸管】工具、【颜色取样器】工具、【标尺】工具、【注释】工具和【计数】工具；【填充】工具组包括【渐变】工具、【油漆桶】工具和【3D 材质缩放】工具，这两组工具中的部分工具需要配合使用，下面分别介绍其使用方法。

4.4.1 【吸管】工具

【吸管】工具主要用于吸取颜色，并将其设置为前景色或背景色。具体操作为：选择工具，然后在图像中的任意位置单击，即可将该位置的颜色设置为前景色；如果按住Alt键单击，单击处的颜色将被设置为背景色。

【吸管】工具的属性栏如图 4-27 所示。其中【取样大小】下拉列表用于设置吸管工具的取样范围，在该下拉列表中选择【取样点】，可将鼠标指针所在位置的精确颜色吸取为前景色或背景色；选择【3×3 平均】等其他选项时，可将鼠标指针所在位置周围 3 个（或其他选项数值）区域内的平均颜色吸取为前景色或背景色。

图4-27 【吸管】工具的属性栏

利用【吸管】工具吸取颜色后，可选择【油漆桶】工具，然后将鼠标指针移动到要填充该颜色的图形中单击，即可将吸取的颜色填充至单击的图形中。

4.4.2 【3D 材质吸管】工具

【3D 材质吸管】工具主要用于吸取 3D 材质纹理，也可以查看和编辑 3D 材质纹理。其使用方法与利用【吸管】工具吸取颜色的方法相同，选择工具后，在要吸取的材质图形上单击即可。

材质吸取后，可利用【3D 材质拖放】工具将其填充至其他的 3D 物体上。

4.4.3 典型实例——利用 3D 工具为靠垫图形赋材质

下面以案例的形式来讲解【3D 材质吸管】工具和【3D 材质拖放】工具的应用，并对 3D 工具按钮进行讲解。

【步骤解析】

1. 打开附盘中“图库\第 04 章”目录下名为“靠垫.3DS”的图片文件。
2. 选择工具，然后单击属性栏中的【旋转 3D 对象】工具，将鼠标指针放置到如图 4-28 所示的位置按下并向下拖曳，至合适位置后再向左移动鼠标，将视图旋转至如图 4-29 所示的形态。

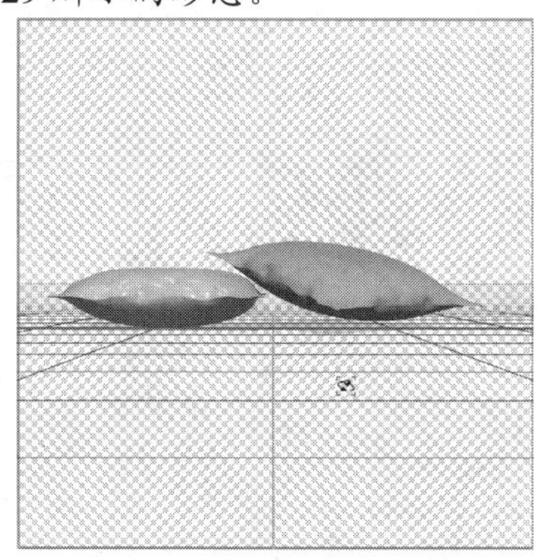
图4-28 鼠标指针放置的位置

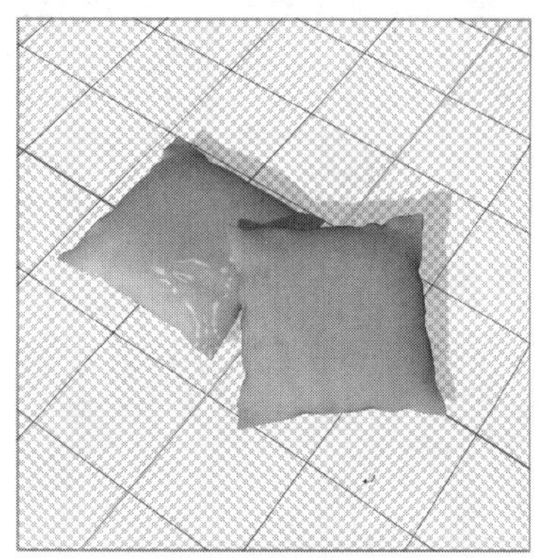
图4-29 旋转后的视图形态

3. 打开附盘中"图库\第 04 章"目录下名为"花布.jpg"的图片文件。
4. 依次按 Ctrl+A 组合键和 Ctrl+C 组合键，将花布图案选择并复制至剪贴板中，以备后用。
5. 在【图层】面板中双击如图 4-30 所示的"布艺 1"名称，此时将弹出一个新的文件。

【图层】面板中显示的"布艺 1"名称，是指靠垫图形在源编辑软件中是赋过材质的，且文件名称为"布艺 1"，但由于更换了编辑软件且文件有可能不在当前计算机中，因此此处只保留了文件名，而靠垫图形上的图案已丢失。

6. 按 Ctrl+V 组合键，将步骤 4 中复制的图案粘贴至当前文件中，然后按 Ctrl+T 组合键，将图案调整至与文件相同的大小，如图 4-31 所示。

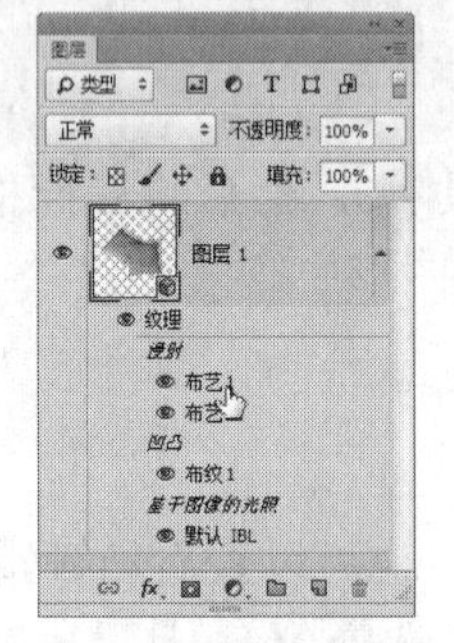

图4-30 双击的文件名称

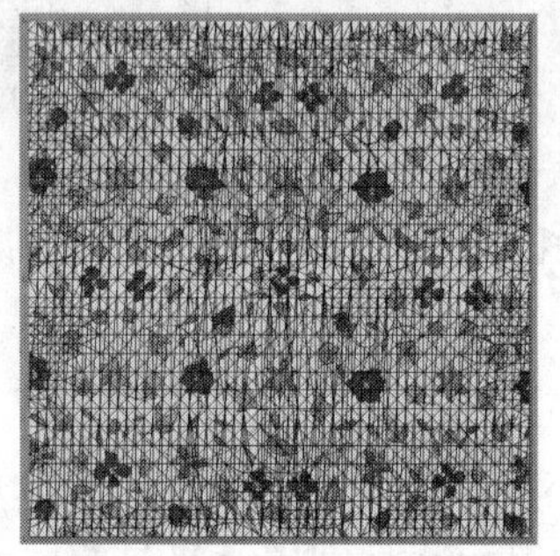

图4-31 图案调整后的大小

7. 按 Enter 键确认图案的大小调整，然后单击文件名称右侧的 × 按钮，将文件关闭，此时将弹出如图 4-32 所示的询问面板。

图4-32 询问面板

8. 单击 是(Y) 按钮，此时图形上即显示复制的图案，如图 4-33 所示。
9. 选择【3D 材质吸管】工具，将鼠标指针移动到贴材质后的图形上单击，吸取该材质。
10. 选择【3D 材质拖放】工具，将鼠标指针移动到未赋材质的图形上单击，即可将吸取的材质复制到该图形上，如图 4-34 所示。

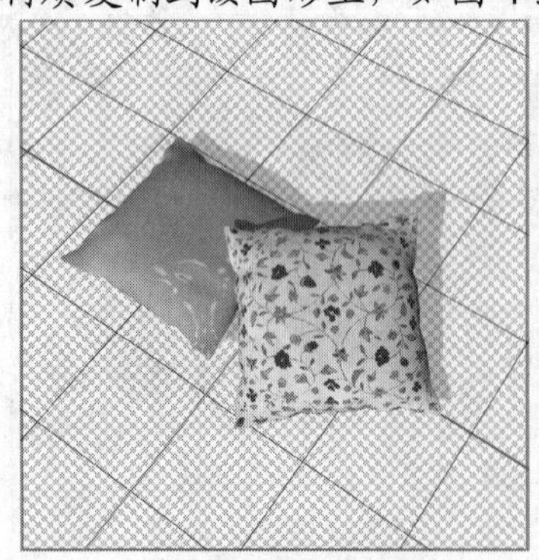

图4-33 贴图后的效果

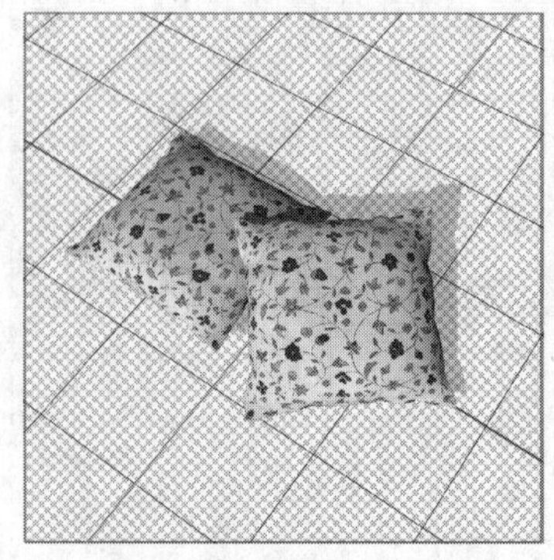

图4-34 复制出的贴图效果

11. 按Shift+Ctrl+S组合键，将此文件另命名为“靠垫贴图.psd”保存。

打开附盘中“图库\第 04 章”目录下名为“靠垫.3DS”的图片文件后，【移动】工具属性栏中 3D 工具组中各按钮的含义分别如下。该文件打开后，系统默认选择的是相机视图。

一、 3D 相机工具

3D 相机工具组中包括【旋转 3D 对象】工具、【滚动 3D 对象】工具、【拖动 3D 对象】工具、【滑动 3D 对象】工具和【缩放 3D 对象】工具。利用这些工具对场景进行编辑时，是对相机进行操作，模型的位置不会发生变化。

- 【旋转 3D 对象】工具：可使相机沿 x 轴或 y 轴方向环绕移动。激活此按钮后，将鼠标指针移动到画面中拖曳，即可使相机在水平或垂直方向环绕移动。按住Ctrl键的同时拖动鼠标，可以滚动相机。
- 【滚动 3D 对象】工具：可围绕 z 轴旋转相机。
- 【拖动 3D 对象】工具：可沿 x 轴或 y 轴方向平移相机。在画面中左右拖曳鼠标，可使相机在水平方向上移动位置；上下拖曳鼠标，可使相机在垂直方向上移动位置。按住 Ctrl 键的同时拖曳鼠标，可使相机沿 x 轴和 z 轴移动位置。
- 【滑动 3D 对象】工具：可移动相机。拖曳鼠标可使相机在 z 轴平移、y 轴旋转；按住 Ctrl 键的同时拖曳鼠标，可使相机沿 z 轴平移、x 轴旋转。
- 【缩放 3D 对象】工具：可拉近或推远相机的视角。

二、 3D 对象工具

利用工具在 3D 对象上单击鼠标，选择其中一个图形，此时属性栏中的按钮只有【缩放 3D 对象】工具的样式发生了变化，但此时再对模型进行编辑时，将是对选择的对象进行操作，而不是整个场景。

- 激活【旋转 3D 对象】工具，在视图中上下拖曳鼠标，可以使模型围绕其 x 轴旋转；左右拖曳鼠标，可围绕其 y 轴旋转；按住 Alt 键的同时拖动，则可以滚动模型。
- 激活【滚动 3D 对象】工具，在视图中左右拖曳鼠标，可以使模型围绕其 z 轴旋转。
- 激活【拖动 3D 对象】工具，在视图中左右拖曳鼠标，可沿水平方向移动模型；上下拖曳鼠标，可沿垂直方向移动模型；按住 Alt 键的同时拖曳鼠标，可沿 x、z 轴方向移动。
- 激活【滑动 3D 对象】工具，在视图中左右拖曳鼠标，可沿水平方向移动模型；上下拖曳鼠标，可将模型移近或移远；按住 Alt 键的同时拖动，可沿 x、y 轴方向移动。
- 激活【缩放 3D 对象】工具，在视图中上下拖曳鼠标，可放大或缩小模型；按住 Alt 键的同时拖曳鼠标，可沿 z 轴方向缩放。

4.4.4 【颜色取样器】工具

【颜色取样器】工具是用于在图像文件中提取多个颜色样本的工具，它最多可以在图像文件中定义 4 个取样点。用此工具时，【信息】面板不仅显示测量点的色彩信息，还会

显示鼠标指针当前所在的位置以及所在位置的色彩信息。

选择工具，在图像文件中依次单击创建取样点，此时【信息】面板中将显示鼠标单击处的颜色信息，如图 4-35 所示。单击该工具属性栏中的 清除 按钮，可将画面中的取样点删除。

图4-35　选择多个样点时【信息】面板显示的颜色信息

4.4.5 【标尺】工具

【标尺】工具是测量图像中两点之间的距离、角度等数据信息的工具。

一、 测量长度

在图像中的任意位置拖曳鼠标指针，即可创建出测量线，如图 4-36 所示。将鼠标指针移动至测量线、测量起点或测量终点上，当鼠标指针显示为形状时，拖曳鼠标可以移动它们的位置。

此时，属性栏中即会显示测量的结果，如图 4-37 所示。

图4-36　创建的测量线

X: 155.92　Y: 855.36　W: 1331...　H: 15.99　A: -0.7°　L1: 1331...　L2:　使用测量比例　拉直图层　清除

图4-37　【标尺】工具测量长度时的属性栏

- 【X】值、【Y】值为测量起点的坐标值。
- 【W】值、【H】值为测量起点与终点的水平、垂直距离。
- 【A】值为测量线与水平方向的角度。
- 【L1】值为当前测量线的长度。
- 【使用测量比例】：勾选此选项，将使用测量比例计算标尺数值。该选项没有实质性的作用，只是选择后，就可以用选定的比例单位测量并接收计算和记录结果。
- 拉直图层 按钮：利用标尺工具在画面中绘制标线后，单击此按钮，可将图层变换，使图像与标尺工具拉出的直线平行。
- 单击 清除 按钮，可以把当前测量的数值和图像中的测量线清除。

按住 Shift 键，在图像中拖曳鼠标，可以建立角度以 45° 为单位的测量线，也就是可以在图像中建立水平测量线、垂直测量线以及与水平或垂直方向成 45° 角的测量线。

二、 测量角度

在图像中的任意位置拖曳鼠标指针创建一条测量线，然后按住 Alt 键将鼠标指针移动至刚才创建测量线的端点处，当鼠标指针显示为带加号的角度符号时，拖曳鼠标指针创建第二条测量线，如图 4-38 所示。

图4-38 创建的测量角

此时，属性栏中即会显示测量角的结果，如图 4-39 所示。

X: 211.6 Y: 123.0 W: H: A: 20.4° L1: 180.5 L2: 183.0 使用测量比例 拉直图层 清除

图4-39 【标尺】工具测量角度时的属性栏

- 【X】值、【Y】值为两条测量线的交点，即测量角的顶点坐标。
- 【A】值为测量角的角度。
- 【L1】值为第一条测量线的长度。
- 【L2】值为第二条测量线的长度。

要点提示

按住 Shift 键，在图像中拖曳鼠标，可以创建水平、垂直或与水平或垂直方向成 45° 倍数的测量线。按住 Shift+Alt 组合键，可以测量以 45° 为单位的角度。

4.4.6 【注释】工具

选择【注释】工具，将鼠标指针移动到图像文件中，鼠标指针将显示为形状，单击鼠标左键，即可创建一个注释，此时会弹出【注释】面板，如图 4-40 所示。在属性栏中设置注释的【作者】以及注释框的【颜色】，然后在【注释】面板中输入要说明的文字，如图 4-41 所示。

图4-40 注释面板

图4-41 添加的注释文字内容

(1) 单击【注释】面板右上角的关闭按钮，可以关闭打开的【注释】面板。

(2) 双击要打开的注释图标，或在要打开的注释图标上单击鼠标右键，在弹出的快捷菜单中选择【打开注释】命令，或执行【窗口】/【注释】命令，都可以将关闭的【注释】面板展开。

(3) 确认注释图标处于选择状态，按 Delete 键可将选择的注释删除。

如果想同时删除图像文件中的多个注释，可单击属性栏中的 清除全部 按钮，或在任一注释图标上单击鼠标右键，在弹出的快捷菜单中选择【删除所有注释】命令即可。

4.4.7 【计数】工具

【计数】工具用于在文件中按照顺序标记数字符号，也可用于统计图像中对象的个数。

计数工具的属性栏如图 4-42 所示。

图4-42　【计数】工具的属性栏

- 【计数】：显示总的计数数目。
- 【计数组】：类似于图层组，可包含计数，每个计数组都可以有自己的名称、标记、标签大小以及颜色。单击按钮可以创建计数组；单击按钮可显示或隐藏计数组；单击按钮可以删除创建的计数组。
- 清除：单击该按钮，可将当前计数组中的计数全部清除。
- 【颜色块】：单击颜色块，可以打开【拾色器】对话框设置计数组的颜色。
- 【标记大小】：可输入 1～10 的值，定义计数标记的大小。
- 【标签大小】：可输入 8～72 的值，定义计数标签的大小。

4.5 【缩放】工具和【抓手】工具

读者在学习如何编辑和修改一幅图像前，首先要知道如何查看一幅图像。在 Photoshop CC 工具箱中，查看图像的工具主要有【缩放】工具和【抓手】工具。

4.5.1 【缩放】工具

选择【缩放】工具，在图像窗口中单击，图像将以鼠标指针处为中心放大显示一级；按下鼠标左键拖曳，拖出一个矩形虚线框，释放鼠标左键后即可将虚线框中的图像放大显示，如图 4-43 所示。如果按住 Alt 键，鼠标指针形状将显示为形状，在图像窗口中单击时，图像将以鼠标指针处为中心缩小一级显示。

图4-43　图像放大显示状态

无论在使用工具箱中的哪种工具时，按Ctrl+=组合键可以放大显示图像，按Ctrl+-组合键可以缩小显示图像，按Ctrl+0组合键可以将图像适配至屏幕显示，按Ctrl+Alt+0组合键可以将图像以100%的比例正常显示。在工具箱中的【缩放】工具上双击，可以使图像以实际像素显示。另外，在图像窗口的【缩放】文本框中直接输入要缩放的比例，然后按Enter键，可以直接设置图像的缩放比例。

选择工具箱中的工具，属性栏如图4-44所示。

调整窗口大小以满屏显示　缩放所有窗口　细微缩放　100%　适合屏幕　填充屏幕

图4-44　【缩放】工具的属性栏

- 【放大】按钮：激活此按钮，然后在图像窗口中单击鼠标左键，可以将当前图像放大显示。
- 【缩小】按钮：激活此按钮，然后在图像窗口中单击鼠标左键，可以将当前图像缩小显示。
- 【调整窗口大小以满屏显示】复选框：若不勾选此复选框，对图像进行放大或缩小处理时，只改变图像的大小，图像窗口不会改变；若勾选此复选框，对图像进行放大或缩小处理时，软件会自动调整图像窗口的大小使其与当前图像的显示相适配。
- 【缩放所有窗口】复选框：勾选此复选框，当前打开的所有窗口会同时进行缩放。
- 单击 100% 按钮，图像恢复原大小，以实际像素尺寸显示，即以100%的比例显示。
- 单击 适合屏幕 按钮，系统根据工作区剩余空间的大小，自动调整图像窗口大小及图像的显示比例，使其在不与工具箱重叠（或同时不与调板重叠）的情况下，尽可能放大显示。
- 单击 填充屏幕 按钮，系统根据工作区剩余空间的大小，自动分配和调整图像窗口的大小及比例，使其在工作区中尽可能放大显示。

4.5.2 【抓手】工具

计算机屏幕的大小是有限的，如果用户需要对一些图像的局部进行精细处理，有时会需要将图像放大显示到超出图像窗口的范围，图像在图像窗口内将无法完全显示。利用工具箱中的【抓手】工具在图像中按下鼠标左键拖曳，从而在不影响图像相对位置的前提下，平移图像在窗口中的显示位置，以观察图像窗口中无法显示的图像。

(1) 将鼠标指针移动至图像窗口中，当鼠标指针显示为形状时，拖曳鼠标即可移动图像，将观察不到的部分显示出来。

(2) 双击工具箱中的工具，可以将图像满画布显示。

(3) 按住Ctrl键，在图像上单击鼠标左键，可以对图像进行放大操作。

(4) 按住Alt键，在图像上单击鼠标左键，可以对图像进行缩小操作。

(5) 当使用工具箱中的其他工具时，按住空格键，将鼠标指针移动至图像上，可以将当前工具暂时切换至工具，释放鼠标左键后，将还原先前的工具。

要点提示 在将图像放大至图像窗口无法完全显示的状态时，图像窗口的右侧和下方会各有一个窗口滑块出现，用鼠标拖曳这两个滑块，也可以在垂直方向和水平方向上移动图像。

当在工具箱中选择工具时，属性栏如图 4-45 所示。

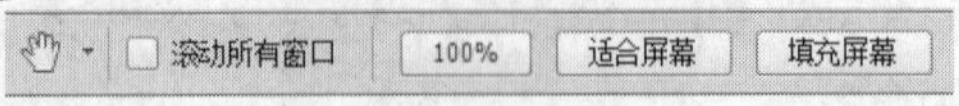

图4-45　【抓手】工具属性栏

- 【滚动所有窗口】复选框：勾选此复选框，使用工具滚动窗口时，所有打开的窗口同时被滚动。
- 其他按钮的功能与工具属性栏中相应按钮的功能相同。

要点提示 因为在实际操作中，工具和工具的使用要根据用户的需要灵活运用，且这两种工具只是起到了方便观察的效果，对图像本身并没有影响，所以后面的练习中，将不再一一介绍要在什么时候使用工具和工具，读者可以根据自己的实际情况灵活运用。

4.5.3 【旋转视图】工具

【抓手】工具组中还有一个【旋转视图】工具，该工具的功能与执行【图像】/【图像旋转】命令相似，可以在不破坏图像的情况下旋转画布。不同的是执行【图像】/【图像旋转】命令只能按指定的角度旋转画布，而选择【旋转视图】工具可随意旋转画面，为我们的工作带来了很大的方便。注意，使用工具的前提是必须勾选【使用图形处理器】复选框。

勾选【使用图形处理器】复选框的方法为，执行【编辑】/【首选项】/【性能】命令，弹出【首选项】对话框，然后勾选右侧参数设置区中的【使用图形处理器】复选框即可。选择该选项后，在处理大型或复杂图像时可以加速视频处理过程。

【步骤解析】

1. 打开附盘中“图库\第 04 章”目录下名为“三维效果.jpg”的文件。
2. 选择工具，将鼠标指针移动到文档窗口中按下鼠标左键，此时画面的中心位置将显示如图 4-46 所示的指针。
3. 以旋转图像的方式拖动鼠标，即可旋转画布，如图 4-47 所示。

图4-46　显示的鼠标指针

图4-47　旋转画布时的状态

【旋转视图】工具的属性栏如图 4-48 所示。

图4-48　【旋转视图】工具的属性栏

- 【旋转角度】文本框：在文本框中输入角度值，可按指定的角度旋转画布。输入正值，画布顺时针旋转；输入负值，画布逆时针旋转。
- 复位视图按钮：可将画布恢复到原始的角度。
- 【旋转所有窗口】复选框：可同时对打开的其他文件窗口进行旋转。

4.6 屏幕显示模式

在做图过程中，Photoshop CC 给设计者提供了 3 种屏幕显示模式，在工具箱中最下方的【标准屏幕模式】按钮上按住鼠标不放，将弹出如图 4-49 所示的工具按钮。也可执行【视图】/【屏幕模式】命令，将弹出如图 4-50 所示的命令。

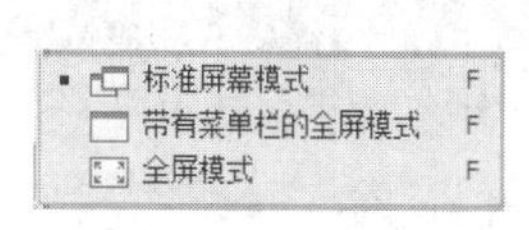

图4-49 显示的工具按钮

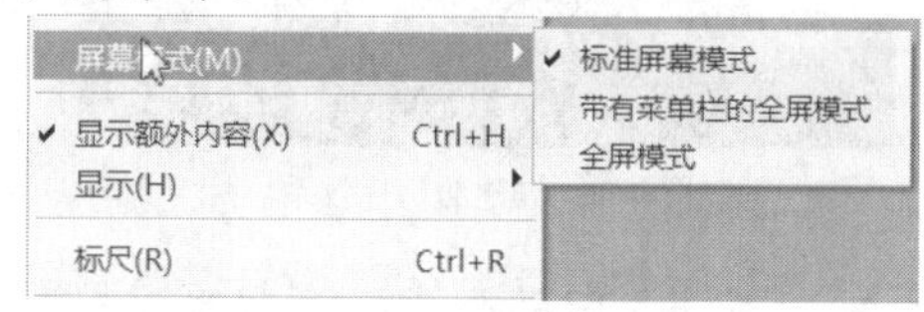

图4-50 显示的菜单命令

- 【标准屏幕模式】：可进入默认的显示模式。
- 【带有菜单栏的全屏模式】：系统会将软件的标题栏及下方 Windows 界面的工具栏隐藏。
- 【全屏模式】：选择该选项，系统会弹出【信息】询问面板，此时单击全屏按钮，系统会将界面中的所有工具箱和控制面等隐藏，只保留当前图像文件的显示；单击取消按钮，可取消执行全屏操作。

要点提示：连续按 F 键，可以在这几种模式之间相互切换。按 Tab 键可将工具箱、属性栏和控制面板同时隐藏。

4.7 综合实例——优化图像并输出 Web 所用格式

下面以实例的形式来讲解切片工具的应用，并进行优化和输出。

【步骤解析】

1. 打开附盘中“图库\第 04 章”目录下名为“网页广告.jpg”的图片文件，如图 4-51 所示。
2. 选择工具，将鼠标指针移动到图像文件中如图 4-52 所示的位置，按住左键向左上方拖曳鼠标。

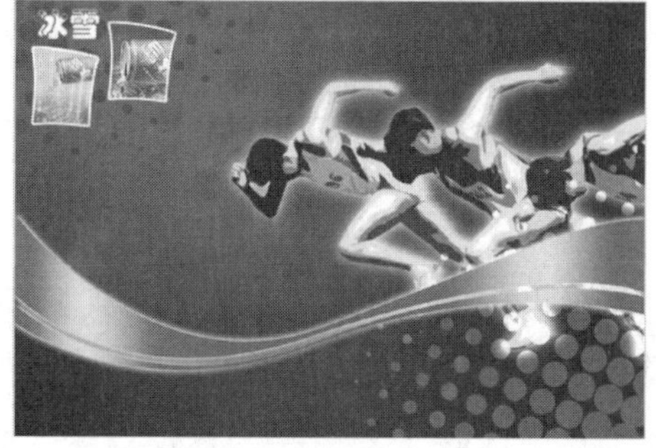

图4-51 打开的图片文件

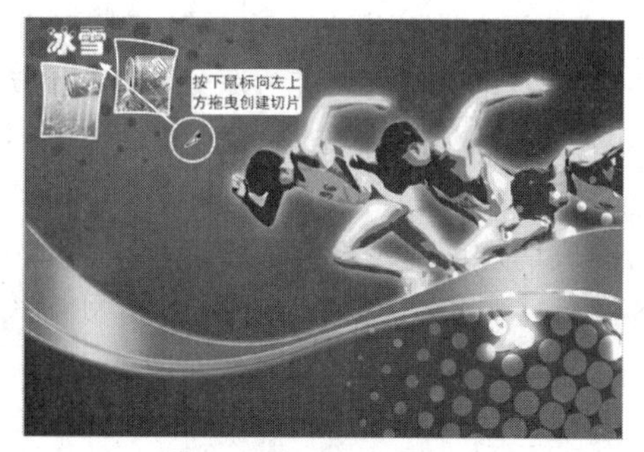

图4-52 鼠标指针放置的位置

3. 将鼠标指针拖曳至图像文件的左上角位置释放鼠标左键，此时即可在图像文件中根据拖曳的区域自动创建如图 4-53 所示的切片。
4. 用与步骤 2～步骤 3 相同的方法，拖曳鼠标在图像文件的右上方，创建出如图 4-54 所示的切片效果。

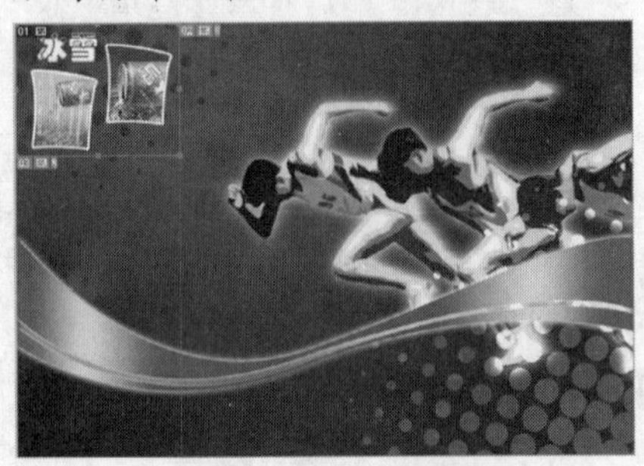

图4-53　创建的切片效果

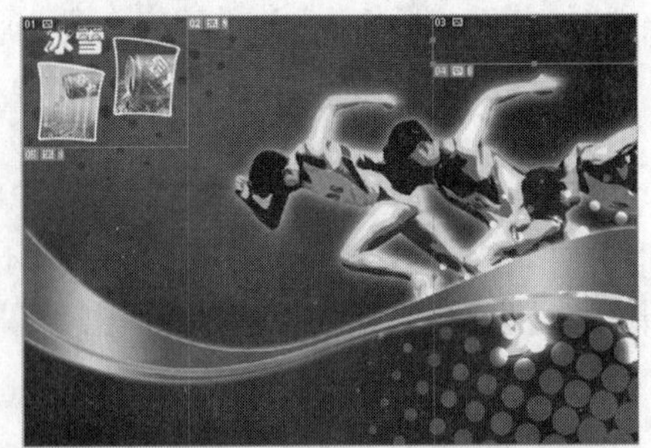

图4-54　创建多个切片的效果

要点提示　在创建“03”切片时，鼠标指针放置的位置一定要紧贴图像的边缘，否则不能创建出与如图 4-54 所示相同的切片号。

5. 选择工具，将鼠标指针移动到图像文件中的“01”切片内单击，将“01”切片设置为当前切片。
6. 单击属性栏中的按钮，在弹出的【切片选项】对话框中设置各选项，如图 4-55 所示，选项设置完成后，单击 确定 按钮。
7. 将鼠标指针移动到“03”切片中双击鼠标，在弹出的【切片选项】对话框中将【切片类型】选项设置为“无图像”，然后在文本框中输入如图 4-56 所示的文字。

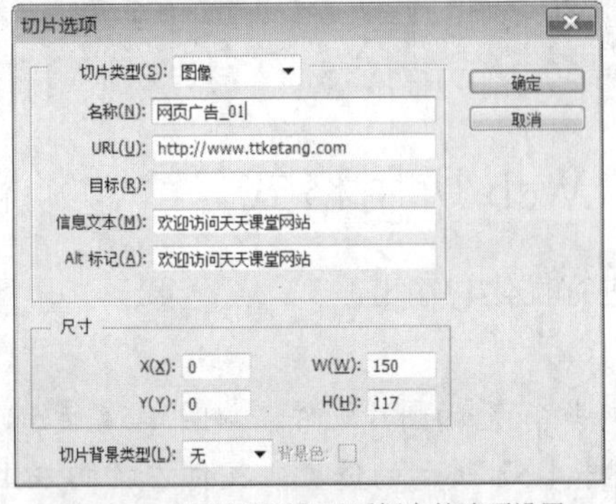

图4-55　【切片选项】对话框中的选项设置

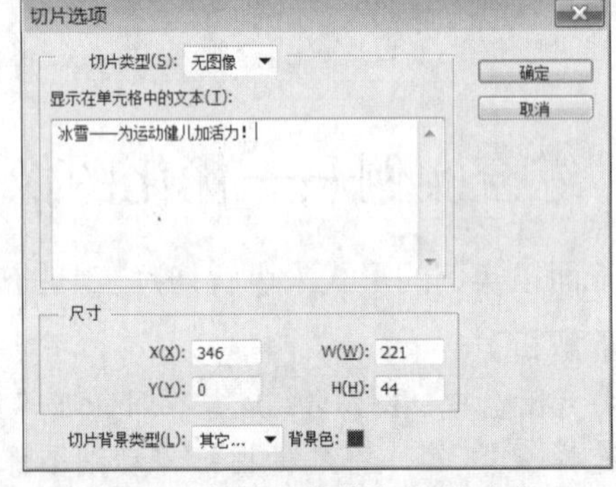

图4-56　设置“无图像”并输入文字

8. 在下方的【切片背景类型】下拉列表中选择【其它】选项，在弹出的【拾色器】对话框中将背景颜色设置为深红色（R:137,G:25,B:27），然后依次单击 确定 按钮。
9. 按 Shift+Ctrl+S 组合键，将设置切片后的图像文件另命名为“网页广告输出.jpg”保存。

   完成切片创建及设置选项后，下面将其输出。

10. 执行【文件】/【存储为 Web 所用格式】命令，在弹出的【存储为 Web 所用格式】对话框中选用默认的设置，然后单击 存储... 按钮。
11. 在弹出的【将优化结果存储为】对话框中设置合适的路径，然后将【文件名】设置为“网页广告.html”；【格式】设置为“HTML 和图像”。

12. 单击 保存(S) 按钮，即可将创建切片后的图像文件输出。

要点提示 当为输出的图像文件设置中文名称时，单击 保存(S) 按钮后将弹出提示面板，单击面板中的 确定 按钮可继续将此图像文件输出；单击 取消 按钮将取消输出操作。

将图像文件输出后，在保存的路径下即会出现保存的网页文件和图像（images）文件夹，双击网页文件 即可将其打开，其效果如图 4-57 所示。

图4-57 打开的网页文件

在图 4-57 中，将鼠标指针放置在“01”切片位置处，鼠标指针将显示为手形且下方显示【Alt 标记】文本框中的文字，同时浏览器页面下方状态栏中的左侧位置，将显示【信息文本】文本框中的文字，此时在“01”切片处单击鼠标左键，将链接到设置的“天天课堂”网络地址。当前网页中“03”切片处并没有显示原来的图像，而是显示设置的文字，且背景显示的颜色为设置的颜色。

4.8 习题

1. 灵活运用本章学习的【裁剪】工具对图像进行裁剪，裁剪前后的效果对比如图 4-58 所示。

图4-58 图像裁剪前后的效果对比

2. 灵活运用 3D 工具为沙发模型贴图，效果如图 4-59 所示。

图4-59　贴图后的效果

第5章 绘画和修复工具的应用

本章主要讲解【画笔】工具组、【画笔】面板、【修复】工具组、【图章】工具组和【历史记录画笔】工具组。由于每个工具组中都包括一些其他的工具，且各工具之间有着相似的功能，因此在学习时，希望读者能认真对待，并能以最快的速度取得最佳的成果。

5.1 【画笔】工具组

画笔工具组中包括【画笔】工具、【铅笔】工具、【颜色替换】工具和【混合器画笔】工具。这些工具的主要功能是用来绘制图形和修改图像颜色，灵活运用好画笔工具，可以绘制出各种各样的图像效果，使设计者的思想被最大限度地表现出来。

5.1.1 【画笔】工具

选择工具，在工具箱中设置前景色的颜色，即画笔的颜色，并在【画笔】对话框中选择合适的笔头，然后将鼠标指针移动到新建或打开的图像文件中单击并拖曳，即可绘制不同形状的图形或线条。

【画笔】工具的属性栏如图 5-1 所示。

图5-1 【画笔】工具的属性栏

- 【画笔】选项：用来设置画笔笔头的形状及大小，单击右侧的按钮，会弹出如图 5-2 所示的【画笔】设置面板。
- 【切换画笔调板】按钮：单击此按钮，可弹出【画笔】面板。
- 【模式】选项：可以设置绘制的图形与原图像的混合模式。
- 【不透明度】选项：用来设置画笔绘画时的不透明度，可以直接输入数值，也可以通过单击此选项右侧的按钮，再拖曳弹出的滑块来调节。使用不同的数值绘制出的颜色效果如图 5-3 所示。

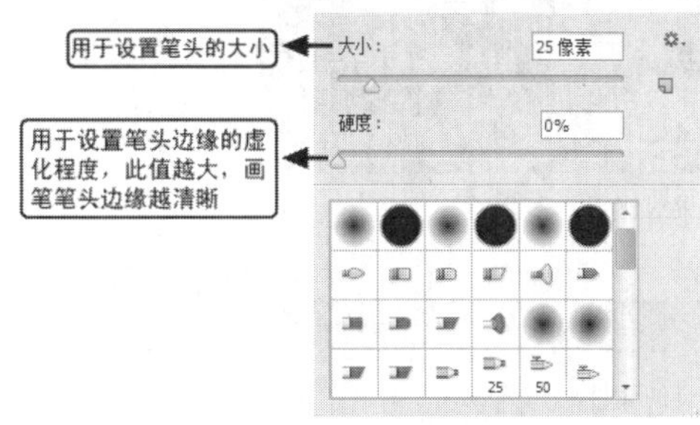

图5-2 【画笔】设置面板

图5-3 不同【不透明度】值绘制的颜色效果

- 【流量】选项：决定画笔在绘画时的压力大小，数值越大画出的颜色越深。
- 【喷枪】按钮：激活此按钮，使用画笔绘画时，绘制的颜色会因鼠标指针的停留而向外扩展，画笔笔头的硬度越小，效果越明显。

5.1.2 【铅笔】工具

【铅笔】工具与【画笔】工具类似，也可以在图像文件中绘制不同形状的图形及线条，只是在属性栏中多了一个【自动抹除】选项，这是【铅笔】工具所具有的特殊功能。

【铅笔】工具的属性栏如图 5-4 所示。

图5-4　【铅笔】工具的属性栏

如果勾选了【自动抹除】复选框，在图像内与工具箱中的前景色相同的颜色区域绘画时，铅笔会自动擦除此处的颜色而显示背景色；在与前景色不同的颜色区绘画时，将以前景色的颜色显示，如图 5-5 所示。

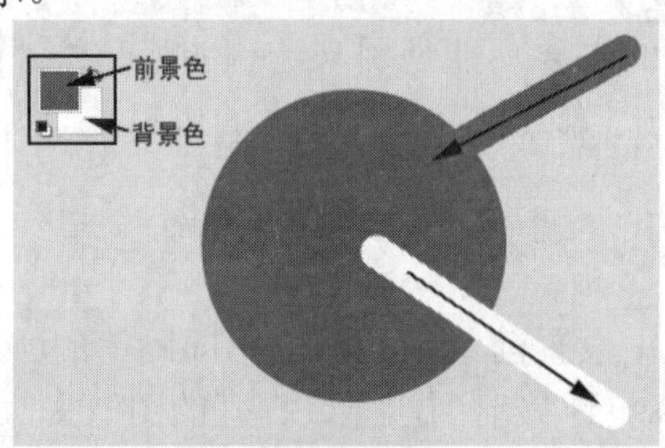

图5-5　勾选【自动抹除】复选框时绘制的图形

5.1.3 【颜色替换】工具

利用【颜色替换】工具可以对特定的颜色进行快速替换，同时保留图像原有的纹理。颜色替换后的图像颜色与工具箱中当前的前景色有关，所以在使用该工具时，首先要在工具箱中设定需要的前景色，或按住 Alt 键，在图像中直接设置色样，然后在属性栏中设置合适的选项后，在图像中拖曳鼠标指针，即可改变图像的色彩效果。如图 5-6 所示。

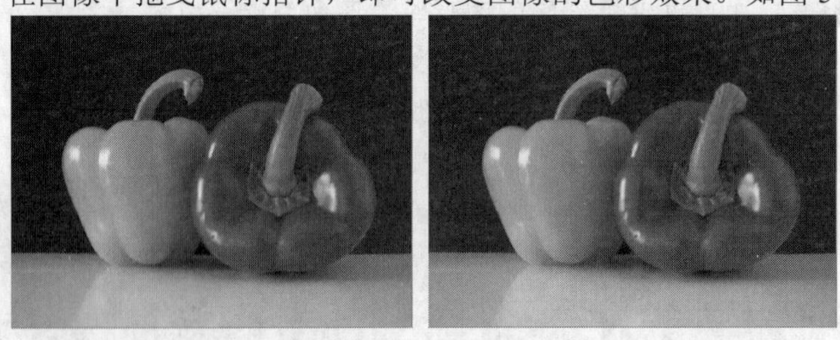

图5-6　颜色替换效果对比

【颜色替换】工具的属性栏如图 5-7 所示。

图5-7　【颜色替换】工具的属性栏

- 【取样】按钮：用于指定替换颜色取样区域的大小。激活【取样：连续】按钮，将连续取样来对拖曳鼠标指针经过的位置替换颜色；激活【取样：一次】按钮，只替换第一次单击取样区域的颜色；激活【取样背景色板】按钮，只替换画面中包含有背景色的图像区域。

- 【限制】：用于限制替换颜色的范围。选择【不连续】选项，将替换出现在鼠标指针下任何位置的颜色；选择【连续】选项，将替换与紧挨鼠标指针下的颜色邻近的颜色；选择【查找边缘】选项，将替换包含取样颜色的连接区域，同时更好地保留图像边缘的锐化程度。
- 【容差】：指定替换颜色的精确度，此值越大替换的颜色范围越大。
- 【消除锯齿】：可以为替换颜色的区域指定平滑的边缘。

5.1.4 【混合器画笔】工具

【混合器画笔】工具可以借助混色器画笔和毛刷笔尖，创建逼真、带纹理的笔触，轻松地将图像转变为绘图或创建独特的艺术效果。图 5-8 所示为原图及用【混合器画笔】处理后的绘画效果。

图5-8　【混合器画笔】工具的绘画效果

【混合器画笔】工具的使用方法非常简单：选择工具，然后设置合适的笔头大小，并在属性栏中设置好各选项参数后，在画面中拖曳鼠标，即可将照片涂抹成水粉画效果。

【混合器画笔】工具的属性栏如图 5-9 所示。

图5-9　【混合器画笔】工具的属性栏

- 【当前画笔载入】按钮：可重新载入画笔、清理画笔或只载入纯色，让它和涂抹的颜色进行混合。具体的混合结果可通过后面的设置值进行调整。
- 【每次描边后载入画笔】按钮和【每次描边后清理画笔】按钮：控制每一笔涂抹结束后对画笔是否更新和清理。类似于在绘画时，一笔过后是否将画笔在水中清洗。
- 自定下拉列表：在此下拉列表中可以选择预先设置好的混合选项。当选择某一种混合选项时，右边的 4 个选项设置值会自动调节为预设值。
- 【潮湿】选项：设置从画布拾取的油彩量。
- 【载入】选项：设置画笔上的油彩量。
- 【混合】选项：设置颜色混合的比例。
- 【流量】选项：设置描边的流动速率。

5.2 【画笔】设置面板菜单

在【画笔】设置面板中单击右上角的 按钮，弹出的下拉菜单如图 5-10 所示。

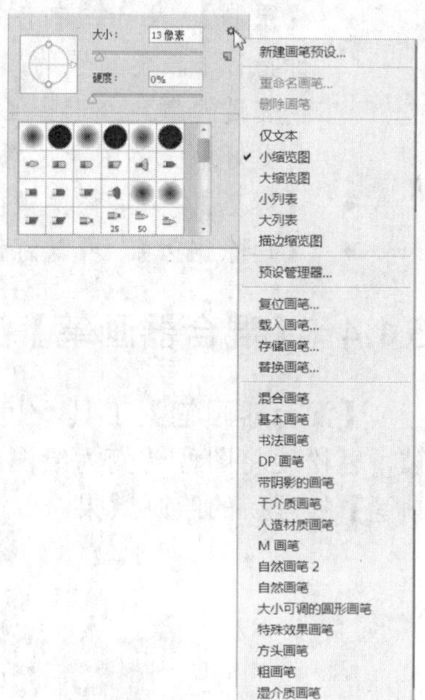

图5-10　【画笔】设置面板菜单

- 选择【新建画笔预设】命令，可以将当前画笔创建为新的画笔。通常用户对画笔进行修改后，如果还想保留原画笔，就可以利用这个命令将修改后的画笔保存为一个新的画笔。
- 选择【重命名画笔】命令，可以修改当前画笔的名称。
- 选择【删除画笔】命令，可以删除当前画笔。
- 选择【仅文本】命令，【画笔】面板中只显示画笔名称。
- 选择【小缩览图】命令，【画笔】面板中显示画笔形态的小缩览图标。
- 选择【大缩览图】命令，【画笔】面板中显示画笔形态的大缩览图标。
- 选择【小列表】命令，【画笔】面板中同时显示画笔图标和名称。
- 选择【大列表】命令，【画笔】面板中同时显示画笔图标和名称，其显示比小列表略大。
- 选择【描边缩览图】命令，【画笔】面板中同时显示画笔图标和笔触的效果。
- 选择【预设管理器】命令，可以在弹出的【预设管理器】对话框中修改预设画笔。当用户使用【复位画笔】命令时，复位至预设管理器中的状态。
- 选择【复位画笔】命令，将画笔复位至默认状态。
- 选择【载入画笔】命令，载入存储的画笔。
- 选择【存储画笔】命令，将当前画笔进行存储。
- 选择【替换画笔】命令，用存储的画笔替换当前画笔。
- 在【画笔】设置面板菜单中，【替换画笔】命令下面的画笔名称，实际上是 Photoshop CC 中自带的 15 种类型的画笔。选择相应的命令，可以调出该类型中保存的画笔。例如，选择【混合画笔】命令，将会弹出如图 5-11 所示的对话框。

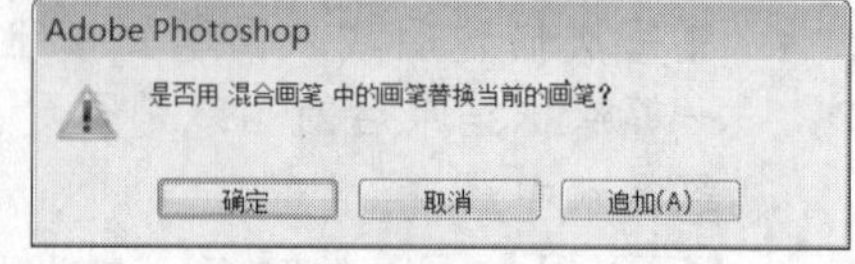

图5-11　Photoshop 提示框

单击 确定 按钮，【混合画笔】文件中的画笔代替当前的画笔。单击 取消 按钮，不对当前画笔做任何改动。单击 追加(A) 按钮，将【混合画笔】文件中的画笔添加到【画笔】面板中当前画笔后面。

5.3 【画笔】面板

按 F5 键或单击属性栏中的 按钮，打开如图 5-12 所示的【画笔】面板。该面板由 3

部分组成的，左侧部分主要用于选择画笔的属性；右侧部分用于设置画笔的具体参数；最下面部分是画笔的预览区域。

在设置画笔时，先选择不同的画笔属性，然后在其右侧的参数设置区中设置相应的参数，就可以将画笔设置为不同的形状。

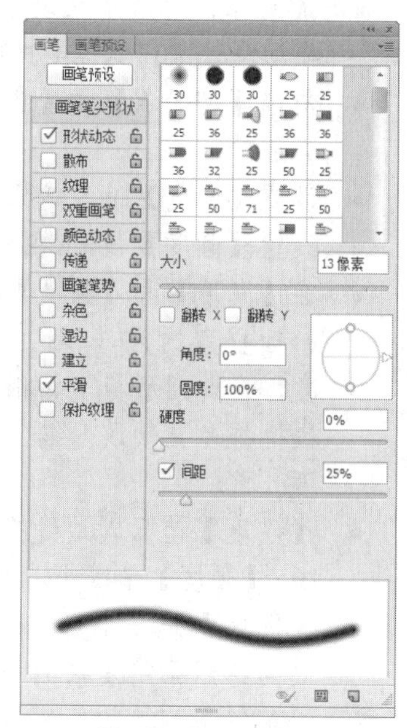

图5-12 【画笔】面板

- 画笔预设：用于查看、选择和载入预设画笔。拖动画笔笔尖形状窗口右侧的滑块可以浏览其他形状。
- 【画笔笔尖形状】选项：用于选择和设置画笔笔尖的形状，包括角度、圆度等。
- 【形状动态】选项：用于设置随着画笔的移动笔尖形状的变化情况。
- 【散布】选项：决定是否使绘制的图形或线条产生一种笔触散射效果。
- 【纹理】选项：可以使【画笔】工具产生图案纹理效果。
- 【双重画笔】选项：可以设置两种不同形状的画笔来绘制图形，首先通过【画笔笔尖形状】选项设置主笔刷的形状，再通过【双重画笔】选项设置次笔刷的形状。
- 【颜色动态】选项：可以将前景色和背景色进行不同程度的混合，通过调整颜色在前景色和背景色之间的变化情况以及色相、饱和度和亮度的变化，绘制出具有各种颜色混合效果的图形。
- 【传递】选项：用于设置画笔的不透明度和流量的动态效果。
- 【画笔笔势】选项：用于设置画笔笔头的不同倾斜状态及压力效果。
- 【杂色】选项，可以使画笔产生细碎的噪声效果，也就是产生一些小碎点的效果。
- 【湿边】选项，可以使画笔绘制出的颜色产生中间淡四周深的润湿效果，用来模拟加水较多的颜料产生的效果。
- 【建立】选项，相当于激活属性栏中的按钮，使画笔具有喷枪的性质。即在图像中的指定位置按下鼠标后，画笔颜色将加深。
- 【平滑】选项，可以使画笔绘制出的颜色边缘较平滑。
- 【保护纹理】选项，当使用【复位画笔】等命令对画笔进行调整时，保护当前画笔的纹理图案不改变。

5.3.1 【画笔笔尖形状】类参数

在【画笔】面板左侧单击选择【画笔笔尖形状】选项，右侧显示的【画笔笔尖形状】类选项和参数如图 5-12 所示。

- 在右上方的笔尖形状列表中，单击相应的笔尖形状，即可将其选择。

- 【大小】值是用来表示画笔直径的，用户可以直接修改右侧的数值，也可以拖动滑块来得到需要的数值。
- 勾选【翻转 X】和【翻转 Y】复选项，可以分别将笔尖形状进行水平翻转和垂直翻转。
- 设置【角度】值，是将笔尖以显示屏垂直的坐标轴为中轴进行旋转。
- 设置【圆度】值，是将笔尖以 x 轴为中轴旋转。
- 在【角度】和【圆度】值右侧有一个坐标轴，其中带箭头的坐标轴为 x 轴，与 x 轴垂直的为 y 轴。坐标轴上有一个圆形，它所显示的是笔尖的角度和圆度。在此圆形与 y 轴相交的位置上的黑点，可以改变笔尖的圆度，用户可以用鼠标拖曳 x 轴改变笔尖的角度，也可以沿 y 轴拖曳其上的黑点来改变笔尖的圆度。
- 【硬度】值只对边缘有虚化效果的笔尖有效。【硬度】值越大，画笔边缘越清晰；【硬度】值越小，画笔边缘越模糊柔和。
- 【间距】是一个可选选项。当勾选【间距】选项时，它的值表示画笔每两笔之间跨越画笔直径的百分之几；当【间距】值等于“100%”时，画出的就是一条笔笔相连的线；当【间距】值大于“100%”时，画笔所画出的线条是一系列中断的点；当将【间距】选项的勾选取消时，在图像中画线的形态与用户拖曳鼠标的速度有关，拖曳鼠标越快，画笔每两笔之间的跨度就越大，拖曳鼠标越慢，画笔每两笔之间的跨度就越小。

5.3.2 【形状动态】类参数

通过对笔尖的【形状动态】类参数的调整，可以设置画线时笔尖的大小、角度和圆度的变化情况。【形状动态】选项可以使画笔工具绘制出来的线条产生一种很自然的笔触流动效果，选择此选项后的【画笔】面板如图 5-13 所示。

- 【大小抖动】选项：控制画笔动态形状之间的混合大小。
- 【控制】选项：可以设置画笔动态形状的不同控制方式，在其下拉列表包括【关】、【渐隐】、【钢笔压力】、【钢笔斜度】和【光笔轮】5 个选项。【钢笔压力】选项、【钢笔斜度】选项和【光笔轮】选项只有在 Photoshop 中使用外接绘图板等设备进行输入时才有用。如果左侧出现一个带“!”符号的三角形标志，表示此选项当前不可用。这 3 个选项是基于外接钢笔的压力、斜度或拇指轮位置，在初始直径和最小直径之间改变画笔笔迹的大小，使画笔在拖曳过程中产生不同的凌乱效果。

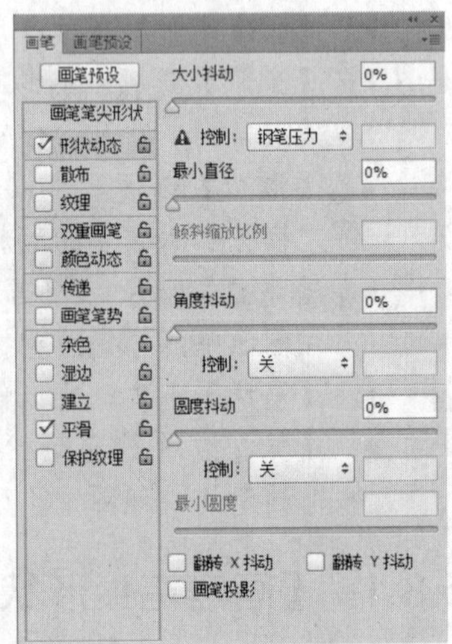

图5-13　【形状动态】类参数

- 【最小直径】选项：当在【控制】下拉列表中选择了【渐隐】选项后，拖动此滑块可以指定所使用的最小直径。

- 【倾斜缩放比例】选项：只有在【控制】下拉列表中选择了【钢笔斜度】选项才可用，它是设置外接钢笔产生的旋转画笔的高度值。
- 【角度抖动】选项：可以调整画笔动态角度形状和方向混合度。
  【角度抖动】值下的【控制】框决定角度该变量的渐变方式。
- 【圆度抖动】选项：可以调整画笔动态圆度形状和方向混合度。
  【圆度抖动】值下的【控制】框决定圆度该变量的渐变方式。
- 【最小圆度】选项：当在【控制】选项中选择了【渐隐】选项后，拖动此滑块可以调整画笔所指定的最小圆度。
- 勾选【翻转 X 抖动】和【翻转 Y 抖动】选项，可使画笔随机进行垂直和水平翻转。

5.3.3 【散布】类参数

通过调整【散布】类参数，可以设置笔尖沿鼠标拖曳的路线向外扩散的范围，从而使绘画工具产生一种笔触的散射效果。当选择该选项后的【画笔】面板如图 5-14 所示。

- 【散布】选项：可以使画笔绘制出的线条成为散射效果，数值越大散射效果越明显。
- 【两轴】选项：勾选此选项，画笔标记以辐射方向向四周扩散，如不勾选此选项，画笔标记按垂直方向扩散。
- 【控制】下拉列表的内容与前面相同，不再重复。
- 【数量】选项：该值决定每间距内应有画笔笔尖的数量，此值越大，单位间距内画笔笔尖的数量越多。
- 【数量抖动】选项：决定在每间距内画笔【数量】值的变化效果，其下的【控制】下拉列表决定变化的类型。此值越大，画笔笔尖效果越密，数值小则画笔笔尖效果较稀疏。

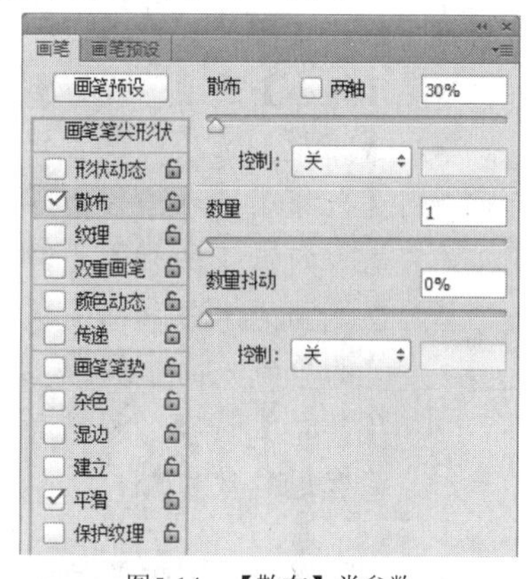

图5-14 【散布】类参数

5.3.4 【纹理】类参数

通过设置【纹理】类参数可以在画笔中产生图案纹理效果。当选择该选项后的【画笔】面板如图 5-15 所示。

- 【纹理选择】：单击右侧窗口左上角的方形纹理图案可以调出纹理样式面板，从中我们可以选择所需的纹理。
- 【反相】选项：勾选此选项，可以将选择的纹理反相。
- 【缩放】选项：此选项可以调整在画笔中所应用纹理图案的缩放比例。
- 【亮度】选项：用于调整纹理图案的亮度。
- 【对比度】选项：用于调整纹理图案的对比度。

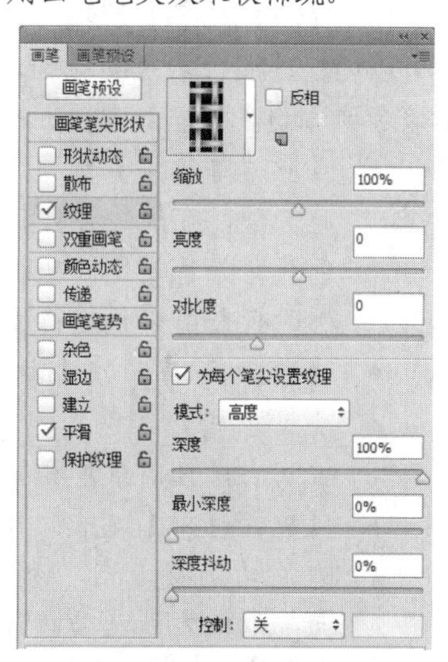

图5-15 【纹理】类参数

- 【为每个笔尖设置纹理】复选项：此选项以每个画笔笔尖为单位适用纹理，否则以绘制出的整个线条为单位适用纹理。
- 【模式】选项：确定纹理和画笔的混合模式。
- 【深度】选项：设置画笔绘制出的图案纹理颜色与前景色混合效果的明显程度。
- 【最小深度】选项：设置图案纹理与前景色混合的最小深度。
- 【深度抖动】选项：拖动此滑块可以设置画笔绘制出的图案纹理与前景色产生不同密度的混合效果。其下的【控制】选项控制画笔与图案纹理混合的变化方式。

5.3.5 【双重画笔】类参数

利用【双重画笔】类参数和选项，可以产生两种不同纹理的笔尖相交产生的笔尖效果。当选择该选项后的【画笔】面板如图 5-16 所示。

- 【模式】选项：设置两种画笔的混合模式。
- 勾选【翻转】选项，第二种笔尖随机翻转。
- 【大小】选项：设置第二种画笔直径的大小。
- 【间距】选项：设置第二种画笔的间距距离。
- 【散布】选项：设置第二种画笔的分散程度。是否勾选【两轴】选项决定第二种画笔是同时在笔画的水平和垂直方向上分散，还是只在画笔的垂直方向上分散。
- 【数量】选项：设置第二种画笔绘制间隔处画笔标记的数目。

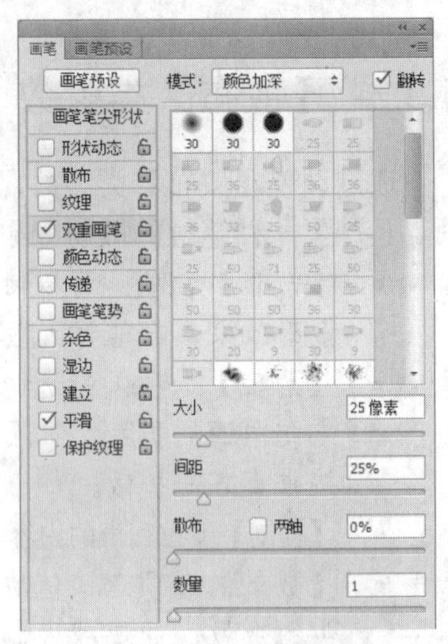

图5-16　【双重画笔】类参数

5.3.6 【颜色动态】类参数

使用【颜色动态】选项可以使笔尖产生两种颜色以及图案进行不同程度混合的效果，并且可以调整其混合颜色的色调、饱和度、亮度等。当选择该选项后的【画笔】面板如图 5-17 所示。

- 【应用每笔尖】选项：设置颜色动态后，勾选此选项，在喷绘画笔时，喷绘的颜色会在前景色和背景色之间随机变化；如不勾选，拖曳鼠标时将按前景色进行喷绘。
- 【前景/背景抖动】选项：设置画笔绘制出的前景色和背景色之间的混合程度。【控制】下拉列表设置前景色和背景色抖动的范围。
- 【色相抖动】选项：设置前景色和背景色之间的色调偏移方向，数值小色调偏向前景色方向，数值大色调偏向背景色方向。

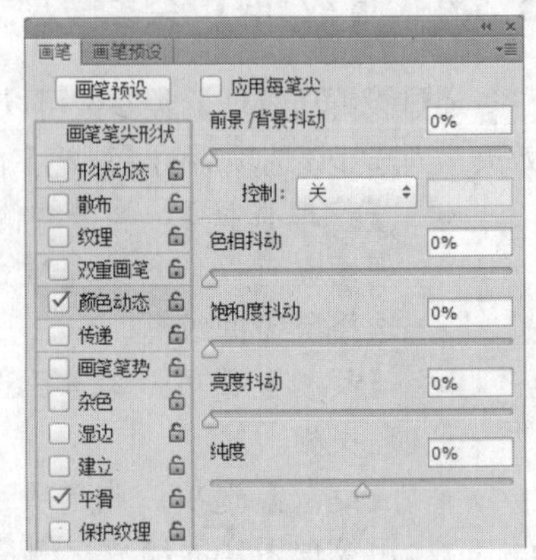

图5-17　【颜色动态】类参数

- 【饱和度抖动】选项：设置画笔绘制出颜色的饱和度，数值大混合颜色效果较饱和，数值小混合颜色效果不饱和。

- 【亮度抖动】选项：设置画笔绘制出颜色的亮度，数值大绘制出的颜色较暗，数值小绘制出的颜色较亮。
- 【纯度】选项：设置画笔绘制出颜色的鲜艳程度，数值大绘制出的颜色较鲜艳，数值小绘制出的颜色较灰暗。数值为“—100”时绘制出的颜色为灰度色。

5.3.7 【传递】类参数

【传递】类参数可以设置画笔绘制出颜色的不透明度以及使颜色之间产生不同的流动效果。当选择该选项后的【画笔】面板如图 5-18 所示。

- 【不透明度抖动】选项：可以调整画笔绘制时颜色的不透明度效果，数值大颜色较透明，数值小颜色透明度效果弱。
- 【流量抖动】选项：可以使画笔绘制出的线条出现类似于液体流动的效果，数值大流动效果明显，数值小流动效果不明显。

5.3.8 【画笔笔势】类参数

【画笔笔势】类参数可以设置特殊画笔笔头的不同倾斜状态及压力效果。当选择该选项后的【画笔】面板如图 5-19 所示。分别用于设置画笔笔头的倾斜、旋转和压力。

图5-18 【传递】类参数

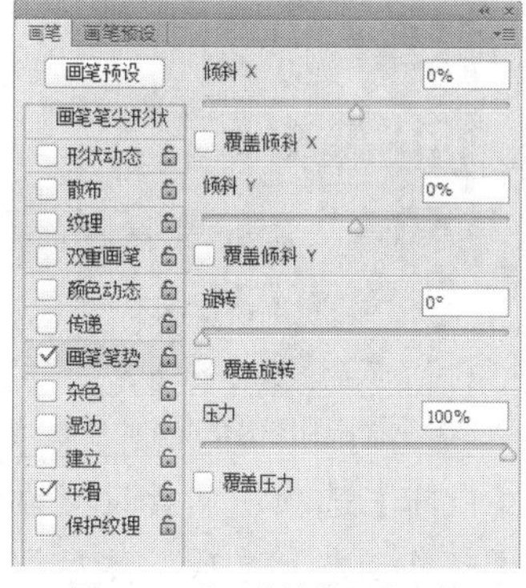

图5-19 【画笔笔势】类参数

5.3.9 典型实例——自定义画笔

除了系统自带的笔头形状外，用户还可以将自己喜欢的图像或图形定义为画笔笔头。下面来讲解自定义画笔的方法。

【步骤解析】

1. 打开附盘中“图库\第 05 章”目录下名为“蝴蝶.jpg”的图片。
2. 利用【魔棒】工具将白色背景选取，然后按 Shift+Ctrl+I 组合键将选区反选，反选后的选区状态如图 5-20 所示。
3. 执行【编辑】/【定义画笔预设】命令，弹出如图 5-21 所示的【画笔名称】对话框，单击 确定 按钮，即可将选区内的图像定义为画笔。

图5-20　反选后的选区形态

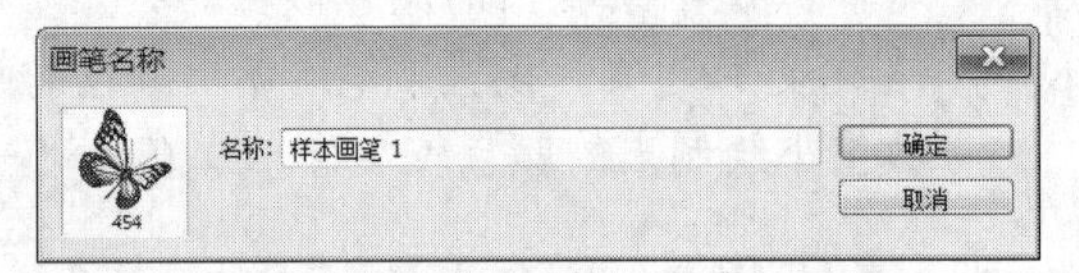

图5-21　【画笔名称】对话框

要点提示　在定义画笔笔头之前最好将文件大小改小，否则定义的画笔笔头会很大。

4. 选择【画笔】工具，并单击属性栏中的按钮，在弹出的【画笔】面板中选择定义的“蝴蝶”图案，并设置【大小】和【间距】选项的参数如图 5-22 所示。
5. 单击【形状动态】选项，然后设置右侧的选项参数如图 5-23 所示。

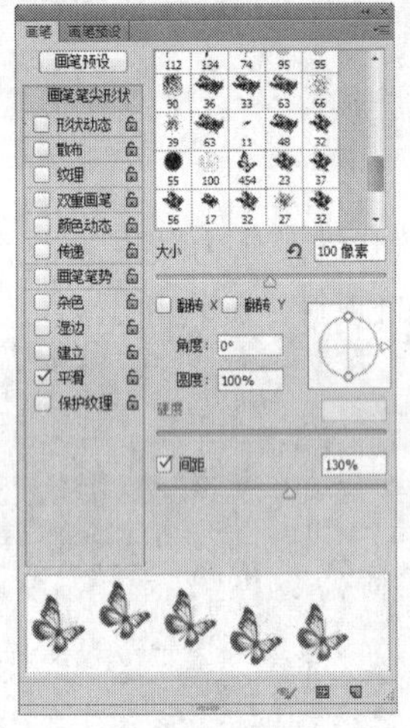

图5-22　选择的图案及设置的参数

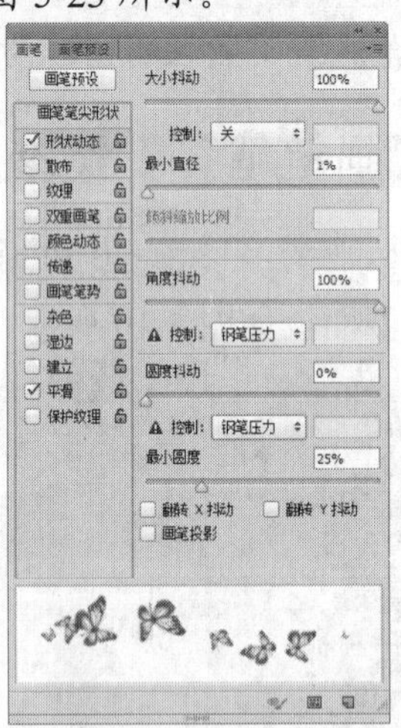

图5-23　设置【形状动态】参数

6. 单击【散布】选项，然后设置右侧的选项参数如图 5-24 所示。
7. 单击【颜色动态】选项，然后设置右侧的选项参数如图 5-25 所示。

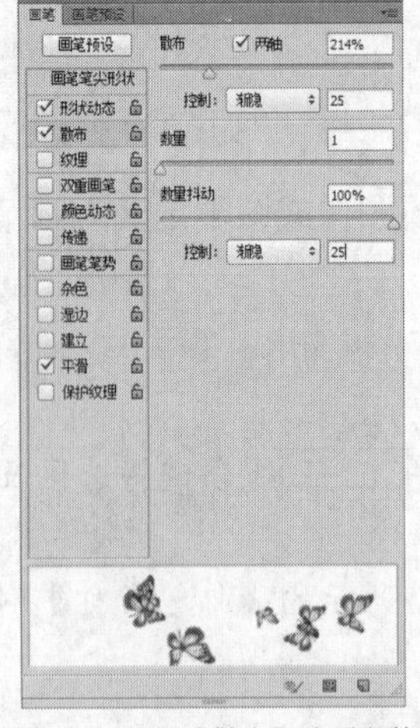

图5-24　设置【散布】选项参数

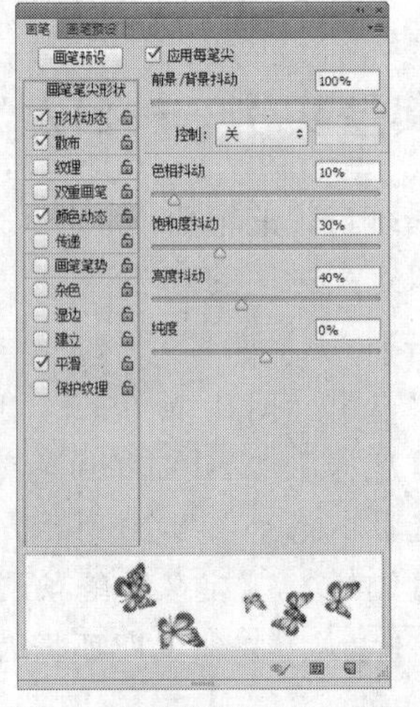

图5-25　设置【颜色动态】参数

8. 将前景色设置为洋红色（R:255,B:255），背景色设置为黄色（R:255,G:255）。
9. 打开附盘中“图库\第05章”目录下名为“蝴蝶背景.jpg”的文件，如图5-26所示。
10. 新建图层“图层1”，然后在图像中单击或拖曳鼠标，即可喷绘定义的图像，效果如图5-27所示。

图5-26 喷绘的图像

图5-27 填充渐变背景后的效果

11. 在【图层】面板中将“图层1”的【图层混合模式】选项设置为【减去】模式，效果如图5-28所示。

图5-28 设置图层混合模式后的效果

12. 按Ctrl+S组合键将此文件命名为“自定义画笔应用.psd”保存。

要点提示 在定义画笔笔头时，也可使用选区工具在图像中选择部分图像来定义画笔，如果希望创建的画笔带有锐边，则应当将选区工具属性栏中【羽化】选项的参数设置为“0像素”；如果要定义具有柔边的画笔，可适当设置选区的【羽化】选项值。

5.4 修复工具

Photoshop工具箱中的修复工具从推出之日起，就一直倍受广大用户的欢迎。其中包括【污点修复画笔】工具、【修复画笔】工具、【修补】工具、【内容感知移动】工具和【红眼】工具。

5.4.1 【污点修复画笔】工具

【污点修复画笔】工具可以快速移去照片中的污点和其他不理想的部分。它可以自动从修复位置的周围取样，然后将取样像素复制到当前要修复的位置，并将取样像素的纹

理、光照、透明度和阴影与所修复的像素相匹配，从而达到自然的修复效果。

在工具箱中选择【污点修复画笔】工具，属性栏如图 5-29 所示。

19　模式：正常　类型：○ 近似匹配　○ 创建纹理　⊙ 内容识别　□ 对所有图层取样

图5-29　【污点修复画笔】工具属性栏

- 单击【画笔】选项右侧的按钮，弹出【笔头】设置面板。此面板主要用于设置工具使用画笔的大小和形状，其参数与前面所讲的【画笔】面板中的笔尖选项的参数相同，在此不再赘述。
- 【模式】选项：选择用来修补的图像与原图像以何种模式进行混合。
- 【类型】选项：单击选择【近似匹配】单选按钮，将自动选择相匹配的颜色来修复图像的缺陷；单击选择【创建纹理】单选按钮，在修复图像缺陷后会自动生成一层纹理。单击选择【内容识别】单选按钮，系统将自动搜寻附近的图像内容，不留痕迹地填充修复区域，同时保留图像的关键细节。
- 【对所有图层取样】复选框：勾选此复选框，可以在所有可见图层中取样；不勾选此复选框，将只能在当前图层中取样。

5.4.2 典型实例——去除画面中不想要的图像

下面灵活运用【污点修复画笔】工具去除各画面中不想要的图像。在处理之前，要对图像进行分析。例如，背景比较单一，可选择【近似匹配】单选按钮；背景比较复杂，可选择新增加的【内容识别】单选按钮。

【步骤解析】

1. 打开附盘中“图库\第 05 章”目录下名为“城市.jpg”的文件，如图 5-30 所示。
2. 选择工具，确认属性栏中选择的是【近似匹配】单选按钮，设置合适的笔头大小后，在画面中不想要的图像区域拖曳鼠标，状态如图 5-31 所示。
3. 释放鼠标后，画笔覆盖的区域即被去除，效果如图 5-32 所示。

图5-30　打开的图片

图5-31　拖曳鼠标状态

图5-32　去除图像后的效果

4. 按 Shift+Ctrl+S 组合键，将此文件命名为“去除图像 01.jpg”保存。
5. 打开附盘中“图库\第 05 章”目录下名为“草原风光.jpg”的文件，如图 5-33 所示。
6. 选择工具，选择属性栏中的【内容识别】单选按钮，然后设置合适的笔头大小，在画面中的“奶牛”位置拖曳鼠标，将牛覆盖，释放鼠标后，画笔覆盖的区域即被去除，效果如图 5-34 所示。

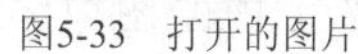

图5-33　打开的图片

图5-34　去除“奶牛”图像后的效果

7. 按 Shift+Ctrl+S 组合键，将此文件命名为“去除图像 02.jpg”保存。

5.4.3 【修复画笔】工具

【修复画笔】工具与【污点修复画笔】工具的修复原理基本相似，都是将没有缺陷的图像部分与被修复位置有缺陷的图像进行融合，得到理想的匹配效果。但使用【修复画笔】工具时需要先设置取样点，即按住 Alt 键，用鼠标在取样点位置单击（单击处的位置为复制图像的取样点），松开 Alt 键，然后在需要修复的图像位置按住鼠标左键拖曳，即可对图像中的缺陷进行修复，并使修复后的图像与取样点位置图像的纹理、光照、阴影和透明度相匹配，从而使修复后的图像不留痕迹地融入图像中。

在工具箱中选择【修复画笔】工具，属性栏如图 5-35 所示。

图5-35　【修复画笔】工具属性栏

- 【源】：单击【取样】单选项，然后按住 Alt 键在适当的位置单击，可以将该位置的图像定义为取样点，以便用定义的样本来修复图像；单击【图案】单选项，可以单击其右侧的图案按钮，然后在打开的图案列表中选择一种图案来与图像混合，得到图案混合的修复效果。
- 【对齐】：勾选此复选框，将进行规则图像的复制，即多次单击或拖曳鼠标指针，最终将复制出一个完整的图像，若想再复制一个相同的图像，必须重新取样；若不勾选此项，则进行不规则复制，即多次单击或拖曳鼠标指针，每次都会在相应位置复制一个新图像。
- 【样本】：设置从指定的图层中取样。选择【当前图层】选项时，是在当前图层中取样；选择【当前和下方图层】选项时，是从当前图层及其下方图层中的所有可见图层中取样；选择【所有图层】选项时，是从所有可见图层中取样；如激活右侧的【忽略调整图层】按钮，将从调整图层以外的可见图层中取样。选择【当前图层】选项时此按钮不可用。

5.4.4 【修补】工具

利用【修补】工具可以用图像中相似的区域或图案来修复有缺陷的部位或制作合成效果。与【修复画笔】工具一样，【修补】工具会将设定的样本纹理、光照和阴影与被修复图像区域进行混合，从而得到理想的效果。

【修补】工具的属性栏如图 5-36 所示。

图5-36　【修补】工具属性栏

- 【新选区】按钮、【添加到选区】按钮、【从选区减去】按钮和【与选区交叉】按钮的功能，与【选框】工具属性栏中相应按钮的功能相同。
- 【修补】选项：单击【源】单选按钮，将用图像中指定位置的图像来修复选区内的图像，即将鼠标指针放置在选区内，将其拖曳到用来修复图像的指定区域，释放鼠标左键后会自动用指定区域的图像来修复选区内的图像；单击【目标】单选按钮，将用选区内的图像修复图像中的其他区域，即将鼠标指针放置在选区内，将其拖曳到需要修补的位置，释放鼠标左键后会自动用选区内的图像来修补鼠标指针停留处的图像。
- 【透明】复选框：勾选此复选框，在复制图像时，复制的图像将产生透明效果；不勾选此复选框，复制的图像将覆盖原来的图像。
- 使用图案按钮：创建选区后，在右侧的图案列表中选择一种图案类型，然后单击此按钮，可以用指定的图案修补源图像。

5.4.5 【内容感知移动】工具

利用【内容感知移动】工具移动选择的图像，释放鼠标后，系统会生动进行合成，生成完美的移动效果。

【内容感知移动】工具的属性栏如图 5-37 所示。

图5-37　【内容感知移动】工具的属性栏

- 【模式】：用于设置图像在移动过程中是移动还是复制。
- 【适应】：用于设置图像合成的完美程度，包括【非常严格】、【严格】、【中】、【松散】和【非常松散】选项。

5.4.6 【红眼】工具

在夜晚或光线较暗的房间里拍摄人物照片时，由于视网膜的反光作用，往往会出现“红眼”效果。利用【红眼】工具可以迅速地修复这种红眼效果。

【红眼】工具的属性栏如图 5-38 所示。

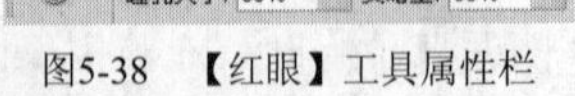

图5-38　【红眼】工具属性栏

- 【瞳孔大小】选项：用于设置增大或减小受【红眼】工具影响的区域。
- 【变暗量】选项：用于设置校正的暗度。

5.4.7 典型实例——去除红眼

下面灵活运用【红眼】工具对人物的“红眼”效果进行修复。

【步骤解析】

1. 打开附盘中“图库\第 05 章”目录下名为“人物 01.jpg”的文件，利用工具将人物的眼部区域放大显示。

2. 选择工具，并将属性栏中【变暗量】选项的参数设置为“1%”，然后将鼠标指针移动到人物眼部如图 5-39 所示的位置单击，释放鼠标左键后，即可将红眼效果修复，如图 5-40 所示。

图5-39　鼠标指针放置的位置

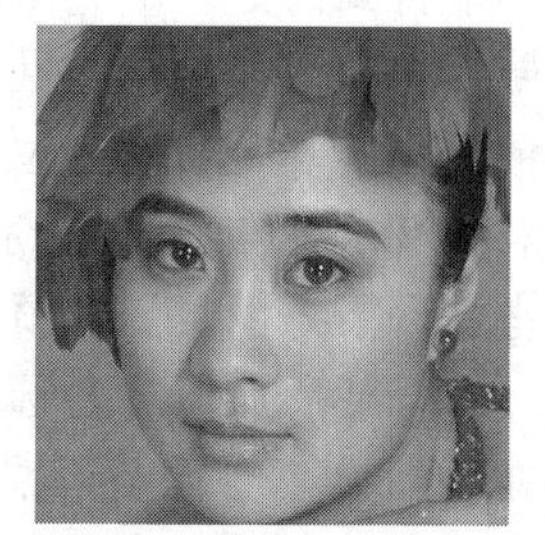

图5-40　修复后的效果

3. 移动鼠标指针至另一只眼球位置单击，即可将另一只眼的红眼效果修复，原图像及修复后的效果对比如图 5-41 所示。

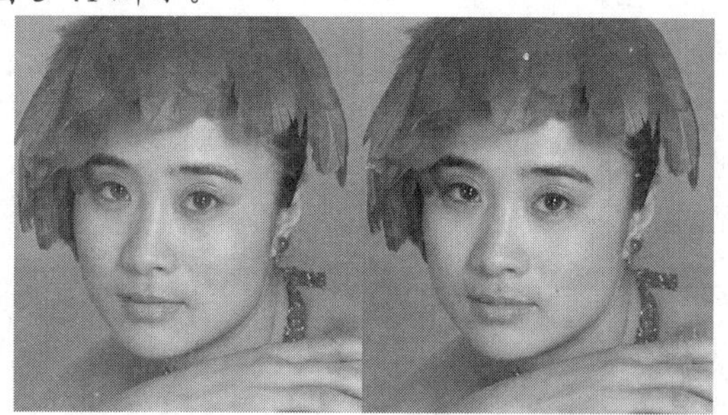

图5-41　红眼效果及修复后的效果

4. 按Shift+Ctrl+S组合键，将此文件另命名为“去除红眼.jpg”保存。

5.5 图章工具

本节主要介绍图章工具的基本应用。图章工具包括【仿制图章】工具和【图案图章】工具，它们主要通过在图像中选择印制点或设置图案，对图像进行复制。

【仿制图章】工具和【图案图章】工具的快捷键为S键，反复按Shift+S组合键可以实现这两种图章工具间的切换。

5.5.1 【仿制图章】工具

【仿制图章】工具的操作方法与【修复画笔】工具相似，按住Alt键，在图像中要复制的部分单击鼠标左键，即可取得这部分图像作为样本，在目标位置处单击鼠标左键或拖曳鼠标，即可将取得的样本复制到目标位置。

【仿制图章】工具的属性栏如图 5-42 所示。

图5-42　【仿制图章】工具的属性栏

- 在【模式】下拉列表中可设置复制图像与原图像混合的模式。
- 【不透明度】值设置复制图像的不透明度。

- 【流量】值决定画笔在绘画时的压力大小。
- 激活【喷枪】工具，可以使画笔模拟喷绘的效果。
- 勾选【对齐】复选框，将进行规则复制，即定义要复制的图像后，几次拖曳鼠标，得到的是一个完整的原图图像；不勾选【对齐】复选框，则进行不规则复制，即如果多次拖曳鼠标，每次从鼠标指针落点处开始复制定义的图像，拖曳鼠标复制与之相对应位置的图像，最后得到的是多个原图图像。
- 【样本】下拉列表：选择【当前图层】选项时，在当前图层中取样；选择【当前和下方图层】选项时，从当前图层及其下方图层中的所有可见图层中取样；选择【所有图层】选项时，从所有可见图层中取样。如激活右侧的【打开以在仿制时忽略调整图层】按钮，将从调整图层以外的可见图层中取样。选择【当前图层】选项时，此按钮不可用。

5.5.2 典型实例——复制图像

利用【仿制图章】工具来处理图像，将横向照片制作为如图 5-43 所示竖向效果。

图5-43　原图及处理后的效果

【步骤解析】

1. 打开附盘中“图库\第 05 章”目录下名为“小朋友.jpg”的文件。
2. 选择【仿制图章】工具，按住 Alt 键，将鼠标指针移动到如图 5-44 所示的人物脸上，单击设置取样点，然后将笔头大小设置为“90px”，并勾选【对齐】选项。
3. 将鼠标指针水平向左移动到大约和取样点相同高度的位置，按下鼠标左键并拖曳，此时将按照设定的取样点来复制人物图像，状态如图 5-45 所示。

图5-44　设置取样点的位置

图5-45　复制图像时的状态

4. 继续拖曳鼠标复制出人物的全部图像，效果如图 5-46 所示。
5. 利用[]工具创建如图 5-47 所示的矩形选区，然后执行【图像】/【裁剪】命令，将选区以外的图像裁剪掉。

图5-46 复制出的全部图像

图5-47 绘制的选区

6. 按 Ctrl+D 组合键去除选区，即可完成图像的处理。
7. 按 Shift+Ctrl+S 组合键，将此文件另命名为"处理图像.jpg"保存。

5.5.3 【图案图章】工具

【图案图章】工具不是复制图像中的内容，而是将自定义的图案复制到图像文件中。使用时需先自定义图案，并在属性栏中选择自定义的图案，然后在图像文件中按住左键拖曳鼠标，即可复制自定义的图案。

在工具箱中选择工具，其属性栏如图 5-48 所示。工具选项与工具选项相似，在此只介绍不同的内容。

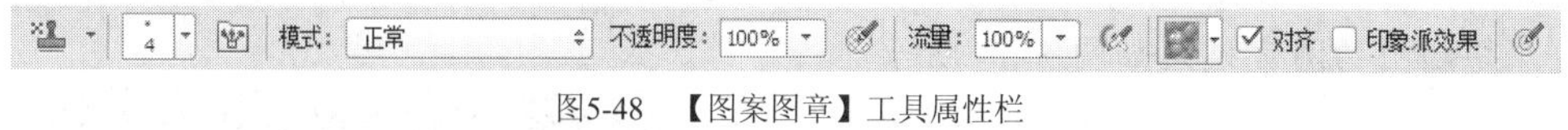

图5-48 【图案图章】工具属性栏

- 【图案】按钮：单击此按钮，弹出【图案】选项面板，在此面板中可选择用于复制的图案。
- 【印象派效果】复选框：勾选此复选框，可以绘制随机产生的印象色块效果。

5.5.4 典型实例——图案设计

下面利用【图案图章】工具来进行图案设计。

【步骤解析】

1. 打开附盘中"图库\第 05 章"目录下名为"图案.jpg"的文件，如图 5-49 所示。
2. 执行【编辑】/【定义图案】命令，在弹出的如图 5-50 所示的【图案名称】对话框中单击 确定 按钮，将该图片定义为图案。

图5-49 打开的图案

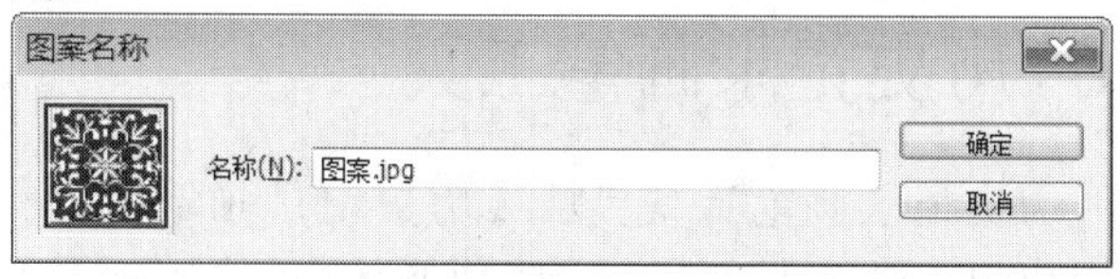

图5-50 【图案名称】对话框

要点提示　在定义图案之前，也可以绘制矩形选区来选择要定义的图案。在绘制选区时，属性栏中的【羽化】值必须为“0 px”，否则，【定义图案】命令不可用。

3. 打开附盘中“图库\第 05 章”目录下名为“布纹.jpg”的文件，如图 5-51 所示。
4. 选择工具，确认属性栏中【连续】选项没有被勾选，将鼠标指针移动到紫色背景位置单击，将紫色背景区域全部选择。
5. 执行【图像】/【调整】/【色相/饱和度】命令，在弹出的【色相/饱和度】对话框中设置选项参数如图 5-52 所示。

图5-51　打开的文件

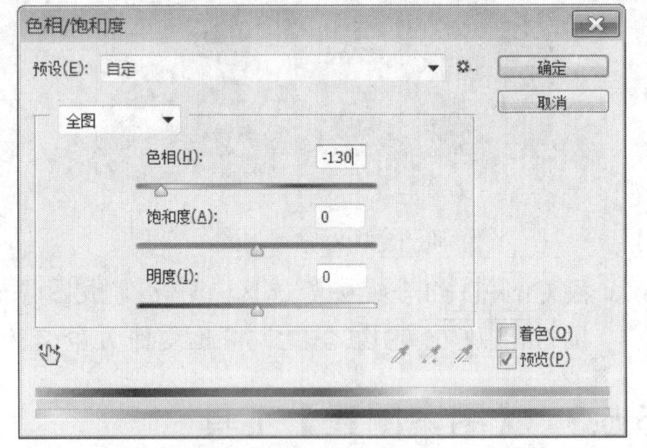

图5-52　设置的颜色参数

6. 单击 确定 按钮，修改图像的背景颜色，然后按 Ctrl+D 组合键，将选区去除。
7. 选择【图案图章】工具，单击属性栏中的按钮，在弹出的【图案选项】面板中选择如图 5-53 所示的图案，然后勾选属性栏中的 对齐 复选框。
8. 单击属性栏中【模式】选项右侧的 正常 按钮，在弹出的列表中 选择【柔光】模式，然后设置好合适的画笔直径后，在画面中按下鼠标左键并拖曳鼠标指针复制图案，复制出的图案效果如图 5-54 所示。

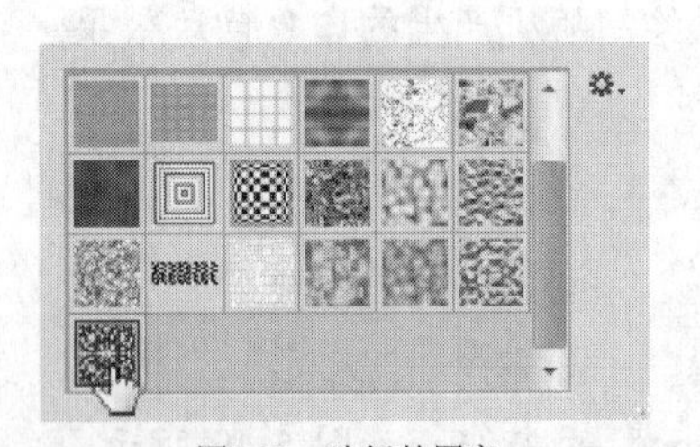

图5-53　选择的图案

图5-54　复制的图案效果

9. 按 Ctrl+S 组合键，将此文件命名为“花布图案.jpg”保存。

5.6 历史记录画笔工具

历史记录画笔工具包括【历史记录画笔】工具和【历史记录艺术画笔】工具。【历史记录画笔】工具的主要功能是恢复图像。【历史记录艺术画笔】工具的主要功能是用不同的色彩和艺术风格模拟绘画的纹理对图像进行处理。

5.6.1 【历史记录画笔】工具

【历史记录画笔】工具是一个恢复图像历史记录的工具，可以将编辑后的图像恢复到在【历史记录】面板中设置的历史恢复点位置。当图像文件被编辑后，选择工具，在属性栏中设置好笔尖大小、形状和【历史记录】面板中的历史恢复点，将鼠标指针移动到图像文件中按下鼠标左键拖曳，即可将图像恢复至历史恢复点所在位置时的状态。注意，使用此工具之前，不能对图像文件进行图像大小的调整。

【历史记录画笔】工具的属性栏如图 5-55 所示。这些选项在前面介绍其他工具时已经全部讲过了，此处不再重复。

图5-55 【历史记录画笔】工具属性栏

5.6.2 【历史记录艺术画笔】工具

利用【历史记录艺术画笔】工具可以给图像加入绘画风格的艺术效果，表现出一种画笔的笔触质感。选择此工具，在图像上拖曳鼠标指针即可完成非常漂亮的艺术图像制作。

【历史记录艺术画笔】工具的属性栏如图 5-56 所示。

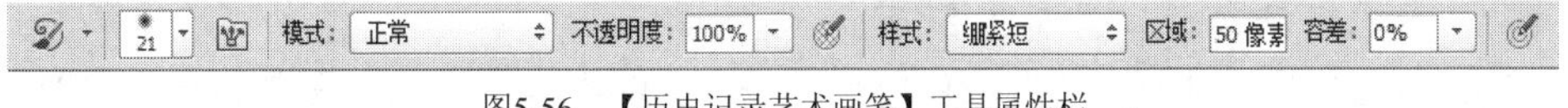

图5-56 【历史记录艺术画笔】工具属性栏

- 【样式】下拉列表：设置【历史记录艺术画笔】工具的艺术风格。选择各种艺术风格选项，绘制的图像效果如图 5-57 所示。
- 【区域】选项：指应用【历史记录艺术画笔】工具所产生艺术效果的感应区域。数值越大，产生艺术效果的区域越大；反之，产生艺术效果的区域越小。
- 【容差】选项：限定原图像色彩的保留程度。数值越大，图像色彩与原图像越接近。

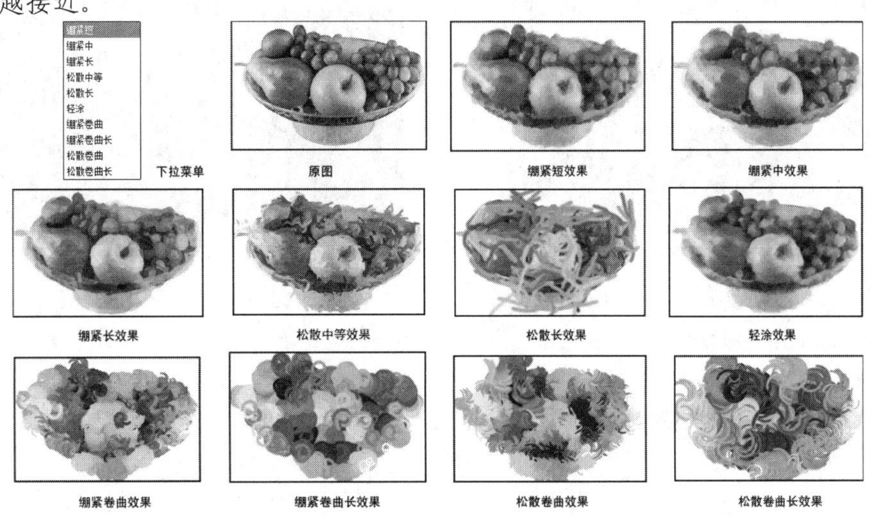

图5-57 选择不同的样式产生的不同效果

5.6.3 典型实例——制作油画效果

下面灵活运用【历史记录艺术画笔】工具来将图像制作成油画效果，原图像及制作的油画效果如图 5-58 所示。

图5-58　原图像及制作的油画效果

【步骤解析】

1. 打开附盘中"图库\第 05 章"目录下名为"人物 02.jpg"的文件。
2. 按 Ctrl+J 组合键，将"背景"层通过复制生成"图层 1"，然后选择工具，并设置属性栏中的选项及参数如图 5-59 所示。

40　模式：正常　不透明度：100%　样式：绷紧中　区域：10 像素　容差：0%

图5-59　【历史记录艺术画笔】工具的属性栏

3. 在画面中按住鼠标左键拖曳，将画面描绘成如图 5-60 所示的效果。
4. 打开附盘中"图库\第 05 章"目录下名为"笔触.jpg"的文件，如图 5-61 所示。

图5-60　描绘后的画面效果

图5-61　打开的图片

5. 将笔触图像移动复制到"人物 02.jpg"文件中，生成"图层 2"，再按 Ctrl+T 组合键，为复制入的图片添加自由变换框，并将其调整至如图 5-62 所示的形态，然后按 Enter 键，确认图片的变换操作。
6. 将"图层 "的【图层混合模式】选项设置为"柔光"模式，更改混合模式后的效果如图 5-63 所示。

图5-62　调整后的图片形态

图5-63　更改混合模式后的效果

7. 按 Ctrl+U 组合键，在弹出的【色相/饱和度】对话框中设置参数如图 5-64 所示，然后单击 确定 按钮，调整后的图像效果如图 5-65 所示。

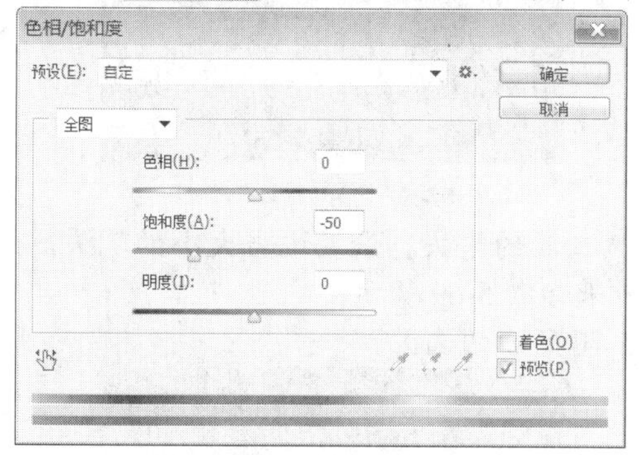

图5-64　【色相/饱和度】对话框

图5-65　调整后的图像效果

8. 按 Shift+Ctrl+S 组合键，将文件另命名为“制作油画效果.psd”保存。

5.7 修复图像

利用图像修复工具可以轻松修复破损或有缺陷的图像，如果想去除照片中多余的区域，也可以轻松地完成。下面通过两个练习来熟练掌握这些工具。

5.7.1 综合实例 1——面部美容

灵活运用各种修复工具对人物的面部进行美容。原图及处理后的效果如图 5-66 所示。

图5-66　原图片及处理后的效果对比

【步骤解析】

1. 打开附盘中"图库\第 05 章"目录下名为"人物 03.jpg"的文件。
2. 选择[放大镜]工具，在人物面部的左上角位置按下鼠标左键并向右下方拖曳，将人物面部的图像局部放大显示。
3. 选择[修复]工具，将鼠标指针移动到面部如图 5-67 所示的痘痘位置单击左键，将面部的痘痘修复掉，效果如图 5-68 所示。

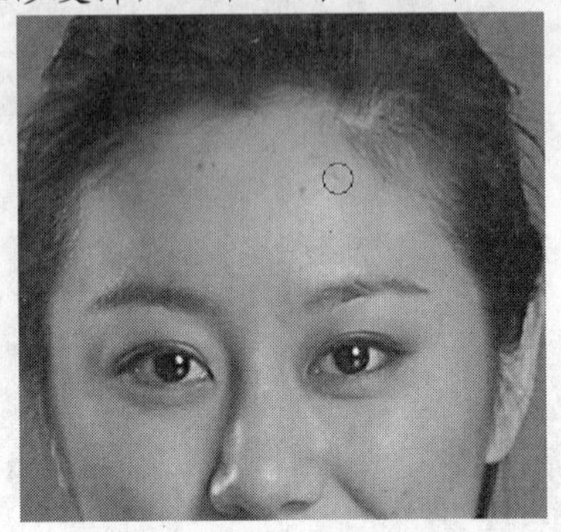

图5-67　鼠标指针单击的位置

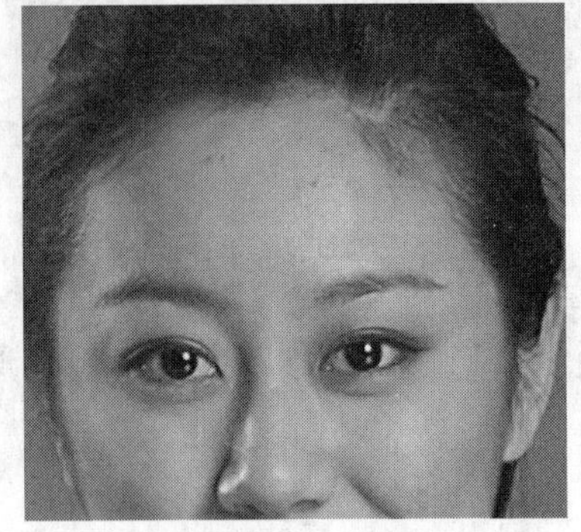

图5-68　修复后的效果

4. 按键盘中的[键或]键可以快速地减小或增大[修复]工具的笔头。设置适当大小的笔头，继续利用[修复]工具，将人物面部中的痘痘修复，效果如图 5-69 所示。
5. 利用[套索]工具，在眼睛的下方位置绘制出如图 5-70 所示的选区。

图5-69　修复后的效果

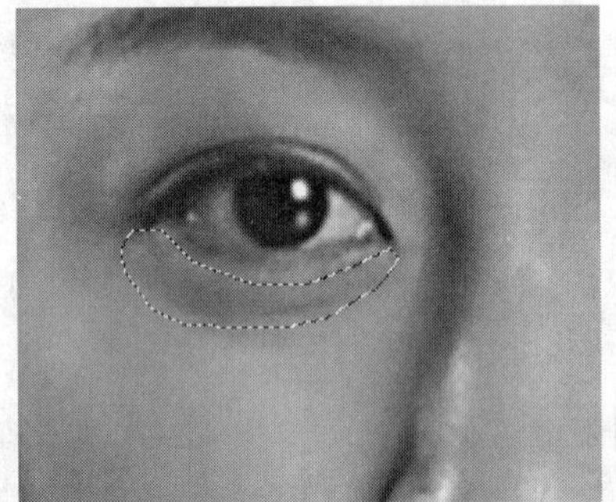

图5-70　绘制的选区

6. 选择[修补]工具，单击选项栏中的【源】选项，将鼠标指针移动到选区内，按住鼠标左键向下拖动，此时即可用右边的图像替换选区内的图像，状态如图 5-71 所示。
7. 目标位置图像覆盖选取的图像，效果如图 5-72 所示，然后按 Ctrl+D 组合键，将选区去除。

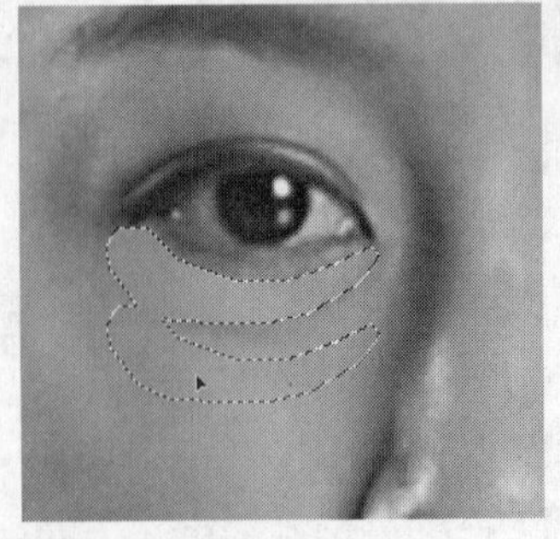

图5-71　移动选区时的状态

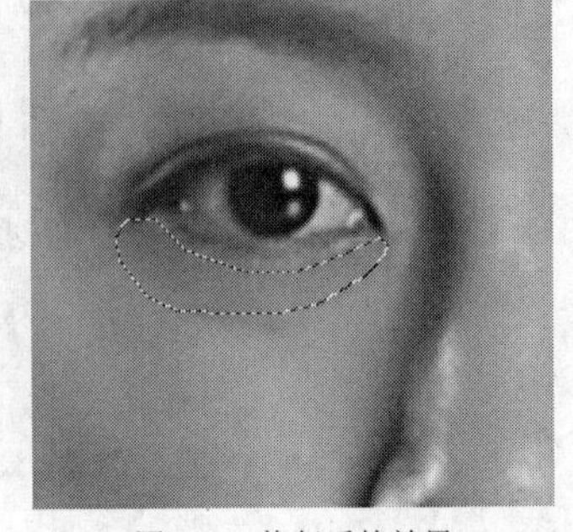

图5-72　修复后的效果

8. 选择工具，在属性栏中单击取样选项，然后按住 Alt 键，将鼠标指针移动到如图 5-73 所示的图像位置单击，设置取样点。
9. 释放 Alt 键，在眼睛下方位置按下左键并拖曳鼠标，修复眼袋，修复状态及修复后的效果如图 5-74 所示。

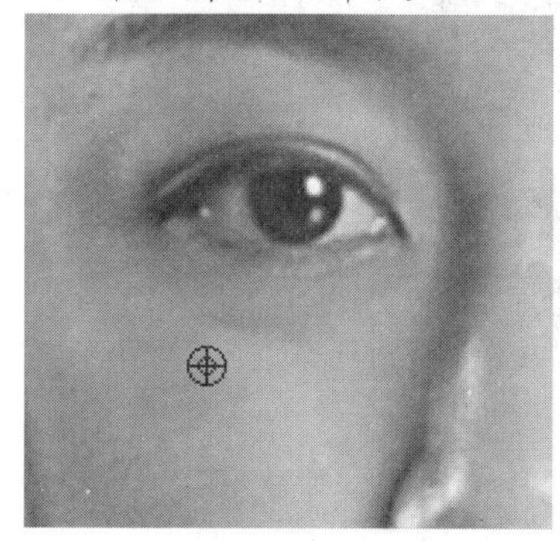

图5-73　鼠标指针单击的位置

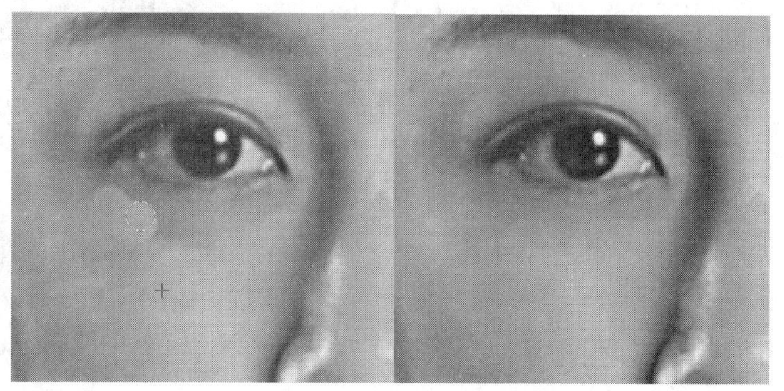

图5-74　修复眼袋时的状态及效果

10. 用与步骤 5～步骤 9 相同的方法，继续利用工具，对人物右侧眼袋进行修复，在修复过程中根据需要随时设置取样点，修复后的效果如图 5-75 所示。

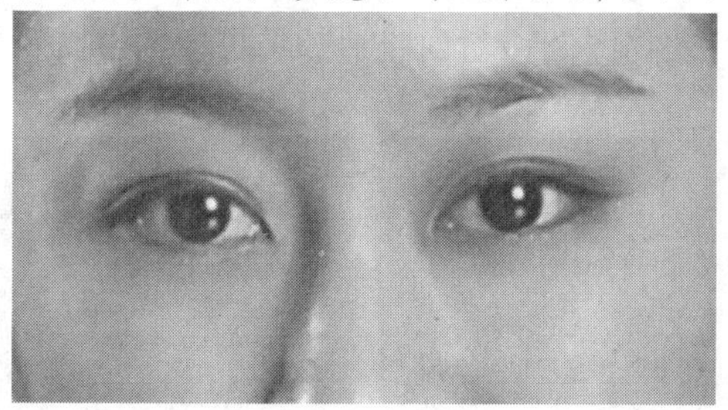

图5-75　修复后的效果

至此，面部美容已操作完成，下面对人物的皮肤进行调亮处理。

11. 在【图层】面板中单击下方的按钮，在弹出的列表中选择【曲线】命令，在再次弹出的【属性】控制面板中，将鼠标指针移动到曲线显示框中曲线的中间位置按下并稍微向上拖曳，即可对图像进行调整，曲线形态及调亮后的画面效果如图 5-76 所示。

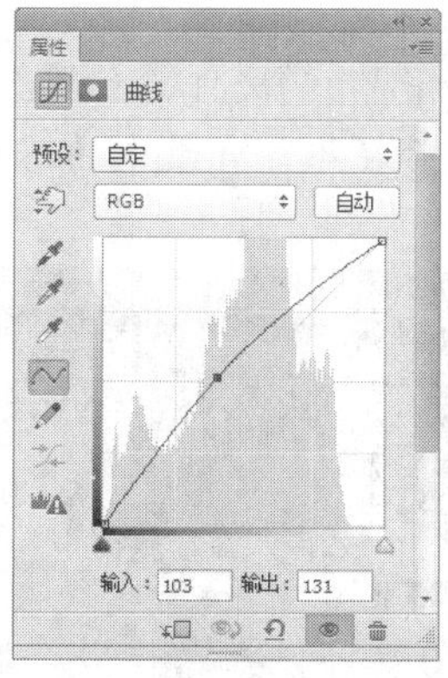

图5-76　曲线形态及调亮后的画面效果

12. 单击【面板】下方的按钮，为调整层添加图层蒙版，然后将前景色设置为黑色，并利用工具沿除皮肤以外的图像拖曳，恢复其之前的色调，涂抹后的【图层】面板及

画面效果如图 5-77 所示。

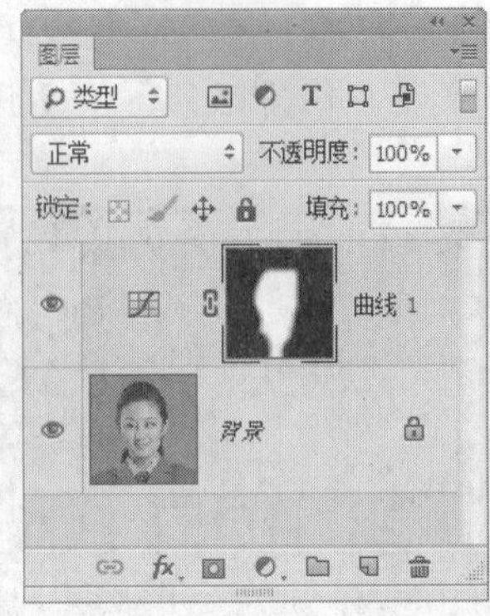

图5-77　【图层】面板及处理后的画面效果

13. 按 Shift+Ctrl+S 组合键，将文件另命名为“面部美容.psd”保存。

5.7.2　综合实例 2——去除照片中多余的图像

下面利用【修补】工具和【修复画笔】工具来删除照片中的路灯和多余的人物，然后利用【内容感知移动】工具将人物图像移动到照片的中央位置。原照片与处理后的效果对比如图 5-78 所示。

图5-78　原照片与处理后的效果对比

【步骤解析】

1. 打开附盘中“图库\第 05 章”目录下名为“母子.jpg”的文件，如图 5-79 所示。
2. 选择工具，单击属性栏中的⊙源单选项，然后在照片背景中的路灯上方位置拖曳鼠标绘制选区，如图 5-80 所示。

图5-79　打开的图片

图5-80　绘制的选区

3. 在选区内按住鼠标左键向左侧位置拖曳，状态如图 5-81 所示，释放鼠标左键，即可利用选区移动到位置的背景图像覆盖路灯杆位置。去除选区后的效果如图 5-82 所示。

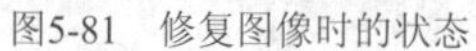
图5-81 修复图像时的状态

图5-82 修复后的图像效果

4. 用相同的方法将下方的路灯杆选择，然后用其左侧的背景图像覆盖，效果如图 5-83 所示。
5. 选择工具，将多余人物的区域放大显示，然后选择工具，并根据多余人物的轮廓绘制出如图 5-84 所示的选区，注意与另一人物相交处的选区绘制，要确保保留人物衣服的完整。

图5-83 删除路灯杆后的效果

图5-84 绘制的选区

6. 选择工具，将鼠标指针放置到选区中按下鼠标左键并向右移动，状态如图 5-85 所示，释放鼠标左键后，选区的图像即被替换，效果如图 5-86 所示。

图5-85 移动选区状态

图5-86 替换图像后的效果

由于利用【修补】工具得到的修复图像是利用目标图像来覆盖被修复的图像，且经过颜色重新匹配混合后得到的混合效果，因此有时会出现不能一次覆盖得到理想的效果的情况，这时可重复修复几次或利用其他工具进行弥补。

如图 5-86 所示，在人物衣服处，经过混合相邻的像素，出现了发白的效果，下面利用【修复画笔】工具来进行处理。

7. 选择工具，设置合适的笔头大小后，按住Alt键将鼠标指针移动到如图 5-87 所示的位置并单击，拾取此处的像素。
8. 将鼠标指针移动到选区内发白的位置拖曳，状态如图 5-88 所示，释放鼠标左键，即可修复。

图5-87　吸取像素的位置

图5-88　修复图像状态

9. 用与步骤 7～步骤 8 相同的方法对膝盖边缘处的像素进行修复，然后按Ctrl+D组合键去除选区。
10. 选择【内容感知移动】工具，在画面中根据人物的边缘拖曳鼠标，绘制出如图 5-89 所示的选区。
11. 按住Shift键，将鼠标指针移动到选区中按下并向左拖曳，状态如图 5-90 所示。

图5-89　绘制的选区

图5-90　移动图像状态

12. 释放鼠标后，系统即可自动检测图像，生成如图 5-78 右图所示的图像效果。
13. 按Shift+Ctrl+S组合键，将此文件另命名为“去除多余图像.jpg”保存。

5.8　习题

1. 灵活运用各种修复工具对人物照片进行修复，原图片及修复后的效果对比如图 5-91 所示。
2. 灵活运用定义画笔笔头的方法，为画面添加如图 5-92 所示的白云效果。

图5-91　原图片及修复后的效果对比

图5-92　添加的白云效果

第6章　渐变及图像编辑工具

本章继续学习工具箱中的其他工具，主要包括【渐变】工具、【橡皮擦】工具以及各种修饰图像工具等。【渐变】工具是 Photoshop 中应用较多的一种工具，常用来制作发光、阴影和立体效果等；【橡皮擦】工具主要是用来擦除图像中不需要的区域；修饰工具主要用来修饰图像，对图像进行柔化、锐化以及像素的明暗调整等。

6.1　【渐变】工具

【渐变】工具可以在图像文件或选区中填充渐变颜色，是表现渐变背景或绘制立体图形的主要工具。利用此工具可以制作出许多独特美丽的效果。

6.1.1　基本选项设置

在工具箱中选择【渐变】工具，其属性栏如图 6-1 所示。

图6-1　【渐变】工具属性栏

- 【点按可编辑渐变】按钮：单击颜色条部分，将弹出【渐变编辑器】对话框，用于编辑渐变色；单击右侧的按钮，将会弹出【渐变】选项面板，用于选择已有的渐变选项。
- 【线性渐变】按钮：在图像中拖曳鼠标，渐变项色带自鼠标指针落点至终点产生直线渐变效果。其中鼠标指针落点之外以渐变的第 1 种颜色填充，终点之外以渐变的最后一种颜色填充，效果如图 6-2 所示。
- 【径向渐变】按钮：在画面中填充以鼠标指针的起点为中心，鼠标拖曳距离为半径的环形渐变效果，如图 6-3 所示。

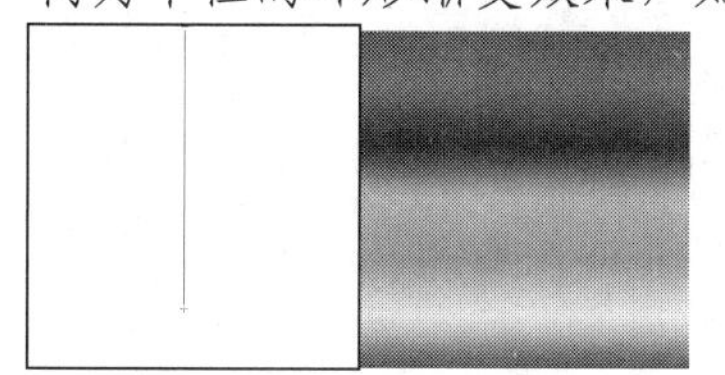

图6-2　线性渐变的效果

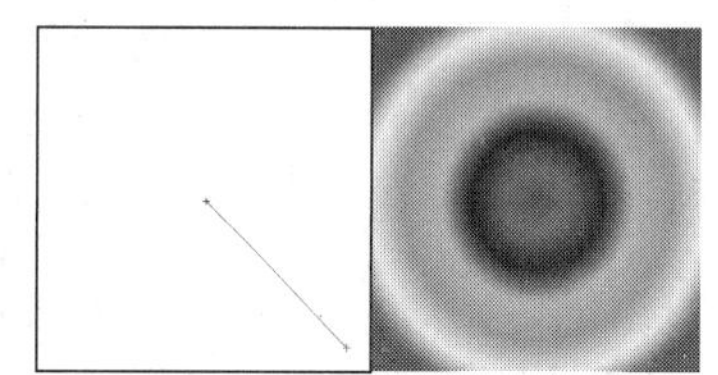

图6-3　径向渐变的效果

- 【角度渐变】按钮：可以在画面中填充以鼠标指针起点为中心，自鼠标拖曳方向起旋转一周的锥形渐变效果，如图 6-4 所示。
- 【对称渐变】按钮：可以产生以经过鼠标指针起点与拖曳方向垂直的直线为对称轴的轴对称直线渐变效果，如图 6-5 所示。

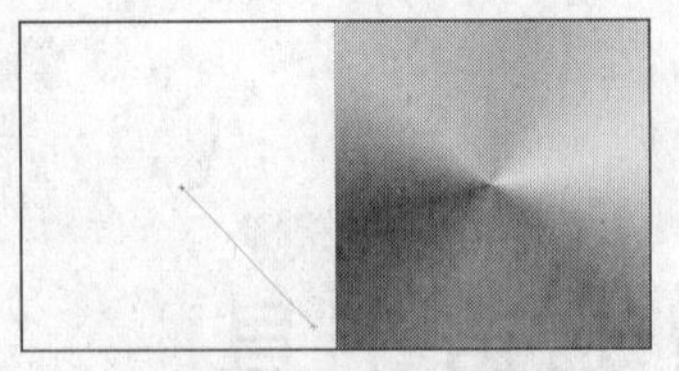

图6-4　角度渐变的效果

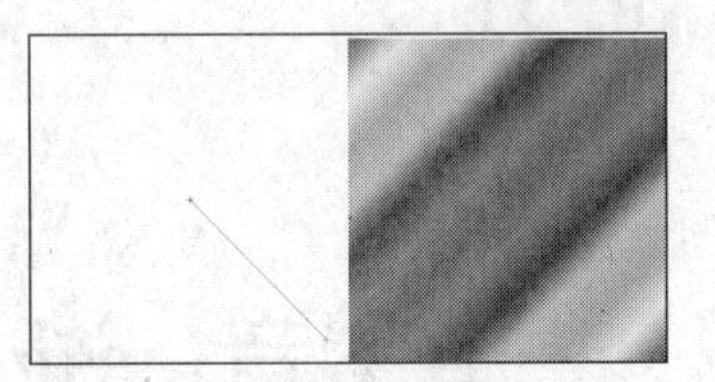

图6-5　对称渐变的效果

- 【菱形渐变】按钮：可以在画面中填充以鼠标指针的起点为中心，鼠标拖曳的距离为半径的菱形渐变效果，如图 6-6 所示。

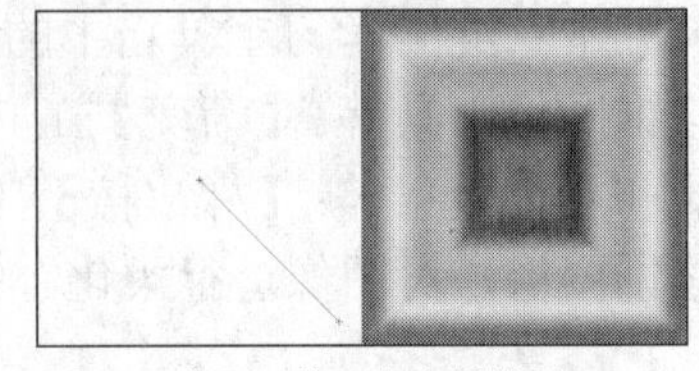

图6-6　菱形渐变的效果

- 【模式】选项：用来设置填充颜色与原图像所产生的混合效果。
- 【不透明度】选项：用来设置填充颜色的不透明度。
- 【反向】复选框：勾选此复选框，在填充渐变色时将颠倒设置的渐变颜色排列顺序。
- 【仿色】复选框：勾选此复选框，可以使渐变颜色之间的过渡更加柔和。
- 【透明区域】复选框：勾选此复选框，【渐变编辑器】对话框中渐变选项的不透明度才会生效。否则，将不支持渐变选项中的透明效果。

6.1.2　【渐变编辑器】窗口

在【渐变】工具属性栏中单击【点按可编辑渐变】按钮的颜色条部分，将会弹出如图 6-7 所示的【渐变编辑器】窗口。

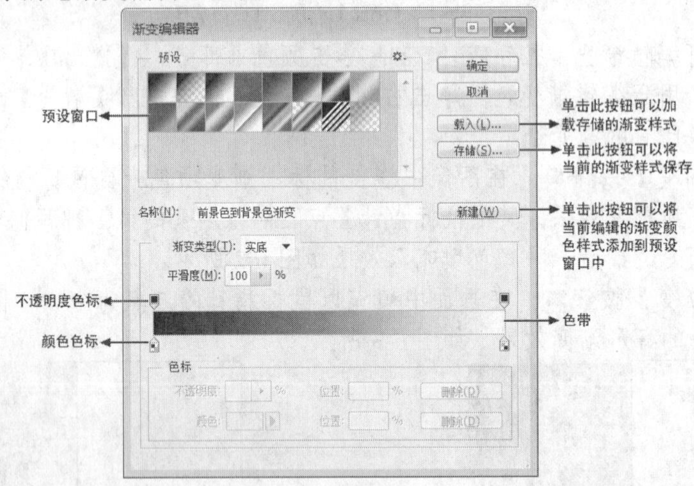

图6-7　【渐变编辑器】窗口

- 【预设窗口】：在预设窗口中提供了多种渐变样式，单击缩略图即可选择该渐变样式。
- 【渐变类型】：在此下拉列表中提供了“实底”和“杂色”两种渐变类型。
- 【平滑度】：此选项用于设置渐变颜色过渡的平滑程度。
- 【不透明度】色标：色带上方的色标称为不透明度色标，它可以根据色带上该位置的透明效果显示相应的灰色。当色带完全不透明时，不透明度色标显示为黑色；色带完全透明时，不透明度色标显示为白色。

- 【颜色】色标：左侧的色标显示为，表示该色标使用前景色；右侧的色标显示为，表示该色标使用背景色；当色标显示为状态时，则表示使用的是自定义的颜色。
- 【不透明度】：当选择一个不透明度色标后，下方的【不透明度】选项可以设置该色标所在位置的不透明度，【位置】用于控制该色标在整个色带上的百分比位置。
- 【颜色】：当选择一个颜色色标后，【颜色】色块显示的是当前使用的颜色，单击该颜色块或在色标上双击，可在弹出的【拾色器】对话框中设置色标的颜色；单击【颜色】色块右侧的按钮，可以在弹出的菜单中将色标设置为前景色、背景色或用户颜色。
- 【位置】：可以设置色标在整个色带上的百分比位置；单击 删除(D) 按钮，可以删除当前选择的色标。在需要删除的【颜色】色标上按下鼠标左键，然后向上或向下拖曳，可以快速地删除【颜色】色标。

6.1.3 典型实例 1——编辑渐变

Photoshop CC 提供了一些渐变项供用户选用，但是系统自带的几种渐变色远远不能满足实际工作的需求，很多情况下需要对渐变颜色重新编辑。下面通过一个球体的绘制来学习编辑渐变颜色的具体方法。

【步骤解析】

1. 新建一个【宽度】为“15 厘米”，【高度】为“12 厘米”，【分辨率】为“200 像素/英寸”，【颜色模式】为“RGB 颜色”，【背景内容】为“白色”的文件。
2. 按 D 键，将工具箱中的前景色和背景色设置为默认的黑色和白色。
3. 选择工具，然后在属性栏中按钮的颜色条处单击，弹出【渐变编辑器】对话框，将鼠标指针移动到如图 6-8 所示的颜色色标上单击，将该颜色色标选择。
4. 单击下方【颜色】色块，弹出【拾色器（色标颜色）】对话框，设置颜色参数如图 6-9 所示。

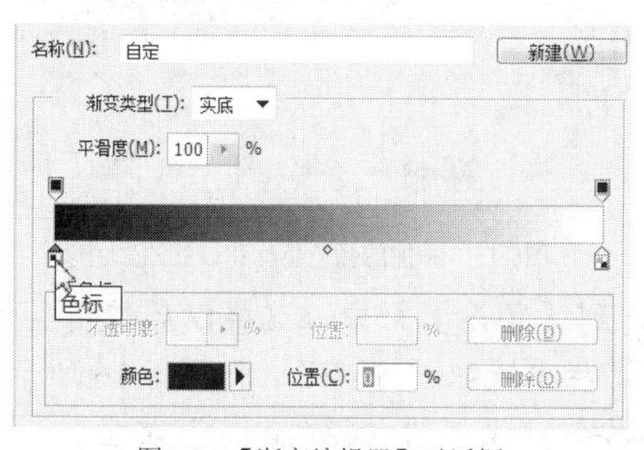

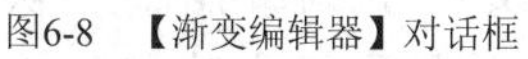

图6-8 【渐变编辑器】对话框

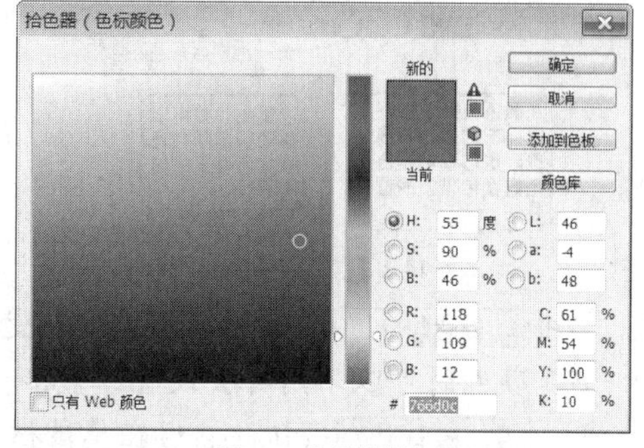

图6-9 设置的颜色

5. 单击 确定 按钮，然后单击【渐变编辑器】对话框中的 确定 按钮，即可完成渐变颜色的设置。
6. 按住 Shift 键，将鼠标指针移动到画面中的上方位置按下鼠标左键并向下拖曳，为新建文件

的“背景层”填充渐变色，状态如图 6-10 所示；填充渐变色后的画面效果如图 6-11 所示。

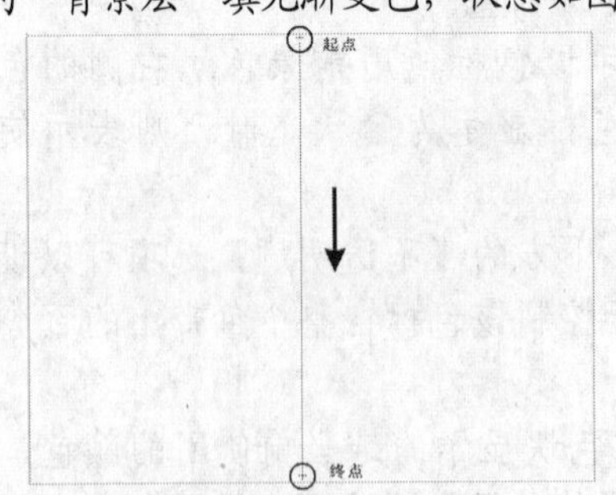

图6-10　拖曳鼠标状态

图6-11　填充渐变色后的画面效果

背景绘制完成后，下面来调制球体所用的渐变色，并绘制球体。

7. 单击【图层】面板底部的按钮，新建“图层 1”，然后在【渐变】工具属性栏中按钮的颜色条处单击，弹出【渐变编辑器】对话框，并选择【前景色到背景色渐变】渐变颜色类型。
8. 在色带下面如图 6-12 所示的位置单击鼠标，添加一个颜色色标。添加的颜色色标如图 6-13 所示。

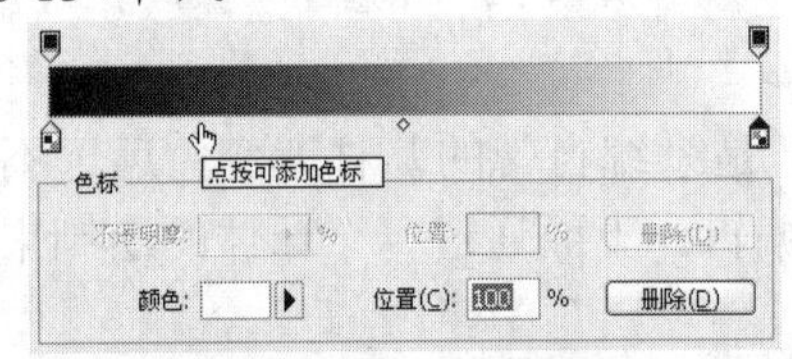

图6-12　鼠标单击的位置

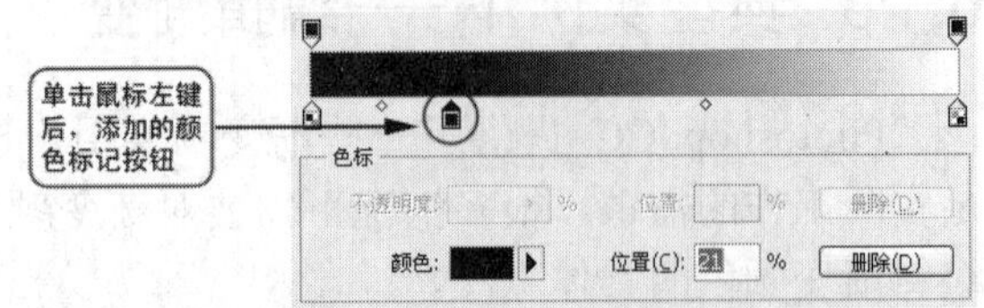

图6-13　添加的颜色色标

9. 将【位置】设置为“25%”，如图 6-14 所示。
10. 在色带右侧“50%”和“80%”位置再添加两个颜色色标，然后从左到右分别将颜色设置为白色、灰色（R:230,G:230,B:230）、灰色（R:160,G:160,B:160）、灰色（R:62,G:58,B:57）和灰色（R:113,G:113,B:113），如图 6-15 所示。

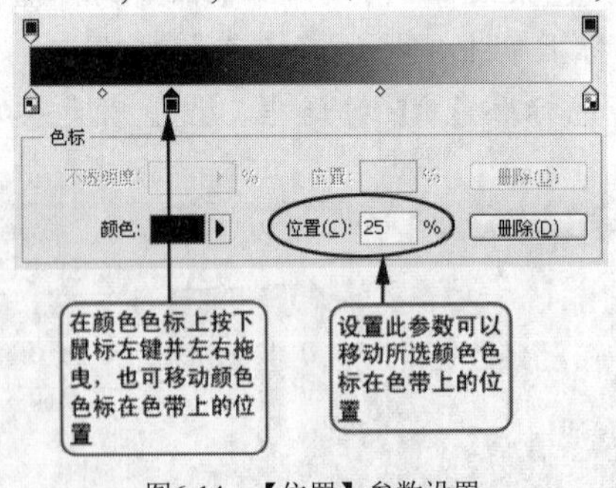

图6-14　【位置】参数设置

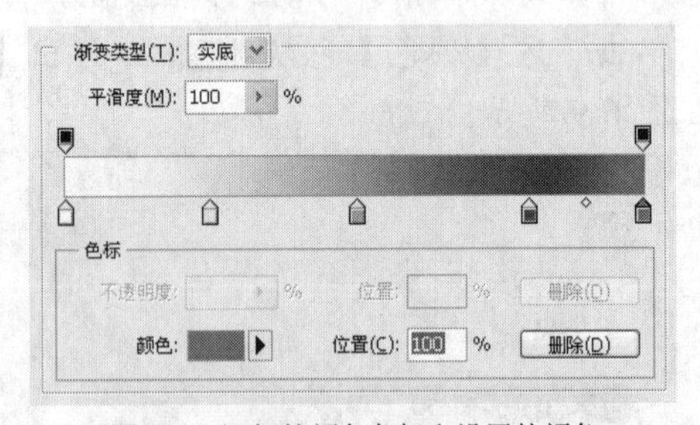

图6-15　添加的颜色色标和设置的颜色

11. 单击 新建(W) 按钮，将设置的渐变颜色存储到【预设】栏中，这样以后使用类似的渐变颜色时可以不用再去设置，直接在【预设】栏中选取就可以了，如图 6-16 所示。
12. 单击 确定 按钮，然后在属性栏中单击按钮，设置为“径向渐变”类型。
13. 利用工具绘制一个圆形选区，然后选择工具，并将鼠标指针移动到选区的左上方，按下鼠标左键并向右下方拖曳，为选区填充设置的渐变色，状态如图 6-17 所示。

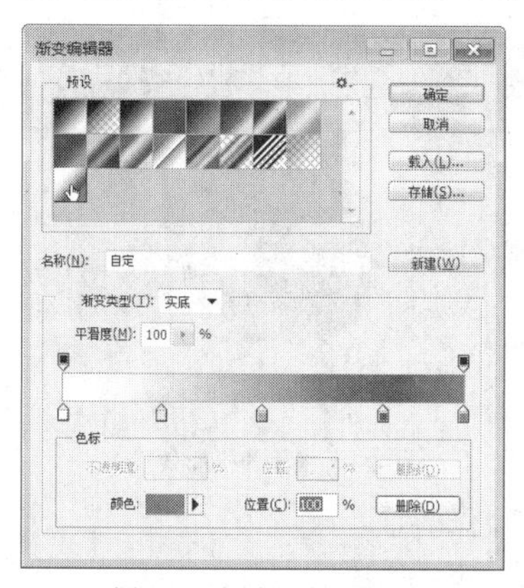

图6-16　新建的渐变颜色

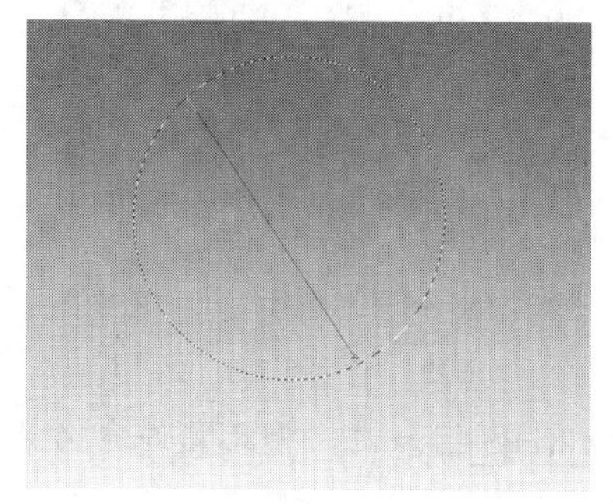

图6-17　填充渐变色时的状态

14. 释放鼠标左键后，按Ctrl+D组合键去除选区，填充渐变色后的效果如图6-18所示。至此，球体就绘制完成了，下面为球体制作投影效果。
15. 在【渐变】工具属性栏中选项右侧的按钮上单击，弹出【渐变样式】面板，选择如图6-19所示的【前景色到透明渐变】渐变颜色类型。

图6-18　填充渐变色后的效果

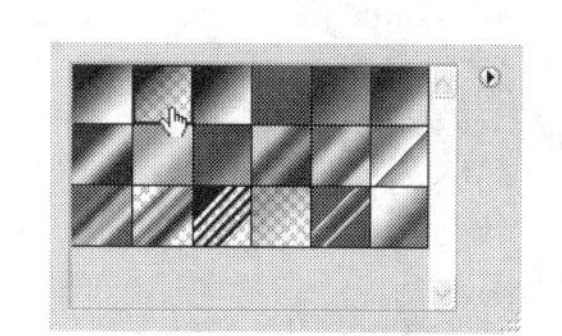

图6-19　选择的渐变颜色类型

16. 新建“图层 2”，然后利用工具绘制出如图6-20所示的椭圆形选区。
17. 选择工具，单击属性栏中的按钮，设置“线性渐变”类型，并勾选透明区域复选框，然后在选区中由左向右拖曳鼠标，为选区填充渐变颜色，效果如图6-21所示。

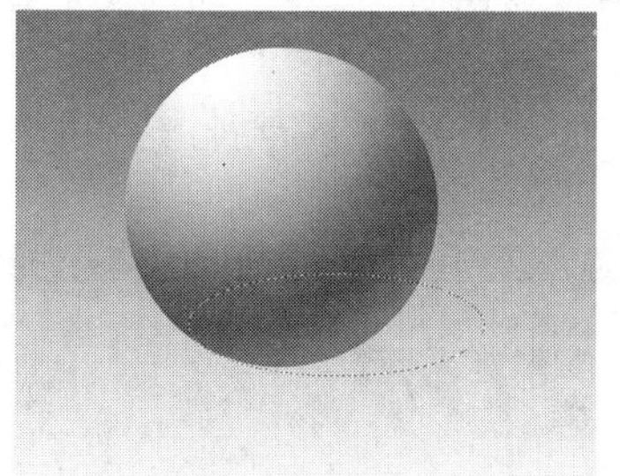

图6-20　绘制的选区

图6-21　填充渐变色后的效果

18. 按Ctrl+D组合键去除选区，然后执行【图层】/【排列】/【后移一层】命令，将“图层 2”调整至“图层 1”的下方。
19. 执行【编辑】/【变换】/【扭曲】命令，为“图层 2”中的投影添加自由变换框，然后将变换框右边中间的控制点向上拖动，状态如图6-22所示。
20. 调整变形后，单击属性栏中的按钮，确认图形的变形调整。
21. 执行【滤镜】/【模糊】/【高斯模糊】命令，弹出【高斯模糊】对话框，将【半径】选项的参数设置为“5 像素”，单击确定按钮，制作的投影效果如图6-23所示。

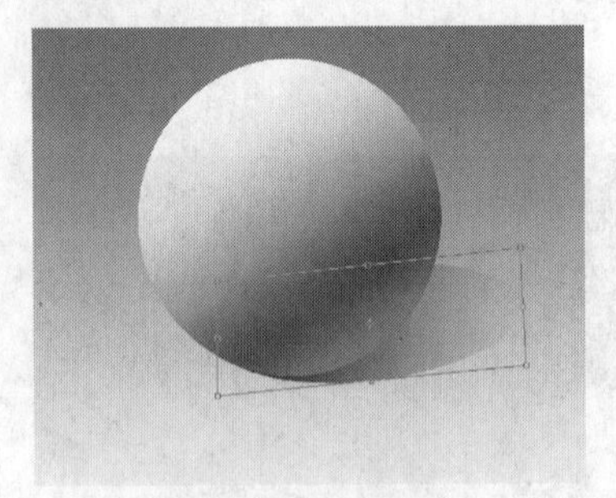

图6-22　调整图形时的状态

图6-23　制作的投影效果

22. 按 Ctrl+S 组合键，将此文件命名为“绘制球体.psd”保存。

6.1.4 典型实例 2——绘制彩虹

下面通过绘制彩虹效果来进一步学习【渐变】工具 的使用方法，范例结果如图 6-24 所示。

【步骤解析】

1. 打开附盘中“图库\第 06 章”目录下名为“天空.jpg”文件，如图 6-25 所示。

图6-24　绘制的彩虹效果

图6-25　打开的图片

2. 选择 工具，然后在属性栏中单击颜色条按钮右侧的 按钮，在弹出的渐变颜色选项面板中选择如图 6-26 所示的渐变颜色。
3. 单击属性栏中的 按钮，在弹出的【渐变编辑器】对话框中设置渐变颜色如图 6-27 所示。

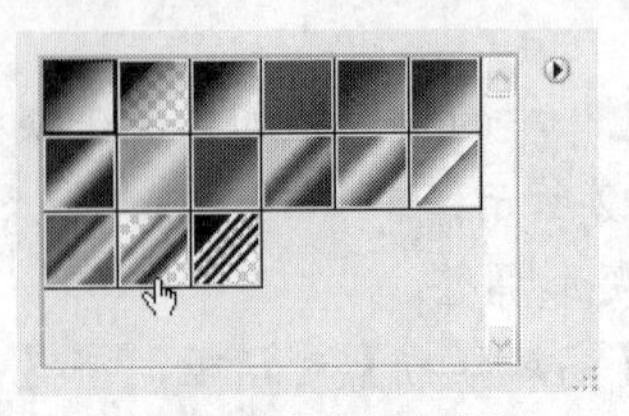

图6-26　选择的渐变颜色

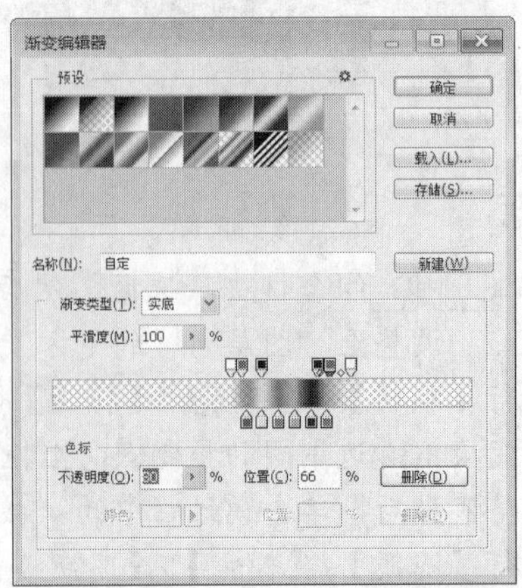

图6-27　编辑后的渐变颜色

4. 新建"图层 1"，单击属性栏中的■按钮，然后在画面中拖曳鼠标，绘制出如图 6-28 所示的渐变效果。
5. 选择【多边形套索】工具，并绘制如图 6-29 所示的选区。

图6-28 创建的渐变效果

图6-29 绘制的选区

6. 执行【选择】/【修改】/【羽化】命令，并将【羽化半径】选项设置为"60"，单击 确定 按钮，效果如图 6-30 所示。
7. 按 Delete 键删除选区中的部分，效果如图 6-31 所示。

图6-30 羽化选区后的效果

图6-31 删除后的效果

8. 按 Ctrl+D 组合键去除选区，并将图层的【图层混合模式】设置为【滤色】模式，效果如图 6-32 所示。
9. 按 Ctrl+T 组合键调整彩虹的位置及大小，效果如图 6-33 所示。

图6-32 更改混合模式后的效果

图6-33 调整位置后的效果

10. 按 Enter 键确认图像的调整，选择【橡皮擦】工具，单击属性栏中的按钮，在弹出的【笔头】设置面板中，选择如图 6-34 所示的笔头。
11. 将鼠标指针移动到"彩虹"的右下角位置拖曳，将此处多余的图像擦除，效果如图 6-35 所示。

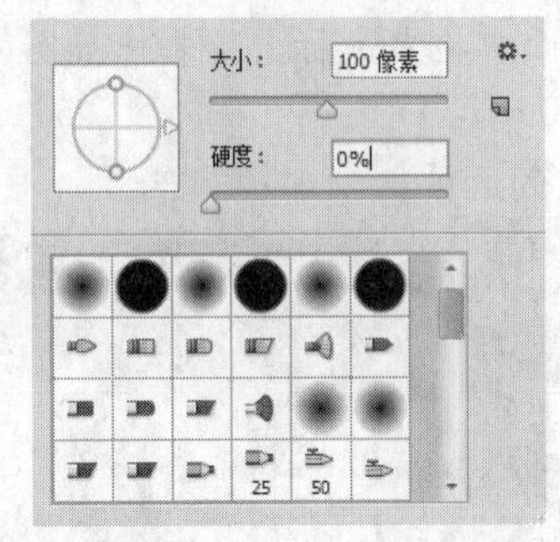

图6-34　选择的画笔笔头

图6-35　擦除图像多余部分后的效果

12. 按 Shift+Ctrl+S 组合键，将文件另命名为“绘制彩虹.psd”保存。

6.2 橡皮擦工具

橡皮擦工具主要是用来擦除图像中不需要的区域，共有 3 种工具，分别为【橡皮擦】工具、【背景橡皮擦】工具和【魔术橡皮擦】工具。

擦除图像工具的使用方法非常简单，只需在工具箱中选择相应的擦除工具，并在属性栏中设置合适的笔头大小及形状，然后在画面中要擦除的图像位置单击或拖曳鼠标即可。

6.2.1 【橡皮擦】工具

【橡皮擦】工具是最基本的擦除工具，它就像是平时用的橡皮一样。

利用【橡皮擦】工具擦除图像，当在背景层或被锁定透明的普通层中擦除时，被擦除的部分将被工具箱中的背景色替换；当在普通层擦除时，被擦除的部分将显示为透明色，效果如图 6-36 所示。

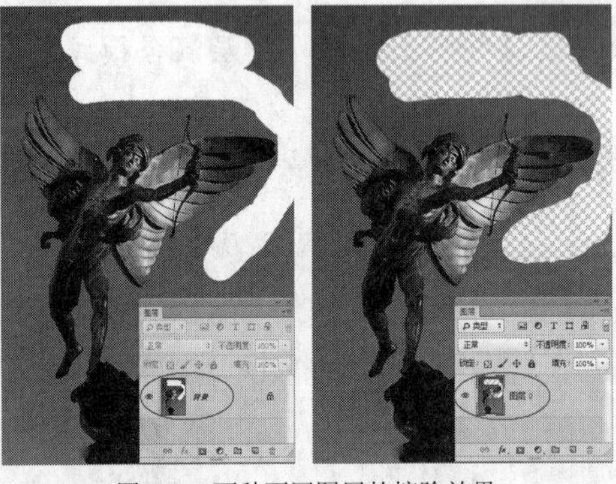

图6-36　两种不同图层的擦除效果

在工具箱中选择【橡皮擦】工具，其属性栏如图 6-37 所示。

图6-37　【橡皮擦】工具属性栏

- 【模式】：用于设置橡皮擦擦除图像的方式，包括【画笔】、【铅笔】和【块】3 个选项。

  当选择【画笔】和【铅笔】选项时，工具的选项和使用方法与工具或工具相似，只不过在背景层上使用时所用的颜色为背景色，在普通层上使用时产生的效果为透明。

最后一个选项是【块】，当选择【块】选项时，工具在图像窗口中的大小是固定不变的，所以可以将图像放大至一定倍数后，再利用它来对图像中的细节进行修改。当图像放大至 1600%时，工具的大小恰好是一个像素的大小，此时可以对图像进行精确到一个像素的修改。

- 【抹到历史记录】复选框：勾选此复选框，【橡皮擦】工具就具有了【历史记录画笔】工具的功能。

6.2.2 【背景橡皮擦】工具

利用【背景橡皮擦】工具擦除图像，无论是在背景层上还是在普通层上，都可以将图像中的特定颜色擦除为透明色，并且将背景层自动转换为普通层，效果如图 6-38 所示。

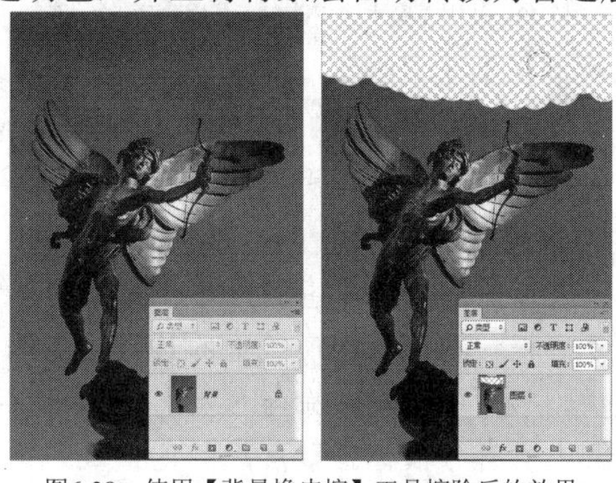

图6-38 使用【背景橡皮擦】工具擦除后的效果

在工具箱中选择【背景橡皮擦】工具，其属性栏如图 6-39 所示。

图6-39 【背景橡皮擦】工具属性栏

- 【取样】按钮：用于控制背景橡皮擦的取样方式。激活【连续】按钮，拖曳鼠标擦除图像时，将随着鼠标指针的移动随时取样；激活【一次】按钮，只替换第 1 次取样的颜色，在拖曳鼠标过程中不再取样；激活【背景色板】按钮，不在图像中取样，而是由工具箱中的背景色决定擦除的颜色范围。
- 【限制】：用于控制背景橡皮擦擦除颜色的范围。选择【不连续】选项，可以擦除图像中所有包含取样的颜色；选择【连续】选项，只能擦除所有包含取样颜色且与取样点相连的颜色；选择【查找边缘】选项，在擦除图像时将自动查找与取样点相连的颜色边缘，以便更好地保持颜色边界。
- 【容差】值决定在图像中选择要擦除颜色的精度。此值越大，可擦除颜色的范围就越大；此值越小，可擦除颜色的范围就越小。
- 【保护前景色】复选框：勾选此复选框，将无法擦除图像中与前景色相同的颜色。

6.2.3 【魔术橡皮擦】工具

【魔术橡皮擦】工具具有【魔棒】工具识别取样颜色的特征。当图像中含有大片相

同或相近的颜色时，利用【魔术橡皮擦】工具在要擦除的颜色区域内单击，可以一次性擦除所有与取样位置相同或相近的颜色，同样也会将背景层自动转换为普通层。通过【容差】值还可以控制擦除颜色面积的大小，如图 6-40 所示。

图6-40　使用【魔术橡皮擦】工具擦除后的效果

在工具箱中选择【魔术橡皮擦】工具，其属性栏如图 6-41 所示。

容差: 32　☑ 消除锯齿　☑ 连续　☐ 对所有图层取样　不透明度: 100%

图6-41　【魔术橡皮擦】工具属性栏

- 【容差】值决定在图像中要擦除颜色的精度。此值越大，可擦除颜色的范围就越大；此值越小，可擦除颜色的范围就越小。
- 勾选【消除锯齿】复选框，在擦除图像范围的边缘去除锯齿边。
- 勾选【连续】复选框，在图像中擦除与鼠标指针落点颜色相近且相连的像素。否则将擦除图像中所有与鼠标指针落点颜色相近的像素。
- 勾选【对所有图层取样】复选框，工具对图像中的所有图层起作用，否则只对当前层起作用。
- 【不透明度】选项，用于设置工具擦除效果的不透明度。

6.2.4　典型实例——擦除图像

下面灵活运用各种橡皮擦工具对图像背景进行擦除，原图像及擦除后的图像效果如图 6-42 所示。

图6-42　原图像及擦除后的图像效果

【步骤解析】

1. 打开附盘中“图库\第 06 章”目录下名为“花.jpg”文件。
2. 选择工具，将鼠标指针移动到左上方的灰绿色背景位置单击，即可将该处的背景擦除，如图 6-43 所示。

3. 移动鼠标至其他的背景位置依次单击对图像进行擦除，效果如图 6-44 所示。

要点提示 也许读者擦除后的效果与本例给出的不完全一样，这没关系，因为鼠标单击位置的不同，擦除的效果也会不相同。此处只要沿花形将背景进行擦除即可。

图6-43 鼠标指针放置的位置及擦除后的效果

图6-44 擦除后的效果（1）

4. 选择工具，然后在属性栏中的图标上单击，在弹出的【笔头设置】面板中，设置笔头大小如图 6-45 所示。

5. 将属性栏中不透明度: 100% 选项参数设置为“100%”，然后将鼠标指针移动到图像边缘的绿色背景位置按住鼠标左键拖曳，将花形以外的多余图像擦除，效果如图 6-46 所示。

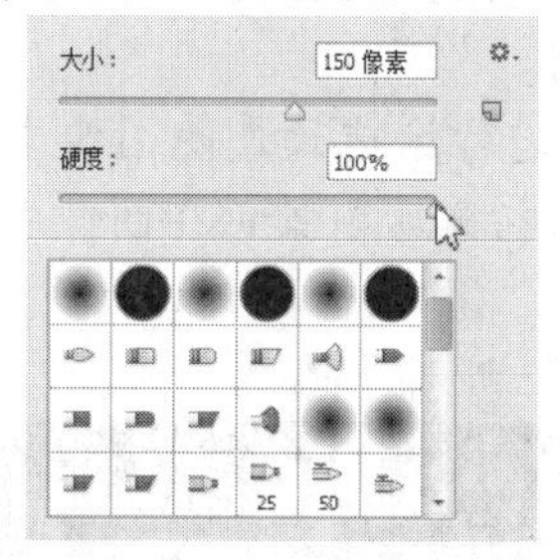

图6-45 【笔头设置】面板

图6-46 擦除后的效果（2）

6. 选择工具，将笔头设置为“70 像素”，然后设置属性栏中各选项及参数如图 6-47 所示。

图6-47 【背景橡皮擦】工具的属性设置

7. 将鼠标指针移动到如图 6-48 所示的位置，单击鼠标即可将该处背景擦除。

8. 将鼠标指针依次移动到其他的位置单击，擦除其余背景图像，全部擦除后的效果如图 6-49 所示。

图6-48 鼠标放置的位置

图6-49 擦除后的效果（3）

要点提示　在利用 工具擦除图像时，要注意鼠标中心的十字箭头不要触及红色的花瓣。另外，要在背景图像上单击，不要拖曳鼠标，这样系统会自动识边图像的边缘。

9.　按 Shift+Ctrl+S 组合键，将此文件命名为“擦除背景.psd”并进行保存。

6.3 【模糊】、【锐化】和【涂抹】工具

利用【模糊】工具 可以降低图像色彩反差来对图像进行模糊处理，从而使图像边缘变得模糊；【锐化】工具 恰好相反，它是通过增大图像色彩反差来锐化图像，从而使图像色彩对比更强烈；【涂抹】工具 主要用于涂抹图像，使图像产生类似于在未干的画面上用手指涂抹的效果。

这 3 个工具的属性栏基本相同，只是【涂抹】工具的属性栏多了一个【手指绘画】复选框，如图 6-50 所示。

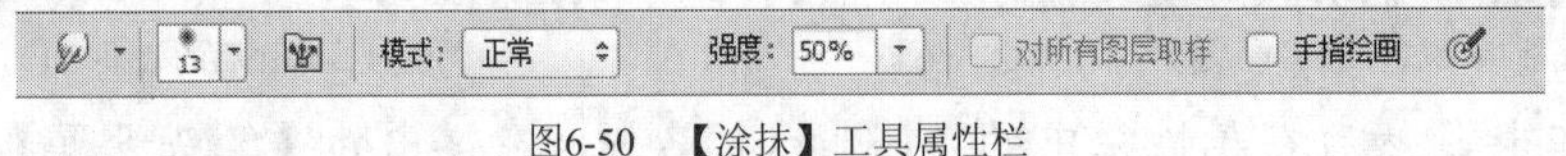

图6-50　【涂抹】工具属性栏

- 【模式】选项：用于设置色彩的混合方式。
- 【强度】选项：用于调节对图像进行涂抹的程度。
- 【对所有图层取样】复选框：若不勾选此复选框，操作只能对当前图层起作用；若勾选此复选框，操作可以对所有图层起作用。
- 【手指绘画】复选框：不勾选此复选框，对图像进行涂抹只是使图像中的像素和色彩进行移动；勾选此复选框，则相当于用手指蘸着前景色在图像中进行涂抹。

原图像和经过模糊、锐化、涂抹后的效果图，如图 6-51 所示。

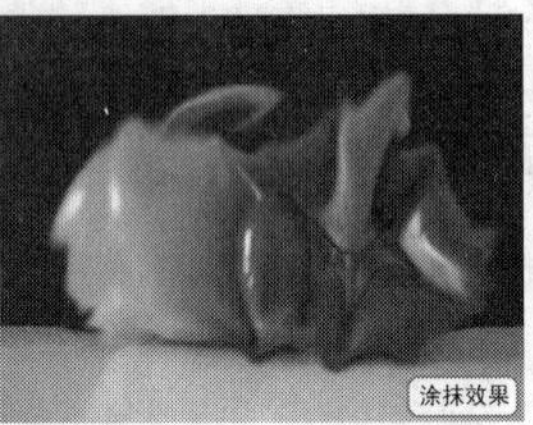

图6-51　原图像和经过模糊、锐化、涂抹后的效果

6.4 【减淡】、【加深】和【海绵】工具

利用【减淡】工具 可以对图像的阴影、中间色和高光部分进行提亮和加光处理，从而使图像变亮；利用【加深】工具 则可以对图像的阴影、中间色和高光部分进行遮光变暗处理。这两个工具的属性栏完全相同，如图 6-52 所示。

图6-52　【减淡】工具和【加深】工具属性栏

- 【范围】：包括【阴影】、【中间调】和【高光】3 个选项，用于设置减淡或加深处理的图像范围。
- 【曝光度】选项：用于设置对图像减淡或加深处理时的曝光强度。

【海绵】工具可以对图像进行变灰或提纯处理，从而改变图像的饱和度。该工具的属性栏如图 6-53 所示。

图6-53 【海绵】工具属性栏

- 【模式】：用于控制【海绵】工具的作用模式，包括【去色】和【加色】两个选项。选择【去色】选项，可以降低图像的饱和度；选择【加色】选项，可以增加图像的饱和度。
- 【流量】选项：用于控制去色或加色处理时的强度。数值越大，效果越明显。

原图图像和经过减淡、加深、去色和加色后的效果图，如图 6-54 所示。

图6-54 原图图像和经过减淡、加深、去色、加色后的效果

6.5 综合实例——去除图像背景并重新合成

下面灵活运用橡皮擦工具将图像的背景擦除，然后将其合成到新场景中。

【步骤解析】

1. 将附盘中“图库\第 06 章”目录下名为“女生.jpg”和“公园.jpg”的文件打开，如图 6-55 所示。

图6-55 打开的图片

2. 将“女生.jpg”文件设置为工作文件，选择工具，并设置其属性参数及选项，如图 6-56 所示。

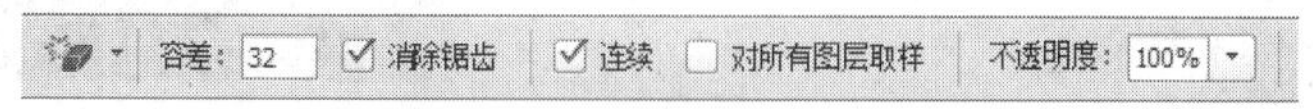

图6-56 设置魔术橡皮擦工具的属性

3. 将鼠标指针移动到画面中如图 6-57 所示的位置单击，去除人物背景，效果如图 6-58 所示。

图6-57　光标位置

图6-58　擦除背景效果

要点提示　将鼠标指针移动到不同的位置单击，擦除的图像效果也各不相同，但最终目的是将背景擦除即可。

4. 再次将鼠标指针移动到画面中如图 6-59 所示的红色背景位置单击，擦除背景。
5. 在属性栏中适当调节橡皮擦的笔头大小，继续擦除背景颜色。注意在鼠标指针的中心有一个小的十字光标，该光标是随机性拾取参考色的点，不能放置到人物上面，否则会将人物擦除，靠近人物轮廓时一定要小心，最终效果如图 6-60 所示。

图6-59　鼠标指针位置

图6-60　擦除背景状态

6. 选择 工具，在属性栏中设置选项，如图 6-61 所示。

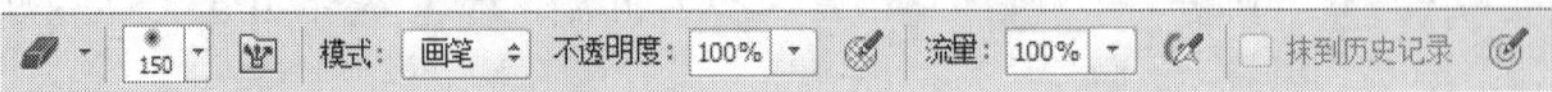

图6-61　设置橡皮擦工具属性

7. 将鼠标指针移动到画面中的红色杂点位置拖曳，继续擦除背景颜色，得到如图 6-62 所示的效果。在擦除过程中，注意笔头大小的随时设置，以取得精确的选取效果。
8. 把去掉背景后的“女生”移动复制到“公园.jpg”文件中，并利用【变换】命令将其调整至如图 6-63 所示的形态及位置。

图6-62　擦除背景后的效果

图6-63　调整大小和位置后的效果

为了使场景更加真实，下面我们来进行处理。

9. 执行【图层】/【图层样式】/【投影】命令，在弹出的【图层样式】对话框中设置选项参数如图 6-64 所示。

10. 单击 确定 按钮，人物图像添加投影后的效果如图 6-65 所示。

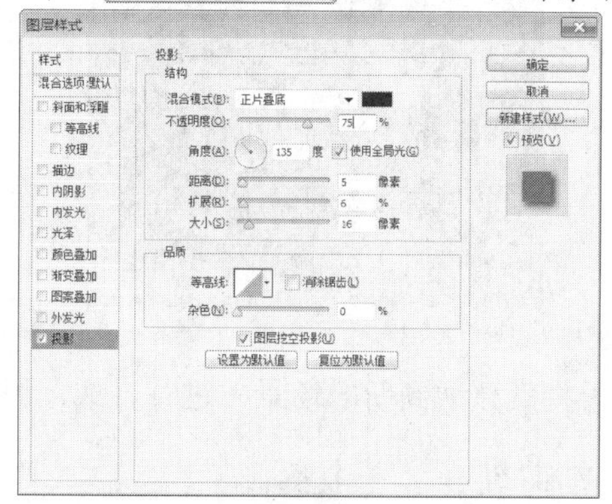

图6-64 【图层样式】对话框

图6-65 添加投影后的效果

11. 按 Shift+Ctrl+Alt+E 组合键，将当前画面复制再合并为一个图层。
12. 选择工具，并设置属性栏中的各选项，如图 6-66 所示。

图6-66 设置涂抹工具属性

13. 将鼠标指针移动到人物与草地的接触位置，依次按下鼠标左键并向上涂抹，制作出部分草地超出人物图像的效果。
14. 选择工具，并设置属性栏中的各选项，如图 6-67 所示。

图6-67 设置加深工具属性

15. 将鼠标指针移动到人物与草地的接触位置按下并拖曳，表现出人物区域的投影，注意笔头大小的灵活调整，最终效果如图 6-68 所示。

图6-68 涂抹和加深后的效果

16. 至此，图像制作完毕，按 Shift+Ctrl+S 组合键，将文件另命名为“合成图像.psd”保存。

6.6 习题

1. 灵活运用【渐变】工具绘制出如图 6-69 所示的正方体和圆柱体。

图6-69　绘制的正方体和圆柱体效果

2. 灵活运用各种橡皮擦工具去除人物的背景，然后将其移动到新的场景中进行合成，原图片及合成后的效果图，如图 6-70 所示。

图6-70　原图片及合成后的效果

第7章　路径和形状工具

有的读者可能已经发现，使用前面所学的工具很难绘制出精确的图形，而且直接使用【画笔】等工具在图像中绘制弧线非常困难，经常需要改来改去，不仅效果不理想，而且浪费时间。为了解决这一问题，Photoshop 特别提供了一种有效的工具——路径。

使用路径可以方便、准确、快捷地绘制各种图形或选区，本章就来讲解路径的使用方法。另外，将对【形状】工具进行简单的介绍，【形状】工具是一些已经设定好形状的路径工具，是【路径】工具的一个扩展。

7.1　路径

学习使用路径，先要了解什么是路径，本节先对路径的一些基本概念进行简单的介绍。

7.1.1　什么是路径

路径是由一条或多条线段、曲线组成的，每一段都有锚点标记，通过编辑路径的锚点，可以很方便地改变路径的形状。路径的构成说明如图 7-1 所示。其中角点和平滑点都属于路径的锚点，选中的锚点显示为实心方形，而未选中的锚点显示为空心方形。

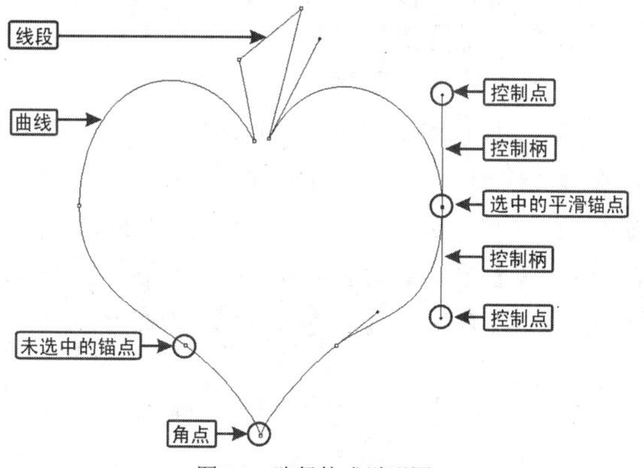

图7-1　路径构成说明图

在曲线路径上，每个选中的锚点将显示一条或两条调节柄，调节柄以控制点结束。调节柄和控制点的位置决定曲线的大小和形状。移动这些元素将改变路径中曲线的形状。

要点提示　路径不是图像中的真实像素，而只是一种矢量绘图工具绘制的线形或图形，对图像进行放大或缩小调整时，路径不会因此受到影响。

路径可以是闭合的，没有起点或终点；也可以是开放的，有明显的起止点，如图 7-2 所示。

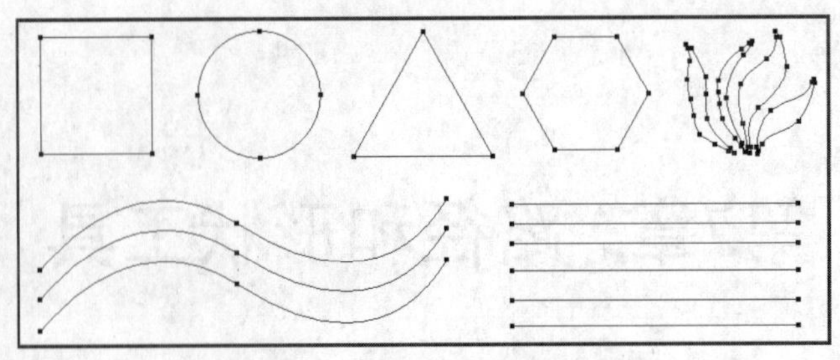

图7-2　闭合路径与开放路径说明图

7.1.2　工作路径和子路径

一个工作路径可以由一个或多个子路径构成。在图像中，每次使用【钢笔】工具或【自由钢笔】工具创建的路径都是一个子路径。图 7-3 所示就是一个工作路径，其中四边形路径、三角形路径和曲线路径都是子路径，它们共同构成一个工作路径。每个子路径可以进行单独的移动、变形等操作。同一个工作路径中的多个子路径间可以进行计算、对齐和分布等操作。

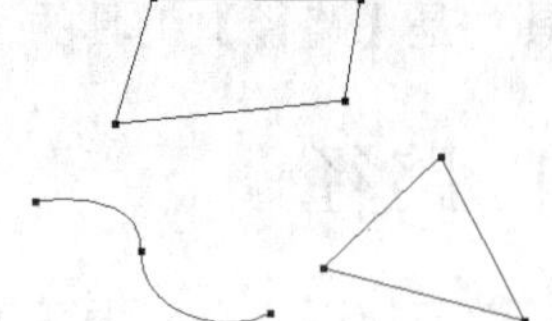

图7-3　工作路径

7.1.3　使用路径工具

使用路径工具，可以轻松绘制出各种形式的矢量图形和路径，具体绘制图形还是路径，取决于属性栏中左侧的选项。

- 形状：选择此选项，可以创建用前景色填充的图形，同时在【图层】面板中自动生成包括图层缩览图和矢量蒙版缩览图的形状层，并在【路径】面板中生成矢量蒙版。双击图层缩览图可以修改形状的填充颜色。当路径的形状调整后，填充的颜色及添加的效果会跟随一起发生变化。
- 路径：选择此选项，可以创建普通的工作路径，此时【图层】面板中不会生成新图层，仅在【路径】面板中生成工作路径。
- 像素：选择此选项，可以绘制用前景色填充的图形，但不在【图层】面板中生成新图层，也不在【路径】面板中生成工作路径。注意，使用【钢笔】工具时此选项显示灰色，只有使用【矢量形状】工具时才可用。

7.2　路径工具

Photoshop CC 提供的路径工具包括【钢笔】工具、【自由钢笔】工具、【添加锚点】工具、【删除锚点】工具、【转换点】工具、【路径选择】工具和【直接选择】工具。下面详细介绍这些工具的功能和使用方法。

7.2.1　【钢笔】工具

选择【钢笔】工具，在图像文件中依次单击，可以创建直线形态的路径；拖曳鼠标可以创建平滑流畅的曲线路径。将鼠标指针移动到第一个锚点上，当笔尖旁出现小圆圈时单击可创建闭合路径。在路径未闭合之前按住 Ctrl 键在路径外单击，可创建开放路径。绘制的曲线路径如图 7-4 所示。

图7-4　绘制的直线路径和曲线路径

在绘制直线路径时，按住 Shift 键，可以限制在 45° 角的倍数方向绘制。在绘制曲线路径时，按住 Alt 键，拖曳鼠标可以调整控制点的方向，释放 Alt 键和鼠标左键，重新移动鼠标指针至合适的位置拖曳鼠标，可创建具有锐角的曲线路径，如图 7-5 所示。

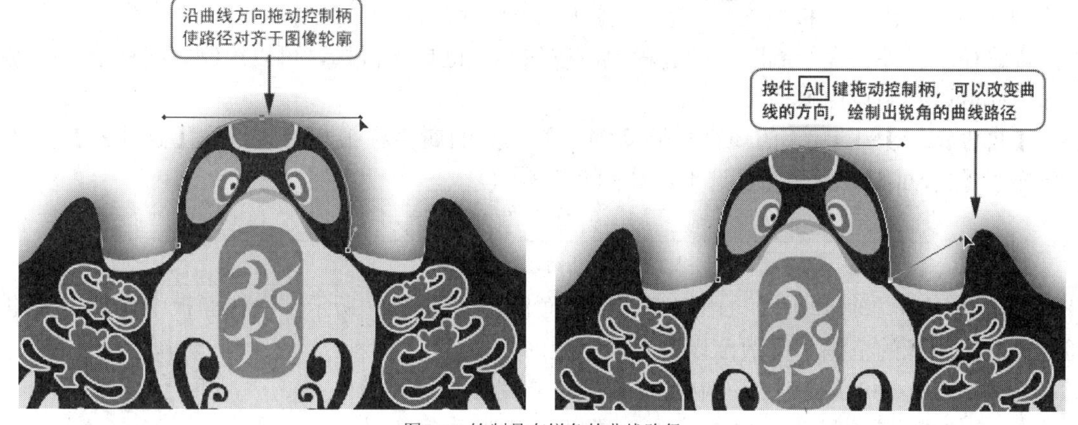

图7-5　绘制具有锐角的曲线路径

下面介绍【钢笔】工具的属性栏。

选择不同的绘制类型时，【钢笔】工具的属性栏也各不相同。当选择 路径 选项时，其属性栏如图 7-6 所示。

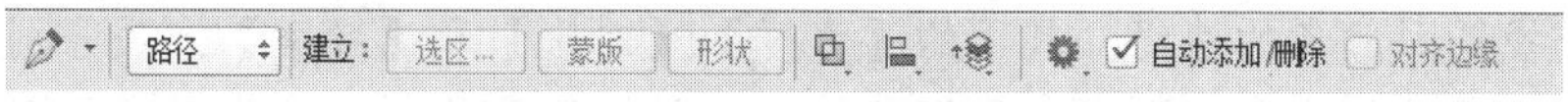

路径　建立：选区…　蒙版　形状　自动添加/删除　对齐边缘

图7-6　【钢笔】工具属性栏

- 【建立】选项：可以使路径与选区、蒙版和形状间的转换更加方便、快捷。绘制完路径后，右侧的按钮才可用。单击 选区… 按钮，可将当前绘制的路径转换为选区；单击 蒙版 按钮，可创建图层蒙版；单击 形状 按钮，可将绘制的路径转换为形状图形，并以当前的前景色填充。

要点提示　注意 蒙版 按钮只有在普遍层上绘制路径后才可用，如在背景层或形状层上绘制路径，该选项显示为灰色。

- 运算方式：单击此按钮，在弹出的下拉列表中选择选项，可对路径进行相加、相减、相交或反交运算，该按钮的功能与选区运算相同。

- 路径对齐方式：可以设置路径的对齐方式，当有两条以上的路径被选择时才可用。
- 路径排列方式：设置路径的排列方式。
- 【选项】按钮，单击此按钮，将弹出【橡皮带】选项，勾选此选项，在创建路径的过程中，当鼠标移动时，会显示路径轨迹的预览效果。
- 【自动添加/删除】选项：在使用【钢笔】工具绘制图形或路径时，勾选此复选框，【钢笔】工具将具有【添加锚点】工具和【删除锚点】工具的功能。
- 【对齐边缘】选项：将矢量形状边缘与像素网格对齐，只有选择 形状 选项时该选项才可用。

7.2.2 【自由钢笔】工具

利用【自由钢笔】工具在图像文件中的相应位置拖曳鼠标，便可绘制出路径，并且在路径上自动生成锚点。当鼠标指针回到起始位置时，右下角会出现一个小圆圈，此时释放鼠标左键即可创建闭合钢笔路径；鼠标指针回到起始位置之前，在任意位置释放鼠标左键可以绘制一条开放路径；按住 Ctrl 键释放鼠标左键，可以在当前位置和起点之间生成一段线段闭合路径。另外，在绘制路径的过程中，按住 Alt 键单击鼠标，可以绘制直线路径；拖曳鼠标指针可以绘制自由路径。

【自由钢笔】工具的属性栏同【钢笔】工具的属性栏很相似，只是【磁性的】复选框替换了【自动添加/删除】复选框，如图 7-7 所示。

图7-7　【自由钢笔】工具属性栏

单击按钮，将弹出【自由钢笔选项】面板，如图 7-8 所示。在该面板中可以定义路径对齐图像边缘的范围和灵敏度以及所绘路径的复杂程度。

曲线拟合：2 像素
☑ 磁性的
宽度：10 像素
对比：10%
频率：57
☑ 钢笔压力

图7-8　【自由钢笔选项】面板

- 【曲线拟合】选项：控制生成的路径与鼠标指针移动轨迹的相似程度。数值越小，路径上产生的锚点越多，路径形状越接近鼠标指针的移动轨迹。
- 【磁性的】复选框：勾选此复选框，【自由钢笔】工具将具有磁性功能，可以像【磁性套索】工具一样自动查找不同颜色的边缘。其下的【宽度】、【对比】和【频率】选项分别用于控制产生磁性的宽度范围、查找颜色边缘的灵敏度和路径上产生锚点的密度。
- 【钢笔压力】复选框：如果计算机连接了外接绘图板绘画工具，勾选此复选框，将应用绘图板的压力更改钢笔的宽度，从而决定自由钢笔绘制路径的精确程度。

7.2.3 【添加锚点】工具和【删除锚点】工具

选择【添加锚点】工具，将鼠标指针移动到要添加锚点的路径上，当鼠标指针显示为添加锚点符号时单击鼠标左键，即可在路径的单击处添加锚点，此时不会更改路径的形状。如果在单击的同时拖曳鼠标，可在路径的单击处添加锚点，并可以更改路径的形状。添加锚点操作示意图如图 7-9 所示。

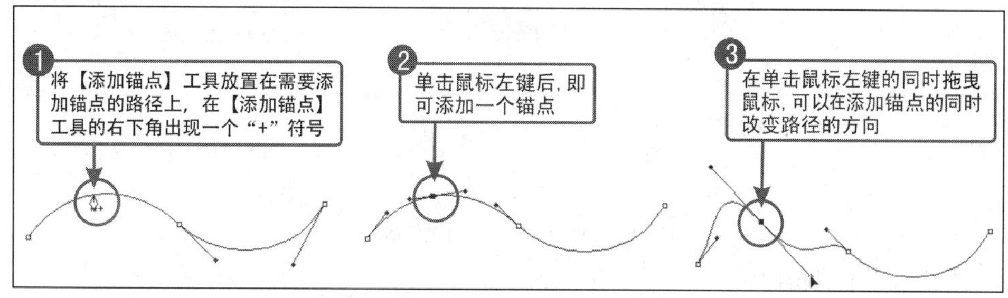

图7-9　添加锚点操作示意图

选择【删除锚点】工具，将鼠标指针移动到要删除的锚点上，当鼠标指针显示为删除锚点符号时单击鼠标左键，即可将选择的锚点删除，此时路径的形状将重新调整以适合其余的锚点。在路径的锚点上单击并拖曳鼠标，可重新调整路径的形状。删除锚点操作示意图如图 7-10 所示。

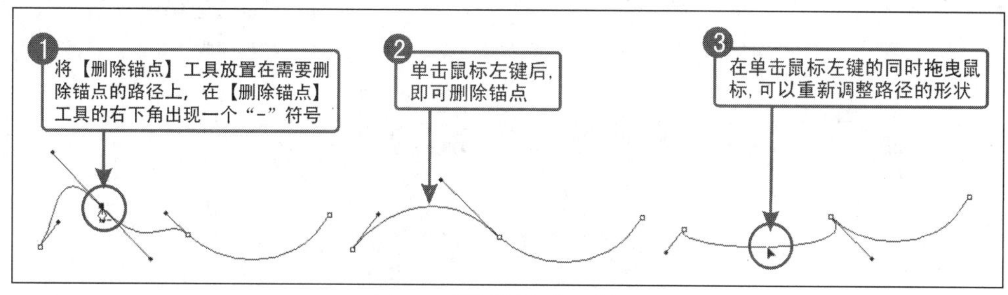

图7-10　删除锚点操作示意图

7.2.4 【转换点】工具

利用【转换点】工具可以使锚点在角点和平滑点之间进行转换，并可以调整调节柄的长度和方向，以确定路径的形状。

(1) 平滑点转换为角点。

利用【转换点】工具在平滑点上单击，可以将平滑点转换为没有调节柄的角点；当平滑点两侧显示调节柄时，拖曳鼠标调整调节柄的方向，使调节柄断开，可以将平滑点转换为带有调节柄的角点，如图 7-11 所示。

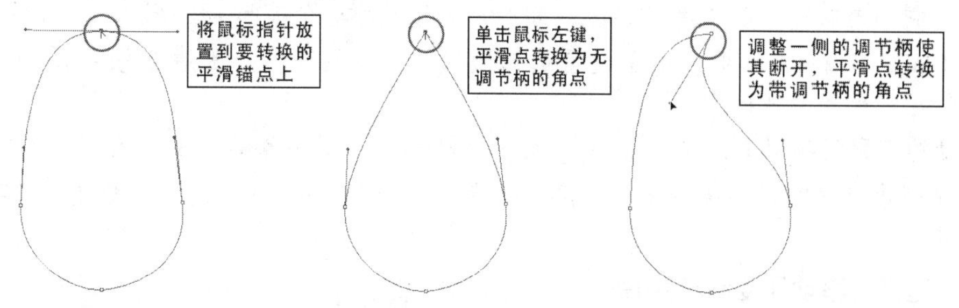

图7-11　平滑点转换为角点操作示意图

(2) 角点转换为平滑点。

在路径的角点上向外拖曳鼠标，可在锚点两侧出现两条调节柄，将角点转换为平滑点。按住 Alt 键在角点上拖曳鼠标，可以调整角点一侧的路径形状，如图 7-12 所示。

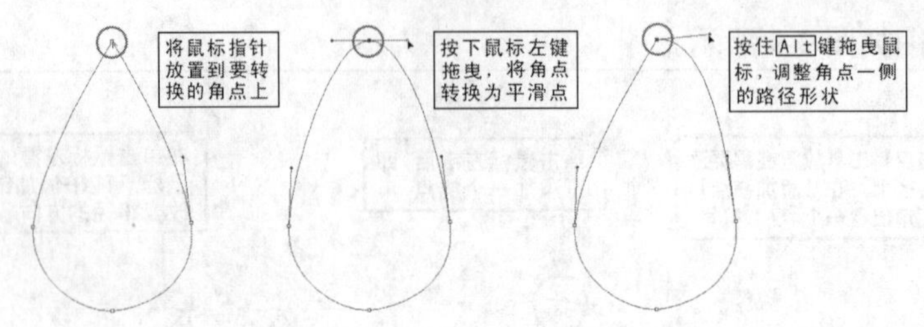

图7-12　角点转换为平滑点操作示意图

(3)　调整调节柄编辑路径。

利用【转换点】工具调整带调节柄的角点或平滑点一侧的控制点，可以调整锚点一侧曲线路径的形状；按住 Ctrl 键调整平滑锚点一侧的控制点，可以同时调整平滑点两侧的路径形态。按住 Ctrl 键在锚点上拖曳鼠标，可以移动该锚点的位置，如图 7-13 所示。

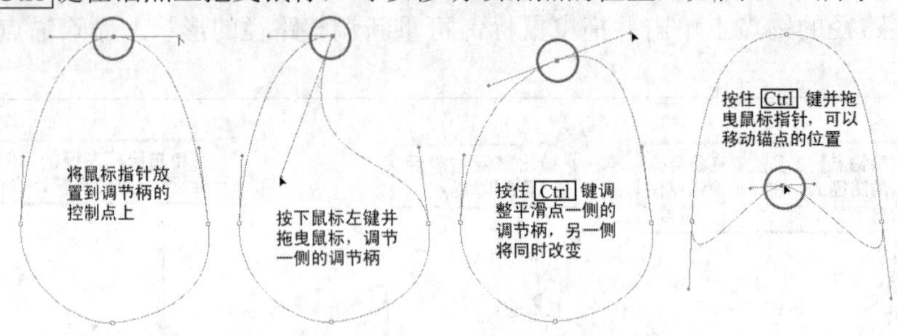

图7-13　调整调节柄编辑路径操作示意图

7.2.5　【路径选择】工具

利用工具箱中【路径选择】工具可以对路径和子路径进行选择、移动、对齐和复制等操作。当子路径上的锚点全部显示为黑色时，表示该子路径被选择。

一、　【路径选择】工具的选项

在工具箱中选择【路径选择】工具，其属性栏如图 7-14 所示。

图7-14　【路径选择】工具属性栏

- 当选择形状图形时，【填充】和【描边】选项才可用，用于对选择形状图形的填充颜色和描边颜色进行修改，同时还可设置描边的宽度及线形。
- 【W】和【H】选项：用于设置选择形状的宽度及高度，激活按钮，将保持该形状的长宽比例。
- 【约束路径拖动】选项：默认情况下，利用工具调整路径的形态时，锚点相邻的边也会做整体调整；当勾选此选项后，将只能对两个锚点之间的线段做调整。

二、　选择、移动和复制子路径

利用工具箱中工具可以对路径和子路径进行选择、移动和复制操作。

- 选择工具箱中的工具，单击子路径可以将其选择。
- 在图像窗口中拖曳鼠标，鼠标拖曳范围内的子路径可以同时被选择。
- 按住 Shift 键，依次单击子路径，可以选择多个子路径。

- 在图像窗口中拖曳被选择的子路径可以进行移动。
- 按住Alt键，拖曳被选择的子路径，可以将被选择的子路径进行复制。
- 拖曳被选择的子路径至另一个图像窗口，可以将子路径复制到另一个图像文件中。
- 按住Ctrl键，在图像窗口中选择路径，工具切换为【直接选择】工具。

7.2.6 【直接选择】工具

【直接选择】工具可以选择和移动路径、锚点以及平滑点两侧的方向点。

选择工具箱中的工具，单击子路径，其上显示出白色的锚点，这时锚点并没有被选择。

- 单击子路径上的锚点可以将其选择，被选择的锚点显示为黑色。
- 在子路径上拖曳鼠标，鼠标拖曳范围内的锚点可以同时被选择。
- 按住Shift键，可以选择多个锚点。
- 按住Alt键，单击子路径，可以选择整个子路径。
- 在图像中拖曳两个锚点间的一段路径，可以直接调整这一段路径的形态和位置。
- 在图像窗口中拖曳被选择的锚点可以进行移动。
- 拖曳平滑点两侧的方向点，可以改变其两侧曲线的形态。
- 按住Ctrl键，在图像窗口中选择路径，工具将切换为工具。

7.2.7 典型实例——标志设计

下面通过绘制一个标志图形，来练习路径工具的应用。

【步骤解析】

1. 新建一个【宽度】为“20 厘米”，【高度】为“10 厘米”，【分辨率】为“150 像素/英寸”，【颜色模式】为“RGB 颜色”，【背景内容】为“白色”的文件。
2. 新建“图层 1”，选择工具，并在属性栏中选择路径选项，然后在画面中依次单击鼠标绘制出如图 7-15 所示的标志大体形状。
3. 选择工具，将鼠标指针放置在路径的控制点上拖曳鼠标指针，此时出现两条控制柄，拖曳鼠标指针调整控制柄，将路径调整平滑后释放鼠标左键，如图 7-16 所示。

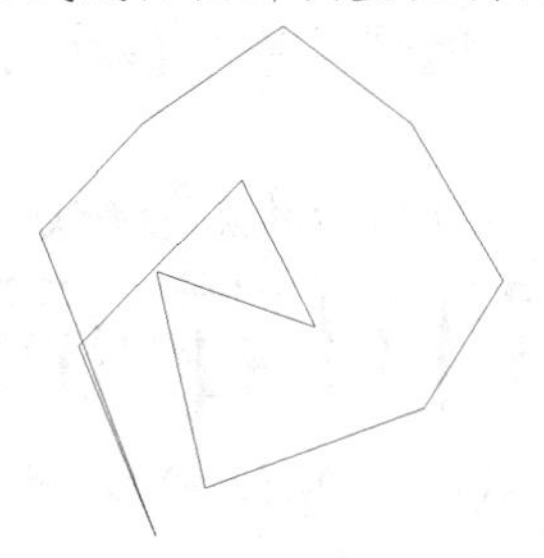

图7-15　绘制的大体形状

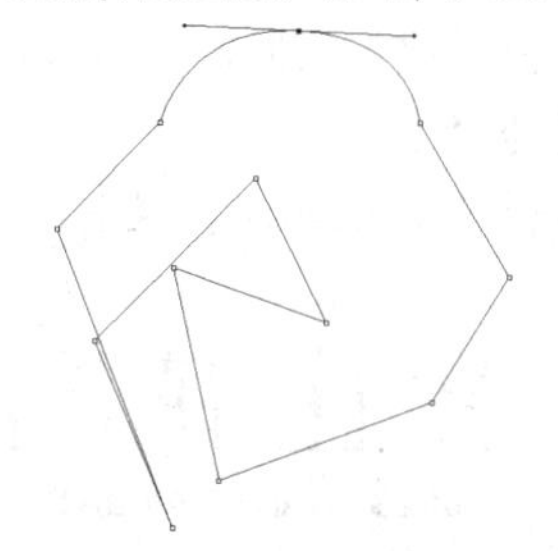

图7-16　出现的控制柄

4. 用相同的调整方法依次对路径上的其他控制点进行调整，最终效果如图 7-17 所示。
5. 按Ctrl+Enter组合键，将钢笔路径转换成选区，如图 7-18 所示。

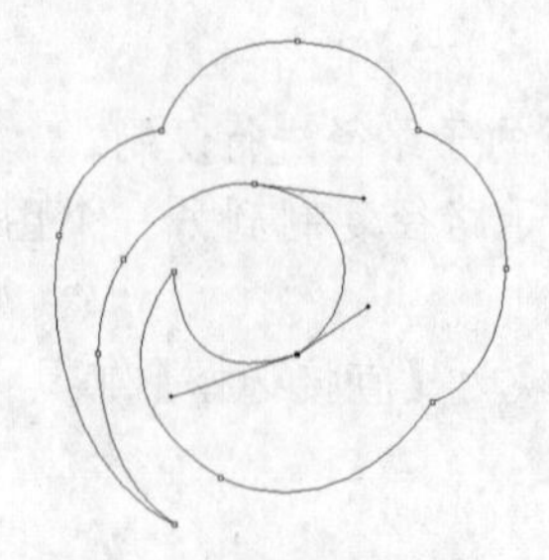

图7-17 依次调整出理想的形状

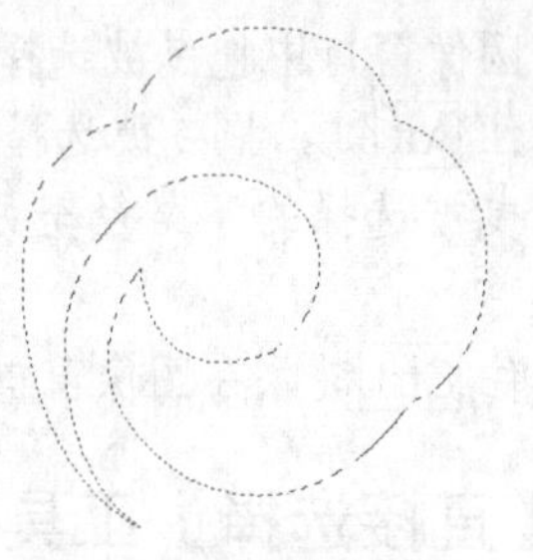

图7-18 将路径转化为选区

6. 将前景色设置为红色（R:201），背景色设置为黄色（R:255,G:231,B:30）。
7. 选择工具，为选区自左向右填充由前景色到背景色的线性渐变色，效果如图 7-19 所示，然后按 Ctrl+D 组合键去除选区。
8. 新建“图层 2”，利用和工具调整出如图 7-20 所示的“波浪”路径。

图7-19 为选区填充渐变色

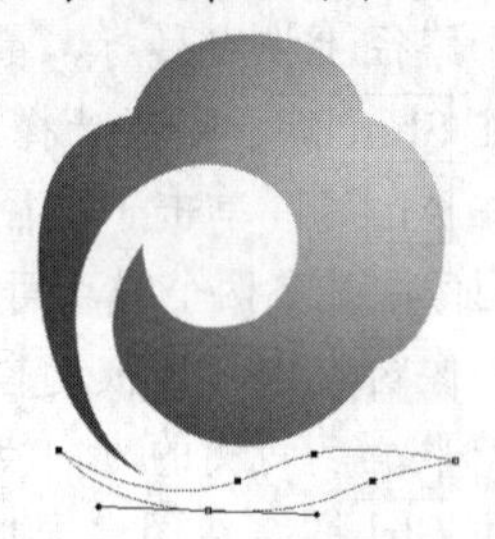

图7-20 绘制波浪路径

9. 按 Ctrl+Enter 组合键将路径转换为选区，然后为其填充深红色（R:206,G:22,B:30），去除选区后的效果如图 7-20 所示。
10. 依次新建“图层 3”和“图层 4”，用与步骤 8～步骤 9 相同的方法分别绘制出如图 7-22 所示的红色（R:230,G:0,B:18）和橙色（R:241,G:91,B:0）图形。

图7-21 填充前景色后的图形效果

图7-22 绘制出的图形

11. 将前景色设置为黑色，然后选择【文字】工具，并在画面右侧输入如图 7-23 所示的文字效果。
12. 新建“图层 5”，选择按钮，再在属性栏中选择像素选项，并将【粗细】选项的参数设置为“2 px”。
13. 确认前景色为黑色，按住 Shift 键在画面中绘制出如图 7-24 所示的黑色横线。

图7-23 为画面添加文字效果

景山花园
JINGSHANHUAYUAN

图7-24 绘制出黑色横线

14. 利用工具框选字母区域，并按 Delete 键去除选区内的黑色横线，如图 7-25 所示。
15. 按 Ctrl+D 组合键去除选区，即可完成标志的设计，如图 7-26 所示。

图7-25　去除选区内的黑色横线

图7-26　设计完成的标志

16. 按Ctrl+S组合键，将文件命名为“景山标志.psd”保存。

7.3 【路径】面板

对路径进行应用的操作都是在【路径】面板中进行的，【路径】面板主要用于显示绘图过程中存储的路径、工作路径和当前矢量蒙版的名称及缩略图，并可以快速地在路径和选区之间进行转换，还可以用设置的颜色为路径描边或在路径中填充。

下面来介绍【路径】面板的一些相关功能。随意绘制一些路径后的【路径】面板如图7-27所示。

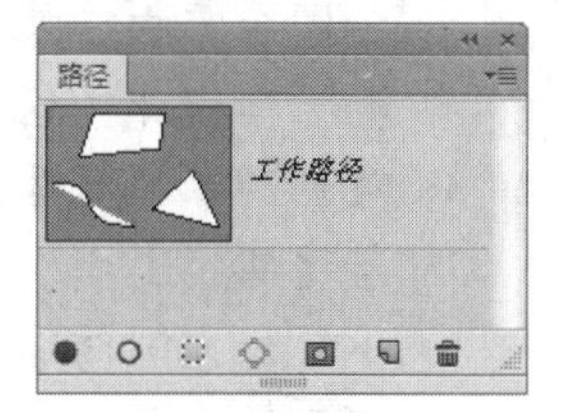

图7-27　【路径】面板

7.3.1 基本操作

【路径】面板的结构与【图层】面板有些相似，其部分操作方法也相似，如移动、堆叠位置、复制、删除和新建等操作。下面简单介绍其结构及功能。

当前文件中的工作路径堆叠在【路径】面板靠上部分，其中左侧为路径的缩览图，显示路径的缩览图效果，右侧为路径的名称。

一、 存储工作路径

默认情况下，利用【钢笔】工具或矢量形状工具绘制的路径是以“工作路径”形式存在的。工作路径是临时路径，如果取消其选择状态，当再次绘制路径时，新路径将自动取代原来的工作路径。如果工作路径在后面的绘图过程中还要使用，应该保存路径以免丢失。存储工作路径有以下两种方法。

在【路径】面板中，将鼠标指针放置到“工作路径”上按下鼠标左键并向下拖曳至按钮，释放鼠标左键，即可将其以“路径 1”名称命名，且保存。

选择要存储的工作路径，然后单击【路径】面板右上角的按钮，在弹出的菜单中选择【存储路径】命令，弹出【存储路径】对话框，将工作路径按指定的名称存储。

要点提示　在绘制路径之前，单击【路径】面板底部的按钮或者按住Alt键单击按钮创建一个新路径，然后再利用【钢笔】或矢量形状工具绘制，系统将自动保存路径。另外，双击路径的名称，可以对路径的名称进行修改。

二、路径的显示和隐藏

在【路径】面板中单击相应的路径名称，可将该路径显示。单击【路径】面板中的灰色区域或在路径没有被选择的情况下按Esc键，可将路径隐藏。

7.3.2 功能按钮

【路径】面板中各按钮的功能介绍如下。

- 【用前景色填充路径】按钮：单击此按钮，将以前景色填充创建的路径。
- 【用画笔描边路径】按钮：单击此按钮，将以前景色为创建的路径进行描边，其描边宽度为一个像素。
- 【将路径作为选区载入】按钮：单击此按钮，可以将创建的路径转换为选区。
- 【从选区生成工作路径】按钮：确认图形文件中有选区，单击此按钮，可以将选区转换为路径。
- 【添加蒙版】按钮：当页面中有路径的情况下单击此按钮，可为当前层添加图层蒙版，如当前层为背景层，将直接转换为普通层。当页面中有选区的情况下单击此按钮，将以选区的形式添加图层蒙版，选区以外的图像会被隐藏。
- 【新建新路径】按钮：单击此按钮，可在【路径】面板中新建一个路径。若【路径】面板中已经有路径存在，将鼠标指针放置到创建的路径名称处，按下鼠标左键向下拖曳至此按钮处释放鼠标，可以完成路径的复制。
- 【删除当前路径】按钮：单击此按钮，可以删除当前选择的路径。

7.3.3 典型实例——邮票效果制作

下面利用【路径】面板中的描绘路径功能结合【橡皮擦】工具，来绘制邮票效果。

【步骤解析】

1. 新建【宽度】为“20 厘米”，【高度】为“13 厘米”，【分辨率】为“100 像素/英寸”的白色文件。
2. 选择工具，按 D 键，将工具箱中的前景色和背景色设置为默认的黑色和白色。
3. 确认属性栏中选择的“从前景到背景”渐变样式，激活的按钮，按住 Shift 键，为画面自上而下填充如图 7-28 所示的线性渐变色。
4. 选择工具，确认属性栏中选择的 路径 选项，在画面中绘制如图 7-29 所示的路径。

图7-28　填充渐变色后的效果

图7-29　绘制的路径

5. 按 Ctrl+Enter 组合键将路径转换为选区，然后新建“图层 1”，并为选区填充白色。

要点提示：此处利用【矩形】工具绘制白色图形，而没有选择最常用的【矩形选框】工具，是因为接下来还要用到路径。

6. 按Ctrl+D组合键去除选区，然后在【路径】面板中单击路径，将其在画面中显示。
7. 选择工具，再单击选项栏中的按钮，在弹出的【画笔】面板中设置参数如图 7-30 所示。
8. 单击【路径】面板下方的按钮，利用【橡皮擦】工具擦除后得到如图 7-31 所示的邮票边缘锯齿效果。

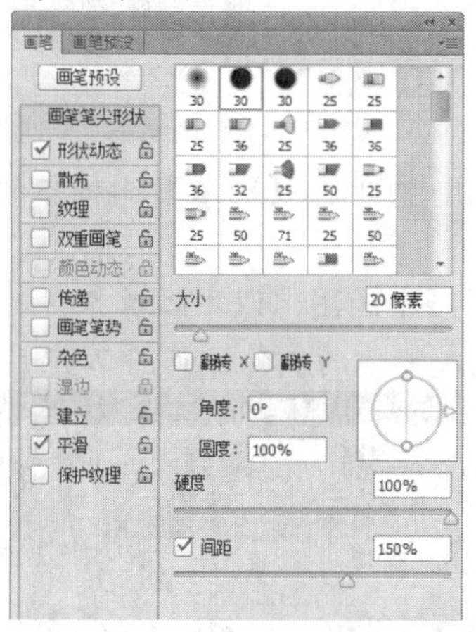

图7-30 设置橡皮擦工具参数

图7-31 生成的锯齿效果

9. 单击【路径】面板中的空白处，将路径隐藏。
10. 执行【图层】/【图层样式】/【投影】命令，在弹出的【图层样式】对话框中设置参数如图 7-32 所示。
11. 单击 确定 按钮，添加的投影效果如图 7-33 所示。

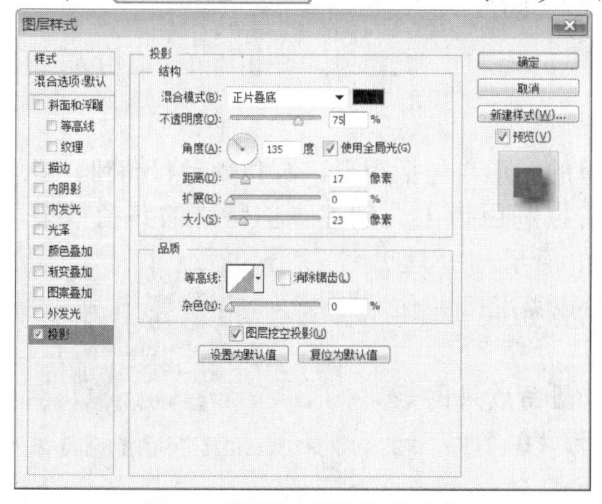

图7-32 设置的【图层样式】参数

图7-33 添加的投影效果

12. 打开素材文件中名为“江南风景.jpg”的文件，然后将其移动复制到新建文件中，生成“图层 2”。
13. 按Ctrl+T组合键，为图片添加自由变换框，然后将其等比例缩小调整到如图 7-34 所示的形态。
14. 将鼠标指针移动到变形框下方中间的控制点上，按下鼠标左键并向上拖曳，将其调整至如图 7-35 所示的大小。

图7-34　等比例缩小后的图片

图7-35　调整图片状态

15. 按 Enter 键，确认图片的大小调整，然后按住 Shift 键单击【图层】面板中的“图层 1”，将两个图层同时选择，如图 7-36 所示。
16. 依次单击工具属性栏中的和按钮，将两个图层中的图像以中心对齐。
17. 选择工具，在画面左下方输入黑色文字，即可完成邮票的制作，如图 7-37 所示。

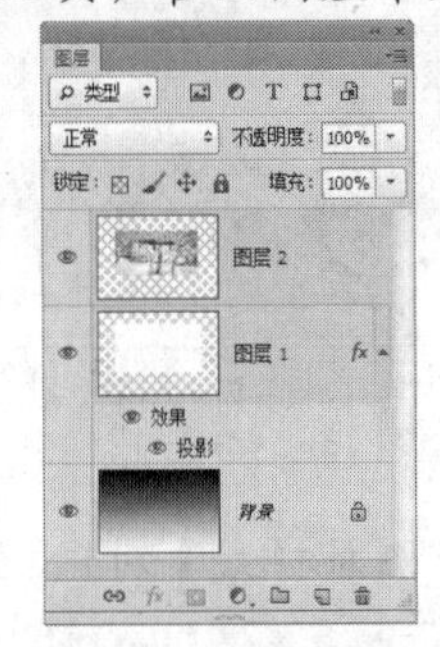

图7-36　选择的图层

图7-37　制作的邮票效果

18. 按 Ctrl+S 组合键，将文件命名为“邮票.psd”保存。

7.4　【形状】工具

使用【形状】工具可以快速地绘制各种简单的图形，包括矩形、圆角矩形、椭圆、多边形、直线或任意自定义形状的矢量图形，也可以利用该工具创建一些特殊的路径效果。Photoshop CC 工具箱中的【形状】工具如图 7-38 所示。

图7-38　工具箱中的【形状】工具

- 【矩形】工具：可以绘制矩形图形或路径；按住 Shift 键可以绘制正方形图形或路径。
- 【圆角矩形】工具：可以绘制带有圆角效果的矩形或路径，当属性栏中的【半径】值为“0”时，此工具的功能相当于矩形工具。
- 【椭圆】工具：可以绘制椭圆图形或路径；按住 Shift 键可以绘制圆形图形或路径。
- 【多边形】工具：可以创建任意边数（3～100）的多边形或各种星形图形。属性栏中的【边】选项用于设置多边形或星形的边数。
- 【直线】工具：可以绘制直线或带箭头的直线图形。通过设置【直线】工具属性栏中的【粗细】选项，可以设置绘制直线或带箭头直线的粗细。
- 【自定形状】工具：可以绘制各种不规则图形或路径。单击属性栏中的【形状】按钮，可在弹出的【形状】选项面板中选择需要绘制的形状图形；单击

【形状】选项面板右上角的按钮，可加载系统自带的其他自定形状。

7.4.1 形状工具选项

下面分别介绍各种【形状】工具的个性选项。

一、【矩形】工具

当工具处于激活状态时，单击属性栏中的按钮，系统弹出如图 7-39 所示的【矩形选项】面板。

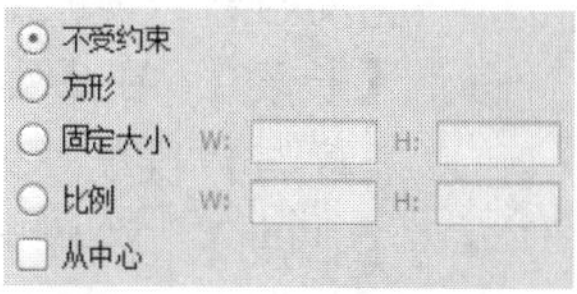

- 【不受约束】：单击选择此单选项后，在图像文件中拖曳鼠标可以绘制任意大小和任意长宽比例的矩形。
- 【方形】：单击选择此单选项后，在图像文件中拖曳鼠标可以绘制正方形。
- 【固定大小】：单击选择此单选项后，在后面的文本框中设置固定的长宽值，再在图像文件中拖曳鼠标，只能绘制固定大小的矩形。
- 【比例】：选择此选项后，在后面的文本框中设置矩形的长宽比例，再在图像文件中拖曳鼠标，只能绘制设置的长宽比例的矩形。
- 【从中心】：勾选此复选框后，在图像文件中以任何方式创建矩形时，鼠标指针的起点都为矩形的中心。

图7-39 【矩形选项】面板

二、【圆角矩形】工具

【圆角矩形】工具的用法和属性栏都同【矩形】工具相似，只是属性栏中多了一个【半径】选项，此选项主要用于设置圆角矩形的平滑度，数值越大，边角越平滑。

三、【椭圆】工具

【椭圆】工具的用法及属性栏与【矩形】工具的相同，在此不再赘述。

四、【多边形】工具

【多边形】工具是绘制正多边形或星形的工具。在默认情况下，激活此按钮后，在图像文件中拖曳鼠标指针可绘制正多边形。【多边形】工具的属性栏也与【矩形】工具的属性栏相似，只是多了一个设置多边形或星形边数的【边】选项。单击属性栏中的按钮，系统将弹出如图 7-40 所示的【多边形选项】面板。

- 【半径】：用于设置多边形或星形的半径长度。设置相应的参数后，只能绘制固定大小的正多边形或星形。
- 【平滑拐角】：勾选此复选框后，在图像文件中拖曳鼠标指针，可以绘制圆角效果的正多边形或星形。
- 【星形】：勾选此复选框后，在图像文件中拖曳鼠标指针，可以绘制边向中心位置缩进的星形图形。
- 【缩进边依据】：在右边的文本框中设置相应的参数，可以限定边缩进的程度，取值范围为 1%～99%，数值越大，缩进量越大。只有勾选了【星形】复选框后，此选项才可以设置。
- 【平滑缩进】：此选项可以使多边形的边平滑地向中心缩进。

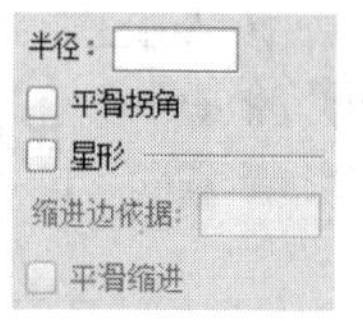

图7-40 【多边形选项】面板

五、【直线】工具

【直线】工具的属性栏也与【矩形】工具的属性栏相似，只是多了一个设置线段或箭头粗细的【粗细】选项。单击属性栏中的按钮，系统将弹出如图 7-41 所示的【箭头】面板。

- 【起点】：勾选此复选框后，在绘制线段时起点处带有箭头。
- 【终点】：勾选此复选框后，在绘制线段时终点处带有箭头。
- 【宽度】：在后面的文本框中设置相应的参数，可以确定箭头宽度与线段宽度的百分比。
- 【长度】：在后面的文本框中设置相应的参数，可以确定箭头长度与线段长度的百分比。
- 【凹度】：在后面的文本框中设置相应的参数，可以确定箭头中央凹陷的程度。其值为正值时，箭头尾部向内凹陷；为负值时，箭头尾部向外凸出；为“0”时，箭头尾部平齐，如图 7-42 所示。

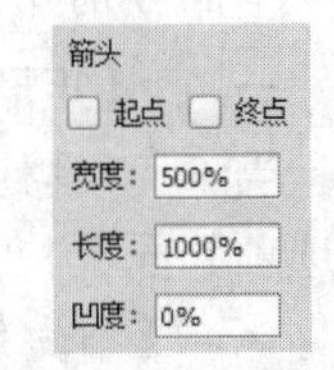

图7-41　【箭头】面板

图7-42　当【凹度】数值设置为“50”、“-50”和“0”时绘制的箭头图形

六、【自定形状】工具

【自定形状】工具的属性栏也与【矩形】工具的属性栏相似，只是多了一个【形状】选项，单击此选项后面的按钮，系统会弹出如图 7-43 所示的【自定形状选项】面板。

在【自定选项】面板中选择所需要的图形，然后在图像文件中拖曳鼠标，即可绘制相应的图形。

单击面板右上角的按钮，在弹出的下拉菜单中选择【全部】命令，在再次弹出的询问面板中单击按钮，即可将全部的图形显示，如图 7-44 所示。

图7-43　【自定形状选项】面板

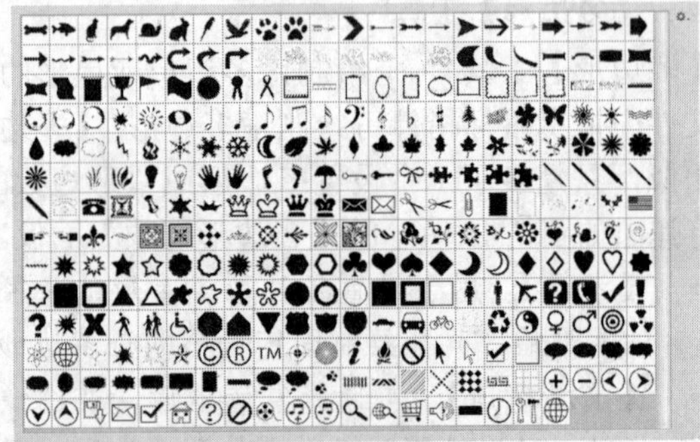

图7-44　全部显示的图形

再次单击按钮，在弹出的下拉菜单中选择【复位形状】命令，在再次弹出的询问面板中单击按钮，可恢复默认的图形显示。

7.4.2 形状层

选择工具箱中的工具，再在属性栏中选择选项，然后在图像中拖曳鼠标，可以创建椭圆形。同时在【图层】面板中会创建了一个名为“椭圆 1”的形状图层，如图 7-45 所示。双击填充层缩览图，可以在弹出的【拾色器】对话框中调整形状的颜色。在图层名称上单击鼠标右键，在弹出的右键菜单中执行【栅格化图层】命令，可将形状层转换为普通层。

执行【窗口】/【属性】命令，将弹出如图 7-46 所示的【属性】面板。此面板中的选项与属性栏中的相同。可用于调整绘制图形的大小及颜色。

利用工具对绘制的形状图形进行调整，使其变形。在弹出的询问面板中单击 是(Y) 按钮，此时的【属性】面板如图 7-47 所示。

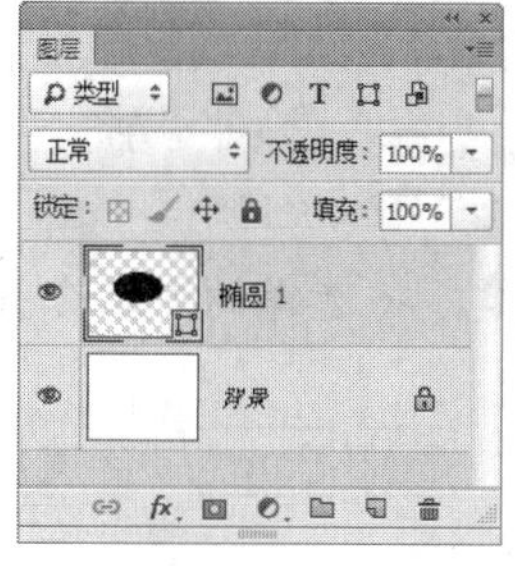

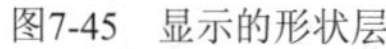
图7-45　显示的形状层

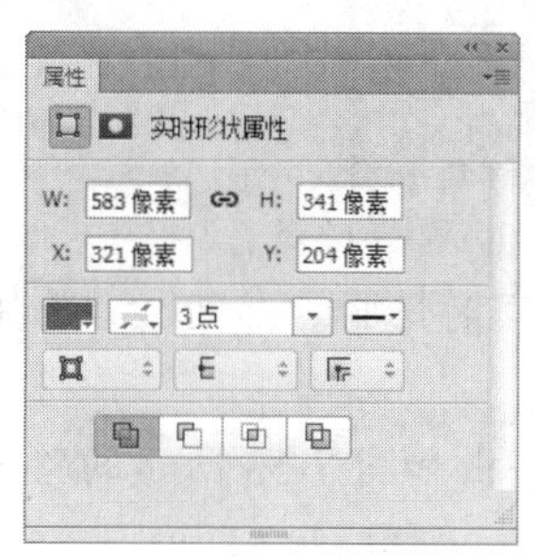

图7-46　【属性】面板

图7-47　调整后的【属性】面板

- 【浓度】：用于设置形状图形之外区域的显示程度。

要点提示　形状层其实是一个带有图层剪贴路径的填充层，当【浓度】选项的数值为 100%时，形状图形之外的区域完全透明；为数值为 0%时，填充层的图形就会全部显示。

- 【羽化】：用于设置形状图形边缘的羽化程度。

7.5　综合实例——绘制时尚壁纸

下面灵活运用本章学习的命令来绘制一个时尚壁纸效果。

【步骤解析】

1. 新建一个【宽度】为“17 厘米”，【高度】为“13 厘米”，【分辨率】为“150 像素/英寸”，【颜色模式】为“RGB 颜色”，【背景内容】为“白色”的文件。
2. 将前景色设置为浅绿色（R:142,G:189），按 Alt+Delete 组合键，为背景填充浅绿色。
3. 利用工具，根据画面的高度绘制出如图 7-48 所示的路径，然后按 Ctrl+Enter 组合键，将路径转换为选区。
4. 新建“图层 1”，为选区填充浅绿色（R:13,G:156,B:228），然后按 Ctrl+D 组合键去除选区，并利用工具将填充颜色的图形移动到如图 7-49 所示的位置。

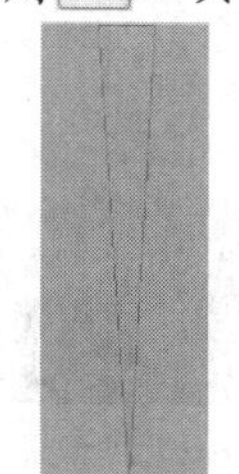
图7-48　绘制的路径

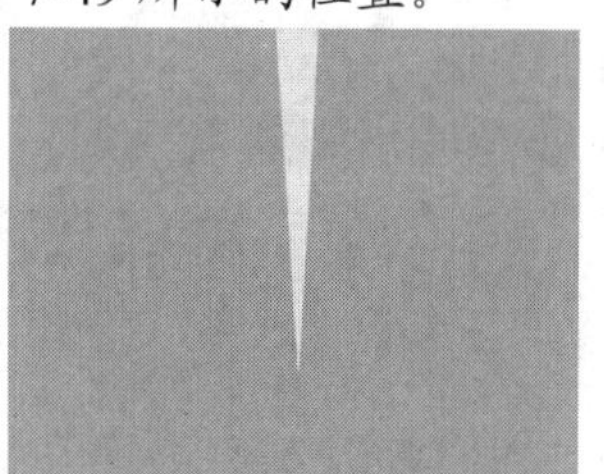
图7-49　图形调整的位置

5. 按 Ctrl+Alt+T 组合键，将“图层 1”中的图形复制，并为复制图形添加自由变形框。
6. 将自由变形框的旋转中心向下移动至如图 7-50 所示的位置；然后将属性栏中【设置旋转】选项的参数设置为“- 15”，旋转后的图形形态如图 7-51 所示。
7. 按 Enter 键，确认图形的旋转复制操作，然后按住 Shift+Ctrl+Alt 组合键，再多次按 T 键，重复旋转复制出如图 7-52 所示的图形。

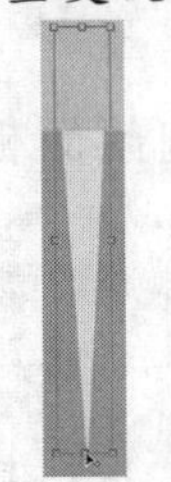

图7-50　移动的位置

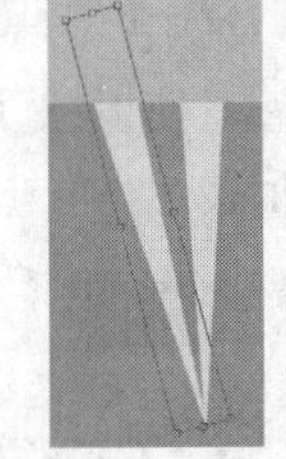

图7-51　旋转的形态

图7-52　复制出的图形

8. 将除“背景”层外的所有图层同时选择，然后按 Ctrl+E 组合键，将选择的图层合并为“图层 1”。
9. 利用和工具，绘制并调整出如图 7-53 所示的路径，然后按 Ctrl+Enter 组合键，将路径转换为选区。
10. 新建“图层 2”，为选区填充上黑色，效果如图 7-54 所示，然后按 Ctrl+D 组合键，将选区去除。

图7-53　绘制的路径

图7-54　填充颜色后的效果

11. 选择工具，单击画笔右侧的按钮，在弹出的【画笔】选项面板中选择如图 7-55 所示的画笔。
12. 利用工具在黑色图形的边缘上涂抹，制作一种毛草的效果，如图 7-56 所示。

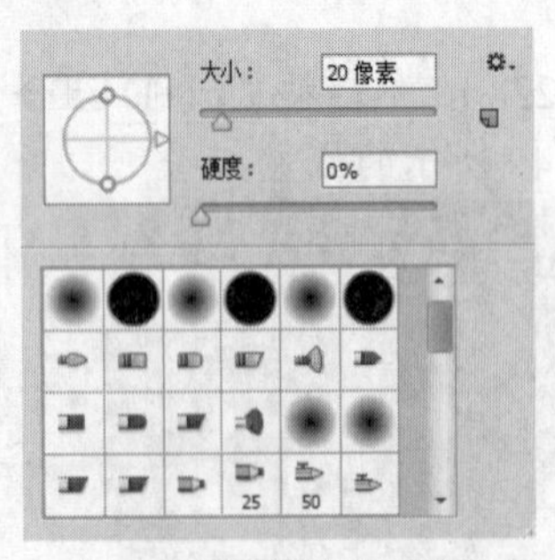

图7-55　【画笔】选项面板

图7-56　涂抹后的效果

13. 将前景色设置为红色（R:230, B:18），选择工具，然后在属性栏中选择 形状 选项，并在画面中绘制如图 7-57 所示的形状图形。

14. 按 Ctrl+J 组合键复制图形，然后在【图层】面板中双击填充层的缩览图，在弹出的【拾取实色】对话框中将填充色设置为橙色（R:255,G:150,B:11），再利用工具将其移动位置，效果如图 7-58 所示。

图7-57　绘制的形状图形

图7-58　移动复制后的图形

15. 用同样的方法，复制出如图 7-59 所示的 5 个形状图形，填充色分别设置为黄色（R:255,G:240,B:3）、绿色（R:10,G:124,B:1）、青色（R:4,G:238,B:230）、蓝色（R:3,G:36,B:205）和紫色（R:157,B:247）。
16. 将“形状 1 副本 6”复制出“形状 1 副本 7”，然后选中“形状 1”到“形状 1 副本 6”图层，按 Ctrl+E 组合键合并为“图层 3”，如图 7-60 所示。

图7-59　复制出的形状图形

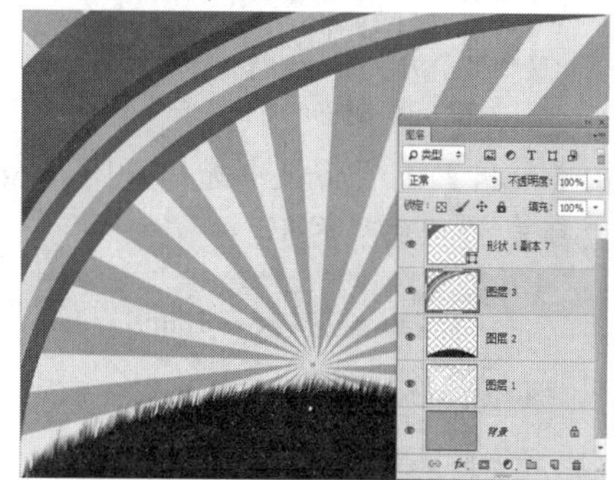
图7-60　合并图层后的状态

17. 按住 Ctrl 键单击“形状 1 副本 7”层的剪贴蒙版位置，添加选区，然后将该图层在画面中隐藏。
18. 利用选区工具将选区移动到如图 7-61 所示的位置，然后确认合并后的“图层 3”层处于当前状态，按 Delete 键，将多余的部分删除，效果如图 7-62 所示。

图7-61　移动选区后的状态

图7-62　删除多余部分

19. 按 Ctrl+D 组合键，将选区去除，然后将前景色设置为黑色。

20. 选择工具，并在属性栏中单击形状: → 按钮，在弹出的【形状】选项面板中单击右上角的按钮，在弹出的菜单中选择【全部】命令，弹出如图 7-63 所示的询问面板，单击 确定 按钮。

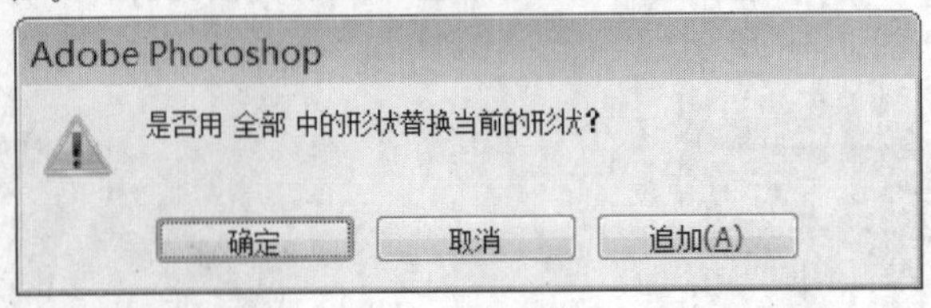

图7-63　询问面板

21. 在【形状】选项面板中选择如图 7-64 所示的树形状，然后在画面中拖曳，绘制出如图 7-65 所示的形状图形。

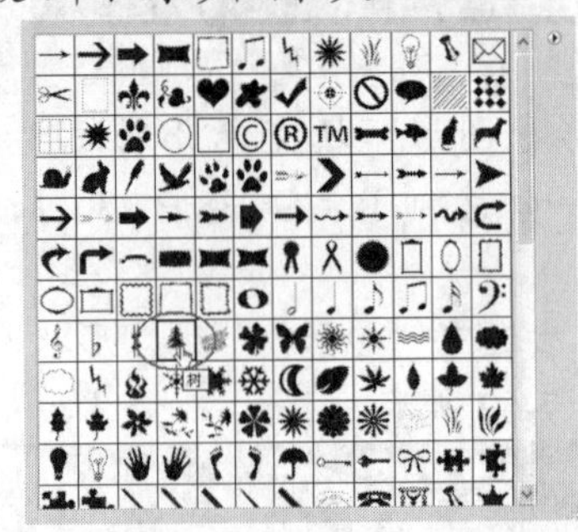

图7-64　选择的形状图形

图7-65　绘制的"树"形状图形

22. 在【形状】选项面板中选择如图 7-66 所示的"猫"形状，然后在画面中绘制出如图 7-67 所示的"猫"图形。

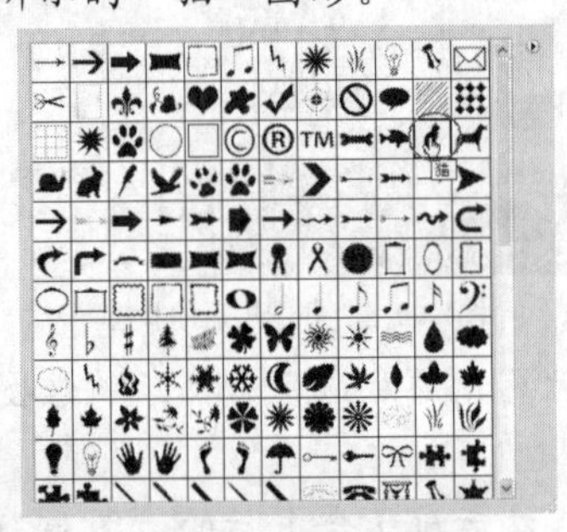

图7-66　选择的猫形状

图7-67　绘制的"猫"图形

23. 选择工具，在属性栏中将【粗细】选项设置为"2 pt"颜色设置为"黑色"，然后在画面的上方依次绘制出长短不一的直线，如图 7-68 所示。

24. 选择工具，用与步骤 21 相同的方法，依次选择图形并在画面中绘制，效果如图 7-69 所示。

图7-68　绘制的直线图形

图7-69　绘制出各种不同的形状图形

25. 选择工具，单击属性栏中的按钮，在弹出的【画笔】面板中设置参数，如图 7-70 所示。

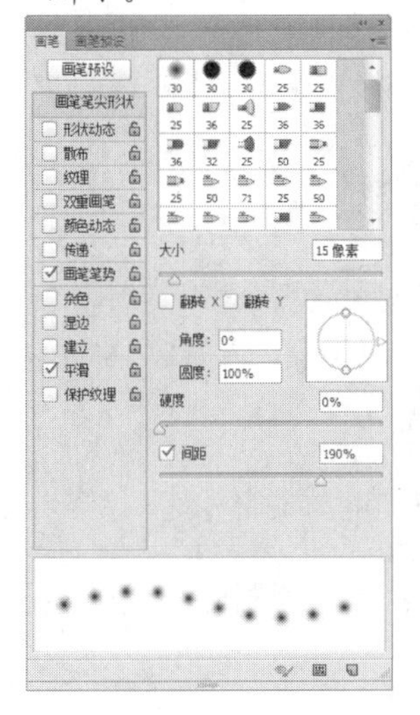

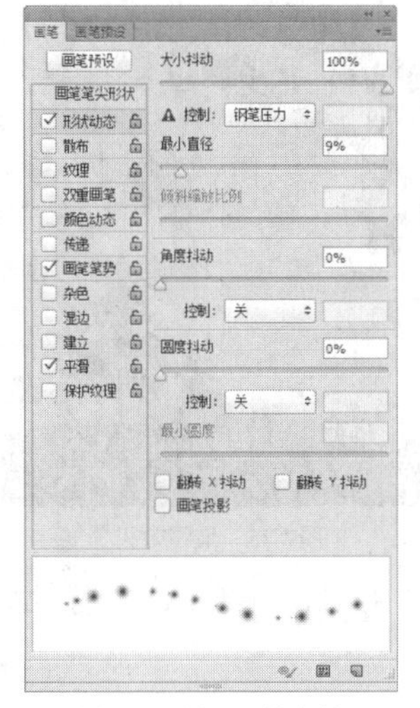

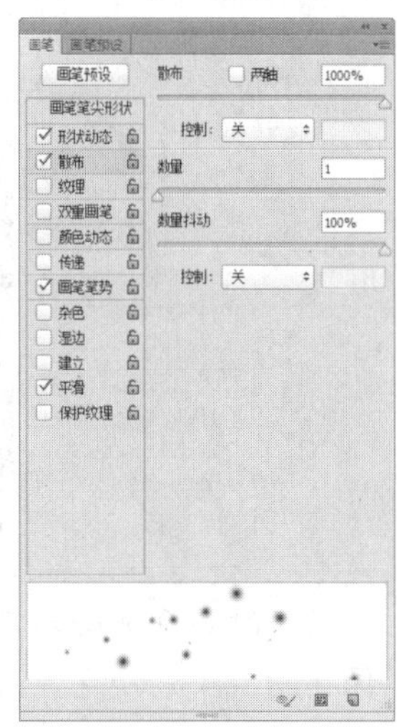

图7-70　设置画笔参数

26. 在【图层】面板中新建“图层 4”，将工具箱中的前景色设置为白色，然后在画面中绘制一些大小不等的白色小圆点，效果如图 7-71 所示。

27. 执行【图层】/【图层样式】/【外发光】命令，弹出【图层样式】对话框，设置选项参数，如图 7-72 所示。

图7-71　绘制的白色小圆点

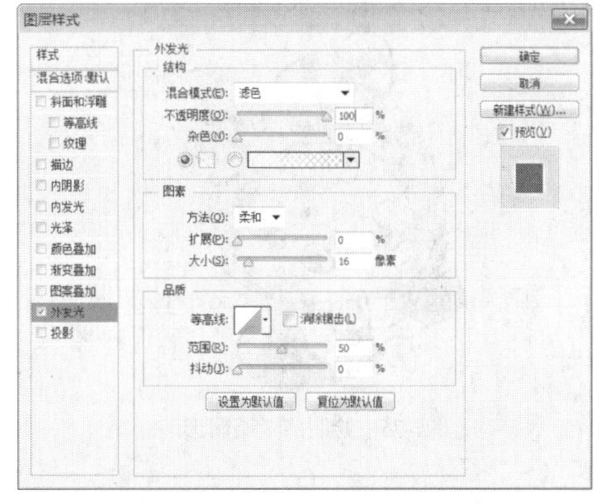

图7-72　设置的外发光参数

28. 单击 确定 按钮，添加外发光后的效果如图 7-73 所示。

29. 打开附盘中“图库\第 07 章”目录下名为“天空.jpg”的文件，如图 7-74 所示。

图7-73　添加外发光后的效果

图7-74　打开的图片

30. 将天空图片移动复制到新建的文件中，调整至与画面相同的大小，然后将其【图层混合模式】设置为“亮光”，【不透明度】设置为“60%”，效果如图 7-75 所示。

图7-75　最终效果

31. 至此，时尚壁纸绘制完毕，按 Ctrl+S 组合键，将此文件命名为“绘制时尚壁纸.psd”保存。

7.6 习题

1. 灵活运用路径工具绘制如图 7-76 所示的卡通图形。
2. 灵活运用【矩形】工具、【路径】面板的描绘功能以及【图层样式】命令制作如图 7-77 所示的艺术大头贴效果。

图7-76　绘制的卡通图形

图7-77　制作的大头贴效果

第8章　文字工具

文字的运用是平面设计中非常重要的一部分。利用 Photoshop 中的【文字】工具可以在作品中输入文字，其使用方法与其他一些应用程序中的使用方法基本相同，但通过 Photoshop 强大的编辑功能，还可以对文字进行多姿多彩的特效制作和样式编辑，使设计的作品更加生动有趣。将文字以更加丰富多彩的形式表现，是设计领域非常重要的一个创作主题。

8.1 【文字】工具

文字工具组中共有 4 种文字工具，包括【横排文字】工具、【直排文字】工具、【横排文字蒙版】工具和【直排文字蒙版】工具，分别用于输入水平、垂直文字以及水平和垂直文字选区。

创建的文字和文字选区如图 8-1 所示。

清新的早晨
清新的早晨
清新的早晨
清新的早晨

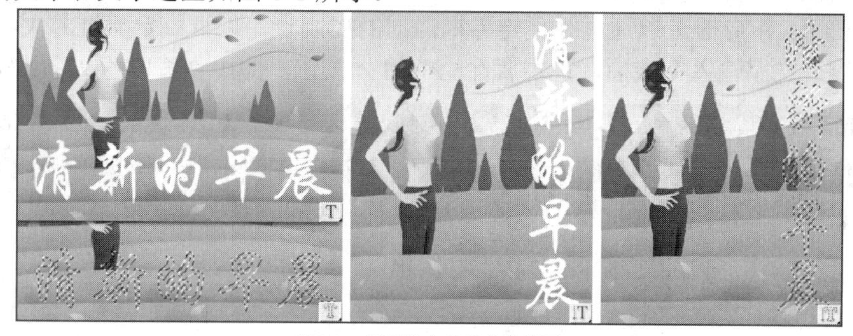

图8-1　创建的文字及文字选区

利用文字工具可以在文件中输入点文字或段落文字。点文字适合在文字内容较少的画面中使用。例如，标题或需要制作特殊效果的文字。当作品中需要输入大量的说明性文字内容时，利用段落文字输入就非常适合。以点文字输入的标题和以段落文字输入的文本内容如图 8-2 所示。

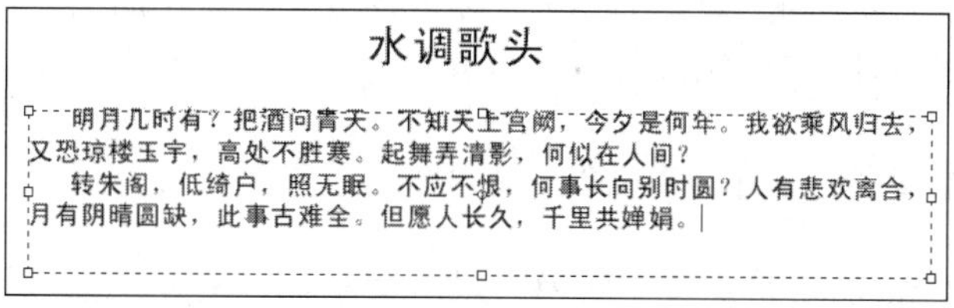
水调歌头
明月几时有？把酒问青天。不知天上宫阙，今夕是何年。我欲乘风归去，又恐琼楼玉宇，高处不胜寒。起舞弄清影，何似在人间？
转朱阁，低绮户，照无眠。不应有恨，何事长向别时圆？人有悲欢离合，月有阴晴圆缺，此事古难全。但愿人长久，千里共婵娟。

图8-2　输入的点文字和段落文字

创建文字和文字选区的操作非常简单，下面进行简要的介绍。

8.1.1 创建点文字

利用文字工具输入点文字时，每行文字都是独立的，行的长度随着文字的输入不断增加，无论输入多少文字都是在一行内，只有按 Enter 键才能切换到下一行输入文字。

在【文字】工具组中选择 T 或 ↓T 工具，鼠标指针将显示为文字输入光标或符号，在文件中单击，指定输入文字的起点，然后在属性栏或【字符】面板中设置相应的文字选项，再输入需要的文字即可。按 Enter 键可使文字切换到一下行；单击属性栏中的 ✓ 按钮，可完成点文字的输入。

8.1.2 创建段落文字

在图像中添加文字，很多时候需要输入一段内容，如一段商品介绍等。输入这种文字时，可利用定界框来创建段落文字，即先利用文字工具绘制一个矩形定界框，以限定段落文字的范围，然后在输入文字时，系统将根据定界框的宽度自动换行。

在【文字】工具组中选择 T 或 ↓T 工具，然后在文件中拖曳鼠标绘制一个定界框，并在属性栏、【字符】面板或【段落】面板中设置相应的选项，即可在定界框中输入需要的文字。文字输入到定界框的最右侧时将自动切换到下一行。输入完一段文字后，按 Enter 键可以切换到下一段文字。如果输入的文字太多以致定界框中无法全部容纳，定界框右下角将出现溢出标记符号⊞，此时可以通过拖曳定界框四周的控制点，以调整定界框的大小来显示全部的文字内容。文字输入完成后，单击属性栏中的 ✓ 按钮，即可完成段落文字的输入。

在绘制定界框之前，按住 Alt 键单击或拖曳鼠标，将会弹出【段落文字大小】对话框，在对话框中设置定界框的宽度和高度，然后单击 确定 按钮，可以按照指定的大小绘制定界框。按住 Shift 键，可以创建正方形的文字定界框。

8.1.3 创建文字选区

用【横排文字蒙版】工具 T 和【直排文字蒙版】工具 ↓T 可以创建文字选区，文字选区具有其他选区相同的性质。创建文字选区的操作方法为，选择【文字】工具组中的 T 工具或 ↓T 工具，并设置文字选项，再在文件中单击，此时图像暂时转换为快速蒙版模式，画面中会出现一个红色的蒙版，即可开始输入需要的文字，在输入文字过程中，如要移动文字的位置，可按住 Ctrl 键，然后将鼠标指针移动到变形框内按下并拖曳即可。单击属性栏中的 ✓ 按钮，即可完成文字选区的创建。

8.1.4 点文本与段落文本相互转换

在实际操作中，经常需要将点文字转换为段落文字，以便在定界框中重新排列字符，或者将段落文字转换为点文字，使各行文字独立地排列。

转换方法非常简单，在【图层】面板中选择要转换的文字层，并确保文字没有处于编辑状态，然后执行【类型】菜单命令中的【转换为点文本】或【转换为段落文本】命令，即可完成点文字与段落文字之间的相互转换。

8.2 【文字】工具的选项

在工具箱中选择【文字】工具时，其属性栏如图 8-3 所示。在图像中创建和编辑文字时，属性栏右侧还会出现✓按钮和⊘按钮。单击属性栏中的✓按钮，可以确认添加或修改文字的操作；单击属性栏中的⊘按钮，可以撤销操作。

图8-3 【文字】工具属性栏

【文字】工具的选项可以分为几大类，下面就分类介绍这些选项。

一、 转换文字方向

单击【文字】工具属性栏中的【切换文本取向】按钮，可以将水平文字转换为垂直文字，或将垂直文字转换为水平文字。

执行【类型】/【文本排列方向】/【横排】或【竖排】命令，也可转换文字的方向。

二、 设置文字字符格式

在【文字】工具属性栏中可以直接设置字符格式。

- 【设置字体系列】Arial：此下拉列表中的字体用于设置输入文字的字体，也可以将输入的文字选择后再在字体列表中重新设置字体。
- 【设置字体样式】Regular：在此下拉列表中可以设置文字的字体样式，包括 Regular（规则）、Italic（斜体）、Bold（粗体）和 Bold Italic（粗斜体）4 种字型。注意，当在字体列表中选择英文字体时，此列表中的选项才可用。
- 【设置字体大小】24点：用于设置文字的大小。
- 【设置消除锯齿的方法】犀利：决定文字边缘消除锯齿的方式，包括【无】、【锐利】、【犀利】、【浑厚】和【平滑】5 种方式。

三、 设置文字对齐方式

- 在使用【横排文字】工具输入水平文字时，对齐方式按钮显示为，分别为“左对齐”、“水平居中对齐”和“右对齐”；
- 当使用【直排文字】工具输入垂直文字时，对齐方式按钮显示为，分别为“顶对齐”、“垂直居中对齐”和“底对齐”。

四、 设置文字颜色

单击【文字颜色】色块可以选择文字的颜色。

五、 设置文字的变形效果

单击【创建文字变形】按钮，将弹出【变形文字】对话框，用于设置文字的变形效果。具体操作详见第 8.4 节“文字变形”的讲解。

8.2.1　【字符】面板

执行【窗口】/【字符】命令或【类型】/【面板】/【字符面板】命令，以及单击文字工具属性栏中的按钮，都将弹出【字符】面板，如图 8-4 所示。

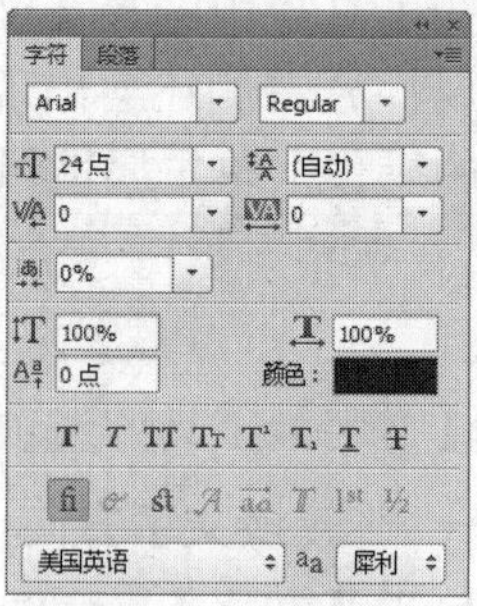

图8-4　【字符】面板

在【字符】面板中设置字体、字号、字型和颜色的方法与在属性栏中设置相同，在此不再赘述。下面介绍设置字间距、行间距和基线偏移等选项的功能。

- 【设置行距】(自动)：设置文本中每行文字之间的距离。
- 【设置字距微调】0：设置相邻两个字符之间的距离。在设置此选项时不需要选择字符，只需在字符之间单击以指定插入点，然后设置相应的参数即可。
- 【设置字距】0：用于设置文本中相邻两个文字之间的距离。
- 【设置所选字符的比例间距】0%：设置所选字符的间距缩放比例。可以在此下拉列表中选择 0%～100%的缩放数值。
- 【垂直缩放】100%和【水平缩放】100%：设置文字在垂直方向和水平方向的缩放比例。
- 【基线偏移】0点：设置文字由基线位置向上或向下偏移的高度。在文本框中输入正值，可使横排文字向上偏移，直排文字向右偏移；输入负值，可使横排文字向下偏移，直排文字向左偏移，效果如图 8-5 所示。

图8-5　文字偏移效果

- 【语言设置】：在此下拉列表中可选择不同国家的语言，主要包括美国、英国、法国及德国等。

【字符】面板中各按钮的含义分述如下，激活不同按钮时文字效果如图 8-6 所示。

图8-6　文字效果

- 【仿粗体】按钮：可以将当前选择的文字加粗显示。
- 【仿斜体】按钮：可以将当前选择的文字倾斜显示。
- 【全部大写字母】按钮：可以将当前选择的小写字母变为大写字母显示。

- 【小型大写字母】按钮Tr：可以将当前选择的字母变为小型大写字母显示。
- 【上标】按钮T¹：可以将当前选择的文字变为上标显示。
- 【下标】按钮T₁：可以将当前选择的文字变为下标显示。
- 【下划线】按钮T：可以在当前选择的文字下方添加下划线。
- 【删除线】按钮T：可以在当前选择的文字中间添加删除线。

8.2.2 【段落】面板

【段落】面板的主要功能是设置文字对齐方式以及缩进量。在【字符】面板中单击段落选项卡，或执行【窗口】/【段落】命令，都可以弹出【段落】面板。

当选择横向的文本时，【段落】面板如图 8-7 所示。

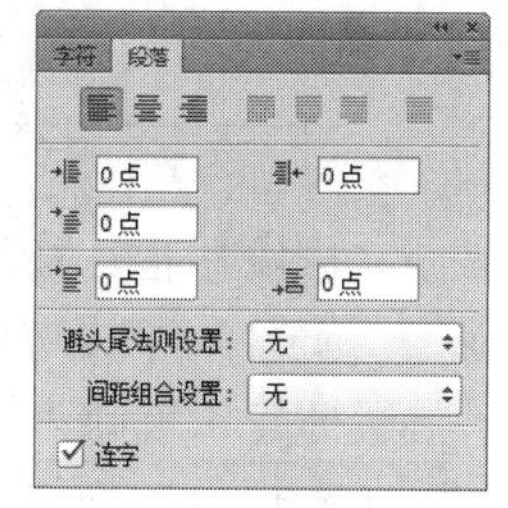

图8-7 【段落】面板

- 按钮：这 3 个按钮的功能是设置横向文本的对齐方式，分别为左对齐、居中对齐和右对齐。
- 按钮：只有在图像文件中选择段落文本时，这 4 个按钮才可用。它们的功能是调整段落中最后一行的对齐方式，分别为左对齐、居中对齐、右对齐和两端对齐。

当选择竖向的文本时，【段落】面板最上一行各按钮的功能描述如下。

- 按钮：这 3 个按钮的功能是设置竖向文本的对齐方式，分别为顶对齐、居中对齐和底对齐。
- 按钮：只有在图像文件中选择段落文本时，这 4 个按钮才可用。它们的功能是调整段落中最后一列的对齐方式，分别为顶对齐、居中对齐、底对齐和两端对齐。
- 【左缩进】0点：用于设置段落左侧的缩进量。
- 【右缩进】0点：用于设置段落右侧的缩进量。
- 【首行缩进】0点：用于设置段落第一行的缩进量。
- 【段前添加空格】0点：用于设置每段文本与前一段之间的距离。
- 【段后添加空格】0点：用于设置每段文本与后一段之间的距离。
- 【避头尾法则设置】和【间距组合设置】：用于编排日语字符。
- 【连字】：勾选此复选框，允许使用连字符连接单词。

8.2.3 调整段落文字

在编辑模式下，通过调整文字定界框可以调整段落文字的位置、大小和形态，具体操作为按住Ctrl键并执行下列的某一种操作。

- 将鼠标指针移动到定界框内，当鼠标指针显示为▶移动符号时按住左键拖曳鼠标，可调整文字的位置。
- 将鼠标指针移动到定界框各角的控制点上，当鼠标指针显示为↖双向箭头时按住左键拖曳鼠标，可调整文字的大小，在不释放Ctrl键的同时再按住Shift键进行拖曳，可保持文字的缩放比例。

在段落文字的编辑模式下，将鼠标指针放置在定界框任意的控制点上，当鼠标指针显示为双向箭头时按住左键拖曳鼠标，可直接调整定界框的大小，此时文字的大小不会发生变化，只会在调整后的定界框内重新排列。

直接缩放定界框及按住 Ctrl 键缩放定界框的段落文字效果分别如图 8-8 所示。

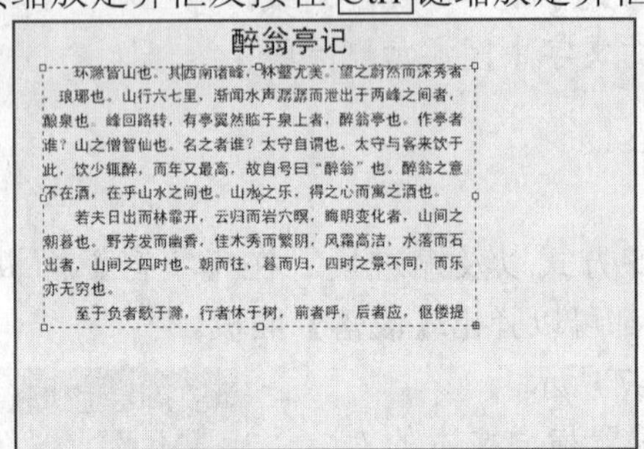

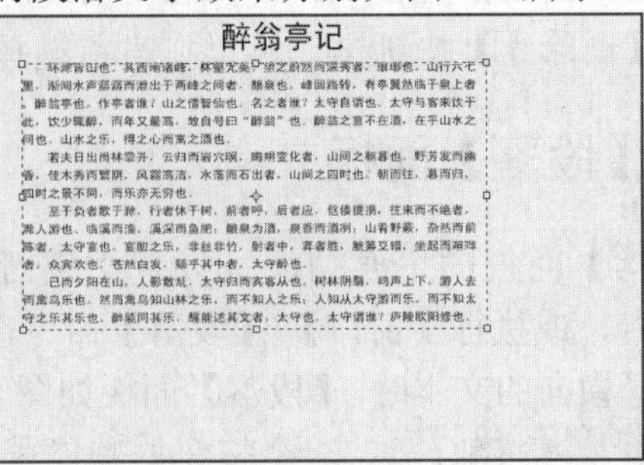

图8-8　缩放前后的段落文字效果对比

- 将鼠标指针移动到定界框外的任意位置，并显示为 ↻ 旋转符号时按住左键拖曳鼠标，可以使文字旋转。在不释放 Ctrl 键的同时再按住 Shift 键进行拖曳，可将旋转限制为按 15° 角或其增量进行调整，如图 8-9 所示。

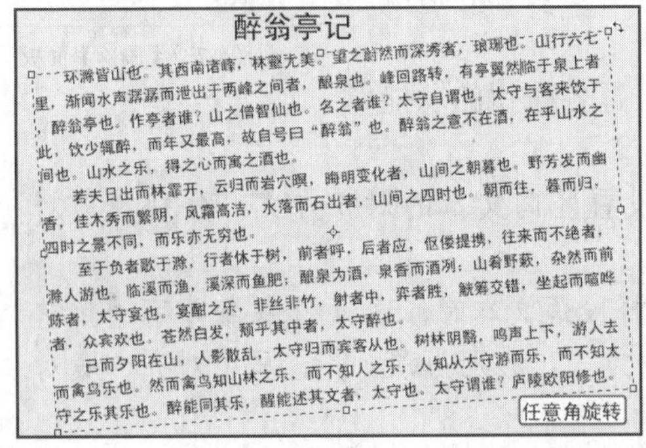

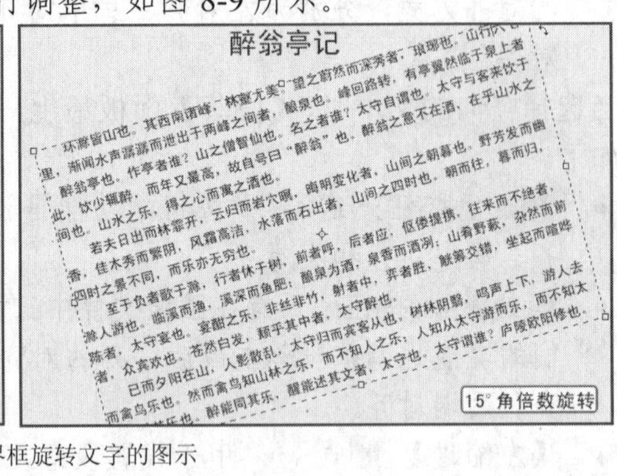

图8-9　使用定界框旋转文字的图示

在按住 Ctrl 键的同时将鼠标指针移动到定界框的中心位置，当鼠标指针显示为 ▸ 符号时按住左键拖曳鼠标，可调整旋转中心的位置。

- 按住 Ctrl 键将鼠标指针移动到定界框的任意控制点上，当鼠标指针显示为 ▸ 倾斜符号时按住左键拖曳鼠标，可以使文字倾斜。如图 8-10 所示。

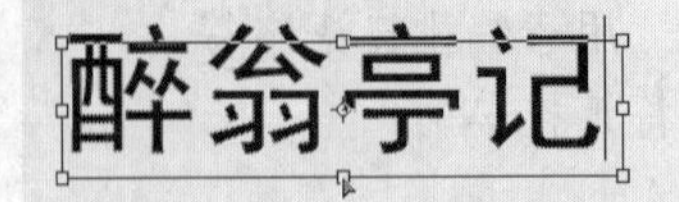

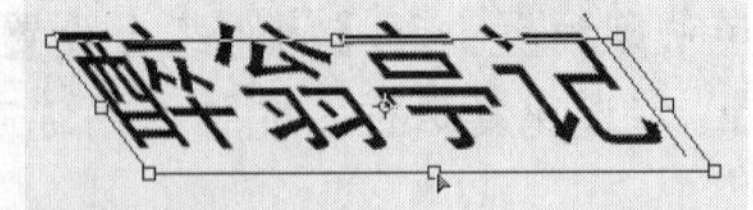

图8-10　使用定界框斜切文字的图示

对文字进行变形操作除利用定界框外，还可利用【编辑】/【变换】菜单中的命令，但不能执行【扭曲】和【透视】变形，只有将文字层转换为普通层后才可用。

8.2.4　典型实例——输入文字并编辑

下面通过为画面添加文字，学习文字的基本输入方法以及利用【字符】面板设置文字属性的操作方法。

【步骤解析】

1. 打开附盘中"图库\第 08 章"目录下名为"铭城.jpg"的文件。
2. 选择【横排文字】工具 T，在画面中依次输入如图 8-11 所示的文字。

图8-11　输入的文字

3. 将鼠标指针移动到"铭"字的左侧按下鼠标左键向右拖曳鼠标，至"际"字后释放鼠标左键，将如图 8-12 所示的文字选择。

图8-12　选择的文字

在文字输入完成后若想更改个别文字的格式，必须先选择这些文字。选择文字的具体操作如下。

- 在要选择字符的起点位置按下鼠标左键，然后向前或向后拖曳鼠标。
- 在要选择字符的起点位置单击，然后按住 Shift 键或 Ctrl+Shift 组合键不放，再按键盘中的→键或←键。
- 在要选择字符的起点位置单击，然后按住 Shift 键并在选择字符的终点位置再次单击，可以选择某个范围内的全部字符。
- 选择【选择】/【全部】命令或按 Ctrl+A 组合键，可选择该图层中的所有字符。
- 在文本的任意位置双击鼠标，可以选择该位置的一句文字；快速单击鼠标 3 次，可以选择整行文字；快速单击鼠标 5 次，可以选择该图层中的所有字符。

4. 单击属性栏中的按钮，在弹出的【字符】面板中修改文字的颜色为白色，然后修改【字体】、【大小】及【行间距】，参数设置如图 8-13 所示。

图8-13　修改的字体及大小参数

5. 用与步骤 3 相同的方法，将第 2 行文字选择，然后在【字符】面板中设置【字体】、【大小】参数及颜色如图 8-14 所示。

图8-14　设置的文字字体及大小

6. 单击属性栏中的✓按钮完成文字的设置，然后单击≡按钮将输入的文字居中对齐，再按住 Ctrl 键将当前工具暂时切换为▶工具，在文字上按下鼠标并拖曳，将调整后的文字移动到如图 8-15 所示的位置。

图8-15　文字移动的位置

7. 执行【图层】/【图层样式】/【外发光】命令为文字添加外发光效果，参数设置及生成的效果如图 8-16 所示。

图8-16　外发光参数设置及生成的效果

8. 将前景色设置为深蓝色（G:60,B:113），然后利用 T 工具在文字的下方输入如图 8-17 所示的文字，完成文字的输入练习。

图8-17　输入的文字

9. 按 Shift+Ctrl+S 组合键，将此文件另命名为“文字输入.psd”保存。

8.3 文字转换

利用 Photoshop 中的文字工具在作品中输入文字后，通过 Photoshop 强大的编辑功能，可以对文字进行多姿多彩的特效制作和样式编辑，使设计出的作品更加生动有趣。文字转换的具体操作分别如下。

一、 将文字转换为路径

执行【类型】/【创建工作路径】命令，可以将文字转换为路径，转换后将以临时路径“工作路径”出现在【路径】面板中。在文字图层中创建的工作路径可以像其他路径那样存储和编辑，但不能将此路径形态的文字作为文本再进行编辑。将文字转换为工作路径后，原文字图层保持不变并可继续进行编辑。

二、 将文字转换为形状

执行【类型】/【转换为形状】命令，可以将文字图层转换为具有矢量蒙版的形状图层，此时可以编辑矢量蒙版来改变文字的形状，或者为其应用图层样式，但是，无法在图层中将字符再作为文本进行编辑了。

三、 将文字层转换为工作层

许多编辑命令和编辑工具无法在文字层中使用，必须先将文字层转换为普通层才可使用相应的命令，其转换方法有以下 3 种。

- 将要转换的文字层设置为工作层，然后执行【类型】/【栅格化文字图层】命令，即可将其转换为普通层。
- 在【图层】面板中要转换的文字层上单击鼠标右键，在弹出的快捷菜单中选择【栅格化文字】命令。
- 在文字层中使用编辑工具或命令时，例如，【画笔】工具、【橡皮擦】工具和各种【滤镜】命令等，将会弹出【Adobe Photoshop】询问对话框，单击 确定 按钮，也可以将文字栅格化。

8.4 文字变形

利用文字的变形命令，可以扭曲文字以生成扇形、弧形、拱形或波浪等各种不同形态的特殊文字效果。对文字应用变形后，还可随时更改文字的变形样式以改变文字的变形效果。

8.4.1 【变形文字】对话框

单击属性栏中的按钮，或执行【类型】/【文字变形】命令，将弹出【变形文字】对话框，在此对话框中可以设置输入文字的变形效果。注意，此对话框中的选项默认状态都显示为灰色，只有在【样式】下拉列表中选择除【无】以外的其他选项后才可调整，如图 8-18 所示。

- 【样式】：设置文本最终的变形效果，单击其右侧窗口的按钮，可弹出文字变形下拉列表，选择不同的选项，文字的变形效果也各不相同。
- 【水平】和【垂直】选项：设置文本的变形是在水平方向上，还是在垂直方向上进行。
- 【弯曲】：设置文本扭曲的程度。
- 【水平扭曲】：设置文本在水平方向上的扭曲程度。
- 【垂直扭曲】：设置文本在垂直方向上的扭曲程度。

选择不同的样式，文本变形后的不同效果如图 8-19 所示。

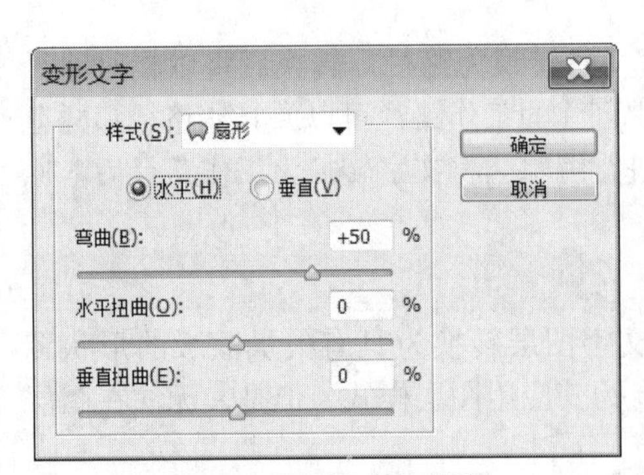

图8-18　【变形文字】对话框

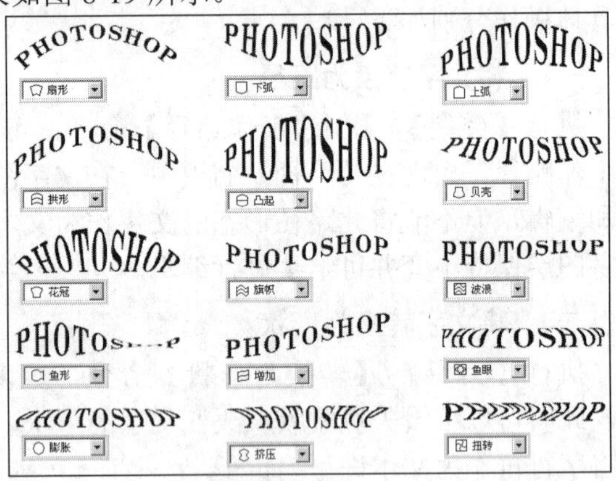

图8-19　文本变形效果

8.4.2 典型实例——设计电子杂志画面

下面灵活运用文字的变形功能，来设计如图 8-20 所示的电子杂志画面。

图8-20　设计的电子杂志

【步骤解析】

1. 打开附盘中“图库\第08章”目录下名为“婚纱照.jpg”的文件，如图8-21所示。
2. 执行【图像】/【图像大小】命令，在弹出的【图像大小】对话框中调整图像的大小，如图8-22所示。

图8-21　打开的文件

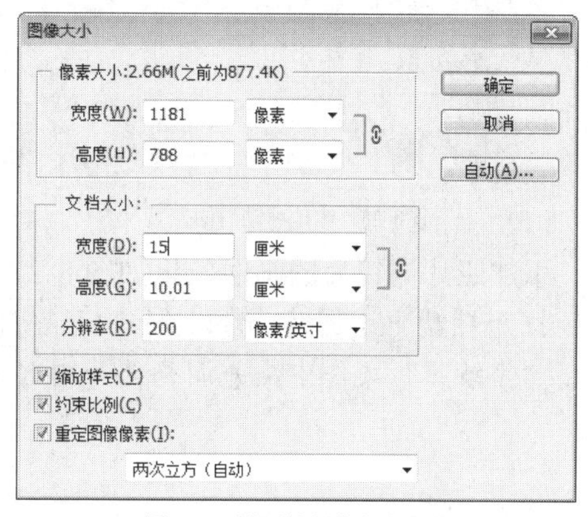

图8-22　设置的图像大小参数

3. 单击 确定 按钮，将图像调大。

此处是将小文件放大处理了，这样图像变大了，但图像也相应变的模糊了。在实际工作过程中，不建议将图像放大调整，这样有损图像的清晰度，但如果工作中需要这样处理，可以利用【滤镜】命令来稍微调整清晰度。

4. 执行【滤镜】/【锐化】/【USM 锐化】命令，在弹出的【USM 锐化】对话框中，设置选项参数如图8-23所示，然后单击 确定 按钮，对图像进行锐化处理。
5. 选择工具，在画面中按下鼠标左键并拖曳，将如图8-24所示的人物图像选取。

图8-23　【USM 锐化】对话框

图8-24　选取图像

6. 将鼠标指针移动到选区中，按下鼠标左键并向左拖曳，至画面的左侧位置时释放鼠标，将人物图像移动到文件的左侧位置，如图8-25所示。
7. 按 Ctrl+D 组合键，去除选区，然后单击【图层】面板下方的按钮，在弹出的菜单命令中选择【照片滤镜】命令。
8. 在弹出的【照片滤镜】面板中，选择【滤镜】单选项中的 深蓝 选项，然后设置【浓度】选项的参数如图8-26所示。

图8-25　图像移动后的位置

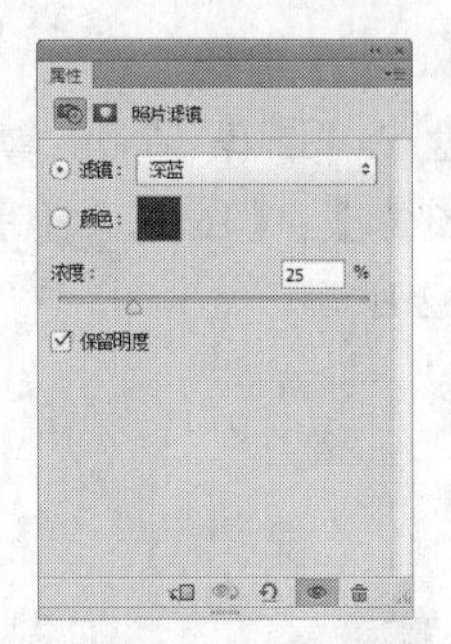

图8-26　选择的选项及设置的参数

添加照片滤镜后的画面效果如图 8-27 所示。

9. 打开附盘中“图库\第 08 章”目录下名为“天空.jpg”的图片，然后将其移动复制到“婚纱照”文件中，并调整至如图 8-28 所示的大小及位置。

图8-27　照片滤镜后的效果

图8-28　蓝天图片调整后的大小及位置

10. 按 Enter 键，确认图片的大小调整，然后单击【图层】面板下方的 按钮，为蓝天图片所在的“图层 1”添加图层蒙版。
11. 选择 工具，在画面中自下而上拖曳鼠标编辑蒙版，效果及【图层】面板如图 8-29 所示。
12. 将“图层 1”的【不透明度】选项参数设置为“50%”。
13. 打开附盘中“图库\第 08 章”目录下名为“熊.psd”的图片，然后将其移动复制到“婚纱照”文件中生成“图层 2”。
14. 将“熊”图片调整至合适的大小后，移动到画面的右下角位置，然后将“图层 2”调整至“照片滤镜 1”层的下方，效果如图 8-30 所示。

图8-29　编辑蒙版后的效果及【图层】面板

图8-30　熊图片调整后位置

15. 依次打开附盘中"图库\第 08 章"目录下名为"婚纱照 01.jpg"、"婚纱照 02.jpg"和"婚纱照 03.jpg"文件。
16. 利用[移动]工具，依次将"婚纱照 01.jpg"、"婚纱照 02.jpg"和"婚纱照 03.jpg"文件中的图像移动复制到"婚纱照"文件中，【图层】面板中依次生成"图层 3"～"图层 5"，效果及【图层】面板如图 8-31 所示。

图8-31　图像在文件中的大小、位置及【图层】面板

17. 新建"图层 6"，选择[矩形选框]工具，并在画面的上方位置自左向右拖曳绘制矩形选区，然后为其填充蓝色（R:117,G:148,B:150），如图 8-32 所示。

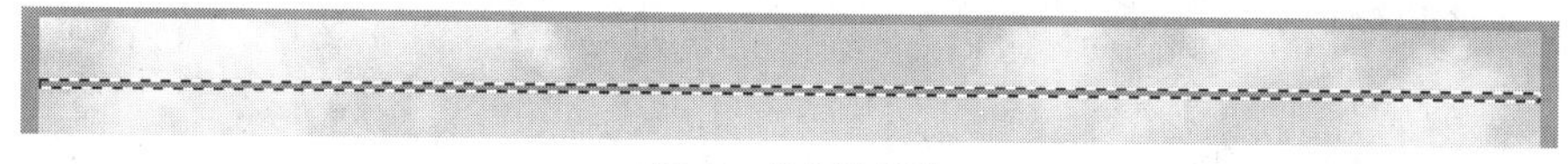
图8-32　绘制的矩形

18. 将前景色设置为黑色，然后选择[T]工具，并在画面的左上角位置输入如图 8-33 所示的文字。

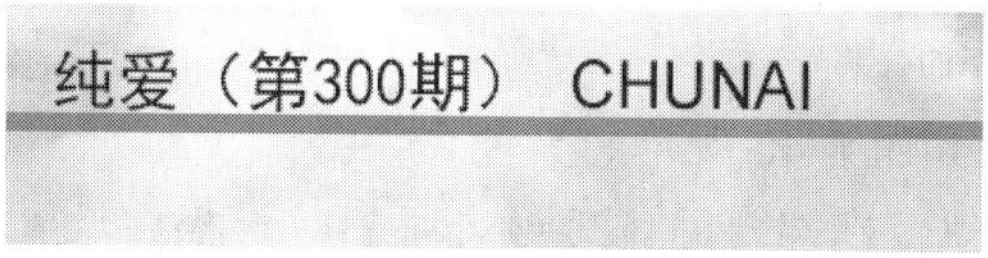

纯爱（第300期） CHUNAI

图8-33　输入的文字

19. 利用[T]工具，在画面的右上方，依次输入如图 8-34 所示的文字。
20. 将"童话"两字选择，将其颜色修改为紫色（R:255,G:8,B:200）。新建"图层 7"，并将其调整至"蓝天下的童话"文字层的下方，再利用[矩形选框]工具绘制出如图 8-35 所示的灰色（R:102,G:102,B:102）矩形。

图8-34　输入的文字

图8-35　绘制的矩形

21. 按 Ctrl+D 组合键，去除选区，然后继续利用 T 工具，依次输入如图 8-36 所示的文字及字母。
22. 将"那天对于我们来说都是新鲜的一天"所在的文字层设置为工作状态，然后单击属性栏中的 按钮，在弹出的【变形文字】对话框中设置选项及参数如图 8-37 所示。

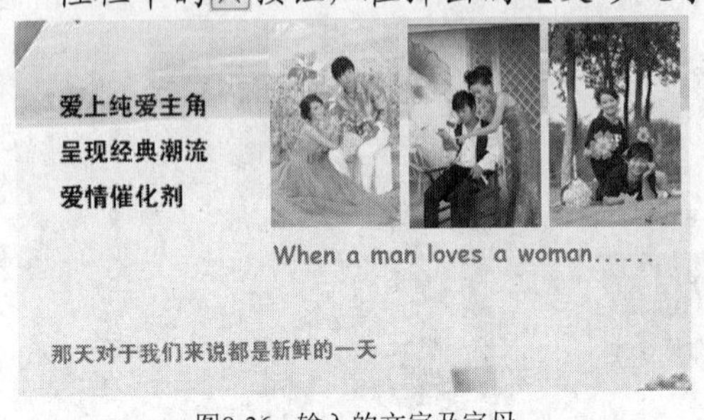

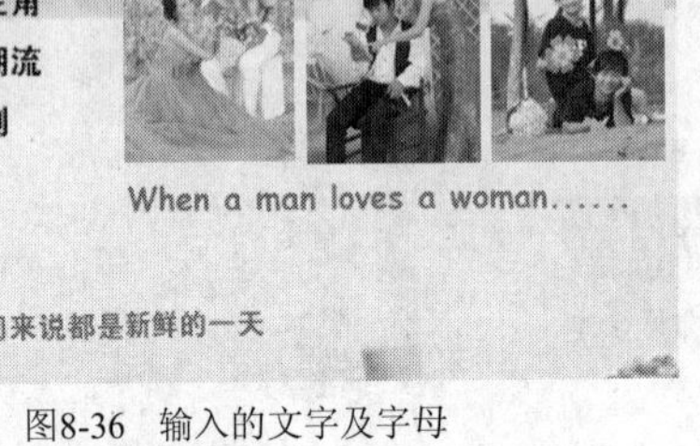

图8-36　输入的文字及字母

图8-37　设置的选项及参数

23. 单击 确定 按钮，文字变形后的效果如图 8-38 所示。
24. 按 Ctrl+T 组合键，为变形后的文字添加自由变形框，然后将其旋转至如图 8-39 所示的形态及位置，再按 Enter 键确认。

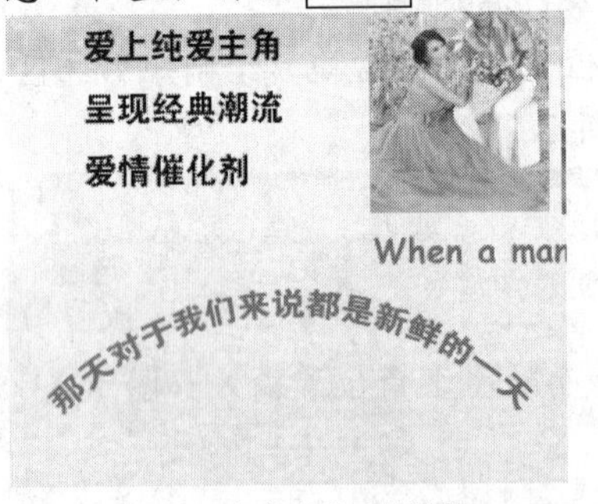

图8-38　文字变形后的效果

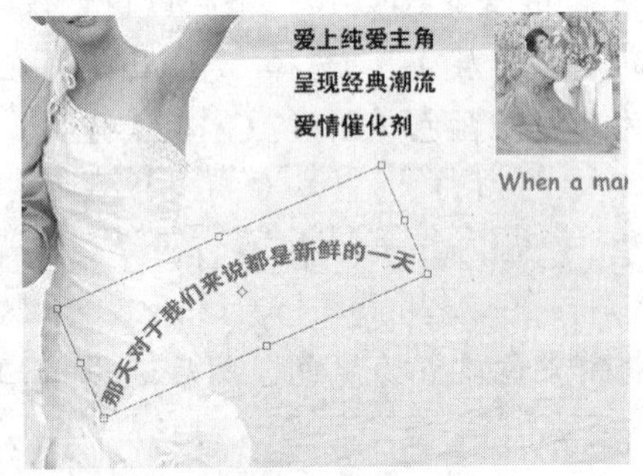

图8-39　旋转后形态及位置

25. 利用 T 工具，再输入如图 8-40 所示的黑色文字。
26. 单击属性栏中的 按钮，在弹出的【变形文字】对话框中设置选项及参数如图 8-41 所示，然后单击 确定 按钮，将文字变形处理。

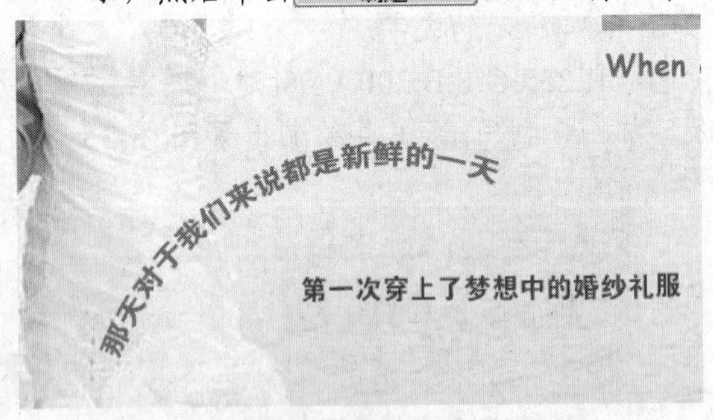

图8-40　输入的文字

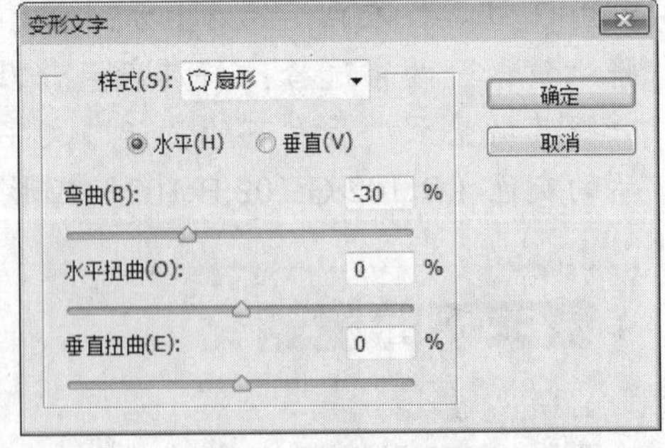

图8-41　设置的变形参数

27. 利用【自由变换】命令，将变形后的文字旋转调整至如图 8-42 所示的形态及位置。
28. 用与步骤 25～步骤 27 相同的方法，分别输入灰色和黑色文字并进行变形，依次制作出如图 8-43 所示的两组文字效果。其文字变形的样式都为"扇形"；【弯曲】的数值分别为"40"和"- 40"。

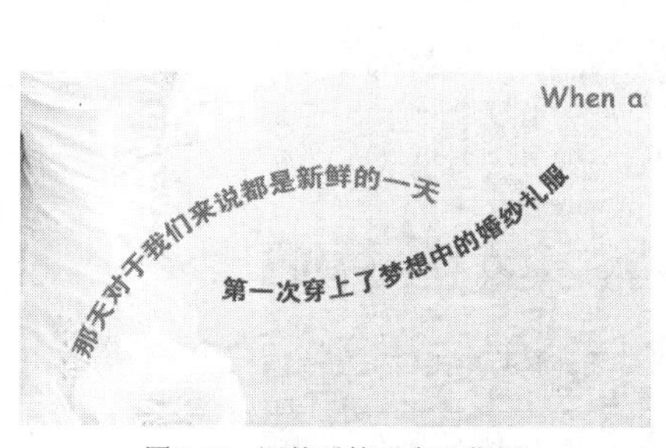

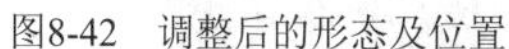
图8-42 调整后的形态及位置

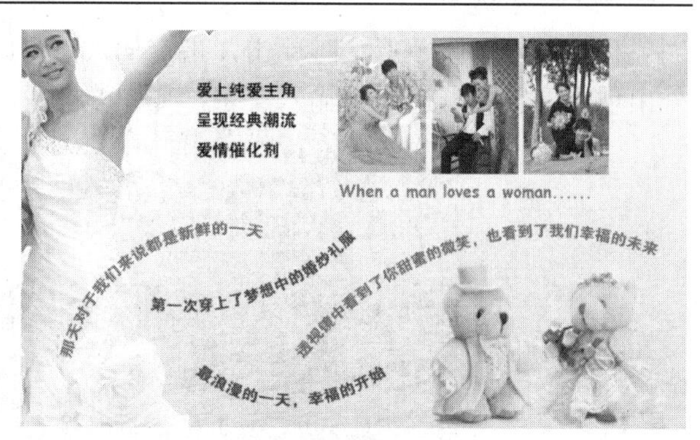

图8-43 制作的变形文字

29. 至此，电子杂志设计完成，按 Shift+Ctrl+S 组合键，将此文件另命名为“设计电子杂志.psd”保存。

8.5 沿路径输入文字

在 Photoshop CC 中，可以利用文字工具沿着路径输入文字，路径可以是用【钢笔】工具或【矢量形状】工具创建的任意形状路径，在路径边缘或内部输入文字后还可以移动路径或更改路径的形状，且文字会顺应新的路径位置或形状。沿路径输入文字的效果如图 8-44 所示。

图8-44 沿路径输入文字的效果

8.5.1 创建沿路径排列文字

沿路径排列的文字可以沿开放路径排列，也可以沿闭合路径排列。在闭合路径内输入文字相当于创建段落文字，具体操作如下。

一、 在开放路径上输入文字

沿路径输入文字的方法为，首先在画面中绘制路径，然后选择 T 工具，将鼠标指针移动到路径上，当鼠标指针显示为 形状时单击，此时在路径的单击处会出现一个闪烁的插入点光标，此处为文字的起点，路径的终点会变为一个小圆圈，此圆圈表示文字的终点，从起点到终点就是路径文字的显示范围，然后输入需要的文字，文字即会沿路径排列，输入完成后，单击属性栏中的 ✓ 按钮，即可完成沿路径文字的输入。

二、 在闭合路径内输入文字

在闭合路径内输入文字的方法为，选择 T 或 ↓T 工具，将鼠标指针移动到闭合路径内，

当鼠标指针显示为形状时单击，指定插入点，此时在路径内会出现闪烁的光标，且在路径外出现文字定界框，即可输入文字，如图 8-45 所示。

图8-45　在闭合路径内输入文字

8.5.2　编辑沿路径文字

文字沿路径排列后，还可对其进行编辑，包括调整路径上文字的位置、显示隐藏文字和调整路径的形状等。

一、　编辑路径上的文字

利用或工具可以移动路径上文字的位置，其操作方法为，选择或工具，将鼠标指针移动到路径上文字的起点位置，此时鼠标指针会变为形状，在路径的外侧沿着路径拖曳鼠标指针，即可移动文字在路径上的位置，如图 8-46 所示。

图8-46　移动文字在路径上的位置

当鼠标指针显示形状时，在圆形路径内侧单击或拖曳鼠标指针，文字将会跨越到路径的另一侧，如图 8-47 所示。通过设置【字符】面板中的【设置基线偏移】选项，可以调整文字与路径之间的距离，如图 8-48 所示。

图8-47　文字跨越到路径的另一侧

图8-48　调整文字与路径的距离

二、 隐藏和显示路径上的文字

选择或工具，将鼠标指针移动到路径文字的起点或终点位置，当鼠标指针显示为形状时，以顺时针或逆时针方向拖曳鼠标指针，可以在路径上隐藏部分文字，此时文字终点显示为⊕形状，当拖曳至文字的起点位置时，文字将全部隐藏，再次拖曳鼠标，文字又会在路径上显示。

三、 改变路径的形状

当路径的形状发生变化后，路径上的文字将跟随路径一起发生变化。利用、、或工具都可以调整路径的形状，如图 8-49 所示。

图8-49　改变路径的形状

8.5.3 典型实例——设计标贴

下面灵活运用【文字】工具及沿路径排列的功能来设计一个标贴。

【步骤解析】

1. 新建一个【宽度】为“18 厘米”，【高度】为“20 厘米”，【分辨率】为“150 像素/英寸”，【颜色模式】为“RGB 颜色”，【背景内容】为“白色”的文件。
2. 新建“图层 1”，利用工具绘制出如图 8-50 所示的椭圆形选区，然后为其填充深绿色（R:44,G:79,B:45）。
3. 在选区内单击鼠标右键，在弹出的快捷菜单中选择【变换选区】命令，如图 8-51 所示。
4. 激活属性栏中的按钮，并将属性栏中的 W: 70.00% H: 70.00% 选项设置为“70%”，选区缩小后的状态如图 8-52 所示。

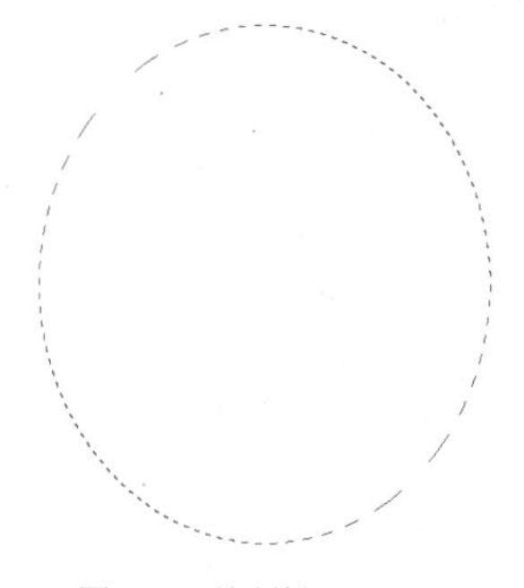

图8-50　绘制椭圆形选区

图8-51　弹出的快捷菜单

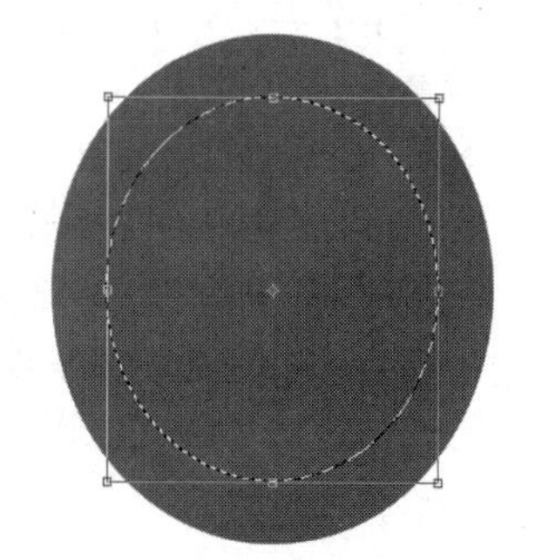

图8-52　等比例缩小选区

5. 按 Enter 键，确认选区的缩小操作，然后按 Delete 键，将选中的部分删除，效果如图 8-53 所示。
6. 再次在选区内单击鼠标右键，在弹出的快捷菜单中选择【变换选区】命令，然后激活属性栏中的按钮，并将属性栏中的【W】选项参数设置为“138%”，选区放大后的状态如图 8-54 所示。
7. 新建“图层 2”，执行【编辑】/【描边】命令，在弹出的【描边】对话框中，将描边宽度设置为“2 pt”，然后单击 确定 按钮，效果如图 8-55 所示。

图8-53 删除后的效果

图8-54 选区放大后的效果

图8-55 描边效果

8. 用与步骤 6～步骤 7 相同的方法，将选区缩小并描绘边缘，按 Ctrl+D 组合键，去除选区后的效果如图 8-56 所示。
9. 打开附盘中“图库\第 08 章”目录下名为“矢量人物.jpg”的文件。
10. 选择工具，将矢量人物移动复制到文件中，并将生成的“图层 3”调整到“图层 1”的下方，然后将图像调整至如图 8-57 所示的大小及位置。
11. 选择工具，在属性栏中选择 路径 选项，然后在画面中绘制如图 8-58 所示的路径。

图8-56 描边后的效果

图8-57 人物在画面中的效果

图8-58 绘制的路径

12. 选择 T 工具，将鼠标指针移动到路径的左上方位置，当鼠标指针显示为形状时单击，插入文字输入光标，如图 8-59 所示。
13. 沿路径输入文字，调整文字字体、字号、字的颜色及字间距后的效果如图 8-60 所示，单击属性栏中的按钮确认输入文字操作。
14. 用与步骤 11～步骤 13 相同的绘制路径并沿路径输入文字的方法，在标贴的下边输入如图 8-61 所示的白色字母。

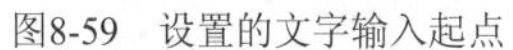
图8-59　设置的文字输入起点

图8-60　输入的文字

图8-61　输入的字母

15. 至此，“尚岛人文咖啡馆”的标贴设计完成，按 Ctrl+S 组合键，将文件命名为“设计标贴.psd”保存。

8.6 综合实例——地产报纸广告设计

综合运用本章学习的文字工具，来设计如图 8-62 所示的地产报纸广告。

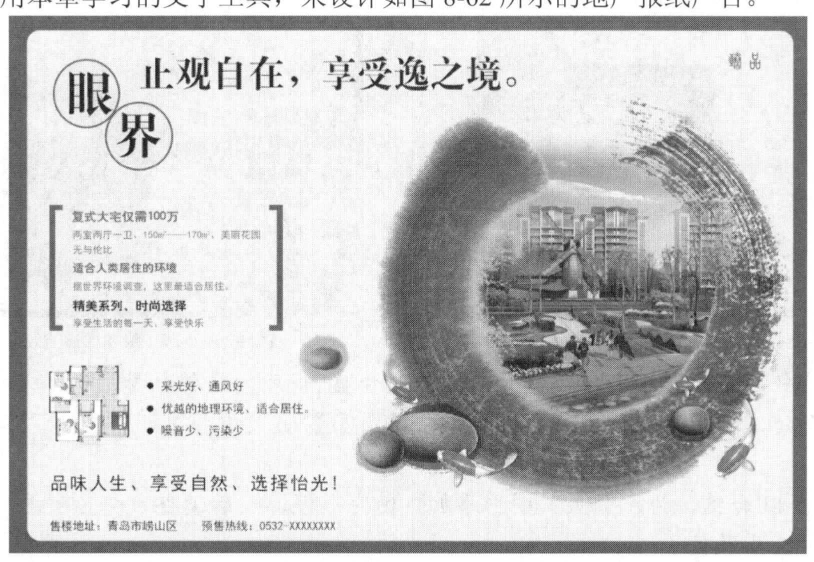

图8-62　设计的地产报纸广告

【步骤解析】

1. 新建【宽度】为“28 厘米”，【高度】为“18.5 厘米”，【分辨率】为“120 像素/英寸”，背景色为“白色”的新文件。
2. 将前景色设置为深红色（R:166,G:28,B:50），然后将其填充至背景层中。
3. 选择工具，在属性栏中选择 路径 选项，并设置【半径】选项的参数为 半径: 20 像素，然后在画面中绘制出如图 8-63 所示的圆角矩形路径。
4. 新建“图层 1”，然后按 Ctrl+Enter 组合键，将路径转换为选区，并为其填充米黄色（R:240,G:240,B:230），再按 Ctrl+D 组合键，去除选区。
5. 打开附盘中“图库\第 08 章”目录下名为“石头.psd”的文件，然后将其移动复制到新建文件中生成“图层 2”，并调整至如图 8-64 所示的大小及位置。

图8-63　绘制的圆角矩形路径

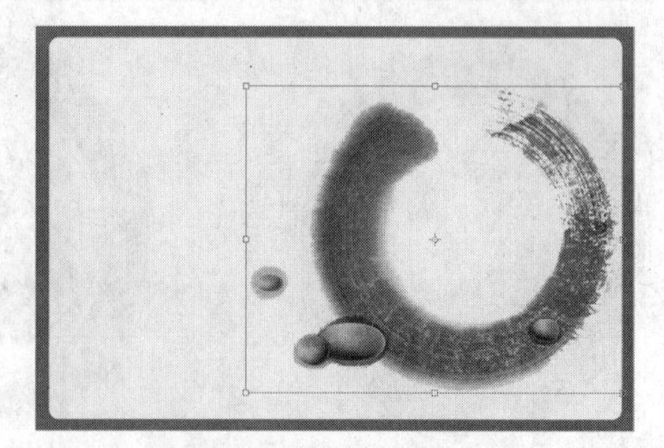

图8-64　图像调整的大小及位置

6. 打开附盘中“图库\第 08 章”目录下名为“效果图.jpg”的文件，然后将其移动复制到新建文件中生成“图层 3”，并调整至如图 8-65 所示的大小及位置。
7. 在【图层】面板中，将“图层 3”调整至“图层 2”的下方，然后单击 按钮，为其添加图层蒙版。
8. 选择 工具，设置合适的笔头大小后，沿效果图的周围拖曳鼠标描绘黑色，制作出如图 8-66 所示的蒙版效果。

图8-65　效果图调整的大小及位置

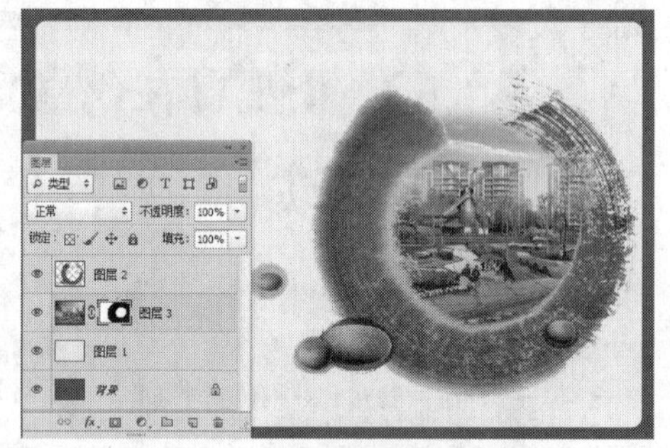

图8-66　屏蔽边缘图像后的效果

9. 打开附盘中“图库\第 08 章”目录下名为“金鱼.psd”的文件，然后选择其中一条移动复制到新建文件中生成“图层 4”，并在【图层】面板中将其调整至“图层 2”的上方。
10. 按 Ctrl+T 组合键，为“金鱼”图形添加自由变形框，然后调整“金鱼”图形至如图 8-67 所示的大小及位置。
11. 按 Enter 键确认图像的大小调整，然后执行【图层】/【图层样式】/【投影】命令，在弹出的【图层样式】对话框中设置选项参数如图 8-68 所示。

图8-67　金鱼图片调整后的大小及位置

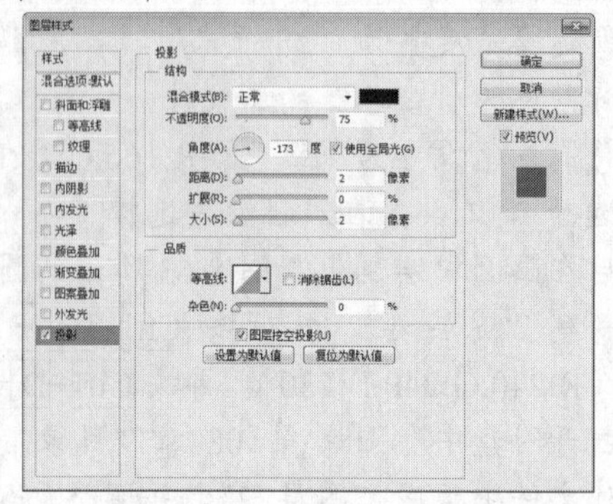

图8-68　设置的【投影】参数

12. 单击确定按钮，为“金鱼”图片添加投影效果。
13. 将“金鱼.psd”文件设置为工作状态，然后选择另一条金鱼图片移动复制到新建文件中生成“图层 5”，将其调整至合适的大小及位置后，为其复制并粘贴第一条“金鱼”的投影效果。
14. 用与步骤 13 相同的方法，将另外两条“金鱼”移动复制到新文件中，分别生成“图层 6”和“图层 7”，调整后的效果如图 8-69 所示。

图8-69　金鱼图片调整后的效果

15. 新建“图层 8”，利用工具在画面的左上角位置绘制出如图 8-70 所示的圆形选区。
16. 为选区填充米黄色（R:240,G:240,B:230），然后按 Ctrl+D 组合键去除选区。
17. 执行【图层】/【图层样式】/【描边】命令，在弹出的【图层样式】对话框中设置描边颜色为深红色（R:166,G:28,B:50），其他选项参数如图 8-71 所示。
18. 单击确定按钮，为圆形添加描边后的效果如图 8-72 所示。

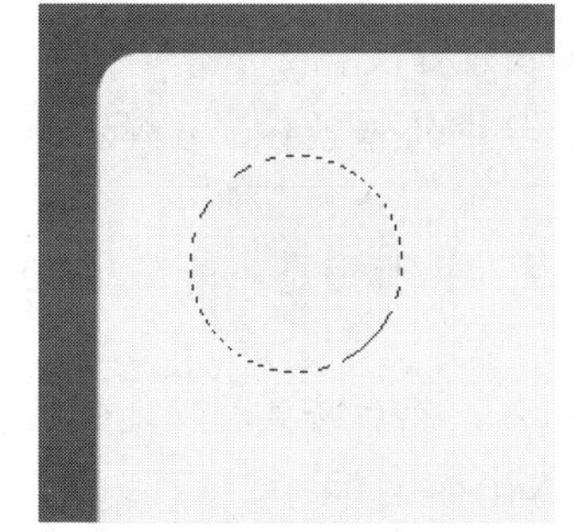

图8-70　绘制的圆形选区

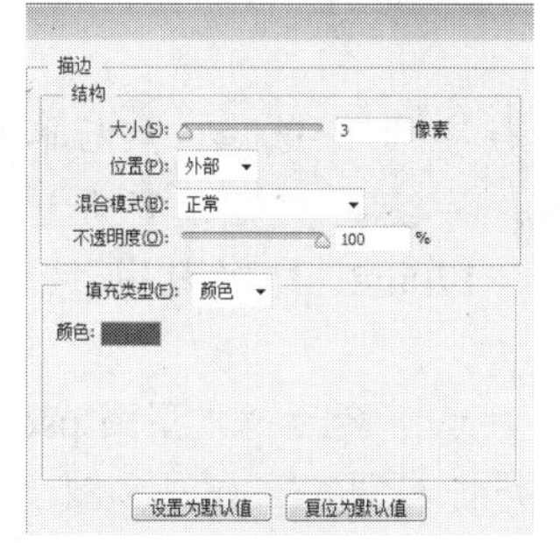

图8-71　设置的描边参数

图8-72　描边后的效果

19. 用移动复制图形的方法，将圆形向右下方移动复制，效果如图 8-73 所示。
20. 选择 T 工具，依次输入如图 8-74 所示的黑色文字。

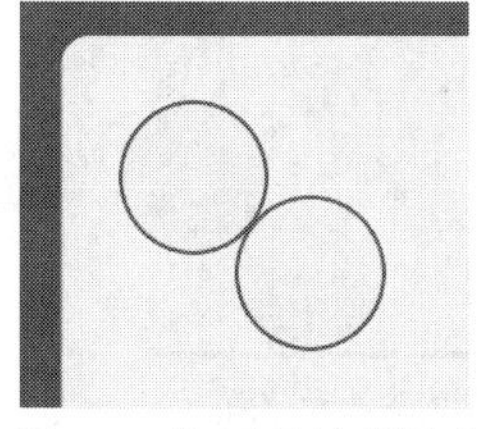

图8-73　移动复制出的图形

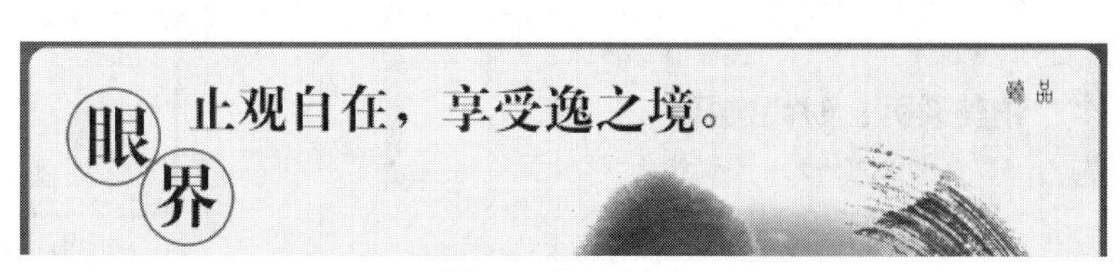

图8-74　输入的文字

21. 新建“图层 9”，利用工具绘制出如图 8-75 所示矩形选区，然后按住 Alt 键，再绘制出如图 8-76 所示的矩形选区，使两个选区进行相减。
22. 为相减后的选区填充深红色（R:166,G:28,B:50），然后将选区去除，效果如图 8-77 所示。

图8-75 绘制的矩形选区

图8-76 再次绘制选区时的形态

图8-77 填充颜色后的效果

23. 用移动复制图形的方法，将填充颜色后的图形水平向右移动复制，然后执行【编辑】/【变换】/【水平翻转】命令，将复制出的图形水平翻转，效果如图 8-78 所示。
24. 利用 T 工具，在两个图形中依次输入如图 8-79 所示的文字。

图8-78 复制出的图形

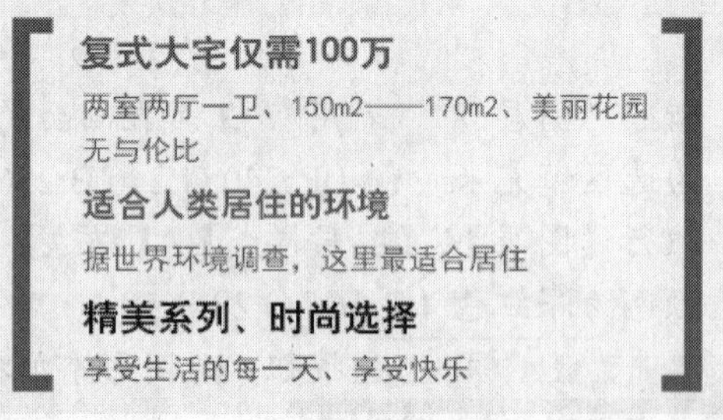

图8-79 输入的文字

25. 利用 T 工具将“150m2”中的数字“2”选择，然后单击属性栏中的按钮，在弹出的【字符】面板中，单击按钮，将数字“2”设置为上标形态。
26. 用与步骤 25 相同的方法，将“170m2”中的数字“2”也设置为上标形态，如图 8-80 所示。
27. 打开附盘中“图库\第 08 章”目录下名为“户型图.psd”的图片，然后将其移动复制到新建文件中生成“图层 10”，并将其调整至如图 8-81 所示的大小及位置。

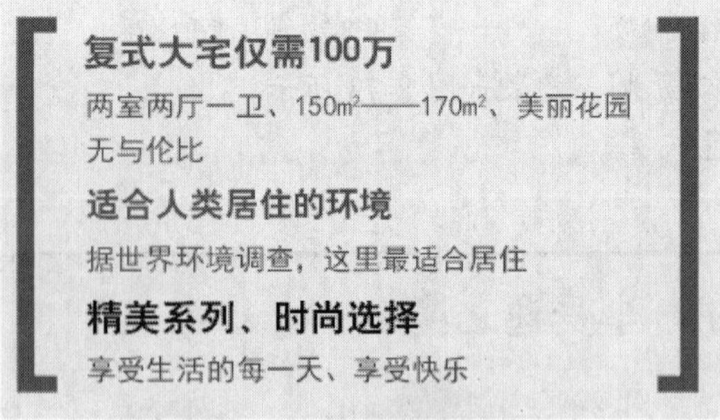

图8-80 设置数字上标后的效果

图8-81 图片调整的大小及位置

28. 利用 T 工具，依次输入如图 8-82 所示的黑色文字。
29. 新建“图层 11”，利用工具在“采光好、通风好”文字的左侧绘制小的圆形选区，然后为其填充黑色。
30. 用移动复制图形的方法，将黑色圆形图形依次向下移动复制，去除选区后的效果如图

8-83 所示。

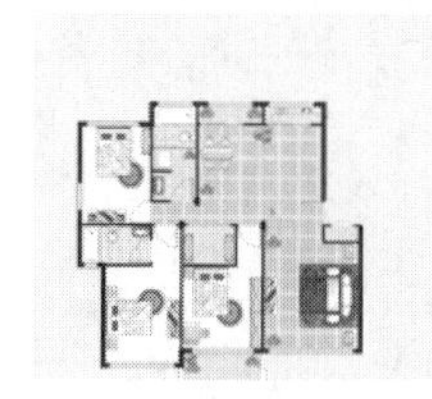

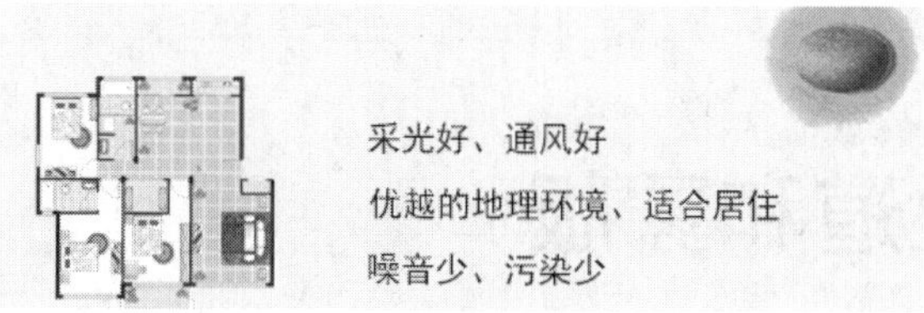

图8-82　输入的文字

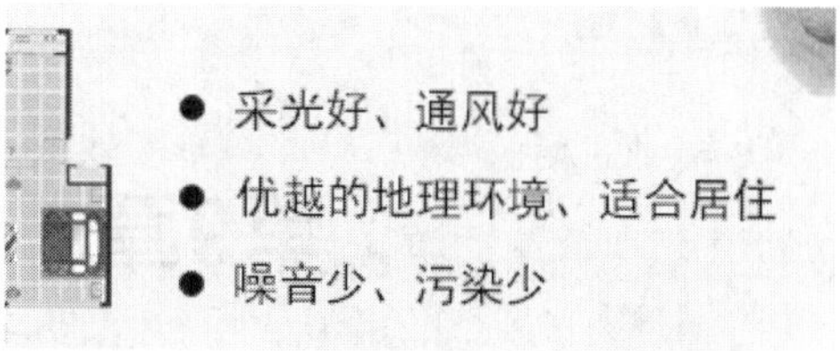

图8-83　绘制并复制出的黑色圆形图形

31. 再次利用[T]工具，依次在画面的左下方位置输入黑色文字，即可完成地产报纸广告的设计。
32. 按Ctrl+S组合键，将此文件命名为“地产报纸广告设计.psd”保存。

8.7　习题

1. 灵活运用文字的沿路径输入功能，在画面中输入如图 8-84 所示的文字效果。

图8-84　输入的文字效果

2. 灵活运用【文字】工具及编辑文字操作，设计如图 8-85 所示的宣传单。

图8-85　宣传单

第9章　通道和蒙版

通道和蒙版是 Photoshop 软件中比较难以掌握的命令，但在实际的工作过程中，它们的应用非常广泛，特别是在建立和保存特殊选择区域方面更能显示出其强大的灵活性。本章详细地讲解通道和蒙版的有关内容，并以相应的实例来加以说明，使读者在最短的时间内掌握通道和蒙版。

9.1　通道

通道主要用于保存颜色数据，利用它可以查看各种通道信息且可以对通道进行编辑，从而达到编辑图像的目的。在对通道进行操作时，可以分别对各原色通道进行明暗度、对比度的调整，也可以对原色通道单独执行滤镜命令，制作出许多特殊效果。

9.1.1　通道类型

图像颜色模式的不同决定通道的数量也不同，在 Photoshop 中通道主要有以下 4 种。

- 复合通道：不同模式的图像其通道的数量也不一样。在默认情况下，位图、灰度和索引模式的图像只有 1 个通道，RGB 和 Lab 模式的图像有 3 个通道，CMYK 模式的图像有 4 个通道。

例如，打开一幅 RGB 色彩模式的图像，该图像包括 R(红)、G(绿)、B(蓝)3 个通道。打开一幅 CMYK 色彩模式的图像，该图像包括 C(青)、M(洋红)、Y(黄色)、K(黑色)4 个通道。为了便于理解，本书分别以 RGB 颜色模式和 CMYK 颜色模式的图像制作了如图 9-1 所示的通道原理图解。在图 9-1 中，上面的一层代表叠加图像每一个通道后的图像颜色，下面的层代表拆分后的单色通道。

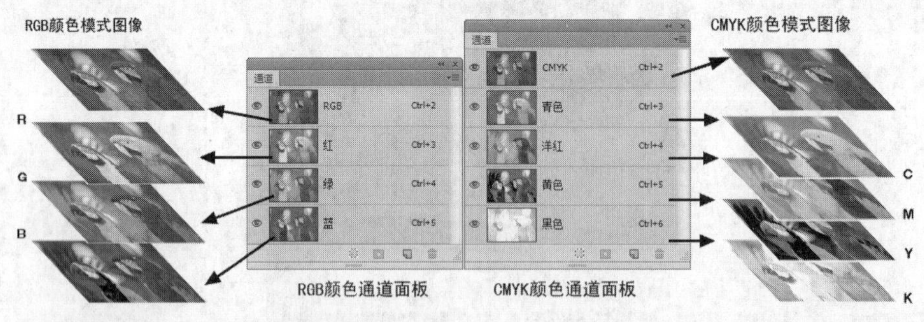

图9-1　RGB 和 CMYK 颜色模式的图像通道原理图解

每一幅位图图像都有一个或多个通道，每个通道中都存储着关于图像色素的信息，通过叠加每个通道从而得到图像中的色彩像素。图像中默认的颜色通道数取决于其颜色模式。在四色印刷中，蓝、红、黄、黑印版就相当于 CMYK 颜色模式图像中的 C、M、Y、K 4 个通道。

- 单色通道：在【通道】面板中单色通道都显示为灰色，它通过 0~256 级亮度的灰度来表示颜色。在通道中很难控制图像的颜色效果，所以一般不采取直接修改颜色通道的方法改变图像的颜色。
- 专色通道：在进行颜色比较多的特殊印刷时，除了默认的颜色通道，还可以在图像中创建专色通道。例如，印刷中常见的烫金、烫银或企业专有色等都需要在图像处理时，进行通道专有色的设定。在图像中添加专色通道后，必须将图像转换为多通道模式才能够进行印刷输出。
- Alpha 通道：用于保存蒙版，让被屏蔽的区域不受任何编辑操作的影响，从而增强图像的编辑操作。

9.1.2 【通道】面板

执行【窗口】/【通道】命令，即可在工作区中显示【通道】面板。利用【通道】面板可以对通道进行如下操作。

- 【指示通道可视性】图标：此图标与【图层】面板中的图标作用是相同的，单击图标可以使通道在显示或隐藏之间切换。注意，当【通道】面板中某一单色通道被隐藏后，复合通道会自动隐藏；当选择或显示复合通道后，所有的单色通道也会自动显示。
- 通道缩览图：图标右侧为通道缩览图，主要作用是显示通道的颜色信息。
- 通道名称：通道缩览图的右侧为通道名称，它能使用户快速识别各种通道。通道名称的右侧为切换该通道的快捷键。
- 【将通道作为选区载入】按钮：单击此按钮，或按住 Ctrl 键单击某通道，可以将该通道中颜色较淡的区域载入为选区。
- 【将选区存储为通道】按钮：当图像中有选区时，单击此按钮，可以将图像中的选区存储为 Alpha 通道。
- 【创建新通道】按钮：可以创建一个新的通道。
- 【删除当前通道】按钮：可以将当前选择或编辑的通道删除。

9.1.3 从通道载入选区

按住 Ctrl 键，在通道面板上单击通道的缩览图，可以根据该通道在【图像】窗口中建立新的选区。

如果图像窗口中已存在选区，操作如下。

- 按住 Ctrl+Alt 组合键，在通道面板上单击通道缩览图，新生成的选区是从原选区中减去根据该通道建立的选区部分。
- 按住 Ctrl+Shift 组合键，在通道面板上单击通道的缩览图，根据该通道建立的选区添加至原选区。
- 按住 Ctrl+Alt+Shift 组合键，在通道面板上单击通道的缩览图，根据该通道建立的选区与原选区重叠的部分作为新的选区。

9.1.4 典型实例——观察颜色通道

根据图像颜色模式的不同，其保存的单色通道信息也会不同。下面通过一个 RGB 颜色模式的图像载入单色通道的选区后填充纯色操作，深入地理解通道的组成原理。

【步骤解析】

1. 打开附盘中“图库\第 09 章”目录下名为“水果.jpg”的文件，新建“图层 1”并填充上黑色，然后新建“图层 2”，并将【图层混合模式】设置为【滤色】。
2. 单击“图层 1”左侧的 图标，将“图层 1”隐藏。
3. 打开【通道】面板，选中“红”通道，画面即可显示“红”通道的灰色图像效果，如图 9-2 所示。
4. 在【通道】面板底部单击 按钮，画面中出现“红”通道的选区，如图 9-3 所示。

图9-2　“红”通道图像

图9-3　添加的选区

要点提示　在通道中，白色代替图像的透明区域，表示要处理的部分，可以直接添加选区；黑色表示不需处理的部分，不能直接添加选区。

5. 按 Ctrl+2 组合键切换到“RGB”通道，打开【图层】面板，单击“图层 1”左侧的 图标将“图层 1”显示。
6. 将前景色设置为红色（R:255），然后为“图层 1”填充红色，取消选区后，此时就是“红”通道的组成状况，如图 9-4 所示。
7. 将“图层 1”和“图层 2”暂时隐藏，新建“图层 3”，并将【图层混合模式】设置为【滤色】。
8. 打开【通道】面板，载入“绿”通道的选区，然后在“图层 3”中填充绿色（G:255），按 Ctrl+D 组合键取消选区，并将“图层 1”显示，此时就是“绿”通道的组成状况，如图 9-5 所示。

图9-4　“红”通道

图9-5　“绿”通道

9. 使用相同的操作方法，载入“蓝”色通道选区，并在“图层 4”中填充蓝色（B:255），取消选区，并将“图层 1”显示，此时就是“蓝”通道的组成状况，如图 9-6 所示。
10. 将“图层 3”和“图层 2”显示，即组成了由“红”、“绿”、“蓝”3 个通道叠加后得到的图像原色效果，如图 9-7 所示。

图9-6 “蓝”通道

图9-7 “红”、“绿”、“蓝”通道叠加后的效果

11. 按 Shift+Ctrl+S 组合键，将文件另命名为“通道原理.psd”保存。

9.1.5 【通道】面板的功能

在【图层】面板中可以管理图层，在【通道】面板中也可以方便地管理通道。本节详细介绍【通道】面板的功能。

一、 【通道】面板中通道的基本操作

通道的创建、复制、移动堆叠位置（只有 Alpha 通道可以移动）和删除操作与图层相似，此处不再详细介绍。

- 在【通道】面板中单击复合通道，同时选择复合通道及颜色通道，此时在图像窗口中显示图像的效果，可以对图像进行编辑。
- 单击除复制通道外的任意通道，在图像窗口中显示相应通道的效果，此时可以对选择的通道进行编辑。
- 按住 Shift 键，可以同时选择几个通道，图像窗口中显示被选择通道的叠加效果。
- 单击通道左侧的 按钮，可以隐藏对应的通道效果，再次单击可以将通道效果显示出来。

二、 【通道】面板菜单命令

单击【通道】面板右上角的按钮，弹出如图 9-8 所示的菜单。下面介绍【通道】面板菜单的功能。

新建通道...
复制通道...
删除通道
新建专色通道...
合并专色通道(G)
通道选项...
分离通道
合并通道...
面板选项...
关闭
关闭选项卡组

图9-8 【通道】面板菜单命令

(1) 创建新 Alpha 通道。

选择【新建通道】命令，弹出的【新建通道】对话框如图 9-9 所示。此命令用于创建新的 Alpha 通道。

- 在【名称】文本框内输入新的 Alpha 通道名称。
- 在【色彩指示】栏中单击选择【被蒙版区域】单选按钮，创建一个黑色的 Alpha 通道。
- 在【色彩指示】栏中单击选择【所选区域】单选钮，创

建一个白色的 Alpha 通道。

- 【颜色】栏中的选项实际上是蒙版的选项。在前面的学习中提到过，在创建蒙版的时候同时创建了一个 Alpha 通道。通道、蒙版、选区之间是可以互相转换的。

(2) 复制通道。

在【通道】面板中选择除复合通道外的任意一个通道，选择【复制通道】命令可以对当前通道进行复制。如在【通道】面板中选择“未标题-1.psd”文件中“蓝”通道，选择【复制通道】命令，弹出的【复制通道】对话框如图 9-10 所示。

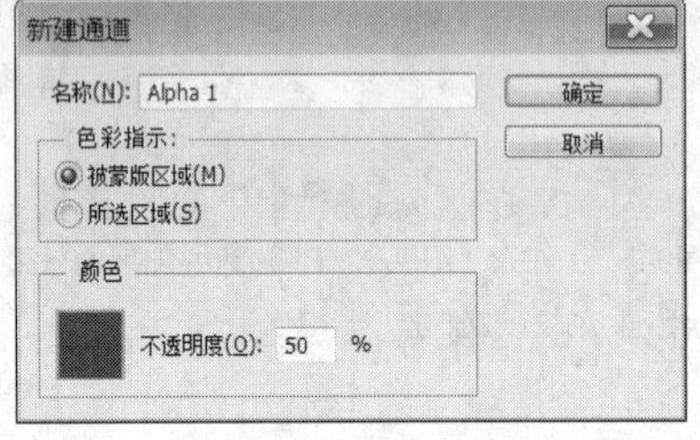

图9-9　【新建通道】对话框

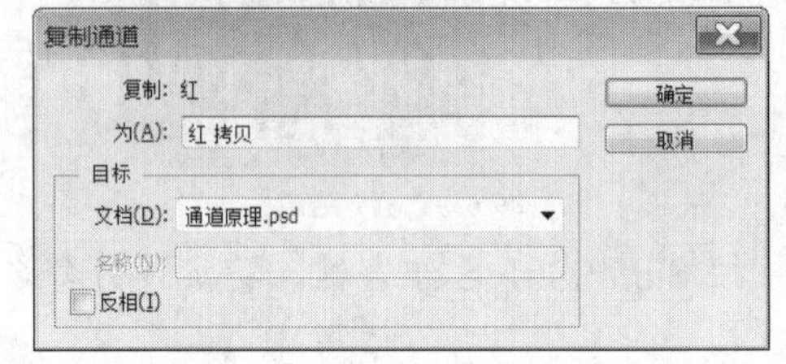

图9-10　【复制通道】对话框

- 在【为】文本框内输入新复制通道的名称。
- 单击【文档】下拉列表，从中选择要将通道复制到哪一个文件中。在【文档】下拉列表中，除了当前图像文件外，还包括工作区中打开的且与当前图像文件大小相等，也就是长度和宽度完全相等的文件。当在【文档】下拉列表中选择【新建】选项时，可以在其下的【名称】文本框内输入新创建图像的名称。
- 勾选【反相】复选框，新复制的通道是当前通道的反相效果，也就是它们的黑白完全相反。

(3) 删除通道。

在【通道】面板中选择要删除的通道，选择【删除通道】命令，可以将其删除。

(4) 创建新专色通道。

选择【新建专色通道】命令，弹出的【新建专色通道】对话框如图 9-11 所示。使用该命令可以创建一个新的颜色通道，这种颜色通道只能在图像中产生一种颜色，所以也称专色通道。

- 在【新建专色通道】对话框中的【颜色】色块内显示的是利用该专色通道可在图像中产生的颜色。
- 【密度】值决定该专色通道在图像中产生颜色的透明度。

图9-11　【新建专色通道】对话框

(5) 合并专色通道。

【合并专色通道】命令只有在图像中创建了新的专色通道后才可用。图像中颜色通道的数量和类型是受图像的颜色模式控制的，使用该命令可以将新的专色通道合并入图像默认的颜色通道中。

(6) 设置通道选项。

【通道选项】命令只在选择了 Alpha 通道和新创建的专色通道时才起作用，它主要用来设置 Alpha 通道和专色通道的选项。

- 如果当前选择了通道，选择【通道选项】命令，弹出的【通道选项】对话框如图 9-12 所示。
- 如果单击【专色】单选按钮，单击 确定 按钮，可以将通道转换为专色通道。转换后的专色通道颜色即为【颜色】色块内设置的颜色。
- 如果当前选择的是专色通道，选择【通道选项】命令，弹出的【专色通道选项】对话框如图 9-13 所示。它的选项比较明确，不再详细介绍。

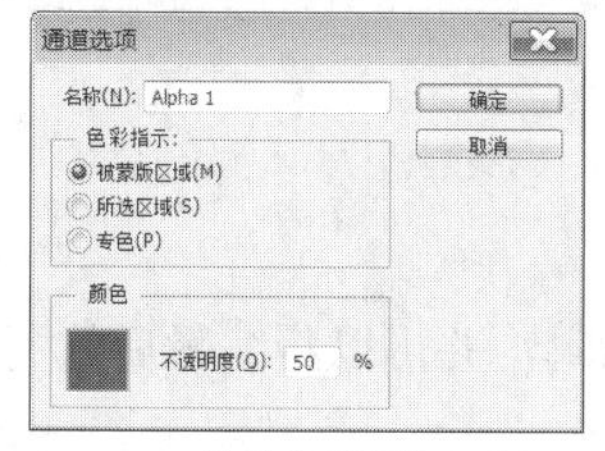

图9-12　Alpha 通道的【通道选项】对话框

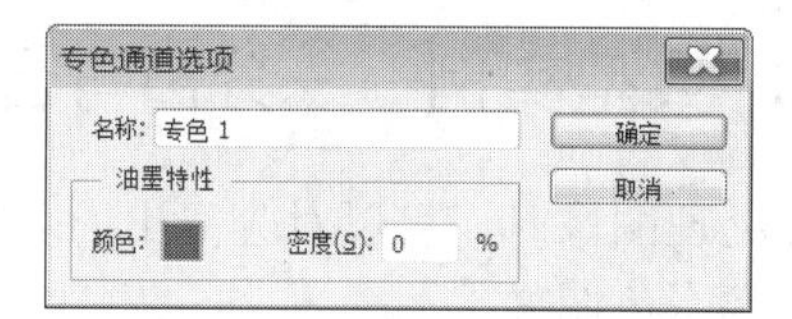

图9-13　【专色通道选项】对话框

(7)　分离通道。

在图像处理过程中，有时需要将通道分离为多个单独的灰度图像，然后重新进行合并，对其进行编辑处理，从而制作各种特殊的图像效果。

对于只有背景层的图像文件，在【通道】面板中单击右上角的按钮，在弹出的下拉菜单中选择【分离通道】命令，可以将图像中的颜色通道、Alpha 通道和专色通道分离为多个单独的灰度图像。此时原图像被关闭，生成的灰度图像以原文件名和通道缩写形式重新命名，它们分别置于不同的图像窗口中，相互独立，如图 9-14 所示。

图9-14　分离的通道

(8)　合并通道。

要使用【合并通道】命令必须满足 3 个条件，一是要作为通道进行合并的图像的颜色模式必须是灰度的，二是这些图像的长度、宽度和分辨率必须完全相同，三是它们必须是已经打开的。选择【合并通道】命令，弹出的【合并通道】对话框如图 9-15 所示。

- 在【模式】下拉列表中可以选择新合并图像的颜色模式。
- 【通道】值决定合并文件的通道数量。如果在【模式】下拉列表中选择了【多通道】选项，【通道】值可以设置为小于当前打开的要用作合并通道的文件的数量。

  如果在【模式】下拉列表中选择了其他颜色模式，那么【通道】值只能设置为该模式可用的通道数，如在【模式】下拉列表中选择了【RGB 颜色】选项，那么【通道】值只能设置为“3”。

- 单击【合并通道】对话框中的 确定 按钮，在弹出的【合并 RGB 通道】对话框中选择使用哪一个文件作为颜色通道，如图 9-16 所示。单击 模式(M) 按钮，可以回到【合并通道】对话框重新进行设置。

图9-15　【合并通道】对话框

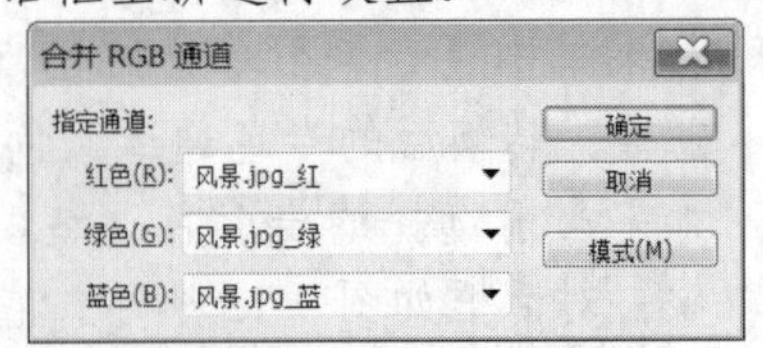

图9-16　指定通道

9.1.6　典型实例——分离与合并通道

在处理图像时，可以对分离出的灰色图像分别进行编辑，并可以将编辑后的图像重新合并为一幅彩色图像。

【步骤解析】

1. 打开附盘中“图库\第 09 章”目录下名为“人物照片.jpg”的文件，如图 9-17 所示。
2. 执行【窗口】/【通道】命令，显示【通道】面板，然后单击面板中的 按钮，在弹出的菜单中选择【分离通道】命令，将图片分离。
3. 确认分离出来的“人物照片.jpg_蓝”文件处于工作状态，按 Ctrl+M 组合键，在弹出的【曲线】对话框中调整曲线形态，如图 9-18 所示。

图9-17　打开的图片

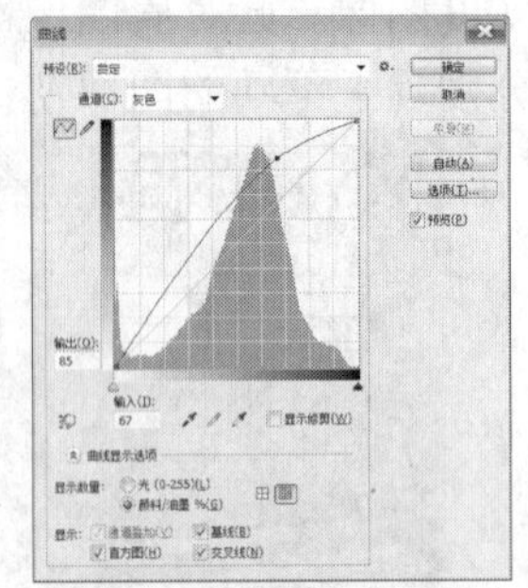

图9-18　【曲线】对话框

4. 单击 确定 按钮，调整曲线前后的效果对比如图 9-19 所示。

图9-19　调整曲线前后的效果对比

5. 单击【通道】面板中的 按钮，在弹出的菜单中选择【合并通道】命令，在弹出的【合并通道】对话框中将【模式】选项设置为【RGB 颜色】，如图 9-20 所示。
6. 单击 确定 按钮，在弹出的【合并 RGB 通道】对话框中，指定各颜色的通道，如图 9-21 所示。

7. 单击 确定 按钮，合并后的效果如图 9-22 所示。

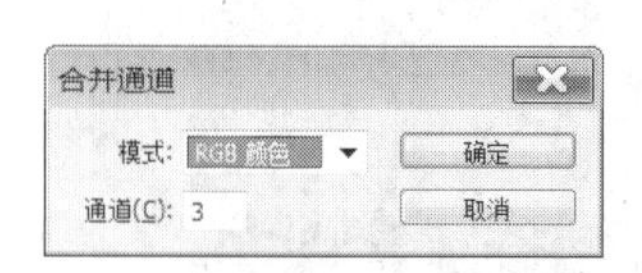

图9-20 【合并通道】对话框

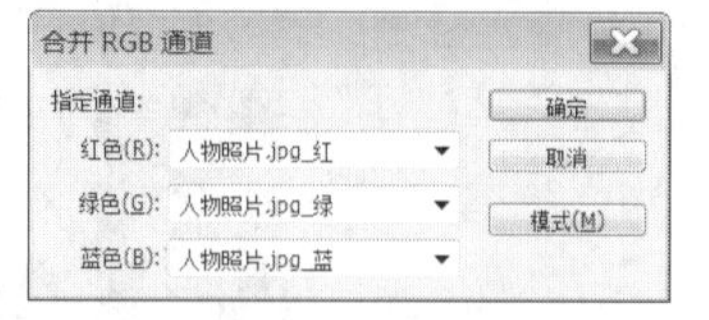

图9-21 【合并 RGB 通道】对话框

图9-22 合并后的效果

8. 按 Shift+Ctrl+S 组合键，将文件另命名为“靓丽色调.jpg”保存。

在合并通道时，如调换各通道的排列顺序，可生成色调不同的图像效果，下面来具体讲解。

9. 在【合并 RGB 通道】对话框中，如果设置“G、B、R”通道顺序进行合并，可以得到如图 9-23 所示的颜色效果。

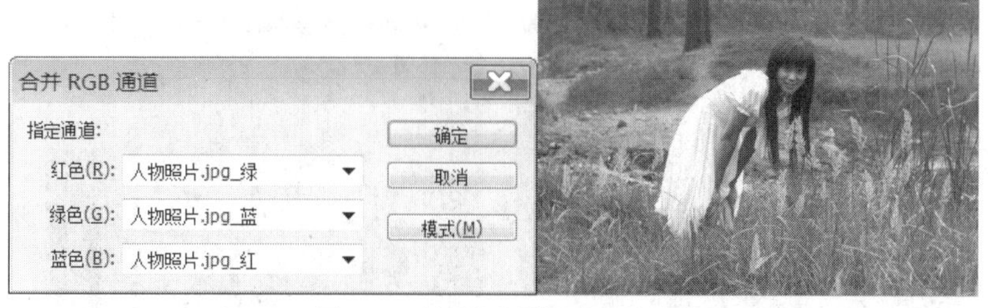

图9-23 重新设置通道顺序及效果

10. 再次将“人物照片.jpg”文件打开，然后将合并后的图像文件设置为工作状态，再按住 Shift 键，将步骤 9 中合并的图像移动复制到“人物照片”文件中，生成“图层 1”。
11. 选择 工具，在属性栏中设置一个虚化的笔头，并将 不透明度: 80% 选项的参数设置“80%”，然后在人物位置按住鼠标左键并拖曳鼠标，对其进行擦除，使其显示出原来的颜色，状态如图 9-24 所示。
12. 用与步骤 11 相同的方法，依次对人物的大面积区域进行擦除。注意，至人物图像的边缘时，要设置一个较小的笔头进行擦除。
13. 单击属性栏中的【画笔预设】按钮，在弹出的【画笔选项】面板中将笔头【大小】选项设置为“15 像素”，然后选择如图 9-25 所示的画笔笔头。

图9-24 擦除时的状态

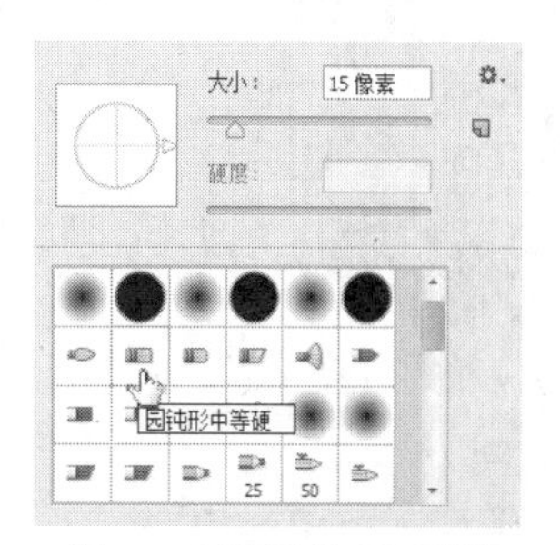

图9-25 【画笔选项】面板

14. 将鼠标指针移动到人物的腿部位置拖曳鼠标，注意此处擦除一定要仔细，否则会将“草”图像一同擦除，在擦除时还要灵活设置笔头的大小，擦除后的效果如图 9-26 所示。

至此，图像调整完成，最终效果如图 9-27 所示。

图9-26　擦除后的图像效果

图9-27　制作出的紫色调效果

15. 按 Shift+Ctrl+S 组合键，将文件另命名为“紫色调.psd”保存。

9.2 综合实例——选取复杂的树枝

下面灵活运用通道来选取复杂的图像，素材图片及选取出的效果如图 9-28 所示。

图9-28　素材图片及选取出的效果

【步骤解析】

1. 将附盘中“图库\第 09 章”目录下名为“树枝.jpg”的图片打开。
2. 打开【通道】面板，依次单击各通道，观察各通道的明暗对比，然后将鼠标指针放置到明暗对比较明显的“蓝”通道上按下并向下鼠标左键拖曳。
3. 将鼠标拖曳至如图 9-29 所示的按钮位置处释放鼠标，将“蓝”通道复制生成为“蓝 副本”通道，如图 9-30 所示。
4. 执行【图像】/【调整】/【色阶】命令，在【色阶】对话框中设置参数如图 9-31 所示。

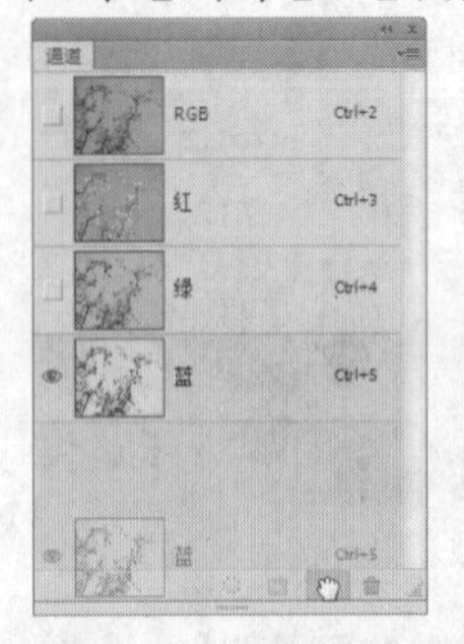

图9-29　复制通道状态

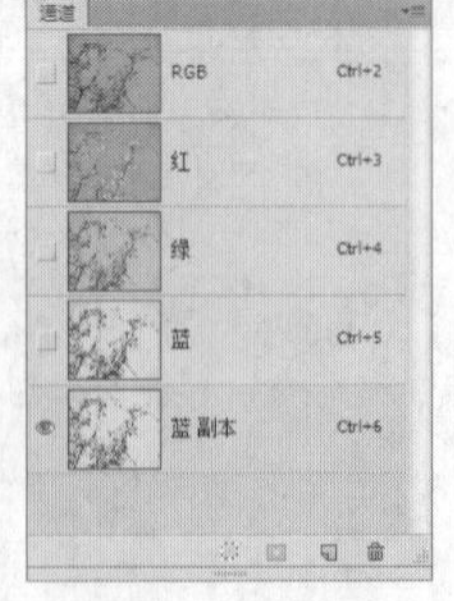

图9-30　复制出的“蓝”通道副本

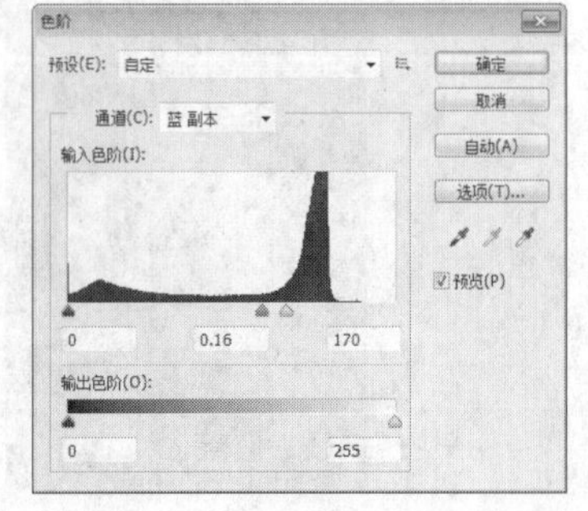

图9-31　【色阶】对话框

5. 单击 确定 按钮，调整后的图像效果如图 9-32 所示。
6. 将前景色设置为白色，然后利用工具，在画面中的左上角位置喷绘白色，效果如图

9-33 所示。

图9-32　调整后的效果

图9-33　喷绘白色后的效果

7. 按Ctrl+I组合键，将画面反相显示，效果如图 9-34 所示。
8. 单击【通道】面板底部按钮，载入“蓝 副本”通道的选区，然后单击上方的“RGB 通道”或按Ctrl+2组合键转换到 RGB 通道模式，载入的选区形态如图 9-35 所示。

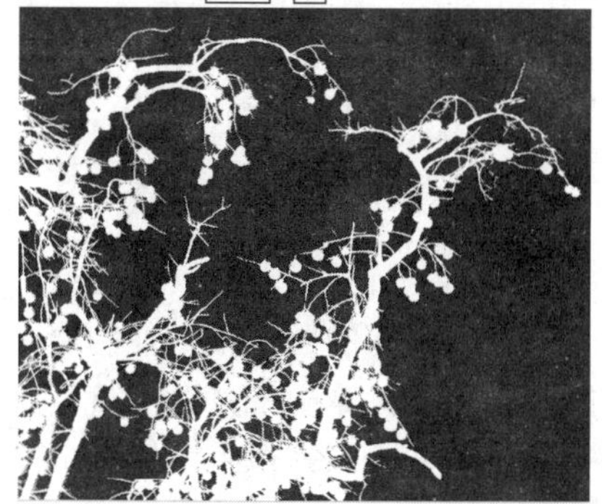

图9-34　反相显示后的效果

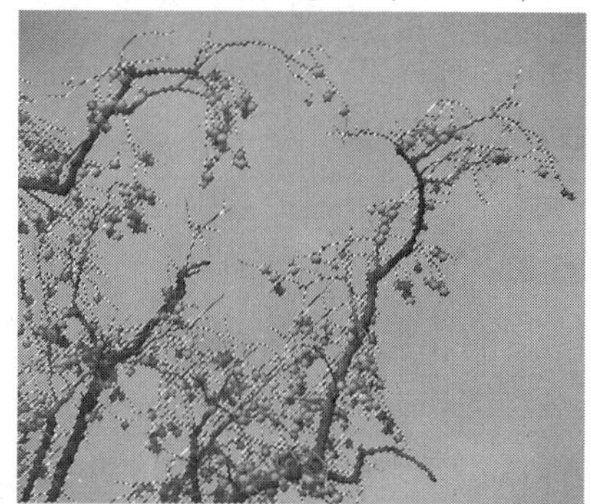

图9-35　载入的选区

9. 按Ctrl+J组合键，将选区中的内容通过复制生成“图层 1”，然后将“背景”层隐藏，复制后生成的树枝效果如图 9-36 所示。
10. 将附盘中“图库\第 09 章”目录下名为“风景.jpg”的图片打开，如图 9-37 所示。

图9-36　复制后生成的树枝效果

图9-37　打开的图片

11. 将“风景”图片移动复制到“树枝”文件中生成“图层 2”，再按Ctrl+T组合键，为其添加自由变换框，并将其调整至如图 9-38 所示的形态，然后按Enter键确认图片的变换操作。
12. 将“图层 2”调整至“图层 1”的下方位置，调整图层堆叠顺序后的图片效果如图

9-39 所示。

图9-38　调整后的图片形态

图9-39　调整图层堆叠顺序后的图片效果

13. 按 Shift+Ctrl+S 组合键，将文件另命名为“替换背景.psd”保存。

9.3　蒙版

本节来讲解有关蒙版的相关知识，包括蒙版的概念、蒙版类型、蒙版与选区的关系和蒙版的编辑等。

9.3.1　蒙版概念

蒙版是将不同灰度色值转化为不同的透明度，并作用到它所在的图层中，使图层不同部位透明度产生相应的变化。黑色为完全透明，白色为完全不透明。蒙版还具有保护和隐藏图像的功能，当对图像的某一部分进行特殊处理时，利用蒙版可以隔离并保护图像其余的部分不被修改和破坏。蒙版概念示意图如图 9-40 所示。

在【图层】面板中，图层蒙版和矢量蒙版都显示为图层缩览图右边的附加缩览图。对于图层蒙版，此缩览图代表添加图层蒙版时创建的灰度通道。矢量蒙版缩览图代表从图层内容中剪下来的路径。

图9-40　蒙版概念示意图

9.3.2　蒙版类型

根据创建方式的不同，蒙版可分为图层蒙版、矢量蒙版、剪贴蒙版和快速编辑蒙版 4 种类型。下面分别讲解这 4 种蒙版的性质及其特点。

一、 图层蒙版

图层蒙版是位图图像，与分辨率相关，它是由绘图或选框工具创建的，用来显示或隐藏图层中某一部分图像。利用图层蒙版也可以保护图层透明区域不被编辑，它是图像特效处理及编辑过程中使用频率最高的蒙版。利用图层蒙版可以生成梦幻般羽化图像的合成效果，且图层中的图像不会遭到破坏，仍保留原有的效果，如图 9-41 所示。

图9-41 图层蒙版

要点提示 图层蒙版是一种灰度图像，因此用黑色绘制的区域将被隐藏，用白色绘制的区域是可见的，而用灰度绘制的区域则会出现不同层次的透明区域。

二、 矢量蒙版

矢量蒙版与分辨率无关，是由【钢笔】路径或形状工具绘制闭合的路径形状后创建的，路径以内的区域显示出图层中的内容，路径之外的区域是被屏蔽的区域，如图 9-42 所示。

图9-42 矢量蒙版

当路径的形状编辑修改后，蒙版被屏蔽的区域也会随之发生变化，如图 9-43 所示。

图9-43 编辑路径的后矢量蒙版

三、 剪贴蒙版

剪贴蒙版是由基底图层和内容图层创建的，将两个或两个以上的图层创建剪贴蒙版后，可用剪贴蒙版中最下方的图层（基底图层）形状来覆盖上面的图层（内容图层）内容。例如，一个图像的剪贴蒙版中下方图层为某个形状，上面的图层为图像或者文字，如果将上面的图层都创建为剪贴蒙版，则上面图层的图像只能通过下面图层的形状来显示其内容，如图 9-44 所示。

图9-44　剪贴蒙版

四、 快速编辑蒙版

快速编辑蒙版是用来创建、编辑和修改选区的。单击工具箱下方的按钮就可直接创建快速蒙版，此时，【通道】面板中会增加一个临时的快速蒙版通道。在快速蒙版状态下，被选择的区域显示原图像，而被屏蔽不被选择的区域显示默认的半透明红色，如图 9-45 所示。当操作结束后，单击按钮，恢复到系统默认的编辑模式，【通道】面板中将不会保存该蒙版，而是直接生成选区，如图 9-46 所示。

图9-45　在快速蒙版状态下涂抹不被选择的图像

图9-46　快速蒙版创建的选区

9.3.3 创建和编辑图层蒙版

图层蒙版只能在普通图层或通道中建立，如果要在图像的背景层上建立，可以先将背景层转变为普通层，然后再在普通层上创建蒙版即可。当为图像添加蒙版之后，蒙版中显示的黑色区域将是画面被屏蔽的区域。

一、 创建图层蒙版

在图像文件中创建图层蒙版的方法比较多，具体如下。

(1) 在图像文件中创建选区后，执行【图层】/【图层蒙版】命令可弹出如图 9-47 所示的下拉菜单。其中，【显示全部】和【隐藏全部】命令在不创建选区的情况下就可执行，而【显示选区】和【隐藏选区】命令只有在图像文件中创建了选区后才可用。

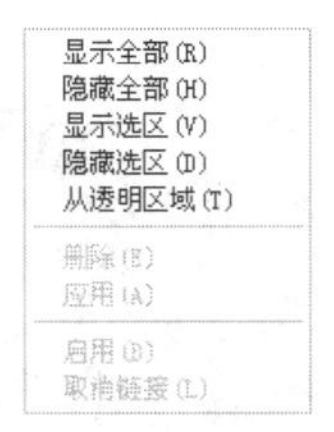

图9-47 弹出的下拉菜单

- 【显示全部】命令：选择此命令，将为当前层添加蒙版，但此时图像文件的画面没有发生改变，其【图层】面板如图 9-48 所示。

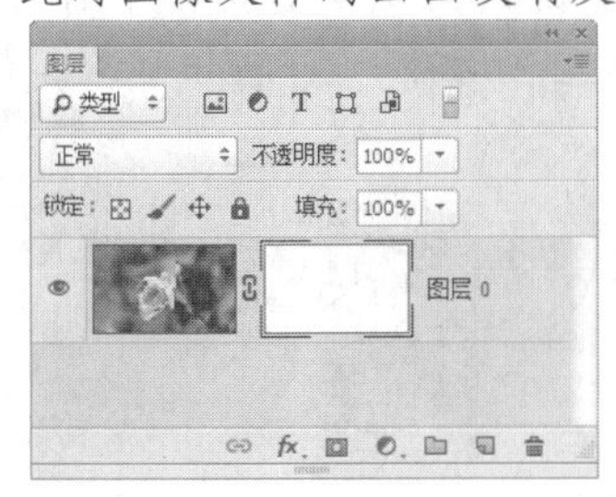

图9-48 为当前层添加蒙版后的面板状态及画面效果

确认前景色为黑色，利用【画笔】工具在图像文件中拖曳鼠标涂抹颜色，可以将画面覆盖，其画面效果和【图层】面板状态如图 9-49 所示。

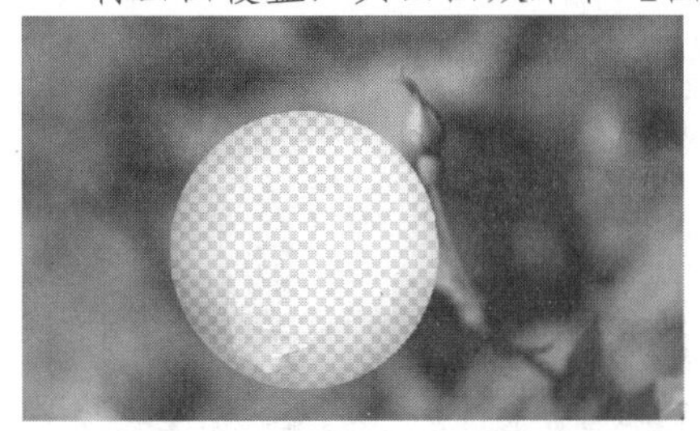

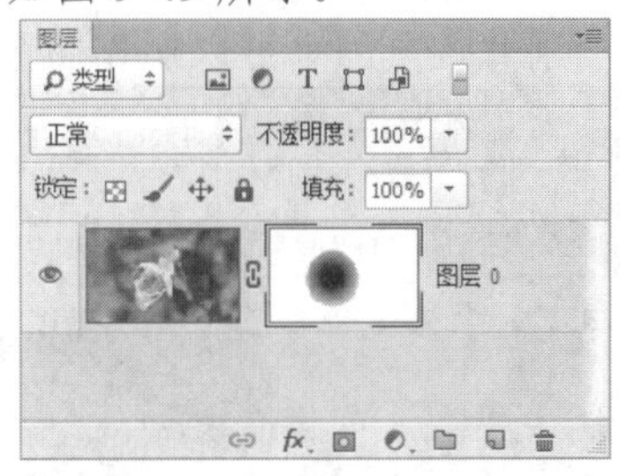

图9-49 将画面覆盖后的画面效果及【图层】面板

确认前景色为白色，利用画笔工具在图像文件中拖曳鼠标涂抹颜色 ，可以将画面显示，其画面效果和【图层】面板状态如图 9-50 所示。

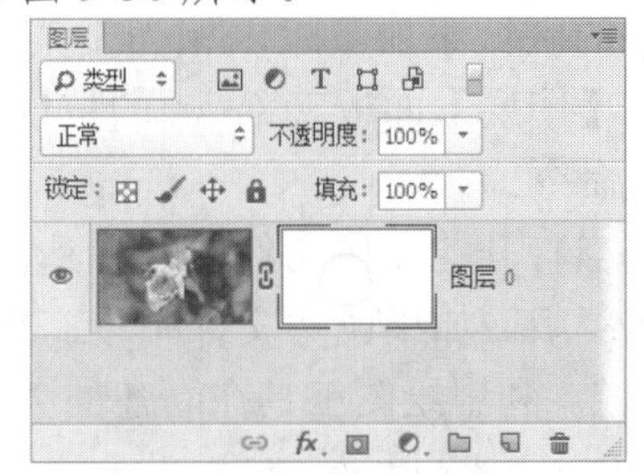

图9-50 将画面显示后的效果和【图层】面板

- 【隐藏全部】命令：选择此命令，可将当前层的图像全部隐藏，确认前景色为白色，利用【画笔】工具在图像文件中拖曳鼠标涂抹颜色，可以将画面显示，其画面效果和【图层】面板如图 9-51 所示。

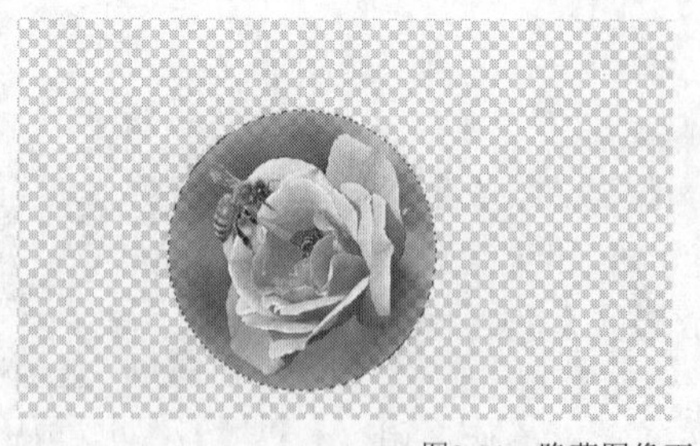

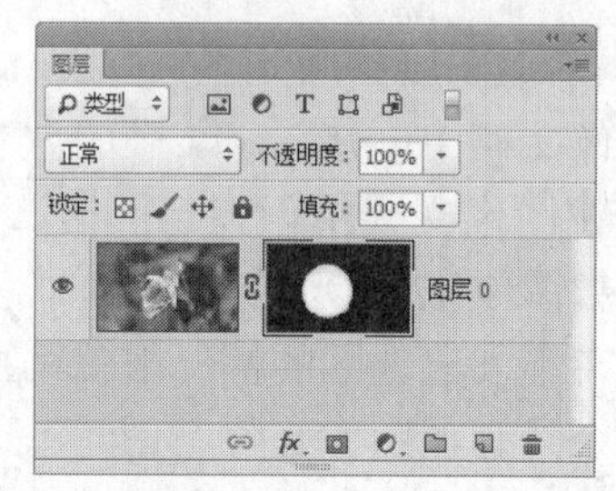

图9-51　隐藏图像再将画面显示的效果和【图层】面板

- 【显示选区】命令：选择此命令，可以将选区以外的区域屏蔽，如带有羽化效果的选区，可以制作图像的虚化效果，如图 9-52 所示。

图9-52　显示选区效果

- 【隐藏选区】命令：选择此命令，可以将选择区域内的图像屏蔽，如选区具有羽化性质，也可以制作图像的虚化效果，如图 9-53 所示。

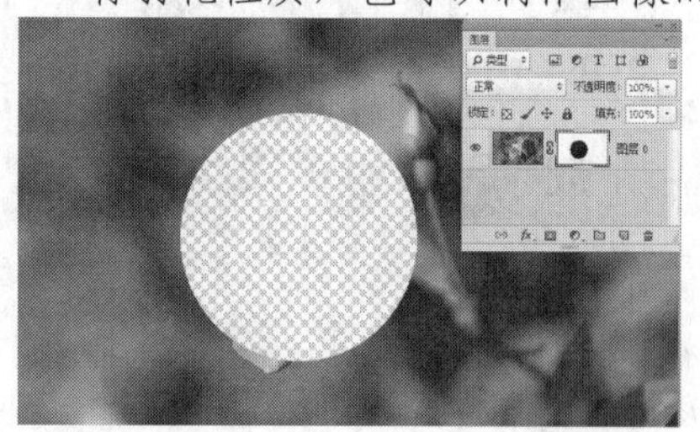

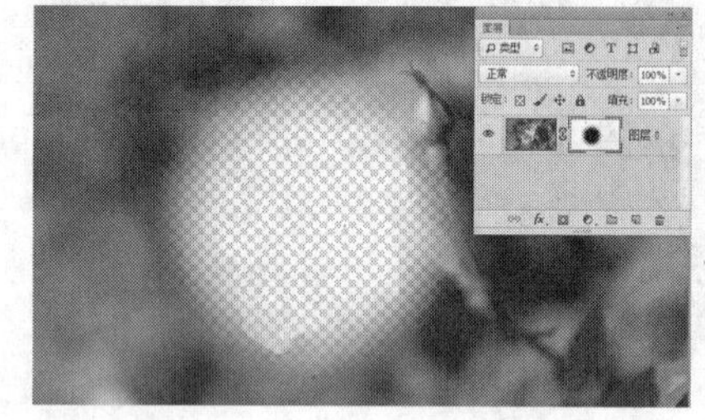

图9-53　隐藏选区效果

(2)　当打开的图像文件中存在选区时，在【图层】面板中单击底部的按钮，可以为选区以外的区域添加蒙版，相当于菜单栏中的【显示选区】命令。如果图像文件中没有选区，单击【图层】面板底部的按钮，可以为整个图像添加蒙版，相当于菜单栏中的【显示全部】命令。

(3)　当打开的图像文件中存在选区时，在【通道】面板中单击按钮，可以在通道中产生一个蒙版。如果图像文件中没有选区，单击【通道】面板底部的按钮，将新建一个 Alpha 通道，利用绘图工具在新建的 Alpha 通道中绘制白色，也会在通道上产生一个蒙版。

二、　编辑图层蒙版

在【图层】面板中单击蒙版缩览图使之成为工作状态。然后在工具箱中选择任一绘图工具，执行下列任一操作即可编辑蒙版。

- 在蒙版图像中绘制黑色，可增加蒙版被屏蔽的区域，并显示更多的图像。
- 在蒙版图像中绘制白色，可减少蒙版被屏蔽的区域，并显示更少的图像。
- 在蒙版图像中绘制灰色，可创建半透明效果的屏蔽区域。

9.3.4 创建和编辑矢量蒙版

创建形状层中的蒙版即为矢量蒙版，执行下列任一操作即可创建矢量蒙版。

- 执行【图层】/【矢量蒙版】/【显示全部】命令，可创建显示整个图层的矢量蒙版。
- 执行【图层】/【矢量蒙版】/【隐藏全部】命令，可创建隐藏整个图层的矢量蒙版。
- 当图像中有路径存在且处于显示状态时，执行【图层】/【矢量蒙版】/【当前路径】命令，可创建显示形状内容的矢量蒙版。

在【图层】或【路径】面板中单击矢量蒙版缩览图，将其设置为当前状态，然后利用【钢笔】工具或【路径编辑】工具更改路径的形状，即可编辑矢量蒙版。

要点提示 在【图层】面板中选择要编辑的矢量蒙版层，执行【图层】/【栅格化】/【矢量蒙版】命令，可将矢量蒙版转换为图层蒙版。

9.3.5 停用和启用蒙版

添加蒙版后，执行【图层】/【图层蒙版】/【停用】或【图层】/【矢量蒙版】/【停用】命令，可将蒙版停用，此时【图层】面板中蒙版缩览图上会出现一个红色的交叉符号，且图像文件中会显示不带蒙版效果的图层内容。按住 Shift 键反复单击【图层】面板中的蒙版缩览图，可在停用蒙版和启用蒙版之间切换。

9.3.6 应用或删除图层蒙版

完成图层蒙版的创建后，既可以应用蒙版使更改永久化，也可以扔掉蒙版而不应用更改。

一、 应用图层蒙版

执行【图层】/【图层蒙版】/【应用】命令，或选取图层蒙版缩览图，单击【图层】面板下方的按钮，在弹出的询问面板中单击 应用 按钮，即可在当前层中应用编辑后的蒙版。

二、 删除图层蒙版

执行【图层】/【图层蒙版】/【删除】命令，或选取图层蒙版缩览图，单击【图层】面板下方的按钮，在弹出的询问面板中单击 删除 按钮，即可在当前层中取消编辑后的蒙版。

9.3.7 取消图层与蒙版的链接

默认情况下，图层和蒙版处于链接状态，当使用工具移动图层或蒙版时，该图层及其蒙版会在图像文件中一起移动，取消它们的链接后可以进行单独移动。

(1) 执行【图层】/【图层蒙版】/【取消链接】或【图层】/【矢量蒙版】/【取消链接】命令，即可将图层与蒙版之间的链接取消。

要点提示　执行【图层】/【图层蒙版】/【取消链接】或【图层】/【矢量蒙版】/【取消链接】命令后，【取消链接】命令将显示为【链接】命令，选择此命令，将图层与蒙版之间将重建链接。

(2) 在【图层】面板中单击图层缩览图与蒙版缩览图之间的【链接】图标，链接图标消失，表明图层与蒙版之间已取消链接；当在此处再次单击，链接图标出现时，表明图层与蒙版之间又重建链接。

9.3.8 剪贴蒙版

创建和取消剪贴蒙版的操作分别如下。

一、 创建剪贴蒙版

(1) 在【图层】面板中选择最下方图层上面的一个图层，然后执行【图层】/【创建剪贴蒙版】命令，即可将该图层与其下方的图层创建剪贴蒙版（背景层无法创建剪贴蒙版）。

(2) 按住 Alt 键，将鼠标指针放置在【图层】面板中要创建剪贴蒙版的两个图层中间的线上，当鼠标指针显示为图标时单击鼠标左键，即可创建剪贴蒙版。

二、 释放剪贴蒙版

(1) 在【图层】面板中，选择剪贴蒙版中的任一图层，然后执行【图层】/【释放剪贴蒙版】命令，即可释放剪贴蒙版，还原图层相互独立的状态。

(2) 按住 Alt 键将鼠标指针放置在分隔两组图层的线上，当鼠标指针显示为图标时单击鼠标左键，也可释放剪贴蒙版。

9.4 综合实例——合成图像

下面灵活运用调整层、图层蒙版及【图层混合模式】选项来合成图像。

【步骤解析】

1. 将附盘中“图库\第 09 章”目录下名为“荒山.jpg”的文件打开，如图 9-54 所示。
2. 按 Ctrl+J 组合键，将背景层复制，生成“图层 1”。
3. 执行【图层】/【图层样式】/【渐变叠加】命令，弹出【图层样式】对话框，设置各参数，如图 9-55 所示。

图9-54　打开的图像

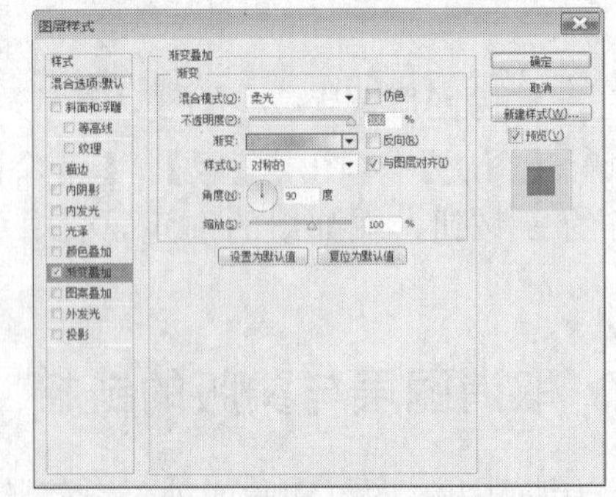

图9-55　【图层样式】对话框

4. 单击 确定 按钮，画面效果如图 9-56 所示。
5. 将“图层 1”复制生成“图层 1 副本”，然后将【图层】面板中的【图层混合模式】设置为【滤色】，效果如图 9-57 所示。

图9-56　渐变叠加后的效果

图9-57　设置混合模式后的图片效果

6. 单击【图层】面板中的 按钮，在弹出的菜单中选择【通道混合器】命令，并在其属性面板中设置各项参数，如图 9-58 所示，调整后的图像效果如图 9-59 所示。

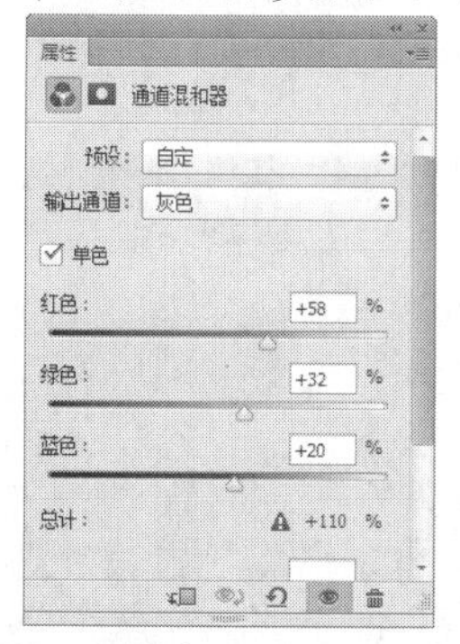

图9-58　设置【色彩平衡】参数

图9-59　调整后的图像效果（1）

7. 再次单击 按钮，在弹出的菜单中选择【曲线】命令，然后调整曲线的形态如图 9-60 所示，图像效果如图 9-61 所示。

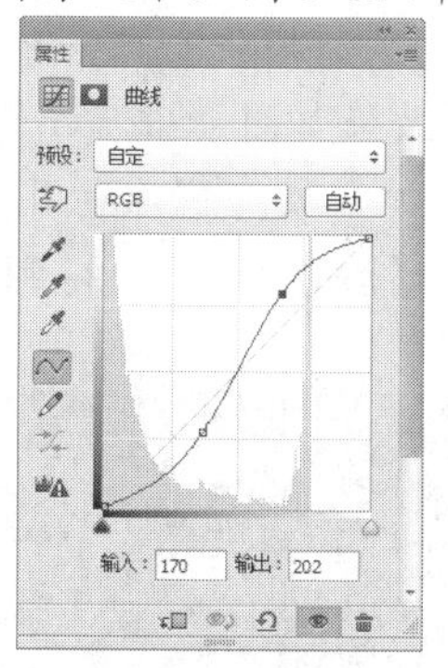

图9-60　调整的曲线形态

图9-61　调整后的图像效果（2）

8. 打开附盘中“图库\第 09 章”目录下名为“城市.jpg”的文件，然后将其移动复制到“荒山”文件中，生成“图层 2”，并将图片调整至如图 9-62 所示的大小及位置。
9. 将“图层 2”的【图层混合模式】设置为【正片叠底】，效果如图 9-63 所示。

图9-62　移动复制后的图像效果

图9-63　设置图层混合模式后的效果

10. 单击【图层】面板下方的按钮，为“图层 2”添加蒙版，然后利用工具编辑蒙版，得到的效果如图 9-64 所示。
11. 将“图层 2”复制生成“图层 2 副本”，并利用工具将“城市”图像向下移动，使“城市”图像完全显示，如图 9-65 所示。

图9-64　编辑蒙版后的效果

图9-65　移动后的图像

12. 执行【滤镜】/【模糊】/【高斯模糊】命令，在弹出的【高斯模糊】对话框中，将【半径】选项的参数设置为“8 pt”，单击 确定 按钮，效果如图 9-66 所示。
13. 单击【图层】面板下方的按钮，为“图层 2 副本”添加蒙版，然后利用工具编辑蒙版，再将“图层 2 副本”的【图层混合模式】设置为【颜色加深】，得到的效果如图 9-67 所示。

图9-66　高斯模糊后的效果

图9-67　编辑蒙版后的效果

14. 新建“图层 3”，选择工具，并在属性栏中设置【羽化】选项的参数为“80 px”，然后绘制出如图 9-68 所示的选区。

15. 按 D 键，将前景色和背景色设置为默认的黑色和白色，执行【滤镜】/【渲染】/【云彩】命令，效果如图 9-69 所示。

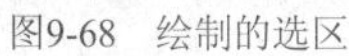

图9-68　绘制的选区

图9-69　云彩效果

16. 将“图层 3”的【图层混合模式】设置为【颜色减淡】，效果如图 9-70 所示。
17. 将“图层 3”复制生成“图层 3 副本”，提高此处的亮度，最终效果如图 9-71 所示。

图9-70　设置【颜色减淡】模式后的效果

图9-71　图片的最终效果

18. 至此，图像合成完毕，按 Shift+Ctrl+S 组合键，将文件命名为“合成迷雾中的海市蜃楼.psd”保存。

9.5 习题

1. 利用通道将黑色背景中的透明婚纱图像抠选出来，然后添加上新的背景。原素材图片及合成后的效果如图 9-72 所示。

图9-72　原素材图片及合成后的效果

2. 灵活运用图层蒙版将两幅图像进行合成，原素材图片及合成后的效果如图 9-73 所示。

图9-73　原素材图片及合成后的效果

第10章　图像颜色调整

本章来介绍菜单栏中的【图像】/【调整】命令。【调整】菜单下的命令主要是对图像或图像某一部分的颜色、亮度、饱和度及对比度等进行调整，使用这些命令可以使图像产生多种色彩上的变化。另外，在对图像的颜色进行调整时要注意选区的添加与运用，以及与【调整层】和蒙版的配合使用。

10.1　颜色模式

颜色模式决定了用来显示和打印处理图像的颜色方法。Photoshop 的颜色模式基于颜色模型，选择某种特定的颜色模式，就等于选用了某种特定的颜色模型。在【图像】/【模式】子菜单中可以选择需要的颜色模式，包括 RGB、CMYK、Lab 等基本颜色模式，以及用于特殊色彩输出的【索引颜色】和【双色调】等颜色模式，如图 10-1 所示。

一、【位图】模式

【位图】模式的图像只包含纯黑和纯白两种颜色，彩色图像转换为【位图】模式时，像素中的色相和饱和度信息都会被删除，只保留亮度信息。

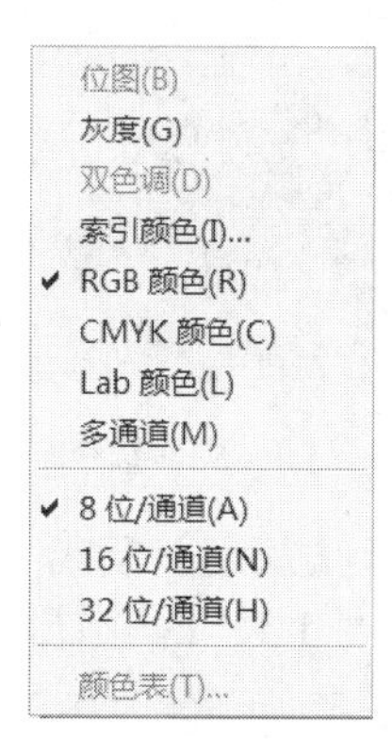

图10-1　【图像】/【模式】子菜单

要点提示　由于只有【灰度】和【双色调】模式才能够转换为位图模式，因此，如果要将这两种模式之外的图像转换为位图模式，需要先将其转换为【灰度】或【双色调】模式，然后才能转换为位图模式。

执行【图像】/【模式】/【灰度】命令，将打开的图像转换为灰度，如图 10-2 所示。再执行【图像】/【模式】/【位图】命令，打开【位图】对话框。在【输出】文本框中设置图像的输出分辨率，然后在【方法】栏中选择一种转换方式，包括【50%阈值】、【图案仿色】、【扩散仿色】、【半调网屏】和【自定图案】，如图 10-3 所示。

图10-2　图像转换为灰度后的效果

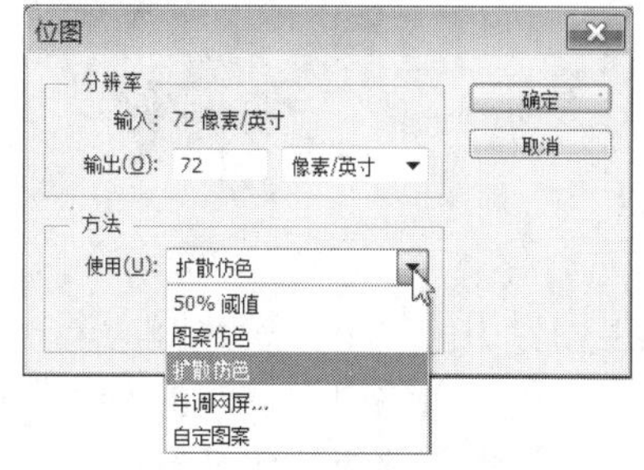

图10-3　【位图】对话框

- 【50%阈值】选项：将 50%色调作为分界点，灰度值高于中间色阶 128 的像素转换为白色，灰度值低于中间色阶 128 的像素转换为黑色，从而创建对比度分明的黑白图像，如图 10-4 所示。
- 【图案仿色】选项：使用黑白点的图案来模拟色调，如图 10-5 所示。
- 【扩散仿色】选项：通过使用从图像左上角开始的误差扩散过程来转换图像，由于转换过程的误差原因，会产生颗粒状的纹理，如图 10-6 所示。

图10-4　【50%阈值】效果

图10-5　【图案仿色】效果

图10-6　【扩散仿色】效果

- 【半调网屏】选项：可模拟平面印刷中使用的半调网点外观，如图 10-7 所示。
- 【自定图案】选项：可选择一种图案来模拟图像中的色调，如图 10-8 所示。

图10-7　【半调网屏】效果

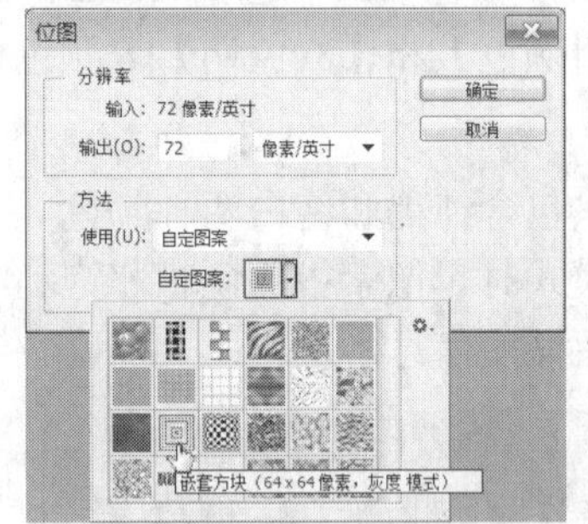

图10-8　【自定图案】效果

二、【灰度】模式

【灰度】模式的图像不包含颜色，彩色的图像转换为该模式后，色彩信息都会被删除。图 10-9 所示为彩色图像，图 10-10 所示为转换为【灰度】模式后的效果。

图10-9　打开的彩色图像

图10-10　转换【灰度】模式后的效果

灰度图像中的每个像素都有一个 0～255 之间的亮度值，0 代表黑色，255 代表白色，其他值代表黑色和白色中间过渡的灰色。在 8 位图像中，最多有 256 级灰度，而在 16 位和 32 位图像中，图像中的级数比 8 位图像要大得多。

三、【双色调】模式

在 Photoshop 中可以创建单色调、双色调、三色调和四色调的图像。单色调是用非黑色的单一油墨打印的灰度图像，双色调、三色调和四色调分别是用两种、三种和四种油墨打印的灰度图像。在这些图像中，将使用彩色油墨来重现带色彩灰色。将打开的图片分别设置为双色调、三色调和四色调，效果如图 10-11 所示。

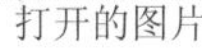
打开的图片

双色调效果

三色调效果

四色调效果

图10-11　原图与转换模式后的效果

只有【灰度】模式的图像才能转换为【双色调】模式，如果要将其他模式的图像转换为【双色调】模式，应先将其转换为【灰度】模式。

执行【图像】/【模式】/【双色调】命令，弹出的【双色调选项】对话框如图 10-12 所示。在【类型】下拉列表中可选择【单色调】、【双色调】、【三色调】和【四色调】选项，单击各个油墨右侧的颜色块，可在打开的【拾色器】对话框中设置油墨颜色，设置不同颜色后的效果如图 10-13 所示。

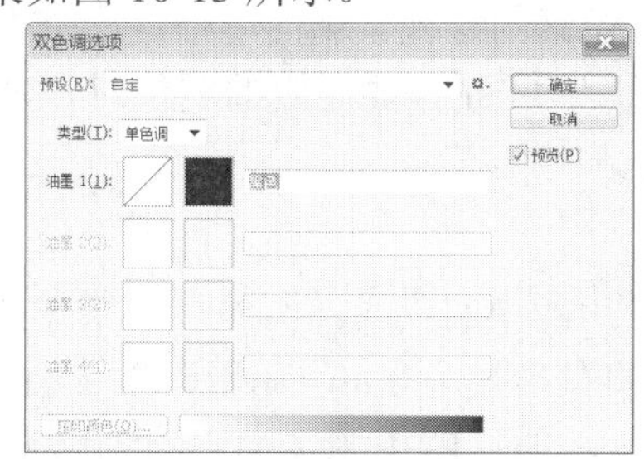

图10-12　【双色调选项】对话框

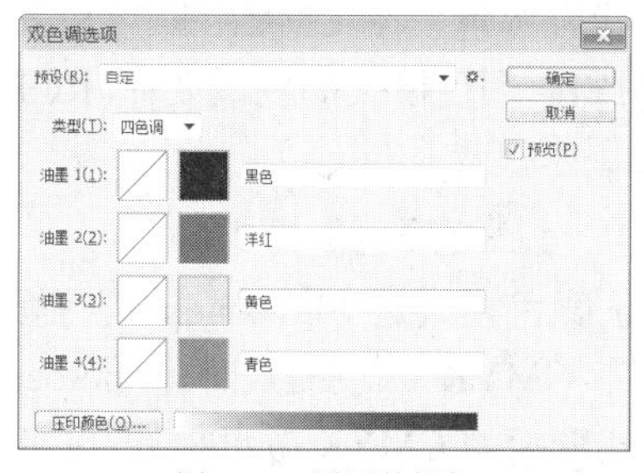

图10-13　设置的颜色

四、【索引颜色】模式

索引是 GIF 文件格式的默认颜色模式，它最多支持 256 种颜色。当彩色图像转换为索引颜色时，Photoshop 将构建一个颜色查找表（CLUT），用以存放并索引图像中的颜色。如果原图像中的某种颜色没有出现在该表中，则程序会选取最接近的一种，或使用仿色以现有颜色来模拟该颜色。

打开一个图像文件，执行【图像】/【模式】/【索引颜色】命令，弹出如图 10-14 所示的对话框。

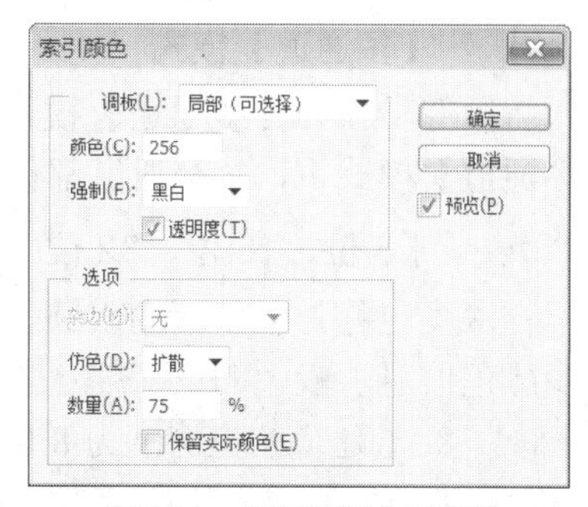

图10-14　【索引颜色】对话框

- 【调板】下拉列表：可选择转换为索引颜色后使用的调板类型，它决定了将使用哪些颜色。如果选择【平均】、【局部（可

感知)】或【局部(随样性)】选项，可通过输入【颜色】值指定要显示的实际颜色数量。

- 【强制】下拉列表：可选择将某些颜色强制包括在颜色表中的选项。选择【黑白】选项，可将纯黑色和纯白色添加到颜色表中；选择【三原色】选项，可添加红色、绿色、蓝色、青色、洋红、黄色、黑色和白色；选择【Web】选项，可添加 216 种 Web 安全色；选择【自定】选项，则允许自定义要添加的颜色。
- 【杂边】下拉列表：指定用于填充与图像的透明区域相邻的消除锯齿边缘的背景色。
- 【仿色】下拉列表：在该下拉列表中可以选择是否使用仿色，除非正在使用“实际”颜色表选项，否则颜色表可能不会包含图像中使用的所有颜色。如果要模拟颜色表中没有的颜色，可以采用仿色。仿色混合现有颜色的像素，以模拟缺少的颜色。要使用仿色，可在该下拉列表中选择仿色选项，并输入仿色数量的百分比值。该值越高，所仿颜色越多，但可能会增加文件大小。

五、【RGB 颜色】模式

RGB 颜色模式是一种用于屏幕显示的模式，R 代表红色、G 代表绿色、B 代表蓝色。在 24 位图像中，每一种颜色都有 256 种亮度值，因此，【RGB 颜色】模式可以重现 1 670 多万种颜色（256×256×256）。

六、【CMYK 颜色】模式

【CMYK 颜色】模式主要用于打印输出图像，C 代表青色、M 代表品红、Y 代表黄色、K 代表黑色。在 CMYK 颜色模式下，可以为每个像素的每种印刷油墨指定一个百分比值。CMYK 颜色模式的色域要比 RGB 颜色模式小，只有在制作要印刷的图像时，才使用 CMYK 颜色模式。

七、【Lab 颜色】模式

Lab 颜色模式是 Photoshop 进行颜色模式转换时使用的中间模式。例如，在将 RGB 图像转换为 CMYK 颜色模式时，Photoshop 会在内部先将其转换为 Lab 颜色模式，再由 Lab 颜色模式转换为 CMYK 颜色模式。Lab 的色域最宽，它蕴含了 RGB 和 CMYK 的色域。

在【Lab 颜色】模式中，L 代表了亮度，它的范围为 0～100；a 代表了由绿色到红色的光谱变化；b 代表了由蓝色到黄色的光谱变化。颜色分量 a 和 b 的取值范围均为 -128～+127。

八、【多通道】模式

将图像转换为【多通道】模式后，Photoshop 将根据原图像产生相同数目的新通道。在【多通道】模式下，每个通道都使用 256 级灰度。在特殊打印时，多通道图像非常有用。

九、【8 位、16 位、32 位/通道】模式

位深度也称为像素深度或颜色深度，它度量在显示或打印图像中的每个像素时可以使用多少颜色信息。较大的位深度意味着数字图像具有较多的可用颜色和较精确的颜色表示。

(1) 8 位/通道的位深度为 8 位，每个通道可支持 256 种颜色。

(2) 16 位/通道的位深度为 16 位，每个通道可支持 65 000 种颜色。在 16 位模式下工作，可以得到更精确的改善和编辑结果。

(3) 高动态范围（HDR）图像的位深度为 32 位，每个颜色通道包含的颜色要比标准的 8 位/通道多很多，可以存储 100 000:1 的对比度。在 Photoshop 中，使用 32 位长的浮点数字表示来存储 HDR 图像的亮度值。

十、 颜色表

将图像的颜色模式转换为索引颜色模式，【图像】/【模式】子菜单中的【颜色表】命令才可用。选择该命令时，Photoshop 将从图像中提取 256 种典型颜色。图 10-15 所示为索引颜色模式的图像，图 10-16 所示为该图像的颜色表。

图10-15 打开的图片

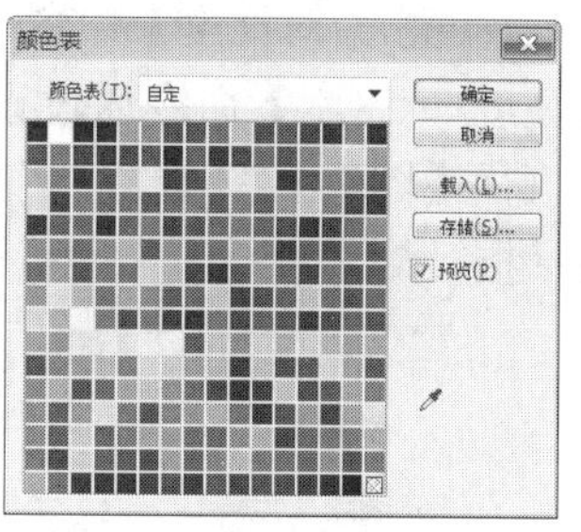

图10-16 【颜色表】对话框

在【颜色表】下拉列表中可以选择一种预定义的颜色表，包括【自定】、【黑体】、【灰度】、【色谱】、【系统（Mac OS）】和【系统（Windows）】。

- 【自定】选项：创建指定的调色板。自定颜色表对于颜色数量有限的索引颜色图像可以产生特殊效果。
- 【黑体】选项：显示基于不同颜色的面板，这些颜色是黑体辐射物被加热时发出的，从黑色到红色、橙色、黄色和白色，如图 10-17 所示。

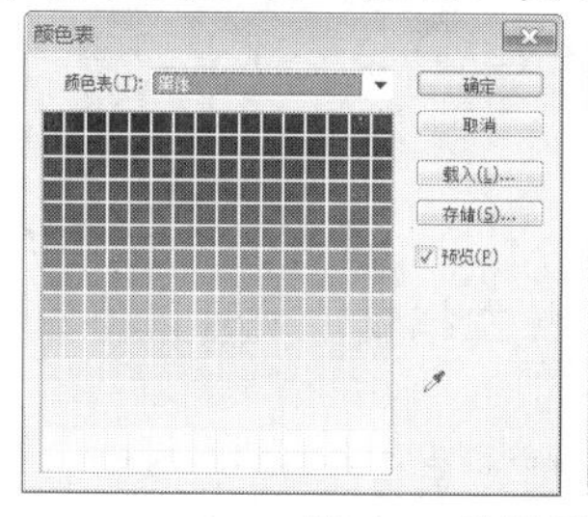

图10-17 选择【黑体】选项的颜色效果

- 【灰度】选项：显示基于从黑色到白色的 256 个灰阶的面板。
- 【色谱】选项：显示基于白光穿过棱镜所产生的颜色的调色板，从紫色、蓝色、绿色到黄色、橙色和红色，如图 10-18 所示。

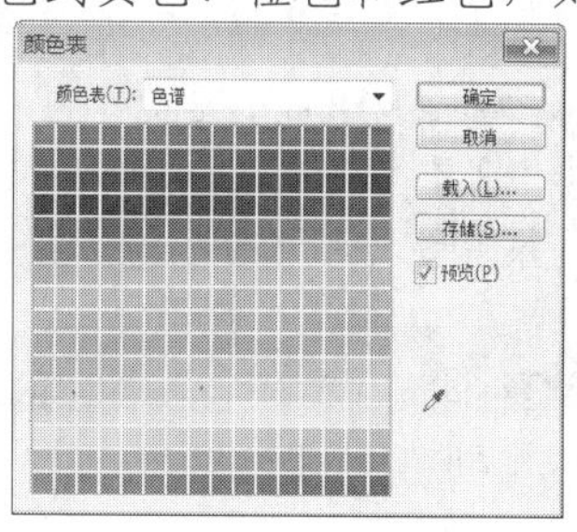

图10-18 选择【色谱】选项的颜色效果

- 【系统（Mac OS）】选项：显示标准的 Mac OS 256 色系统面板。

- 【系统（Windows）】选项：显示标准的 Windows 256 色系统面板。

10.2　调整命令

执行【图像】/【调整】命令，将弹出如图 10-19 所示的子菜单。

【调整】子菜单中的命令主要是对图像或选择区域中的图像进行颜色、亮度、饱和度及对比度等的调整，使用这些命令可以使图像产生多种色彩上的变化。

一、【亮度/对比度】命令

【亮度/对比度】命令通过设置不同的参数值或调整滑块的位置来改变图像的亮度及对比度。执行【图像】/【调整】/【亮度/对比度】命令，将弹出如图 10-20 所示的【亮度/对比度】对话框。

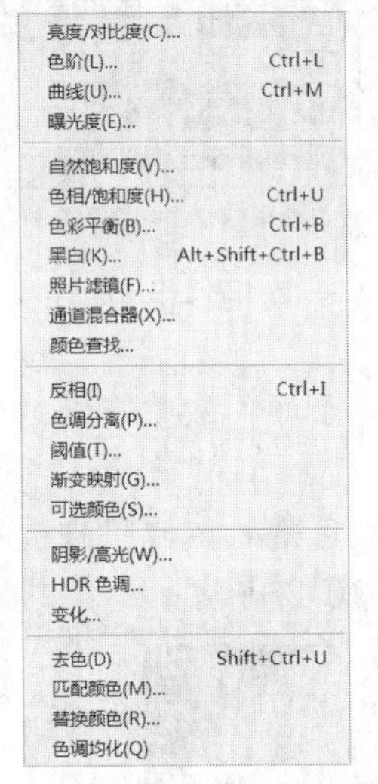

图10-19　【图像】/【调整】子菜单

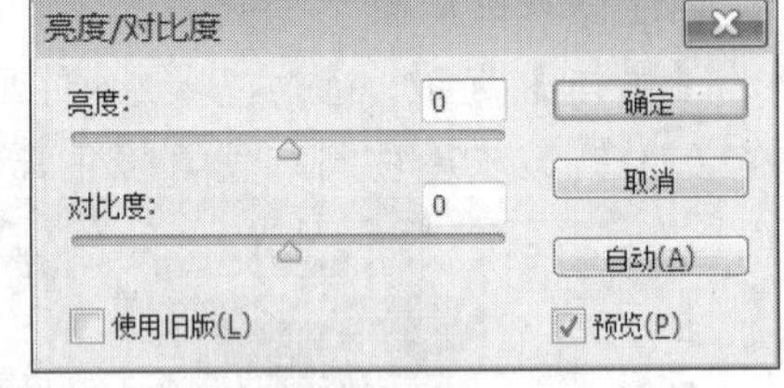

图10-20　【亮度/对比度】对话框

- 【亮度】选项：用来调整图像的亮度，向左拖曳滑块可以使图像变暗；向右拖曳滑块可以使图像变亮。
- 【对比度】选项：用来调整图像的对比度，向左拖曳滑块可以减小图像的对比度；向右拖曳滑块可以增大图像的对比度。

照片原图与调整亮度和对比度后的效果如图 10-21 所示。

图10-21　增加图像亮度和对比度前后的对比效果

二、【色阶】命令

【色阶】命令是图像处理时常用的调整色阶对比的命令，它通过调整图像中暗调、中间调和高光区域的色阶分布情况来增强图像的色阶对比。

对于光线较暗的图像，可在【色阶】对话框中用鼠标将右侧的白色滑块向左拖曳，从而增大图像中高光区域的范围，使图像变亮，如图 10-22 所示。

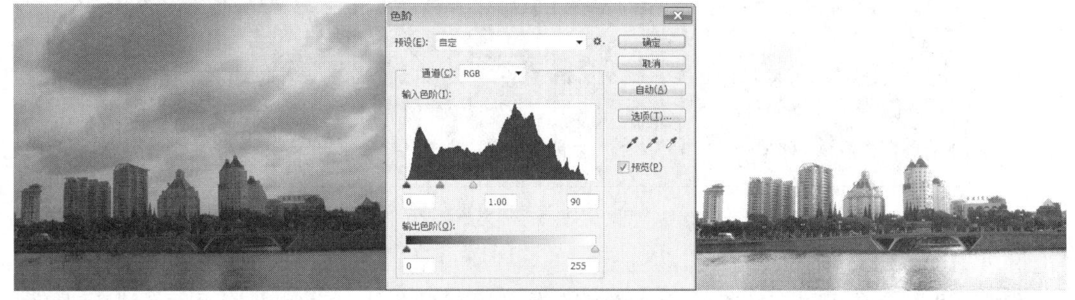

图10-22　图像调亮前后的对比效果

对于高亮度的图像，用鼠标将左侧的黑色滑块向右拖曳，可以增大图像中暗调的范围，使图像变暗。用鼠标将中间的灰色滑块向右拖曳，可以减少图像中的中间色调的范围，从而增大图像的对比度；同理，若将此滑块向左拖曳，可以增加中间色调的范围，从而减小图像的对比度。

三、【曲线】命令

【曲线】命令与【色阶】命令相似，只是【曲线】命令是利用调整曲线的形态来改变图像各个通道的明暗数量。执行【图像】/【调整】/【曲线】命令，将弹出如图 10-23 所示的【曲线】对话框。

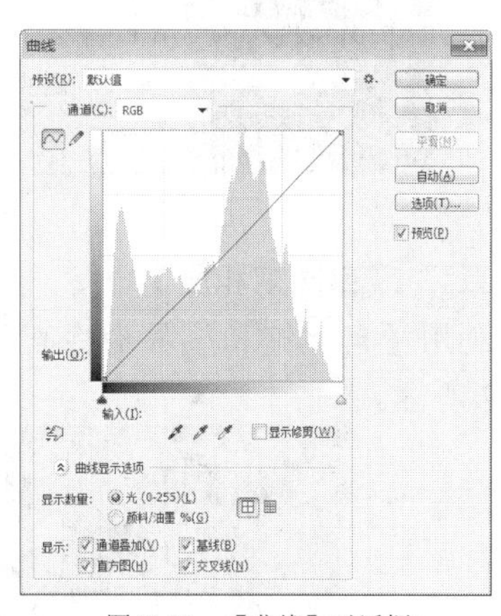

图10-23　【曲线】对话框

利用【曲线】命令可以调整图像各个通道的明暗程度，从而更加精确地改变图像的颜色。【曲线】对话框中的水平轴（即输入色阶）代表图像色彩原来的亮度值，垂直轴（即输出色阶）代表图像调整后的颜色值。对于【RGB 颜色】模式的图像，曲线显示“0～255”的强度值，暗调（0）位于左边。对于【CMYK 颜色】模式的图像，曲线显示“0～100”的百分数，高光（0）位于左边。

对于因曝光不足而色调偏暗的“RGB 颜色”图像，可以将曲线调整至上凸的形态，使图像变亮，如图 10-24 所示。

图10-24　原图与调整曲线图像变亮后的效果

对于因曝光过度而色调高亮的“RGB 颜色”图像，可以将曲线调整至向下凹的形态，使图像的各色调区按比例变暗，从而使图像的明度变得更加理想，如图 10-25 所示。

图10-25　原图与调整曲线图像变暗后的效果

四、【曝光度】命令

【曝光度】命令可以在线性空间中调整图像的曝光数量、位移和灰度系数，进而改变当前颜色空间中图像的亮度和明度。效果如图 10-26 所示。

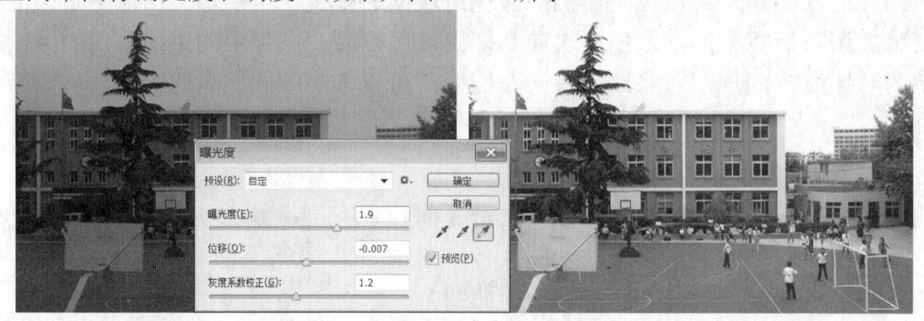

图10-26　图像调整亮度和明度前后的对比效果

五、【自然饱和度】命令

利用【自然饱和度】命令可以在颜色接近最大饱和度时最大限度地减少修剪，如图 10-27 所示。

图10-27　图像调整饱和度前后的对比效果

六、【色相/饱和度】命令

利用【色相/饱和度】命令可以调整图像的色相、饱和度和亮度，它既可以作用于整个图像，又可以对指定的颜色单独调整。当勾选【色相/饱和度】对话框中的【着色】复选框时，可以为图像重新上色，从而使图像产生单色调效果，如图 10-28 所示。

图10-28　图像原图及调整的单色调效果

七、【色彩平衡】命令

【色彩平衡】命令是通过调整各种颜色的混合量来调整图像的整体色彩。在【色彩平衡】对话框中调整相应滑块的位置，可以控制图像中互补颜色的混合量。【色调平衡】栏用于选择需要调整的色调范围。勾选【保持明度】复选框，在调整图像色彩时可以保持画面亮度不变，如图 10-29 所示。

图10-29　图像调整色调后的效果

八、【黑白】命令

利用【黑白】命令可以快速将彩色图像转换为黑白或单色效果，同时保持对各颜色的控制，如图 10-30 所示。

图10-30　图像转换为黑白和怀旧单色调时的效果

九、【照片滤镜】命令

【照片滤镜】命令类似于摄像机或照相机的滤色镜片，它可以对图像颜色进行过滤，使图像产生不同的滤色效果，如图 10-31 所示。

图10-31　图像添加冷却滤镜前后的对比效果

十、【通道混合器】命令

【通道混合器】命令可以通过混合指定的颜色通道来改变某一通道的颜色。此命令只能调整【RGB 颜色】和【CMYK 颜色】模式的图像，并且调整不同颜色模式的图像时，【通道混合器】对话框中的参数也不相同。图 10-32 所示为调整【RGB 颜色】模式的图像原图及调整后的效果。

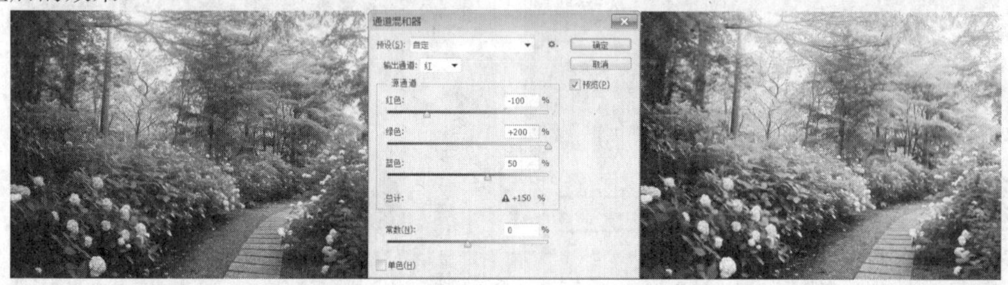

图10-32　通道混合器调整前后的对比效果

十一、【颜色查找】命令

【颜色查找】命令的主要作用是对图像色彩进行校正，实现高级色彩的变化。【颜色查找】命令虽然不是最好的精细色彩调整工具，但它却可以在短短几秒钟内创建多个颜色版本，用来找大体感觉的色彩非常方便，如图 10-33 所示。

图10-33　颜色查找前后的对比效果

十二、【反相】命令

执行【图像】/【调整】/【反相】命令，可以使图像中的颜色和亮度反转，生成一种照片底片效果，如图 10-34 所示。

图10-34　图像反相前后的对比效果

十三、【色调分离】命令

执行【图像】/【调整】/【色调分离】命令，弹出【色调分离】对话框。在对话框的【色阶】文本框中设置一个适当的数值，可以指定图像中每个颜色通道的色调级或亮度值，并将像素映射为与之最接近的一种色调，从而使图像产生各种特殊的色彩效果。原图像与色调分离后的效果如图 10-35 所示。

图10-35　图像反相前后的对比效果

十四、【阈值】命令

【阈值】命令可以将彩色图像转换为高对比度的黑白图像。执行【图像】/【调整】/【阈值】命令，弹出【阈值】对话框。在其对话框中设置一个适当的【阈值色阶】值，即可把图像中所有比阈值色阶亮的像素转换为白色，比阈值色阶暗的像素转换为黑色，效果如图 10-36 所示。

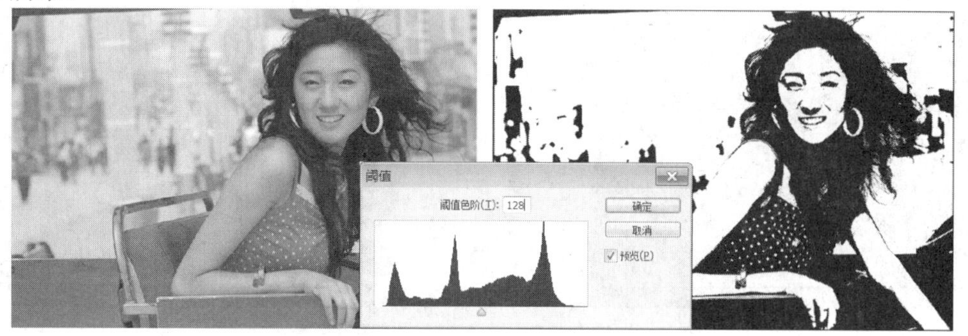

图10-36　调整【阈值】前后的对比效果

十五、【渐变映射】命令

【渐变映射】命令可以将选定的渐变色映射到图像中以取代原来的颜色。在渐变映射时，渐变色最左侧的颜色映射为阴影色，右侧的颜色映射为高光色，中间的过渡色则根据图像的灰度级映射到图像的中间调区域，效果如图 10-37 所示。

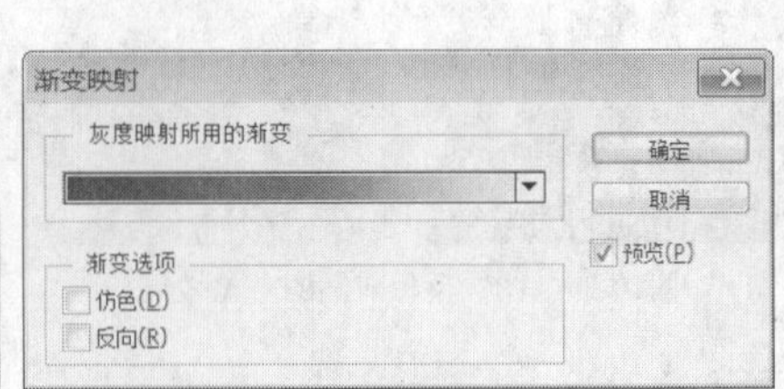

图10-37　图像映射颜色前后的对比效果

十六、　【可选颜色】命令

利用【可选颜色】命令可以调整图像中的某种颜色，从而改变图像的整体色彩，效果如图 10-38 所示。

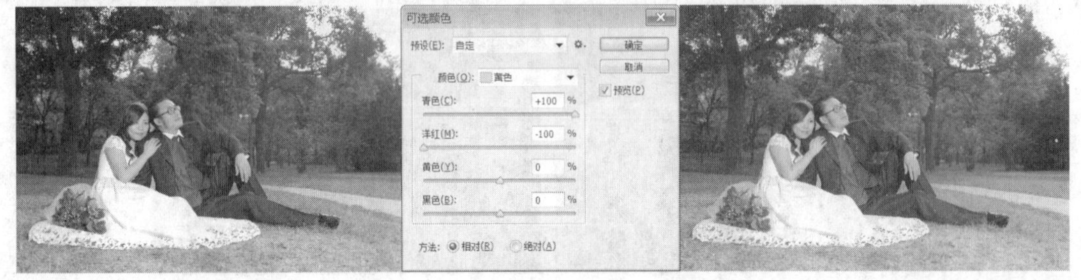

图10-38　图像调整颜色前后的对比效果

十七、　【阴影/高光】命令

【阴影/高光】命令用于校正由于光线不足或强逆光而形成的阴暗照片效果的调整，或校正由于曝光过度而形成的发白照片。执行【图像】/【调整】/【阴影/高光】命令，弹出【阴影/高光】对话框，在其对话框中阴影和高光都有各自的控制参数，通过调整阴影或高光参数即可使图像变亮或变暗，效果如图 10-39 所示。

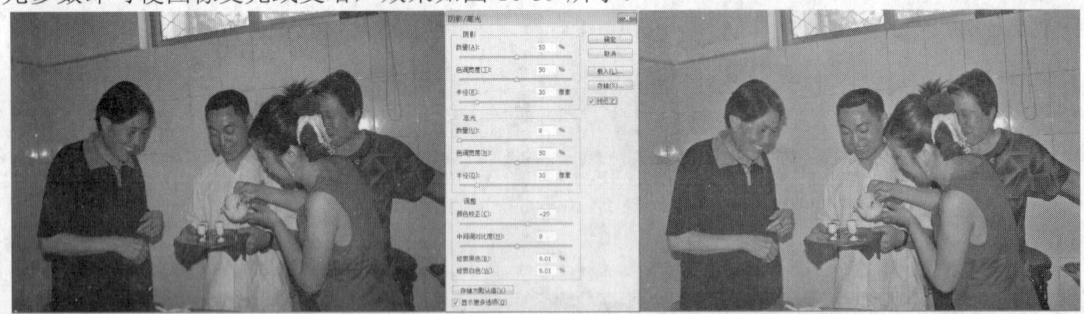

图10-39　图像调整阴影及高光前后的对比效果

十八、　【HDR 色调】命令

新增的【HDR 色调】命令可用来修补太亮或太暗的图像，制作出高动态范围的图像效果。执行【图像】/【调整】/【HDR 色调】命令，弹出【HDR 色调】对话框，在其对话框的【预设】下拉列表中可以选择一种预设对图像进行调整；也可以通过调整下方选项的参数使图像变亮或变暗，效果如图 10-40 所示。

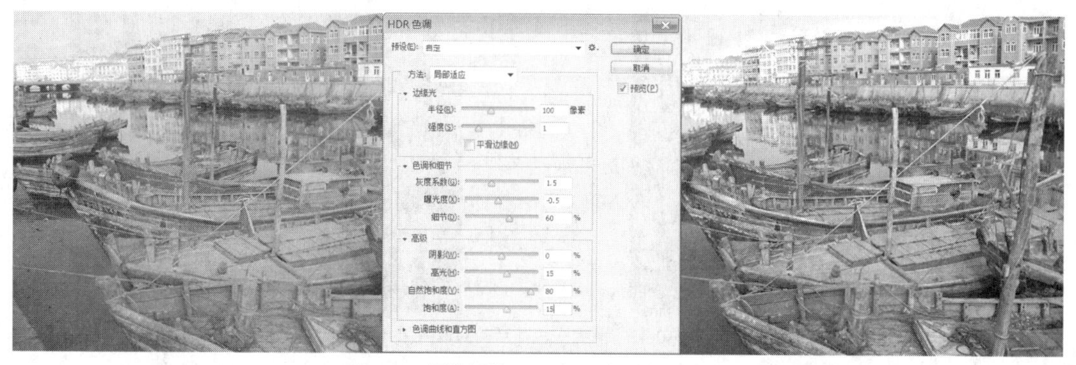

图10-40　图像调整 HDR 色调前后的对比效果

十九、　【变化】命令

利用【变化】命令可以直观地调整图像的色彩、亮度或饱和度。此命令常用于调整一些不需要精确调整的平均色调的图像，与其他色彩调整命令相比，【变化】命令更直观，只是无法调整【索引颜色】模式的图像。执行【图像】/【调整】/【变化】命令，弹出【变化】对话框，在其对话框中通过单击各个缩略图来加深某种颜色，从而调整图像的整体色彩，原图像与颜色调整后的效果如图 10-41 所示。

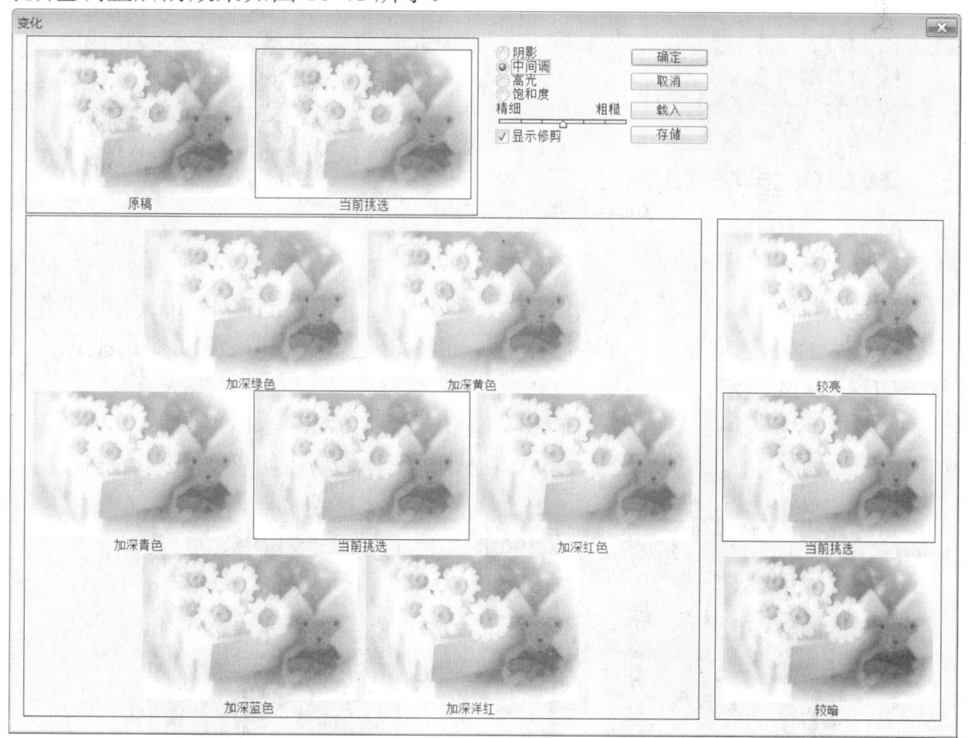

图10-41　原图像与颜色调整后的效果

二十、　【去色】命令

执行【图像】/【调整】/【去色】命令，可以去掉图像中的所有颜色，即在不改变色彩模式的前提下将图像转变为灰度图像，如图 10-42 所示。

图10-42　图像去色前后的对比效果

二十一、【匹配颜色】命令

【匹配颜色】命令可以将一个图像的颜色与另一个图像的颜色相互融合，也可以将同一图像不同图层中的颜色相融合，或按照图像本身的颜色进行自动中和，效果如图 10-43 所示。

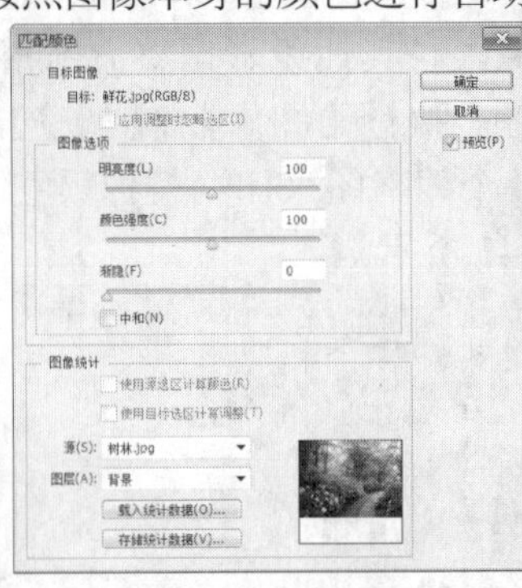

图10-43　图像匹配颜色前后的对比效果

二十二、【替换颜色】命令

【替换颜色】命令可以用设置的颜色样本来替换图像中指定的颜色范围，其工作原理是先用【色彩范围】命令选择要替换的颜色范围，再用【色相/饱和度】命令调整选择图像的色彩，效果如图 10-44 所示。

图10-44　颜色替换前后的对比效果

二十三、【色调均化】命令

执行【图像】/【调整】/【色调均化】命令，系统将会自动查找图像中的最亮像素和最暗像素，并将它们分别映射为白色和黑色，然后将中间的像素按比例重新分配到图像中，从而增加图像的对比度，使图像明暗分布更均匀，效果如图 10-45 所示。

图10-45　图像色调均化前后的对比效果

10.3　典型实例

下面我们通过 6 个案例来介绍图像颜色的调整方法。

10.3.1　变换图片的季节

利用【图像】/【调整】/【色相/饱和度】命令可以将照片调整出不同季节的颜色效果，下面将夏天的照片调整为秋意浓浓的色调效果。调整前后的图像效果对比如图 10-46 所示。

图10-46　调整前后的图像效果对比

【步骤解析】

1. 将附盘中“图库\第 10 章”目录下名为“婚纱照 02.jpg”的图片打开。
2. 执行【图像】/【调整】/【色相/饱和度】命令（或按 Ctrl+U 组合键），在弹出的【色相/饱和度】对话框中将【预设】选项下方的 全图 选框设置为“黄色”，其他参数设置与调整后的照片显示效果如图 10-47 所示。

图10-47　参数设置与调整参数后的照片显示效果

3. 将【预设】选项设置为“自定”，然后设置其他参数，如图 10—48 所示调整参数后的照片效果如图 10-48 所示。

图10-48　参数设置与调整参数后的照片显示效果

4.　单击 确定 按钮，此时一幅夏天效果的照片即被调整成了深秋的效果。
5.　按 Shift+Ctrl+S 组合键，将调整后的照片命名为“调整不同季节.jpg”保存。

10.3.2　变换图片的时间

下面灵活运用【调整层】，将清晨图片调整为暮色效果，原图及调整后的效果对比如图 10-49 所示。

图10-49　调整前后的图像效果对比

【步骤解析】

1.　将附盘中“图库\第 10 章”目录下名为“人物 02.jpg”的图片打开。
2.　执行【图层】/【新建】/【通过拷贝的图层】命令（或按 Ctrl+J 组合键），将“背景”层通过复制生成“图层 1”。
3.　单击【图层】面板下方的 按钮，在弹出的菜单中选择【渐变映射】命令，单击后弹出的【属性】面板中设置渐变颜色如图 10-50 所示。
4.　将“渐变映射 1”调整层的【图层混合模式】选项设置为【强光】模式，更改混合模式后的效果如图 10-51 所示。
5.　单击【图层】面板下方的 按钮，在弹出的菜单中选择【渐变映射】命令，在弹出的面板中设置渐变颜色如图 10-52 所示。

图10-50 设置的渐变颜色（1）

图10-51 更改混合模式后的效果（1）

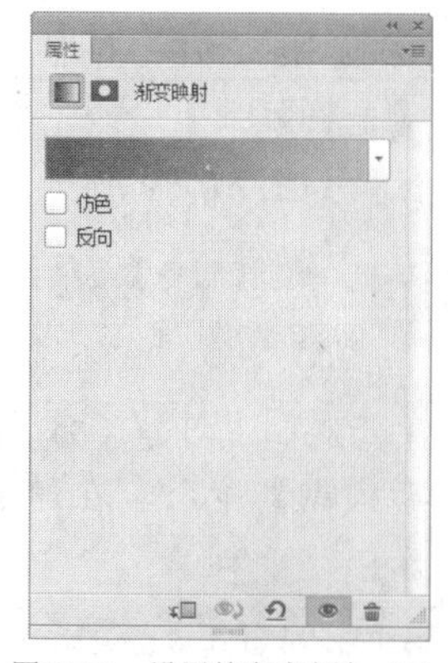

图10-52 设置的渐变颜色（2）

6. 将“渐变映射 1”调整层的【图层混合模式】选项设置为【正片叠底】模式，更改混合模式后的效果如图 10-53 所示。
7. 按 Shift+Ctrl+Alt+E 组合键，盖印图层生成“图层 2”，然后再次单击 按钮，在弹出的菜单中选择【色相/饱和度】命令，单击后在弹出的【属性】面板中设置参数如图 10-54 所示，调整后的图像效果如图 10-55 所示。

图10-53 更改混合模式后的效果（2）

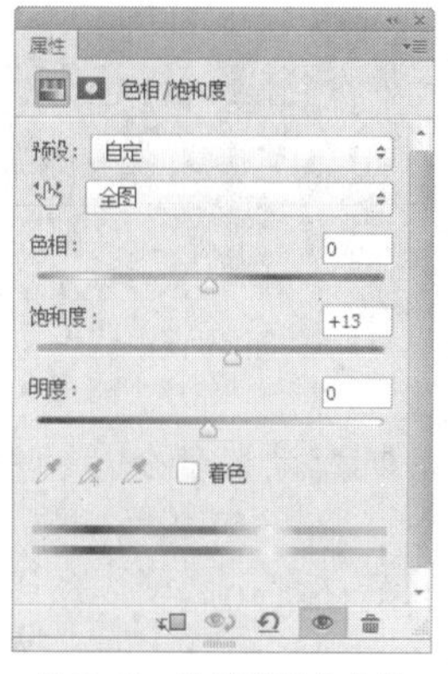

图10-54 设置的颜色参数

图10-55 调整颜色后的效果

8. 单击 按钮，在弹出的菜单中选择【曲线】命令，在弹出的面板中调整曲线形态如图 10-56 所示，调整后的图像效果如图 10-57 所示。

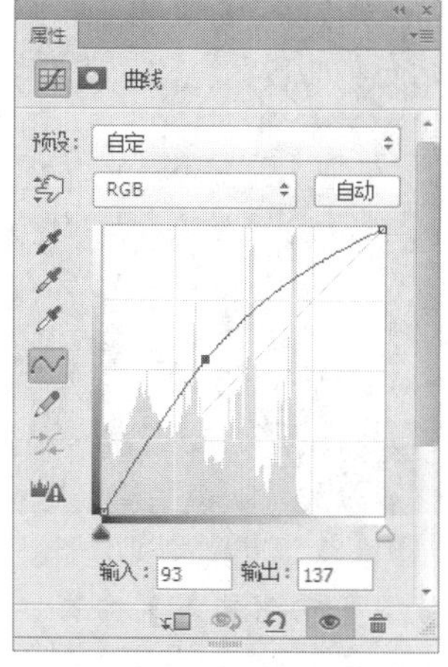

图10-56 调整的曲线形态

图10-57 调整曲线后的效果

9. 按 Shift+Ctrl+Alt+E 组合键，盖印图层生成“图层 3”，然后执行【滤镜】/【渲染】/【光照效果】命令，在弹出的面板中设置选项及参数如图 10-58 所示。然后调整灯光的位置如图 10-59 所示。

要点提示 【滤镜】/【渲染】/【光照效果】命令可以在 RGB 图像上产生灯光照射的效果，包括 3 种光源类型：点光、聚光灯和无限光。通过设置其下的参数，还可设置灯光的颜色和强度等。

10. 单击属性栏中 确定 按钮，完成光照效果的制作，然后执行【滤镜】/【模糊】/【高斯模糊】命令，在弹出的【高斯模糊】对话框中设置【半径】选项参数如图 10-60 所示。

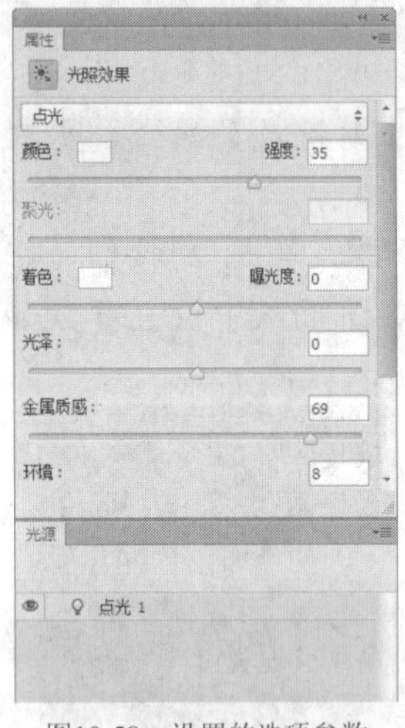

图10-58　设置的选项参数

图10-59　调整的光照效果

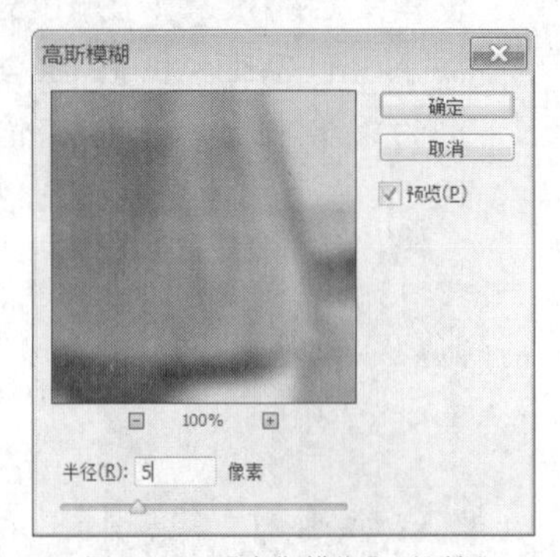

图10-60　【高斯模糊】对话框

11. 单击  按钮，执行【高斯模糊】命令后的图像效果如图 10-61 所示。

12. 单击【图层】面板下方的 按钮，为“图层 3”添加图层蒙版，然后利用 工具在画面中喷绘黑色编辑蒙版，效果如图 10-62 所示。

图10-61　高斯模糊后的效果

图10-62　编辑蒙版后的效果

13. 单击【图层】面板下方的 按钮，在弹出的菜单中选择【可选颜色】命令，单击后弹出【属性】面板，设置选项参数如图 10-63 所示，调整后的图像效果如图 10-64 所示。

图10-63　调整的选项参数

图10-64　调整后的图像效果

14. 利用T工具，依次输入如图 10-65 所示的白色文字。
15. 选择工具，单击属性栏中的按钮，在弹出的【画笔】面板中单击右上角的按钮。
16. 在弹出的下拉菜单中选择“M 画笔”命令，然后在弹出的【Adobe Photoshop】询问面板中单击确定按钮，再在【画笔】面板中选择第一个画笔笔头，并设置【大小】选项的参数如图 10-66 所示。

图10-65　输入的文字

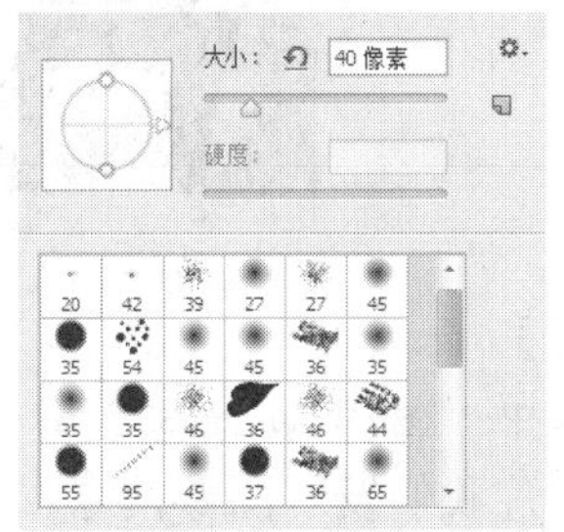

图10-66　【画笔预设】面板

17. 新建“图层 4”，并将前景色设置为白色，然后按住 Shift 键，在两行文字间自左向右拖曳鼠标，绘制出如图 10-67 所示的交叉斜线。
18. 将文字所在层及绘制的交叉斜线图层同时选择并调整至如图 10-68 所示的位置，即可完成图像暮色效果的调整。

图10-67　绘制的交叉斜线

图10-68　调整完成的暮色效果图

19. 按Shift+Ctrl+S组合键，将文件另命名为“调出暮色效果.psd”保存。

10.3.3　调整照片的偏色效果

标准人像照片的背景一般都相对简单，拍摄时调节焦聚较为准确，用光讲究，曝光充足，皮肤、服饰都会得到真实的质感表现。在夜晚或者光源不理想的环境下拍摄的照片，往往会出现人物肤色偏色或不真实的情况。下面介绍照片偏色的矫正方法，使照片中的色调更加真实，调整前后的图像效果对比，如图 10-69 所示。

图10-69　调整前后的图像效果对比

【步骤解析】

1. 将附盘中“图库\第 10 章”目录下名为“人物 03.jpg”的图片打开。

   通过照片我们发现图像偏绿，下面首先就要将“绿”通道的颜色减少。

2. 单击【图层】面板底部的 按钮，在弹出的菜单中选择【曲线】命令，在弹出的【曲线】面板中单击 RGB 按钮，选择“绿”通道，然后调整曲线形状如图 10-70 所示，降低绿色饱和度后的图像效果如图 10-71 所示。

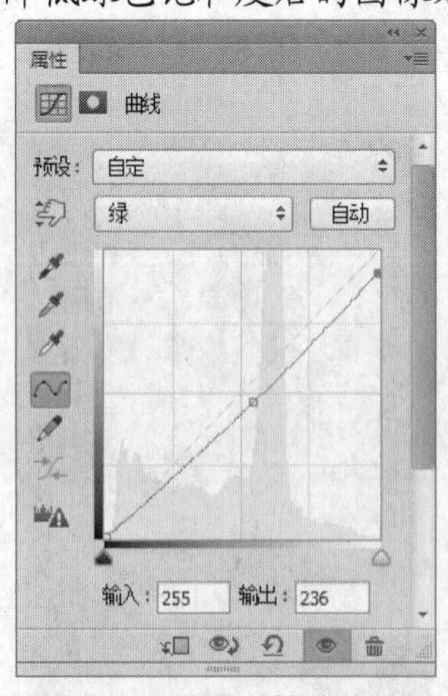

图10-70　调整绿通道的曲线形态

图10-71　调整后的图像效果

3. 单击 绿 按钮，选择“蓝”通道，然后调整曲线的形态，如图 10-72 所示。增加蓝色饱和度后的图像效果如图 10-73 所示。

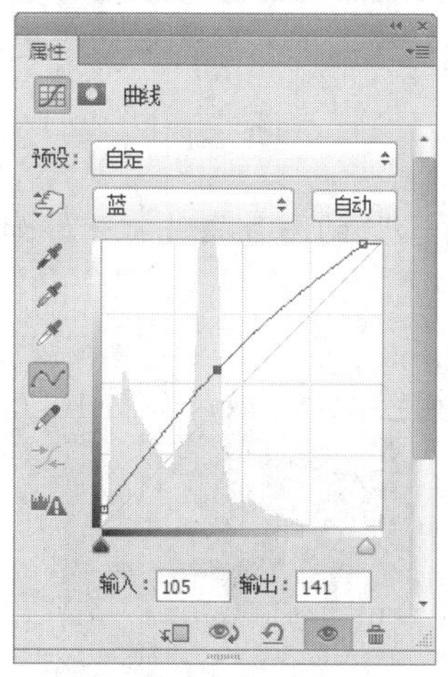

图10-72　调整蓝通道的曲线形态

图10-73　调整颜色后的图像

至此，图像颜色基本矫正，下面稍微给图像添加一些红色，使人物的肤色显得红润。再整体调整一个 RGB 通道，即可完成图像颜色的矫正。

4. 单击 蓝 按钮，选择“红”通道，然后调整曲线的形态如图 10-74 所示。
5. 单击 红 按钮，选择“RGB”通道，然后根据当前图像颜色的实际情况再进行提亮处理，曲线形态如图 10-75 所示，调整后的图像效果如图 10-76 所示。

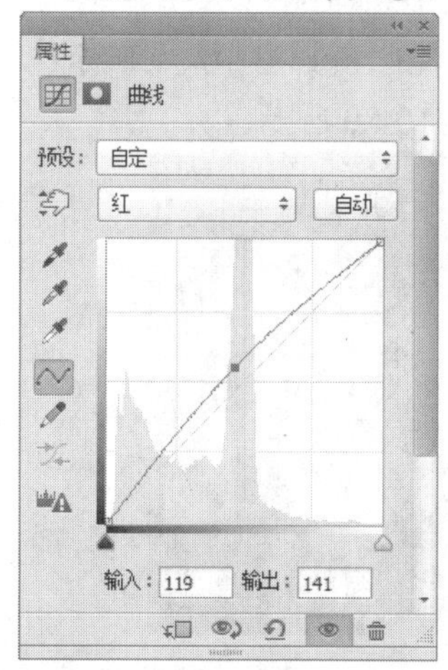

图10-74　调整红通道的曲线形态

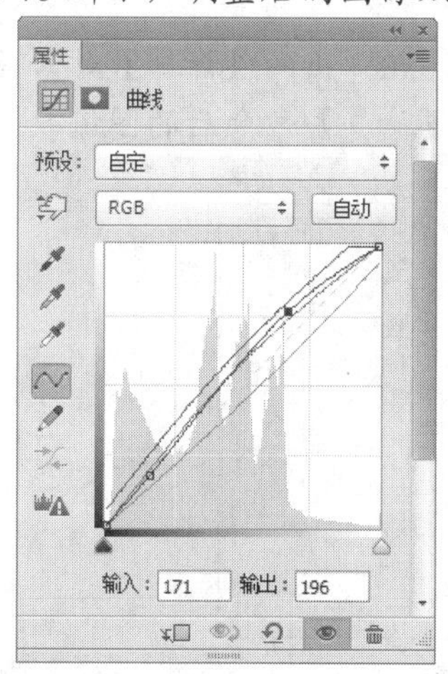

图10-75　调整整体的曲线形态

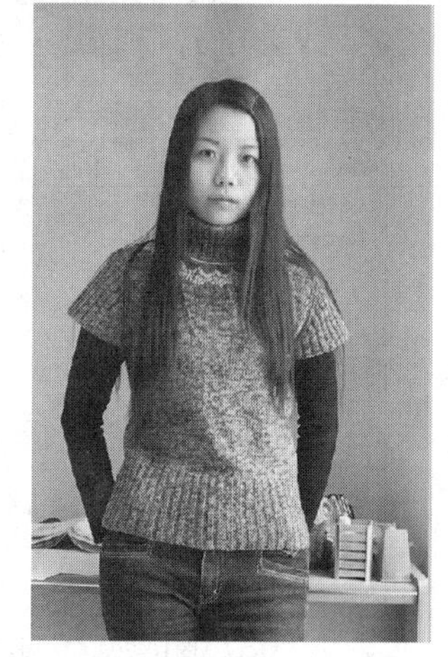

图10-76　图像调整后的效果

要点提示　在利用【曲线】命令矫正图像颜色时，读者要仔细进行实验和反复调整，直到调整出真实的颜色为止。

6. 按 Shift+Ctrl+S 组合键，将文件另命名为“矫正图像色调.psd”保存。

10.3.4　将彩色照片转换为黑白效果

对于学习了一个阶段 Photoshop 应用的读者来说，将一幅彩色照片转换为黑白效果是一件很容易的事情，可以直接使用菜单栏中的【图像】/【调整】/【去色】命令，也可以使用【图像】/【模式】/【灰度】命令进行转换，但无论使用哪种方法，所得到的灰度图像效果

都较为平淡。而菜单栏中的【图像】/【计算】命令可以通过图像的各种通道以不同方法进行混合，在转换灰度时可以保留画面丰富的色阶层次，使转换后的灰度图像效果更加明亮且色阶层次非常丰富，下面我们来看一下具体案例。

【步骤解析】

1. 将附盘中"图库\第 10 章"目录下名为"婚纱照 01.jpg"的图片文件打开，如图 10-77 所示。
2. 按 Ctrl+J 组合键，将背景层复制为"图层 1"。
3. 执行【图像】/【调整】/【去色】命令，将图像中的颜色去除，效果如图 10-78 所示。

图10-77　打开的图片

图10-78　去除颜色后的效果

4. 执行【图像】/【计算】命令，在弹出的【计算】对话框中设置选项如图 10-79 所示。
5. 单击 确定 按钮，执行【计算】命令后的图像效果如图 10-80 所示。

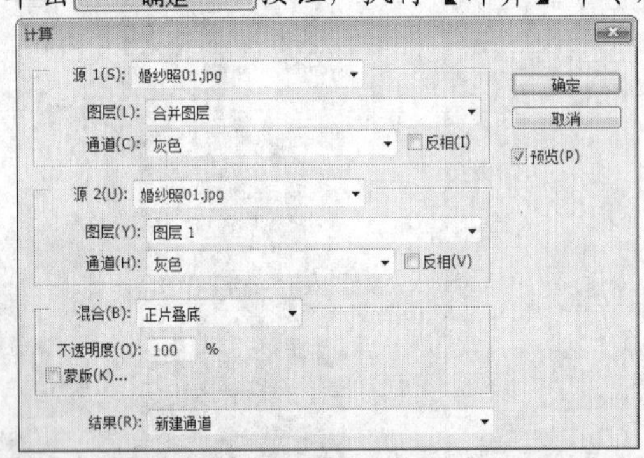

图10-79　【计算】对话框

图10-80　执行【计算】命令后的图像效果

6. 执行【图像】/【模式】/【灰度】命令，在依次弹出的如图 10-81 所示的询问面板中，分别单击 确定 按钮，合并图层并将只有一个"Alpha 1"通道的多通道模式图像转换成灰度模式。

图10-81　询问面板

7. 至此，彩色转灰度图像效果制作完成。按 Shift+Ctrl+S 组合键，将文件另命名为"彩色变黑白照.psd"保存。

10.3.5 调整图像色调

下面利用【调整】命令来调整图像的色调，调整前后的对比效果如图 10-82 所示。

图10-82 图像调整前后的对比效果

【步骤解析】

1. 将附盘中“图库\第 10 章”目录下名为“人物 04.jpg”的图片打开。
2. 按 Ctrl+J 组合键将“背景”层复制为“图层 1”，然后执行【图像】/【调整】/【去色】命令，将图像的颜色去除。
3. 在【图层】面板中，将“图层 1”的【图层混合模式】设置为【滤色】模式，【不透明度】参数设置为“70%”，画面效果如图 10-83 所示。
4. 单击【图层】面板底部的 按钮，在弹出的菜单中执行【曲线】命令，然后在【曲线】面板中调整曲线的形态如图 10-84 所示。

图10-83 设置图层混合模式效果

图10-84 调整曲线效果

5. 单击【图层】面板底部的 按钮，在弹出的菜单中执行【色彩平衡】命令，然后设置【色彩平衡】对话框中的选项及参数如图 10-85 所示，设置后照片颜色如图 10-86 所示。

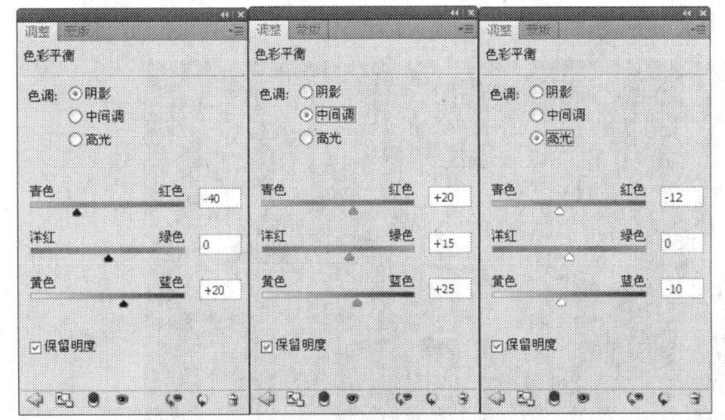

图10-85 【色彩平衡】选项及参数设置

图10-86 调整的颜色效果

6. 按Shift+Ctrl+Alt+E组合键，将所有图层合并复制生成“图层 2”，如图 10-87 所示。
7. 执行【滤镜】/【锐化】/【USM 锐化】命令使图像变清晰一些，参数设置如图 10-88 所示，单击 确定 按钮。
8. 选择工具，将人物的面部放大显示，观察到皮肤比较粗糙，如图 10-89 所示。

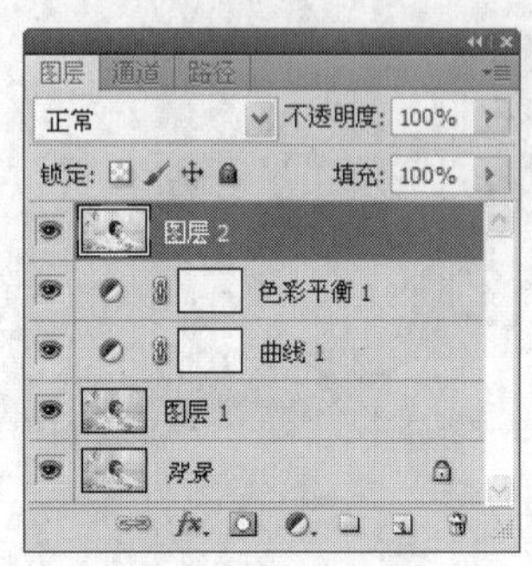

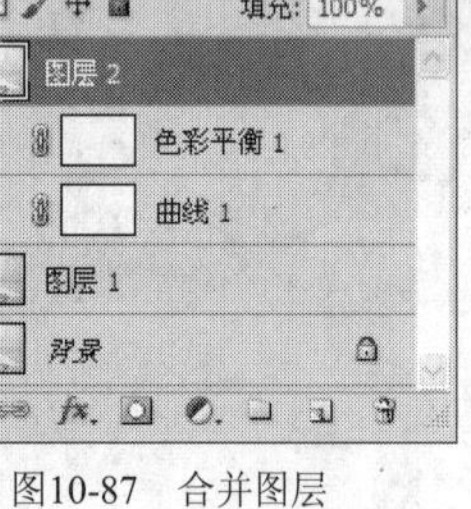

图10-87　合并图层

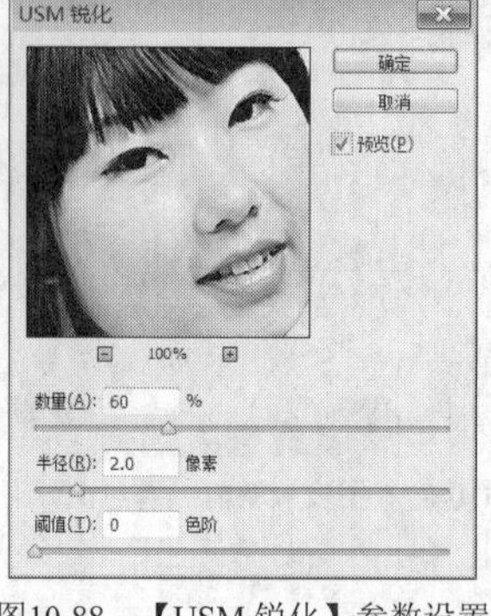

图10-88　【USM 锐化】参数设置

图10-89　放大显示图像

9. 选择工具，设置一个边缘较虚化的笔头，对脸部涂抹进行磨皮处理，使皮肤更光滑一些。注意，不要对面部五官的轮廓结构进行涂抹，不然会变成全部模糊的效果，磨皮处理后的皮肤效果如图 10-90 所示。

图10-90　磨皮处理后的皮肤效果

10. 按Shift+Ctrl+S组合键，将此文件另命名为“调整照片颜色.psd”保存。

10.3.6　打造怀旧效果

灵活运用【调整】命令，结合【滤镜】/【渲染】/【光照效果】命令和图层蒙版，将照片调整为怀旧色，调整前后的效果对比如图 10-91 所示。

图10-91　照片调整为怀旧色调前后的对比效果

【步骤解析】

1. 将附盘中"图库\第 10 章"目录下名为"人物 05.jpg"的文件打开，然后按Ctrl+J组合键，将背景层复制为"图层 1"。
2. 执行【图像】/【调整】/【色相/饱和度】命令，在弹出的【色相/饱和度】对话框中设置参数如图 10-92 所示。
3. 单击 确定 按钮，调整后的效果如图 10-93 所示。

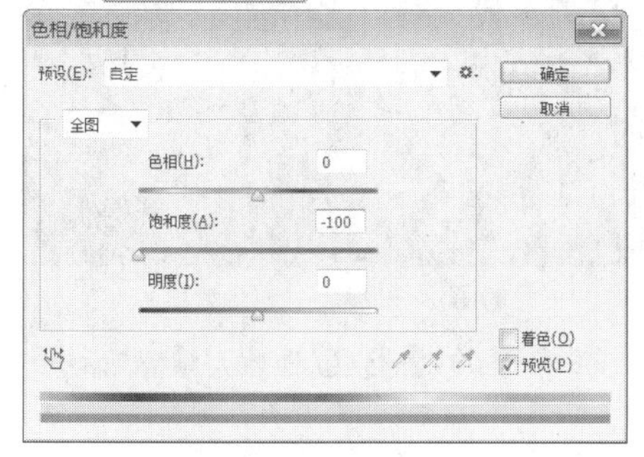

图10-92 【色相/饱和度】对话框

图10-93 调整后的效果

4. 执行【滤镜】/【渲染】/【光照效果】命令，在弹出的面板中设置选项及参数如图 10-94 所示。然后调整灯光的位置如图 10-95 所示。

图10-94 设置的参数

图10-95 灯光位置

5. 单击 确定 按钮，添加光照效果后的图像效果如图 10-96 所示。
6. 单击【图层】面板底部的按钮，为"图层 1"添加图层蒙版，然后选择工具，将选项栏中【不透明度】选项的参数设置为"30%"，在"图层 1"中绘制黑色来编辑蒙版，将画面中的人物隐约显示出一点原来的效果，如图 10-97 所示。

图10-96 添加光照后的效果

图10-97 编辑蒙版后的效果

7. 按 Shift+Ctrl+Alt+E 组合键盖印图层，生成“图层 2”，然后执行【图像】/【调整】/【色阶】命令，弹出【色阶】对话框，设置参数如图 10-98 所示。
8. 单击 确定 按钮，调整色阶后的效果如图 10-99 所示。

图10-98　【色阶】对话框

图10-99　调整色阶后的效果

9. 执行【图像】/【调整】/【亮度/对比度】命令，在弹出的【亮度/对比度】对话框中设置参数如图 10-100 所示。
10. 单击 确定 按钮，调整后的效果如图 10-101 所示。

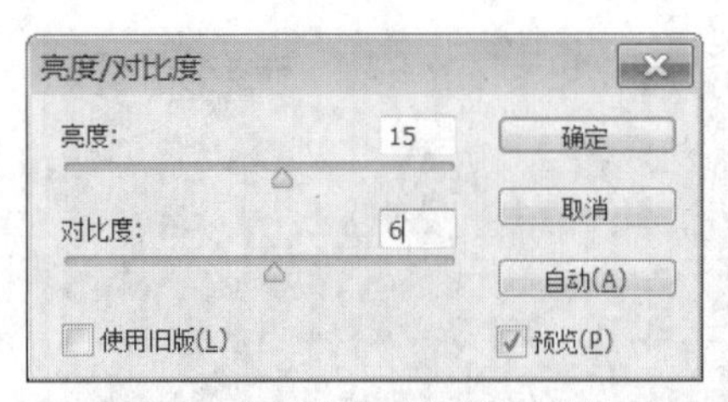

图10-100　【亮度/对比度】对话框

图10-101　调整亮度和对比度后的效果

11. 至此，怀旧色调调制完成。按 Shift+Ctrl+S 组合键，将文件另命名为“调整怀旧色调.psd”保存。

10.4　综合实例——制作非主流效果

下面灵活运用各种【调整】命令结合部分【滤镜】命令对人物照片进行处理，制作出如图 10-102 所示的非主流效果。

【步骤解析】

1. 将附盘中“图库\第 10 章”目录下名为“人物.jpg”的图片打开，如图 10-103 所示。

图10-102　制作的非主流效果

图10-103　打开的图片

2. 按 Ctrl+J 组合键，将“背景”层通过复制生成“图层 1”，然后执行【滤镜】/【模糊】/【高斯模糊】命令，在弹出的【高斯模糊】对话框中设置参数，如图 10-104 所示。
3. 单击 确定 按钮，执行【高斯模糊】命令后的效果如图 10-105 所示。

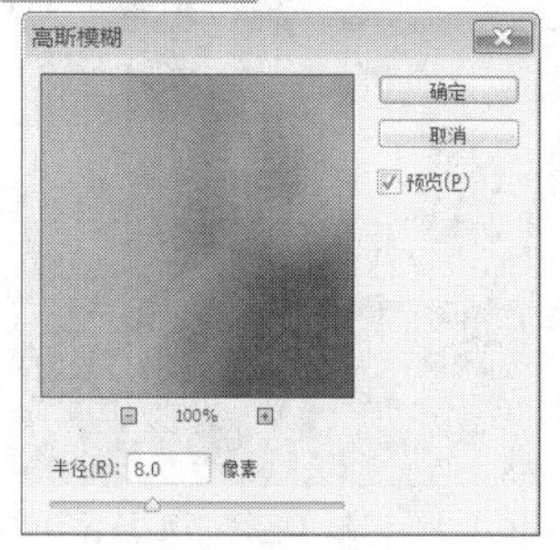

图10-104　设置【高斯模糊】参数

图10-105　执行【高斯模糊】命令后的效果

4. 单击【图层】面板下方的 按钮，为“图层 1”添加图层蒙版，并为其填充黑色。
5. 选择 工具，设置属性栏中【不透明度】选项的参数为“30%”，然后将前景色设置为白色，并在人物鼻子右侧及嘴角位置拖曳鼠标，即只对拖曳的区域应用模糊处理，效果如图 10-106 所示。
6. 按 Shift+Ctrl+Alt+E 组合键盖印图层，生成“图层 2”，然后再次执行【滤镜】/【模糊】/【高斯模糊】命令，在弹出的【高斯模糊】对话框中将【半径】选项的参数设置为“8 像素”，单击 确定 按钮。
7. 将“图层 2”的【图层混合模式】选项设置为【强光】模式，更改混合模式后的效果如图 10-107 所示。

图10-106　编辑蒙版后的效果

图10-107　更改混合模式后的效果

8. 单击【图层】面板下方的 按钮，在弹出的菜单中选择【曲线】命令，然后在弹出的面板中调整曲线形态，如图 10-108 所示，调整后的画面效果如图 10-109 所示。

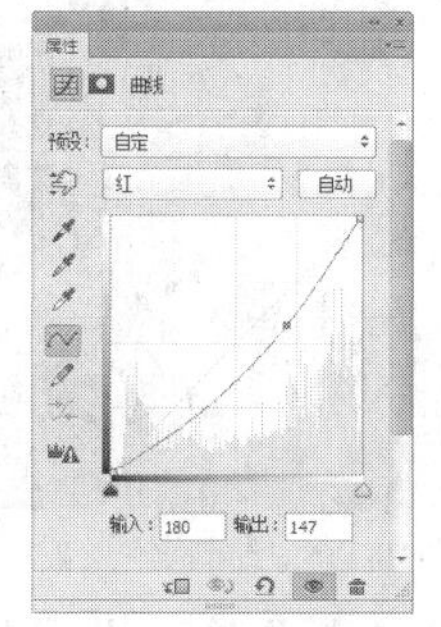

图10-108　调整曲线形态（1）

图10-109　调整曲线后的效果

9. 单击【图层】面板下方的 按钮，在弹出的菜单中选择【色彩平衡】命令，然后在弹出的【色彩平衡】面板中设置参数如图 10-110 所示，调整后的画面效果如图 10-111 所示。

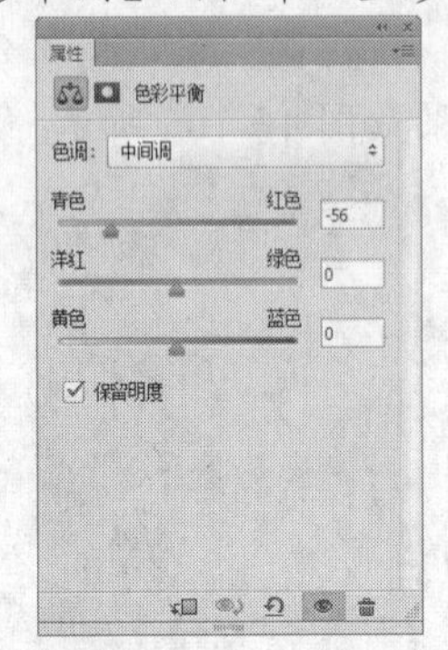

图10-110　【色彩平衡】面板

图10-111　调整【色彩平衡】后的效果

10. 按 Shift+Ctrl+Alt+E 组合键盖印图层，生成“图层 3”，然后将其【不透明度】选项的参数设置为“50%”，【图层混合模式】设置为【滤色】模式，更改混合模式后的效果如图 10-112 所示。

11. 新建“图层 4”，然后利用 工具，在人物的面部位置绘制出如图 10-113 所示的洋红色（R:218,G:5,B:150）色块。

图10-112　更改混合模式后的效果（1）

图10-113　绘制颜色（1）

12. 将“图层 4”的【不透明度】参数设置为“30%”，【图层混合模式】选项设置为【柔光】模式，更改混合模式后的效果如图 10-114 所示。

13. 新建“图层 5”，利用 工具，在人物的头发位置依次绘制出如图 10-115 所示的色块。

图10-114　更改混合模式后的效果（2）

图10-115　绘制颜色（2）

14. 将“图层 5”的【不透明度】选项的参数设置为“90%”，【图层混合模式】选项设置为

【色相】模式，更改混合模式后的效果如图 10-116 所示。

15. 单击【图层】面板下方的 按钮，在弹出的菜单中选择【曲线】命令，然后在【曲线】面板中调整曲线形态，如图 10-117 所示。

图10-116　更改混合模式后的效果（3）

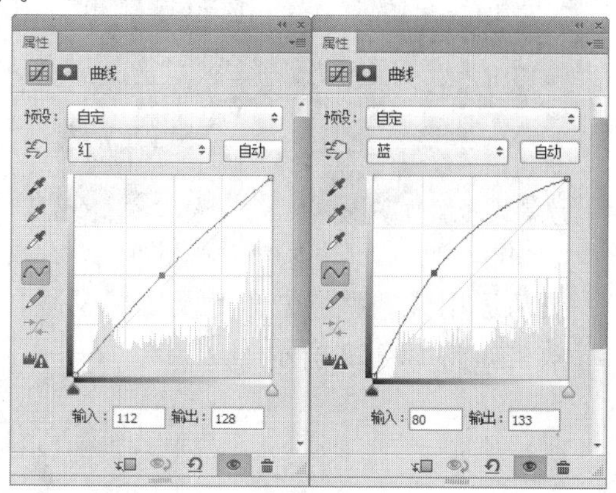

图10-117　调整曲线形态（2）

调整后的画面效果如图 10-118 所示。

16. 按 Shift+Ctrl+Alt+E 组合键盖印图层，生成“图层 6”，然后执行【滤镜】/【锐化】/【USM 锐化】命令，在弹出的【USM 锐化】对话框中设置参数，如图 10-119 所示。

图10-118　调整曲线后的效果

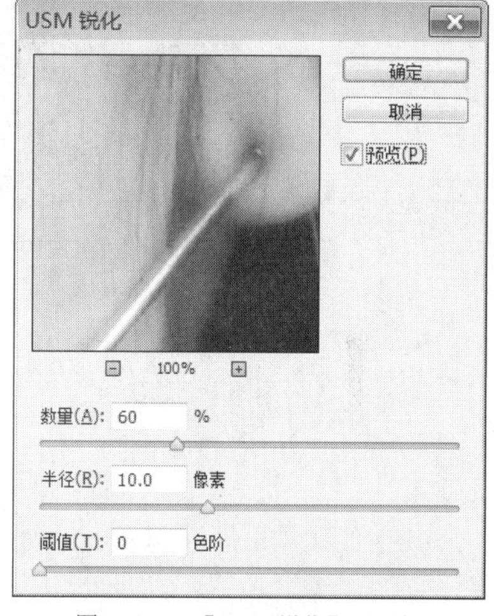

图10-119　【USM 锐化】对话框

17. 单击 确定 按钮，即可完成非主流效果的制作，按 Shift+Ctrl+S 组合键，将文件另命名为“非主流.psd”保存。

10.5　习题

1. 灵活运用【图像】/【调整】/【黑白】命令将彩色照片转换为单色效果，原图片及转换后的效果如图 10-120 所示。
2. 灵活运用【色彩平衡】、【曲线】和【色相/饱和度】命令来调整健康红润的皮肤颜色，调整前后的对比效果如图 10-121 所示。

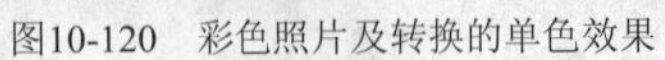

图10-120　彩色照片及转换的单色效果

图10-121　人物皮肤调整前后的对比效果

3. 灵活运用【调整层】命令及图层蒙版，对人物照片的背景进行处理，处理前后的对比效果如图 10-122 所示。

图10-122　照片处理前后的对比效果

第11章　滤镜（上）

滤镜是 Photoshop 中较重要的命令，灵活运用该命令可以制作出多种精彩的图像艺术效果以及各种类型的艺术字。滤镜命令的使用方法非常简单，只要执行相应的滤镜命令，然后在弹出的对话框中设置不同的选项和参数就可直接在当前图像上出现相应的效果。

【滤镜】菜单中有 100 多种滤镜命令，每个命令都可以单独使图像产生不同的效果。执行【滤镜】命令，弹出的下拉式菜单如图 11-1 所示。由于命令较多，因此这部分内容将分为两章进行讲解。在讲解过程中将对参数及选项的设置分别进行说明，并且给出不同滤镜产生的效果插图进行对比学习。

11.1　使用滤镜

滤镜分为很多种类型，在滤镜库中可以对图像使用多种滤镜，也可以对图像使用单一滤镜。确定应用滤镜效果的图层，然后在滤镜的下拉菜单中单击某个滤镜命令，即可为当前图层应用该滤镜效果。

当执行过一次滤镜命令后，【滤镜】菜单中的第一个【上次滤镜操作】命令即可使用，执行此命令或按 Ctrl+F 组合键，可以在图像中再次应用最后一次应用的滤镜效果。按 Ctrl+Alt+F 组合键，将弹出上次应用滤镜的对话框，可以重新设置参数并应用到图像中。

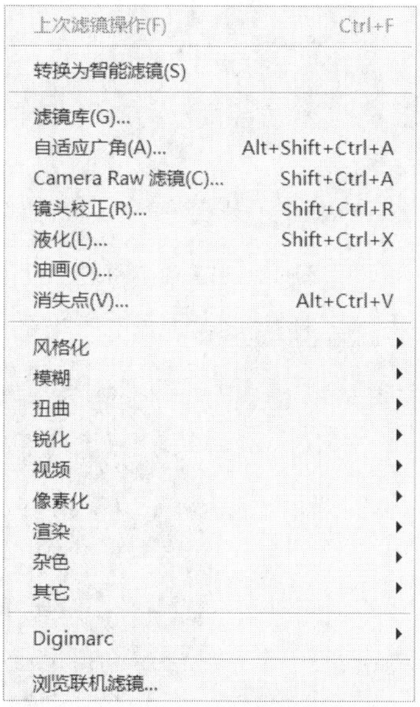

上次滤镜操作(F)　Ctrl+F
转换为智能滤镜(S)
滤镜库(G)...
自适应广角(A)...　Alt+Shift+Ctrl+A
Camera Raw 滤镜(C)...　Shift+Ctrl+A
镜头校正(R)...　Shift+Ctrl+R
液化(L)...　Shift+Ctrl+X
油画(O)...
消失点(V)...　Alt+Ctrl+V
风格化
模糊
扭曲
锐化
视频
像素化
渲染
杂色
其它
Digimarc
浏览联机滤镜...

图11-1　【滤镜】菜单

11.2　转换为智能滤镜

执行【滤镜】/【转换为智能滤镜】命令，可将普通层转换为智能对象层，同时将滤镜转换为智能滤镜。

在普通图层中执行【滤镜】命令后，原图像将遭到破坏，效果直接应用在图像上。而智能滤镜则会保留滤镜的参数设置，这样可以随时编辑修改滤镜参数，且原图像的数据仍然被保留。

- 如果觉得某滤镜不合适，可以暂时关闭，或者退回到应用滤镜前图像的原始状态。单击【图层】面板滤镜左侧的眼睛图标，则可以关闭该滤镜的预览效果。
- 如果想对某滤镜的参数进行修改，可以直接双击【图层】面板中的滤镜名

称，即可弹出该滤镜的参数设置对话框。

- 双击滤镜名称右侧的按钮，可在弹出的【混合选项】对话框中编辑滤镜的混合模式和不透明度。
- 在滤镜上单击鼠标右键，可在弹出的快捷菜单中更改滤镜的参数设置、关闭滤镜或删除滤镜等。

下面以实例的形式来进行讲解。

【步骤解析】

1. 打开附盘中“图库\第 11 章”目录下名为“标贴.psd”的图片，如图 11-2 所示。
2. 执行【滤镜】/【转换为智能滤镜】命令，在弹出的询问面板中单击 确定 按钮。
3. 执行【滤镜】/【风格化】/【浮雕效果】命令，参数设置如图 11-3 所示。

图11-2　打开的标贴图片及【图层】面板

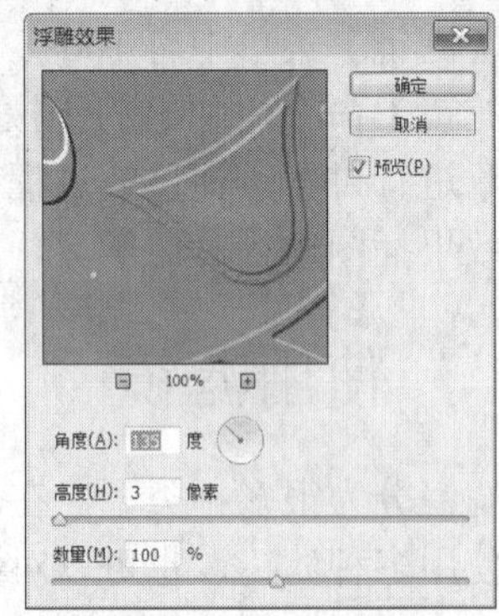

图11-3　【浮雕效果】对话框

4. 单击 确定 按钮，产生的浮雕效果及智能滤镜图层如图 11-4 所示。

图11-4　浮雕效果及智能滤镜图层

5. 在【图层】面板中双击 浮雕效果 位置，即可弹出【浮雕效果】对话框，此时可以重新设置浮雕效果的参数，且保留原图形的数据。
6. 单击智能滤镜图层前面的图标，可以把应用的滤镜关闭，显示原图形。

11.3　【滤镜库】命令

执行【滤镜】/【滤镜库】命令，打开如图 11-5 所示的【滤镜库】对话框。在此对话框中可以对图像进行多个滤镜的应用，从而起到丰富图像的效果。

图11-5 【滤镜库】对话框

- 预览区：该项用来预览设置的滤镜效果。
- 缩放区：调整预览区中图像的显示比例。
- 滤镜组：单击滤镜组前面的▷按钮可以将滤镜组展开，在展开的滤镜组中可以选择一种滤镜。
- 各滤镜命令效果缩览图：显示图像应用相应的滤镜命令后出现的效果。
- 显示/隐藏滤镜缩览图：单击此按钮可显示/隐藏滤镜组及各滤镜命令的效果缩览图。
- 弹出式菜单：单击选项窗口，将弹出滤镜菜单命令列表。
- 参数设置区：当选择一种滤镜后，在参数设置区将会显示出相应的数值设置。
- 当前选择的滤镜：指定当前使用的滤镜。
- 已应用但未选择的滤镜：当前效果中应用了该滤镜，但是缩览图中未显示出的滤镜。
- 隐藏的滤镜：指示出当前隐藏的滤镜。
- 新建效果图层：单击该按钮，可以新建一个滤镜效果图层。
- 删除效果图层：单击该按钮，可以将选中的效果图层删除，只有新建滤镜效果图层后，此按钮才可用。

11.3.1 【风格化】滤镜

【照亮边缘】滤镜可以标识颜色的边缘，并向其添加类似霓虹灯的光亮效果。【照亮边缘】对话框的选项参数如图 11-6 所示，效果对比如图 11-7 所示。

- 【边缘宽度】选项：设置发光边缘的宽度，取值范围为 1～14。
- 【边缘亮度】选项：设置发光边缘的明暗程度，取值范围为 0～20。
- 【平滑度】选项：设置发光边缘的平滑程度，取值范围为 1～15。

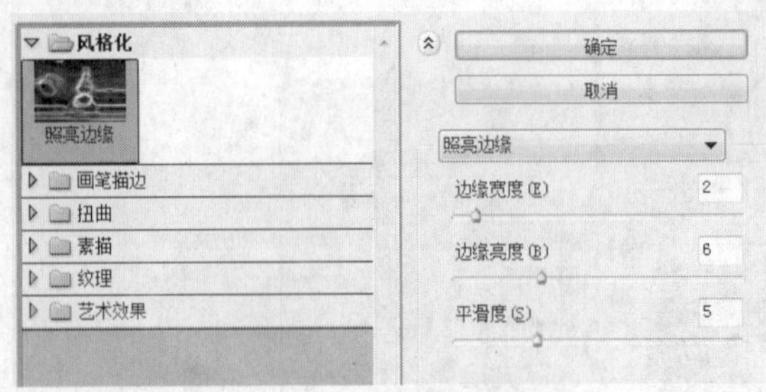

图11-6　【照亮边缘】对话框

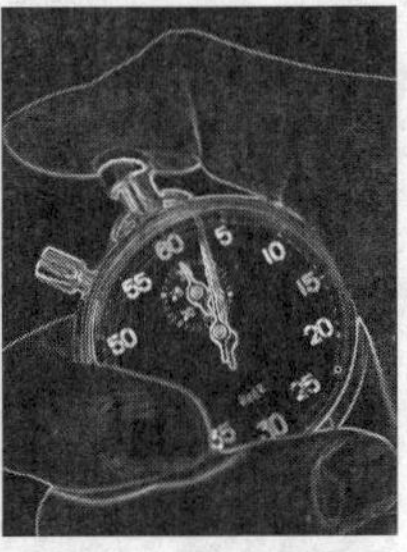

图11-7　效果对比

11.3.2　【画笔描边】滤镜

【画笔描边】滤镜组中的滤镜可以使用画笔和油墨描边效果创造出绘画效果的外观图像。

一、　成角的线条

【成角的线条】滤镜可使用对角描边重新绘制图像，在图像中用相反方向的线条来绘制亮区和暗区。【成角的线条】对话框的选项参数如图 11-8 所示，效果对比如图 11-9 所示。

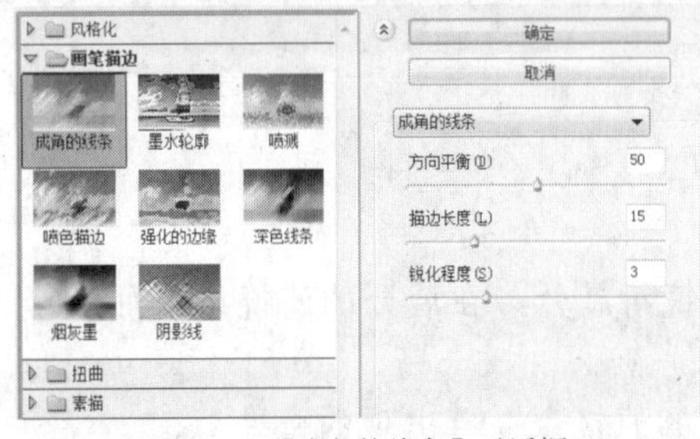

图11-8　【成角的线条】对话框

图11-9　【成角的线条】效果对比

- 【方向平衡】选项：设置生成线条的倾斜角度，取值范围为 0～100，当参数为“0”时，线条自右上角向左下角倾斜。
- 【描边长度】选项：设置生成线条的长度，取值范围为 3～50，数值越大，线条的长度越长。
- 【锐化程度】选项：设置生成线条的清晰程度，取值范围为 0～10，数值越大，产生的线条越模糊。

二、　墨水轮廓

【墨水轮廓】滤镜制作的效果类似于钢笔画风格，是用纤细的黑色线条在原细节上重绘图像。【墨水轮廓】对话框的选项参数如图 11-10 所示，效果对比如图 11-11 所示。

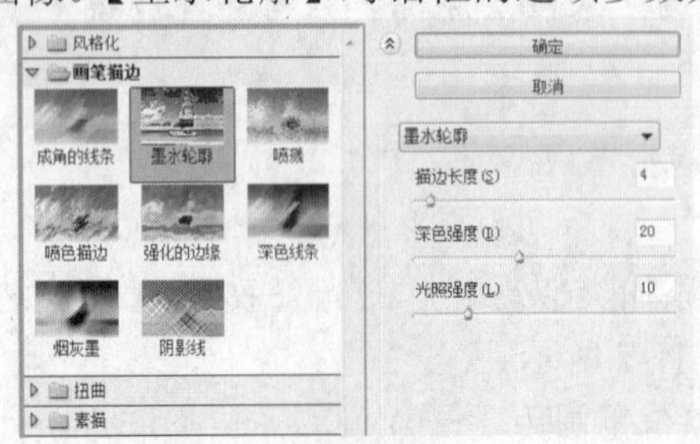

图11-10　【墨水轮廓】对话框

图11-11　【墨水轮廓】效果对比

- 【描边长度】选项：设置画面中线条的长度，取值范围为 1～50。

- 【深色强度】选项：设置图像中阴影部分的强度，取值范围为 0～50，数值越大，画面越暗；数值越小，线条越明显。
- 【光照强度】选项：设置图像中明亮部分的强度，取值范围为 0～50，数值越大，画面越亮；数值越小，线条越不明显。

三、 喷溅

【喷溅】滤镜可以模拟喷枪喷溅，在图像中产生颗粒飞溅的效果。【喷溅】对话框的选项参数如图 11-12 所示，效果对比如图 11-13 所示。

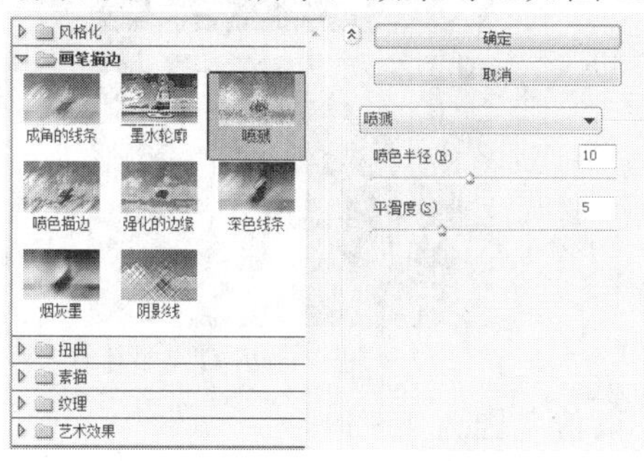

图11-12 【喷溅】对话框

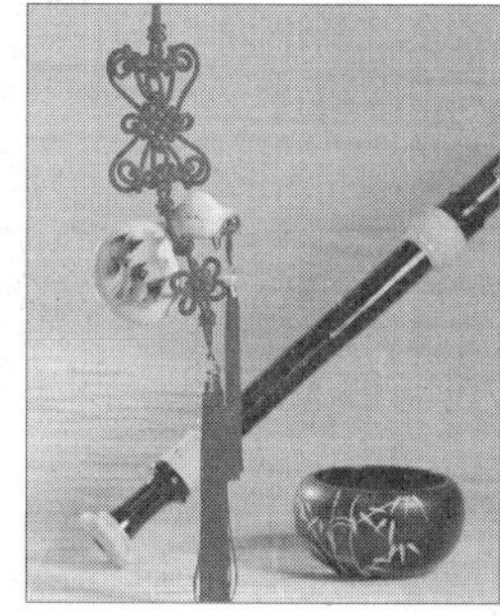

图11-13 【喷溅】效果对比

- 【喷色半径】选项：设置喷溅的范围，取值范围为 0～25，数值越大，画面喷溅效果越明显。
- 【平滑度】选项：设置喷溅的平滑程度，取值范围为 1～15，数值越小，颗粒效果越明显。

四、 喷色描边

【喷色描边】滤镜是用图像的主导色，以成角的、喷溅的颜色线条重新绘画图像。【喷色描边】对话框的选项参数如图 11-14 所示，效果对比如图 11-15 所示。

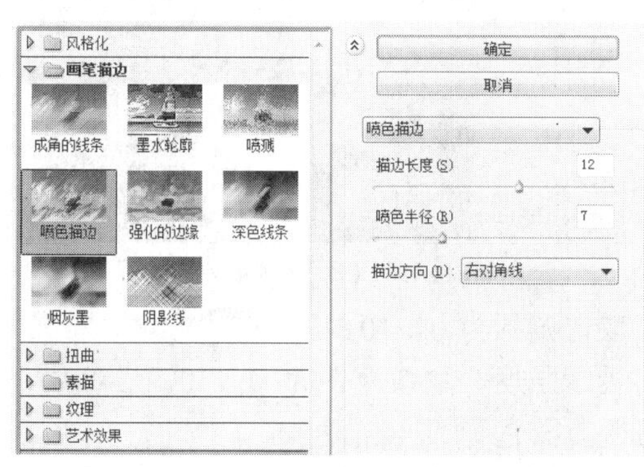

图11-14 【喷色描边】对话框

图11-15 【喷色描边】效果对比

- 【描边长度】选项：设置画面中飞溅笔触的长度，取值范围为 0～20。
- 【喷色半径】选项：设置图像颜色溅开的程度，取值范围为 0～25。
- 【描边方向】下拉列表：设置描边的方向，其下拉列表中包括【右对角线】、【水平】、【左对角线】和【垂直】选项。

五、 强化的边缘

【强化的边缘】滤镜可以对图像中颜色之间的边缘进行加强处理。设置的边缘亮度控制

值较高时，强化效果类似白色粉笔画出的效果；设置的边缘亮度控制值较低时，强化效果类似黑色油墨画出的效果。【强化的边缘】对话框的选项参数如图 11-16 所示，效果对比如图 11-17 所示。

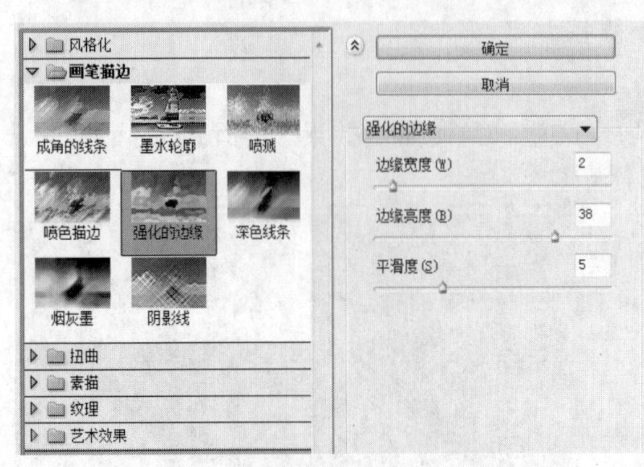

图11-16　【强化的边缘】对话框

图11-17　【强化的边缘】效果对比

- 【边缘宽度】选项：设置图像边缘的宽度，取值范围为 1～14。
- 【边缘亮度】选项：设置图像边缘的亮度，取值范围为 0～50，数值越大，边缘效果越与粉笔画类似；数值越小，边缘效果越与黑色油墨画类似。
- 【平滑度】选项：设置图像边缘的平滑程度，取值范围为 1～15。

六、 深色线条

【深色线条】滤镜可以在图像中用短而密的线条绘制深色区域，用长的线条描绘浅色区域。【深色线条】对话框的选项参数如图 11-18 所示，效果对比如图 11-19 所示。

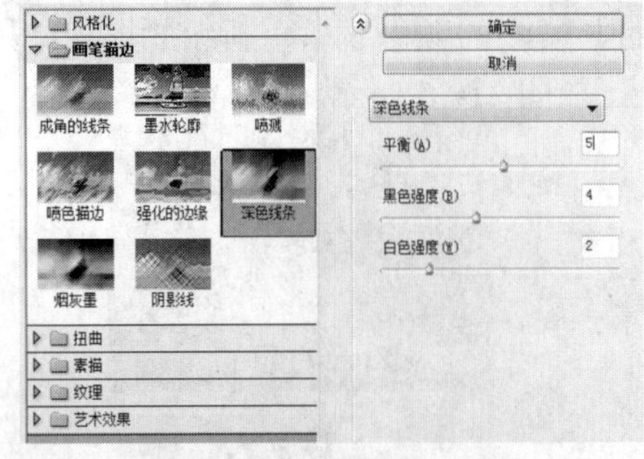

图11-18　【深色线条】对话框

图11-19　【深色线条】效果对比

- 【平衡】选项：设置黑白色调的比例，取值范围为 0～10。
- 【黑色强度】选项：设置图像中黑线的显示强度，取值范围为 0～10，当参数设置为“10”时，图像中的深色区域将变为黑色。
- 【白色强度】选项：设置图像中白线的显示强度，取值范围为 0～10，当参数设置为“10”时，图像中的浅色区域将变为白色。

七、 烟灰墨

【烟灰墨】滤镜可以使用非常黑的油墨来创建柔和的模糊边缘，看起来像是用蘸满油墨的画笔在宣纸上绘画的效果。【烟灰墨】对话框的选项参数如图 11-20 所示，效果对比如图 11-21 所示。

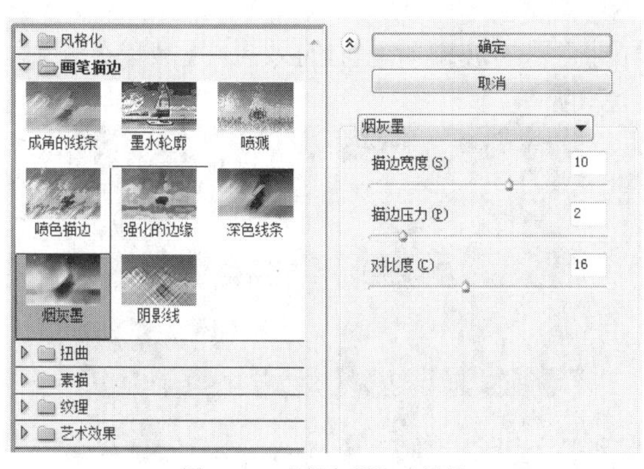

图11-20 【烟灰墨】对话框

图11-21 【烟灰墨】效果对比

- 【描边宽度】选项：设置创建出的图像中笔触的宽度，取值范围为 3～15，笔触越窄，图像越清晰。
- 【描边压力】选项：设置图像中笔触的压力，取值范围为 0～15。压力越大，图像中的黑色越明显。
- 【对比度】选项：设置图像中亮区与暗区之间的对比度，取值范围为 0～40。

八、 阴影线

【阴影线】滤镜可以保留原图像的细节和特征，同时使用模拟的铅笔阴影线添加纹理，并使图像中彩色区域的边缘变粗糙。【阴影线】对话框的选项参数如图 11-22 所示，效果对比如图 11-23 所示。

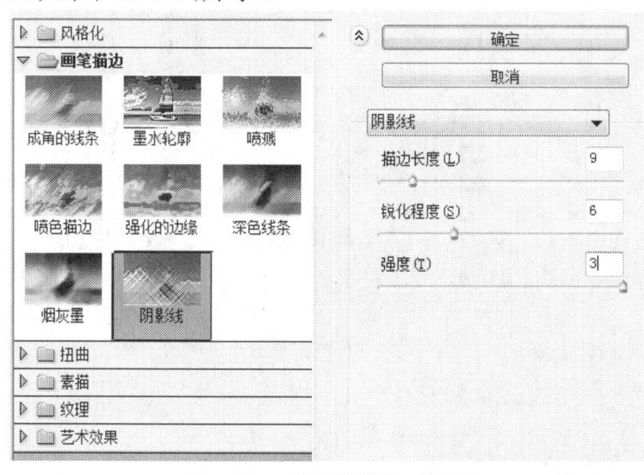

图11-22 【阴影线】对话框

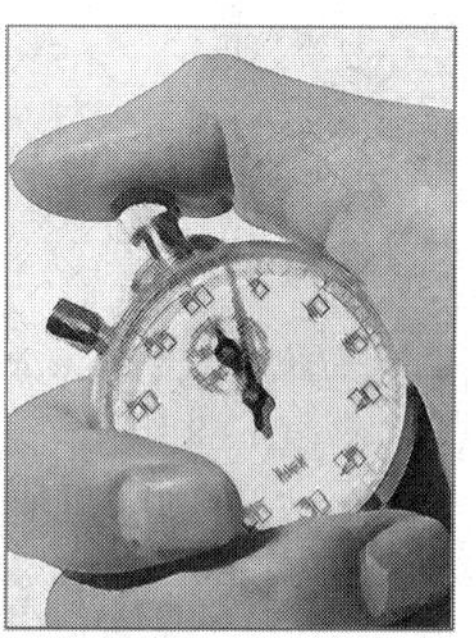

图11-23 【阴影线】效果对比

- 【描边长度】选项：设置图像中生成线条的长度，取值范围为 3～50。
- 【锐化程度】选项：设置生成线形的锐化程度，取值范围为 0～20。
- 【强度】选项：设置生成阴影线的数量和清晰度，取值范围为 1～3。

11.3.3 【扭曲】滤镜

【扭曲】滤镜组中的滤镜可以将图像进行几何扭曲，创建 3D 或其他整形效果，从而使

图像产生奇妙的艺术效果。【滤镜库】对话框中主要包括【玻璃】、【海洋波纹】和【扩散亮光】命令。

一、 玻璃

【玻璃】滤镜可以使图像产生类似于透过不同类型的玻璃所看到的效果。【玻璃】对话框的选项参数如图 11-24 所示，效果对比如图 11-25 所示。

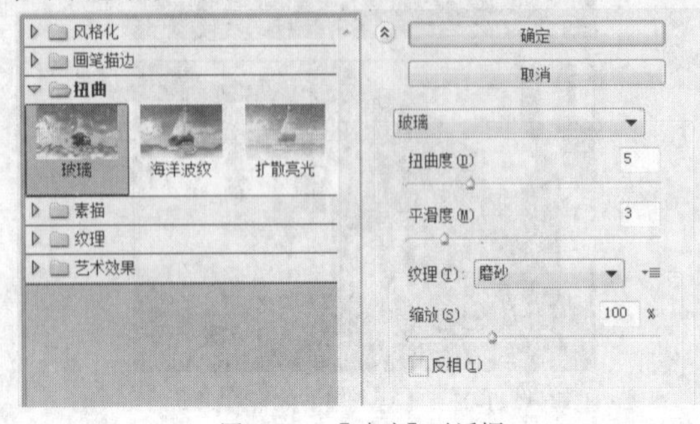

图11-24　【玻璃】对话框

图11-25　【玻璃】效果对比

- 【扭曲度】选项：设置图像的扭曲程度，取值范围为 1～20。
- 【平滑度】选项：设置图像的平滑程度，取值范围为 1～15。
- 【纹理】选项：设置生成玻璃的纹理效果。
- 【缩放】选项：设置生成纹理的大小，取值范围为 50%～200%。
- 【反相】复选框：勾选此复选框，可以将生成纹理的凹凸进行反转。

二、 海洋波纹

【海洋波纹】滤镜可以使图像表面产生随机分隔的波纹效果，使图像看上去像是在水中。【海洋波纹】对话框的选项参数如图 11-26 所示，效果对比如图 11-27 所示。

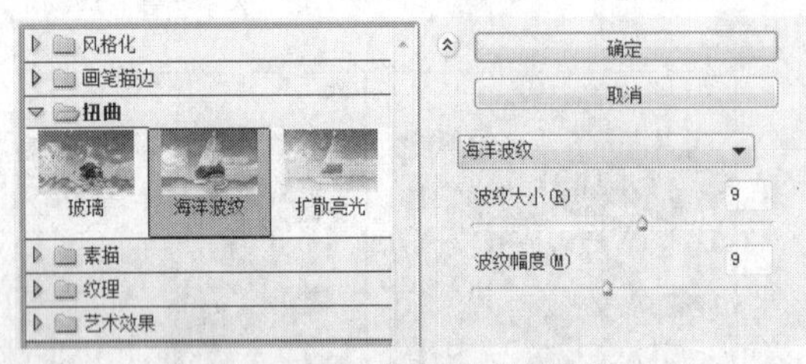

图11-26　【海洋波纹】对话框

图11-27　【海洋波纹】效果对比

- 【波纹大小】选项：设置生成波纹的大小，取值范围为 1～15。
- 【波纹幅度】选项：设置生成波纹的密度，取值范围为 0～20。

三、 扩散亮光

【扩散亮光】滤镜是以工具箱中的背景色为基色对图像的亮部区域进行加光渲染。【扩散亮光】对话框的选项参数如图 11-28 所示，效果对比如图 11-29 所示。

- 【粒度】选项：设置在图像中添加颗粒的密度，参数设置范围为 1～10。
- 【发光量】选项：设置图像中发光的强度，参数设置范围为 0～20。
- 【清除数量】选项：设置背景色覆盖区域的范围大小，数值越大，覆盖的范围越小；数值越小，覆盖的范围越大，参数设置范围为 0～20。

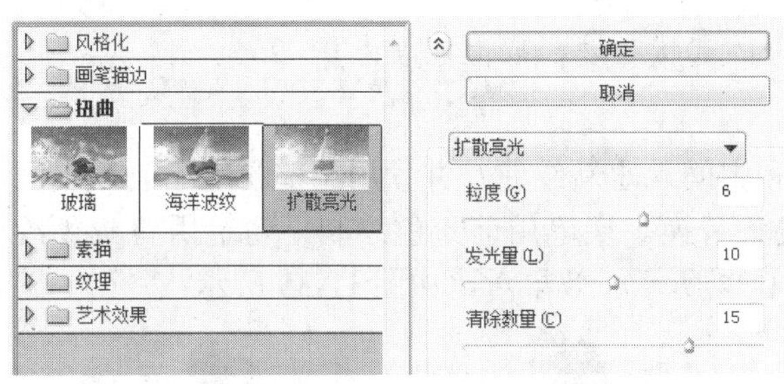

图11-28 【扩散亮光】对话框

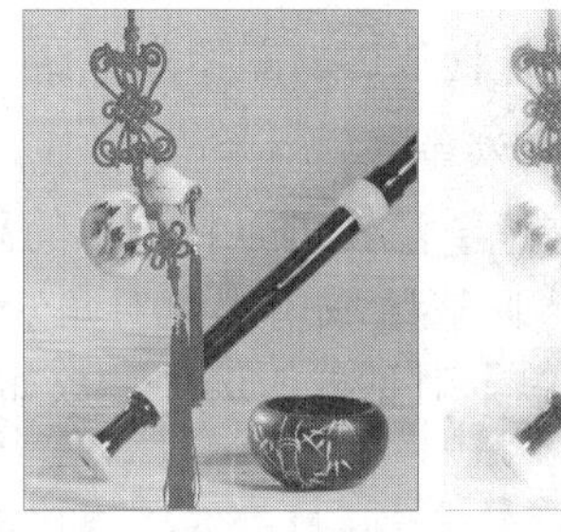
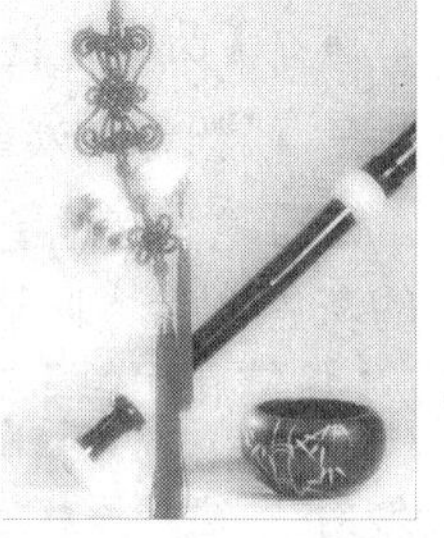
图11-29 【扩散亮光】效果对比

11.3.4 【素描】滤镜

【素描】滤镜组中的滤镜可以将纹理添加到图像上来模拟素描和速写等艺术效果。大部分滤镜在重绘时都需要使用前景色和背景色，因此可以设置不同的前景色和背景色以得到更多不同的效果。

一、 半调图案

【半调图案】滤镜可以在保持图像连续色调范围的同时，模拟半调网屏效果。【半调图案】对话框的选项参数如图 11-30 所示，效果对比如图 11-31 所示。

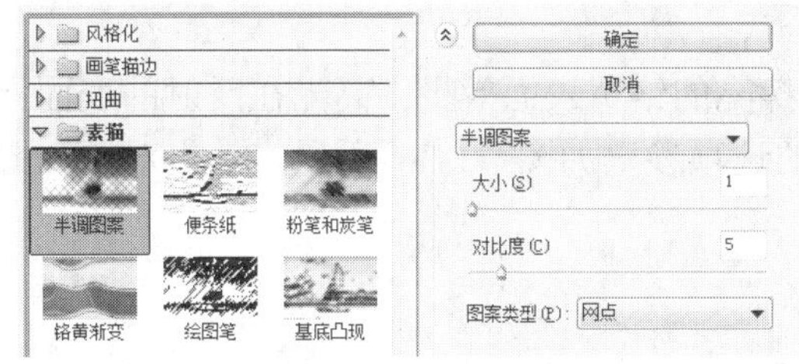

图11-30 【半调图案】对话框

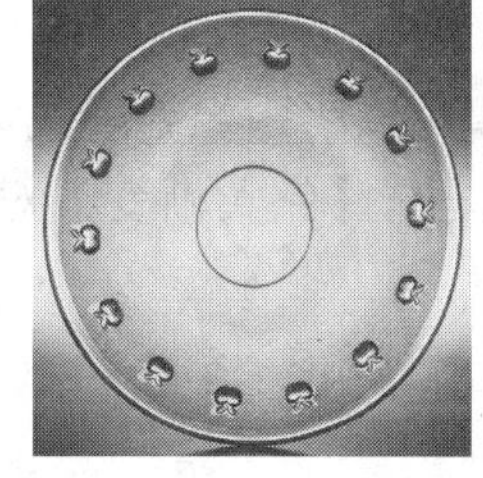
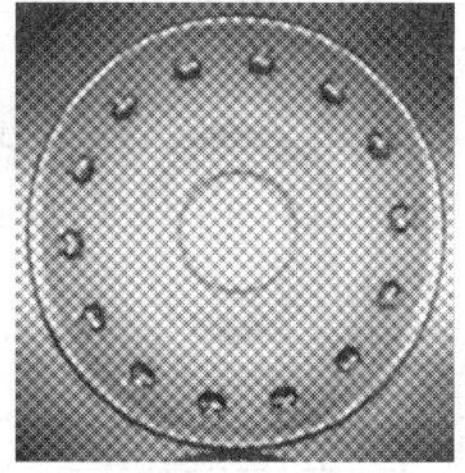
图11-31 【半调图案】效果对比

- 【大小】选项：设置生成网纹的大小，取值范围为 1～12。
- 【对比度】选项：设置添加到图像中的前景色与背景色的对比度。
- 【图案类型】下拉列表：设置显示在图像中的图案类型。

二、 便条纸

【便条纸】滤镜可以使图像产生一种类似于浮雕的凹陷效果。【便条纸】对话框的选项参数如图 11-32 所示，效果对比如图 11-33 所示。

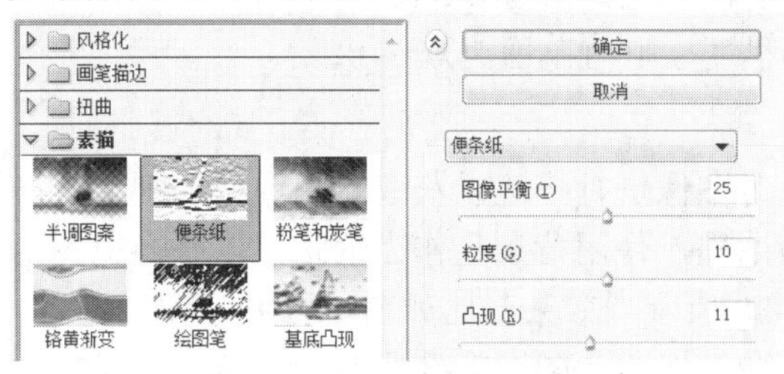

图11-32 【便条纸】对话框

图11-33 【便条纸】效果对比

- 【图像平衡】选项：设置图像中的高光区域和阴影区域的面积大小，取值范围为 0～50。
- 【粒度】选项：设置图像生成颗粒的数量，取值范围为 0～20。

- 【凸现】选项：设置图像中凸出部分的起伏程度，取值范围为 0～25。

三、 粉笔和炭笔

【粉笔和炭笔】滤镜可以将图像的高光和中间调重新绘制，并使用粗糙粉笔绘制纯中间调的灰色背景。阴影区域用黑色对角炭笔线条替换。炭笔用前景色绘制，粉笔用背景色绘制。【粉笔和炭笔】对话框的选项参数如图 11-34 所示，效果对比如图 11-35 所示。

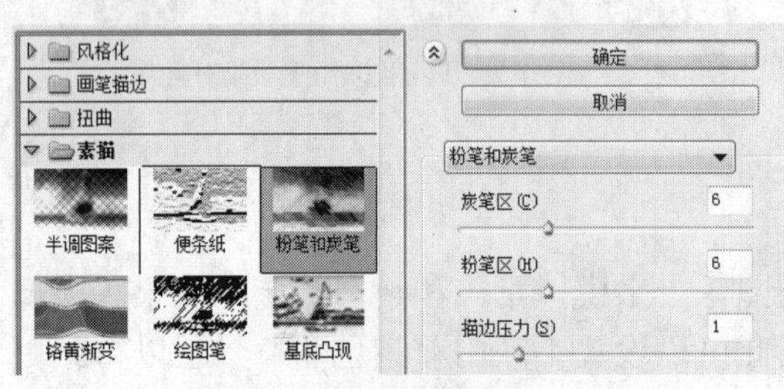

图11-34　【粉笔和炭笔】对话框

图11-35　【粉笔和炭笔】效果对比

- 【炭笔区】选项：设置图像中黑色区域的大小，取值范围为 0～20。
- 【粉笔区】选项：设置图像中白色区域的大小，取值范围为 0～20。
- 【描边压力】选项：设置描边时的压力大小，取值范围为 0～5。

四、铬黄渐变

【铬黄渐变】滤镜可以将图像处理成类似于擦亮的铬黄表面效果。高光在反射的表面上显示亮点，暗调显示暗点。【铬黄渐变】对话框的选项参数如图 11-36 所示，效果对比如图 11-37 所示。

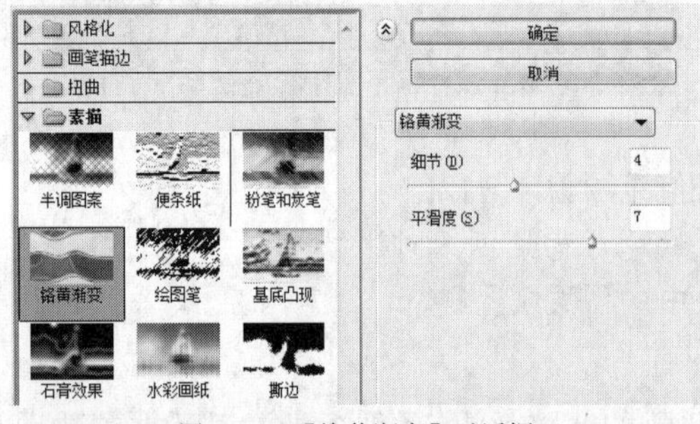

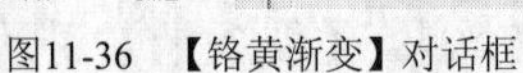

图11-36　【铬黄渐变】对话框

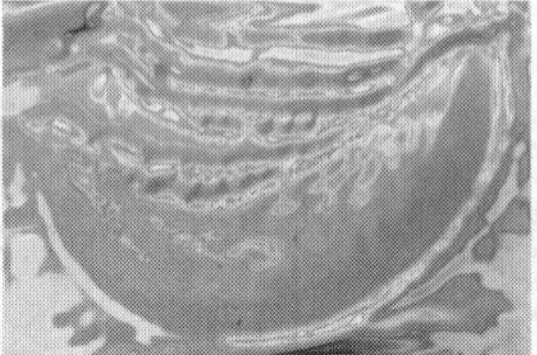

图11-37　【铬黄渐变】效果对比

- 【细节】选项：设置图像细节的保留程度，取值范围为 0～10。
- 【平滑度】选项：设置生成图像的平滑程度，取值范围为 0～10。

五、 绘图笔

【绘图笔】滤镜可以使用细的、线状的油墨对图像进行描边以获取原图像中的细节，产生一种类似素描的效果。此滤镜使用前景色作为油墨，使用背景色作为纸张，以替换原图像中的颜色。【绘图笔】对话框的选项参数如图 11-38 所示，效果对比如图 11-39 所示。

- 【描边长度】选项：设置图像中绘制的线条长度，取值范围为 1～15。
- 【明/暗平衡】选项：设置图像中的明暗色调，取值范围为 0~100。
- 【描边方向】下拉列表：设置图像中描边线条的方向，其下拉列表中包括【右对角线】选项、【水平】选项、【左对角线】选项和【垂直】选项。

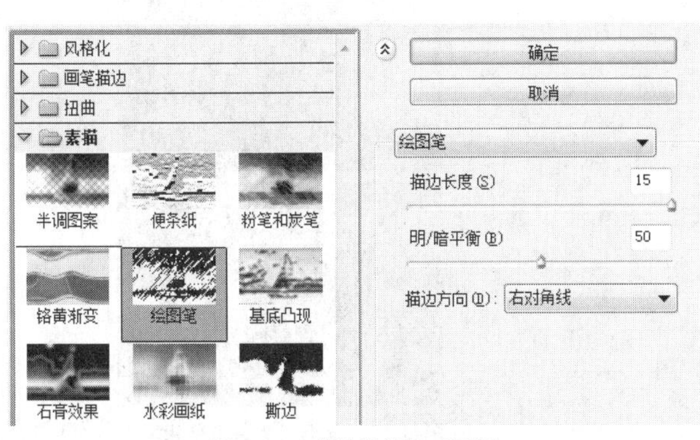

图11-38 【绘图笔】对话框

图11-39 【绘图笔】效果对比

六、 基底凸现

【基底凸现】滤镜可以使图像产生凹凸起伏的雕刻效果，且用前景色填充图像中的较暗区域，用背景色填充图像中的较亮区域。【基底凸现】对话框的选项参数如图 11-40 所示，效果对比如图 11-41 所示。

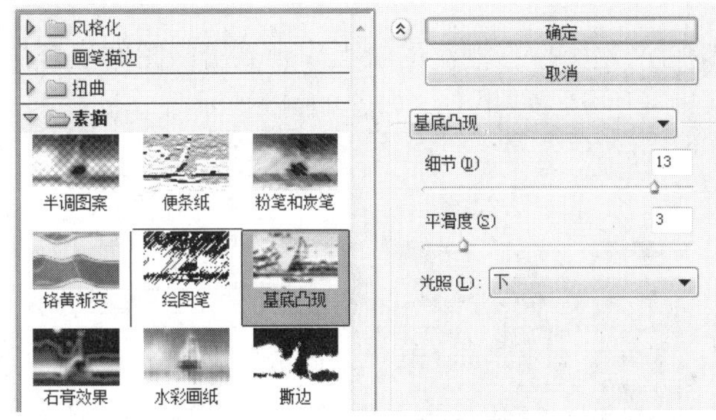

图11-40 【基底凸现】对话框

图11-41 【基底凸现】效果对比

- 【细节】选项：设置图像的细节程度，取值范围为 1～15。
- 【平滑度】选项：设置图像的平滑程度，取值范围为 1～15。
- 【光照】下拉列表：设置灯光照射的方向。

七、 石膏效果

【石膏效果】滤镜可以按照三维效果塑造图像，并用前景色和背景色给图像上色，图像中的亮部进行凹陷，暗部进行凸出，从而生成画面的石膏效果。【石膏效果】对话框的选项参数如图 11-42 所示，效果对比如图 11-43 所示。

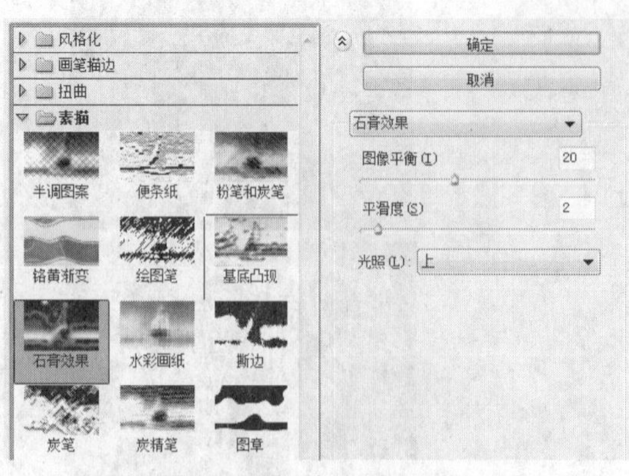

图11-42　【石膏效果】对话框

图11-43　【石膏效果】效果对比

- 【图像平衡】选项：设置使用前景色和背景色填充图像时的平衡程度，取值范围为 0～50。
- 【平滑度】选项：设置图像的平滑程度，取值范围为 1～15。
- 【光照】下拉列表：设置灯光照射的方向。

八、 水彩画纸

【水彩画纸】滤镜将产生类似在潮湿的纸上作画溢出的图像混合效果。【水彩画纸】对话框的选项参数如图 11-44 所示，效果对比如图 11-45 所示。

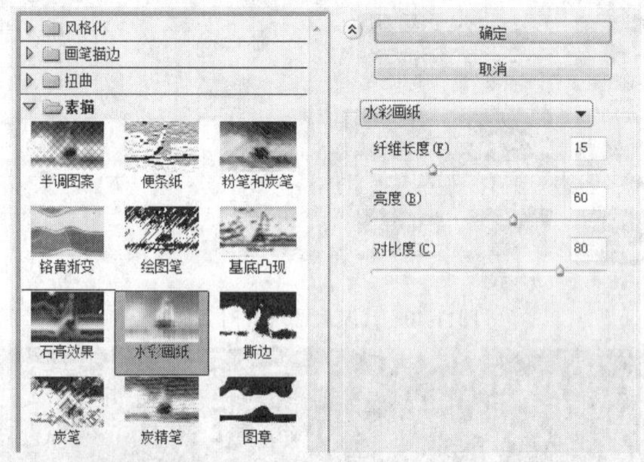

图11-44　【水彩画纸】对话框

图11-45　【水彩画纸】效果对比

- 【纤维长度】选项：设置图像的扩散程度，取值范围为 3～50。
- 【亮度】选项：设置图像的亮度，取值范围为 0～100。

- 【对比度】选项：设置灯光照射的方向，取值范围为 0～100。

九、 撕边

【撕边】滤镜可以用粗糙的颜色边缘模拟碎纸片的效果，然后使用前景色与背景色给图像上色。【撕边】对话框的选项参数如图 11-46 所示，效果对比如图 11-47 所示。

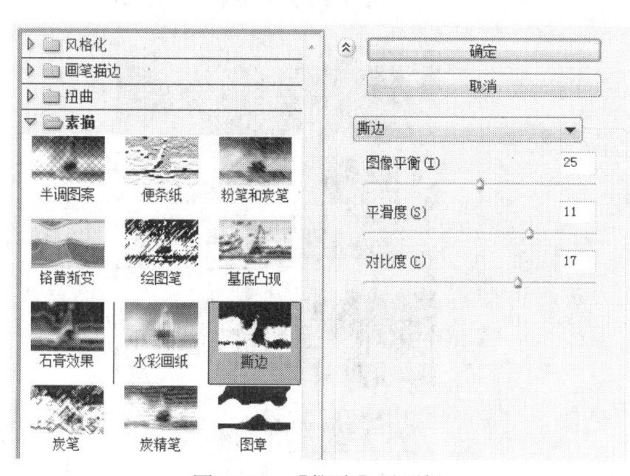

图11-46 【撕边】对话框

图11-47 【撕边】效果对比

- 【图像平衡】选项：设置前景与背景之间的对比效果，控制图像的颜色比例平衡，取值范围为 0～50。
- 【平滑度】选项：设置图像的平滑程度，取值范围为 1～15。
- 【对比度】选项：设置整体画面效果的对比度，取值范围为 1～25。

十、 炭笔

【炭笔】滤镜可以使图像产生色调分离的效果。它将主要边缘以粗线条绘制，而中间色调用对角描边进行素描。此滤镜使用前景色作为炭笔颜色，使用背景色作为纸张。【炭笔】对话框的选项参数如图 11-48 所示，效果对比如图 11-49 所示。

图11-48 【炭笔】对话框

图11-49 【炭笔】效果对比

- 【炭笔粗细】选项：设置笔触的宽度，取值范围为 1～7。
- 【细节】选项：设置描绘图像的细腻程度，取值范围为 0～5。
- 【明/暗平衡】选项：设置背景色与前景色之间的平衡程度，取值范围为 0～100。

十一、　炭精笔

【炭精笔】滤镜可以在图像上模拟用浓黑和纯白的炭精笔绘画的纹理效果，此滤镜使用前景色绘制图像中较暗的区域，用背景色绘制图像中较亮的区域。【炭精笔】对话框的选项参数如图 11-50 所示，效果对比如图 11-51 所示。

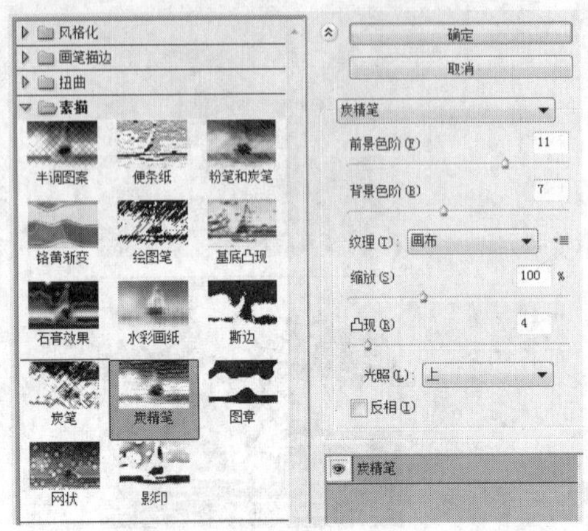

图11-50　【炭精笔】对话框　　　图11-51　【炭精笔】效果对比

- 【前景色阶】选项：设置使用前景色的强度，取值范围为 1～15。
- 【背景色阶】选项：设置使用背景色的强度，取值范围为 1～15。
- 【纹理】下拉列表：设置以何种纹理填充图像，其中包括【砖形】、【粗麻布】、【画布】和【砂岩】等纹理样式，单击图标可载入其他纹理样式。
- 【缩放】选项：设置使用纹理的缩放比例，取值范围为 50%～200%。
- 【凸现】选项：设置使用纹理的凸出程度，取值范围为 0～50。
- 【光照】下拉列表：设置使用光线照射的方向。
- 【反相】复选框：勾选此复选框，可以将纹理的效果反转。

十二、　图章

【图章】滤镜可以简化图像中的色彩，使之呈现出用橡皮擦除或图章盖印的效果。该滤镜使用前景色作为图章颜色，使用背景色作为纸张颜色。【图章】对话框的选项参数如图 11-52 所示，效果对比如图 11-53 所示。

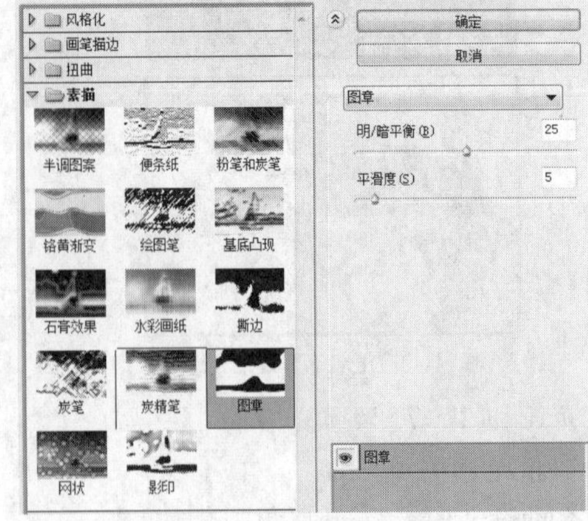

图11-52　【图章】对话框　　　图11-53　【图章】效果对比

- 【明/暗平衡】选项：设置前景色与背景色的平衡程度，取值范围为 0～50。
- 【平滑度】选项：设置生成图像的平滑程度，取值范围为 1～50。

十三、 网状

【网状】滤镜可以模拟胶片中感光显影液的收缩和扭曲来重新创建图像，使图像的暗调区域呈现结块状，高光区域呈现轻微的颗粒状。【网状】对话框的参数如图 11-54 所示，效果对比如图 11-55 所示。

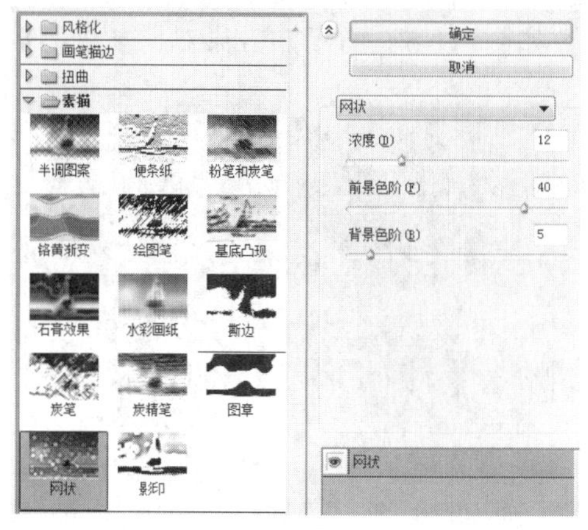

图11-54 【网状】对话框

图11-55 【网状】效果对比

- 【浓度】选项：设置使用网格中网眼的密度，取值范围为 0～50。
- 【前景色阶】选项：设置使用前景色的强度，取值范围为 0～50。
- 【背景色阶】选项：设置使用背景色的强度，取值范围为 0～50。

十四、 影印

【影印】滤镜可以模拟出影印图像的效果。【影印】对话框的选项参数如图 11-56 所示，效果对比如图 11-57 所示。

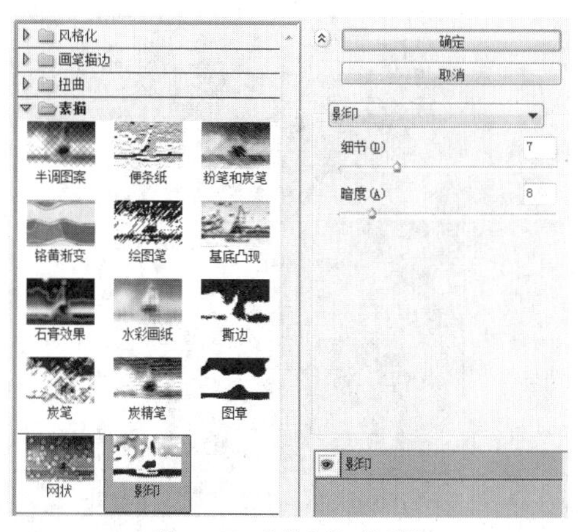

图11-56 【影印】对话框

图11-57 【影印】效果对比

- 【细节】选项：设置画面中细节的保留程度，取值范围为 1～24。
- 【暗度】选项：决定图像的暗度大小，取值范围为 1～50。

11.3.5 【纹理】滤镜

【纹理】滤镜组中的滤镜可使图像的表面产生深度感或物质外观感，其下包括 6 种滤镜命令，分别介绍如下。

一、 龟裂缝

【龟裂缝】滤镜可以模拟图像在凹凸的石膏表面上所绘制出的效果，并沿着图像等高线生成精细的裂纹效果。【龟裂缝】对话框的选项参数如图 11-58 所示，效果对比如图 11-59 所示。

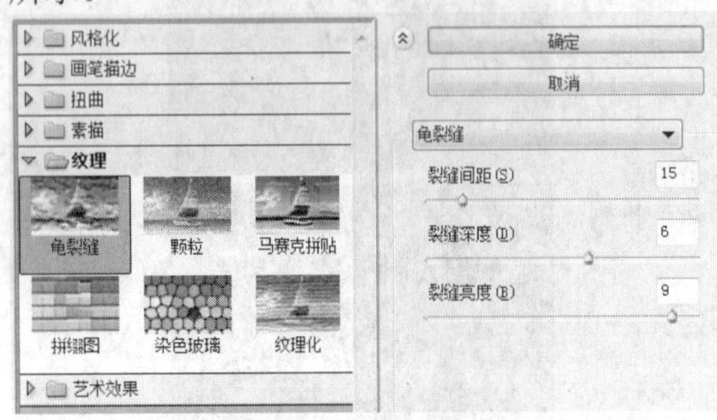

图11-58　【龟裂缝】对话框

图11-59　【龟裂缝】效果对比

- 【裂缝间距】选项：设置图像中生成裂纹的间距大小，取值范围为 2～100。
- 【裂缝深度】选项：设置图像中生成裂纹的深度，取值范围为 0～10。
- 【裂缝亮度】选项：设置图像中生成裂纹的亮度，取值范围为 0～10，当设置参数为“0”时，画面中裂纹的颜色为黑色。

二、 颗粒

【颗粒】滤镜可以模拟不同类型的颗粒在图像中添加纹理，当选择不同的颗粒类型时，画面所生成的纹理效果也各不相同。【颗粒】对话框的选项参数如图 11-60 所示，效果对比如图 11-61 所示。

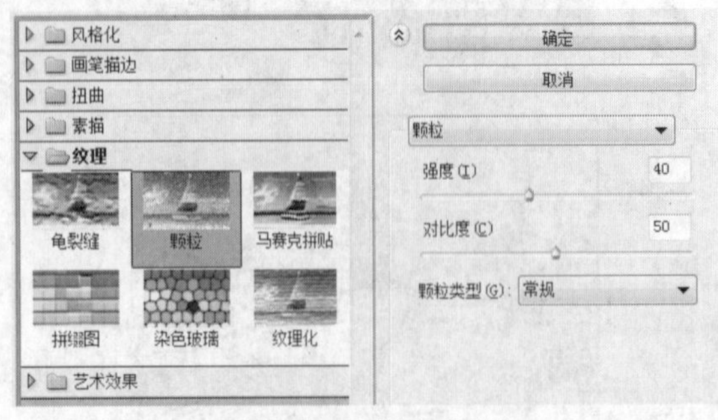

图11-60　【颗粒】对话框

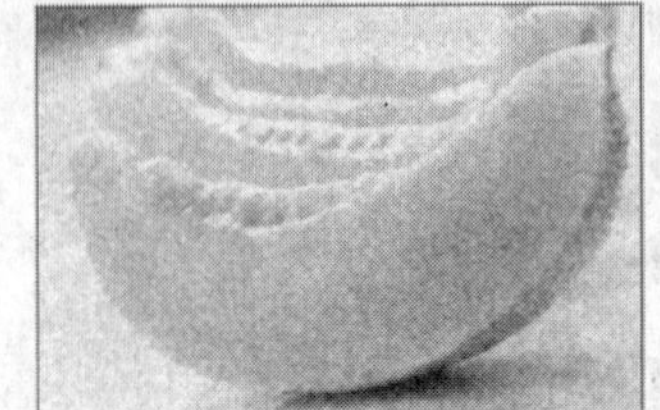

图11-61　【颗粒】效果对比

- 【强度】选项：设置图像中添加纹理的数量和强度，取值范围为 0～100。
- 【对比度】选项：设置添加到画面中颗粒的明暗对比度，取值范围为 0～100，数值越大，对比度越强。

- 【颗粒类型】下拉列表：设置图像中生成颗粒的类型，其中包括【常规】、【柔和】、【喷洒】、【结块】、【强反差】、【扩大】、【点刻】、【水平】、【垂直】和【斑点】选项。

三、 马赛克拼贴

【马赛克拼贴】滤镜可使图像看起来是由小的碎片或拼贴组成的效果。【马赛克拼贴】对话框的选项参数如图 11-62 所示，效果对比如图 11-63 所示。

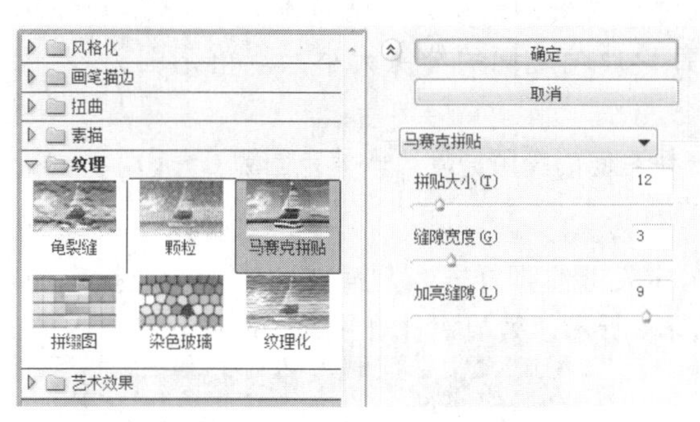

图11-62 【马赛克拼贴】对话框

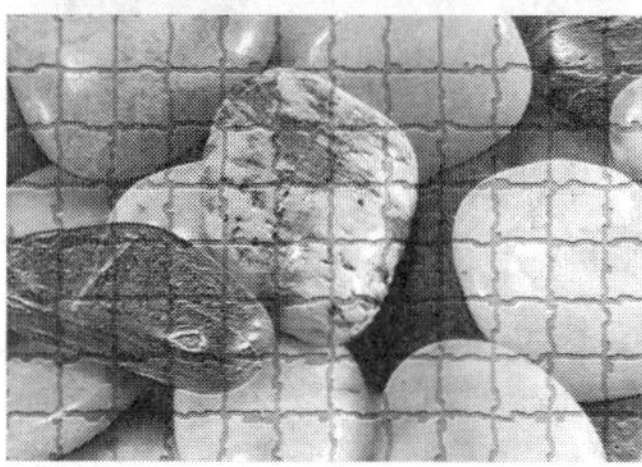

图11-63 【马赛克拼贴】效果对比

- 【拼贴大小】选项：设置图像中生成的拼贴图形的大小，取值范围为 2～100。数值越大，生成的拼贴图形越大。
- 【缝隙宽度】选项：设置图像中拼贴图形之间的宽度，取值范围为 1～15。
- 【加亮缝隙】选项：设置图像中拼贴图形之间的缝隙亮度，取值范围为 1～10。

四、 拼缀图

【拼缀图】滤镜可以将图像分解为若干个小正方形，每个小正方形都由该区域最亮的颜色进行填充。【拼缀图】对话框的选项参数如图 11-64 所示，效果对比如图 11-65 所示。

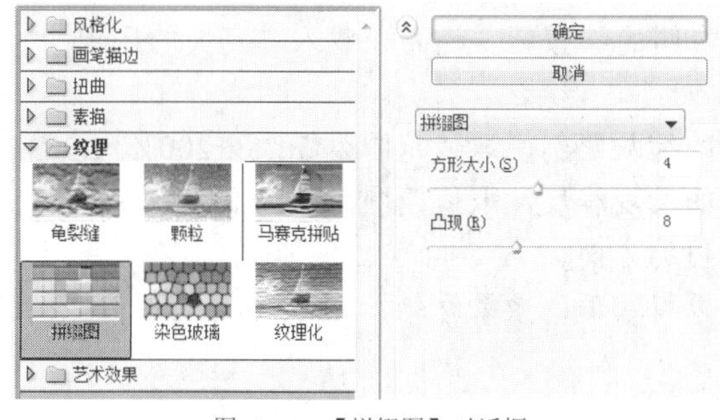

图11-64 【拼缀图】对话框

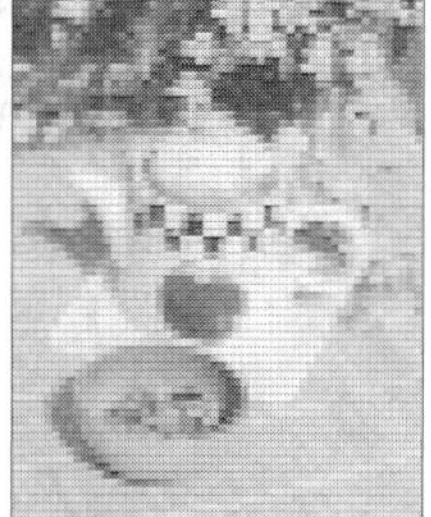

图11-65 【拼缀图】效果对比

- 【方形大小】选项：设置图像中生成方块的大小，取值范围为 0～10。
- 【凸现】选项：设置图像中生成方块的凸现程度，取值范围为 0～25。

五、 染色玻璃

【染色玻璃】滤镜可以将图像重新绘制为用前景色勾勒的单色的相邻单元格。【染色玻璃】对话框的选项参数如图 11-66 所示，效果对比如图 11-67 所示。

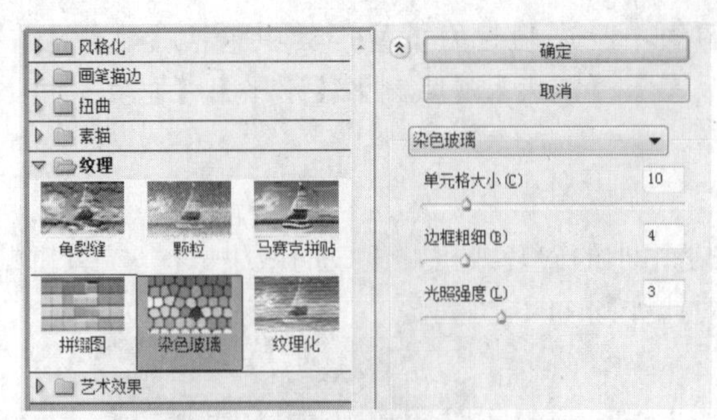

图11-66　【染色玻璃】对话框

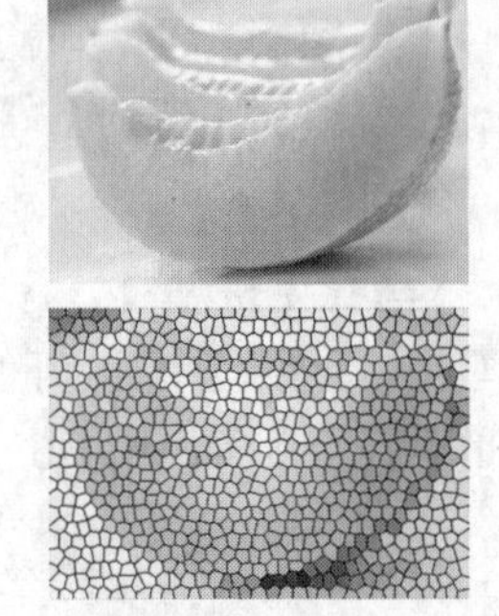

图11-67　【染色玻璃】效果对比

- 【单元格大小】选项：设置图像中生成每块玻璃的大小，取值范围为 2～50。
- 【边框粗细】选项：设置图像中生成每块玻璃之间的缝隙大小，取值范围为 1～20。
- 【光照强度】选项：设置图像中生成玻璃块之间的缝隙亮度，取值范围为 0～10。

六、 纹理化

【纹理化】滤镜可以在图像中应用预设或自定义的纹理样式，从而在图像中生成指定的纹理效果。【纹理化】对话框的选项参数如图 11-68 所示，效果对比如图 11-69 所示。

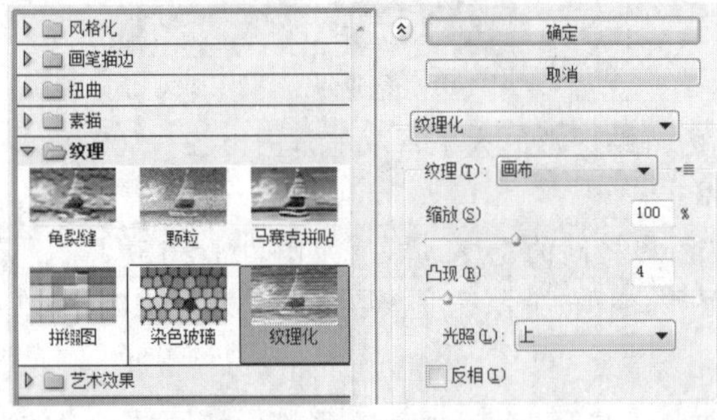

图11-68　【纹理化】对话框

图11-69　【纹理化】效果对比

- 【纹理】下拉列表：设置图像中纹理的类型，其中包括【砖形】、【粗麻布】、【画布】和【砂岩】4 个选项。单击右侧的按钮，还可以载入自定义的图像作为纹理。
- 【缩放】选项：设置图像中添加纹理的缩放比例，取值范围为 50%～200%。
- 【凸现】选项：设置图像中添加纹理的凸现程度，取值范围为 0～50。
- 【光照】下拉列表：设置使用光线照射的方向。
- 【反相】复选框：勾选此复选框，可以将纹理的效果反转。

11.3.6　【艺术效果】滤镜

【艺术效果】滤镜组中的滤镜可以使图像产生多种不同风格的艺术效果，它包括 15 种滤镜命令，分别介绍如下。

一、 壁画

【壁画】滤镜可以使用短而圆的、粗略涂抹的小块颜料，以一种粗糙的风格绘制图像，从而使图像产生古壁画的效果。【壁画】对话框的选项参数如图 11-70 所示，效果对比如图

11-71 所示。

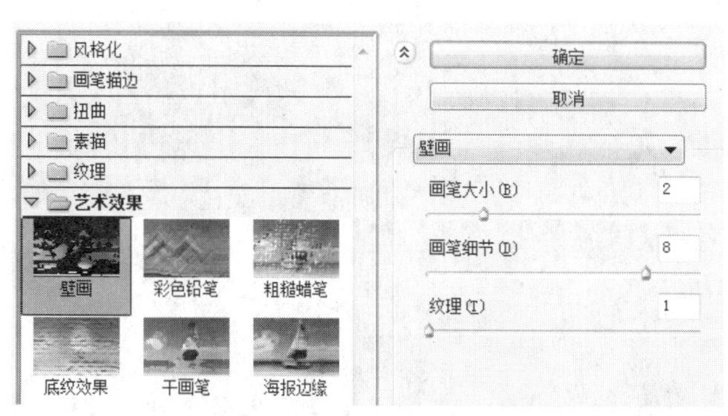

图11-70 【壁画】对话框

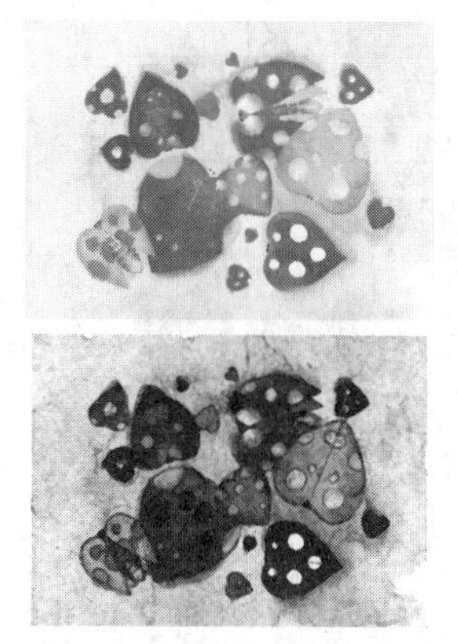
图11-71 【壁画】效果对比

- 【画笔大小】选项：设置图像中使用画笔笔触的大小，取值范围为 0～10。
- 【画笔细节】选项：设置图像中细节的保留程度，取值范围为 0～10。
- 【纹理】选项：设置图像中添加纹理的数量，取值范围为 1～3。

二、 彩色铅笔

【彩色铅笔】滤镜可以模拟各种颜色的铅笔在图像上绘制的效果，图像中较明显的边缘被保留。【彩色铅笔】对话框的选项参数如图 11-72 所示，效果对比如图 11-73 所示。

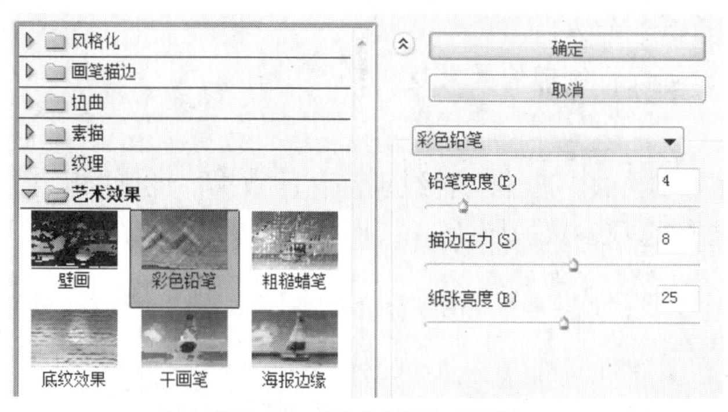

图11-72 【彩色铅笔】对话框

图11-73 【彩色铅笔】效果对比

- 【铅笔宽度】选项：设置图像中铅笔线条宽度，取值范围为 1～24。
- 【描边压力】选项：设置铅笔对画面进行描绘时所产生的压力大小，取值范围为 0～15。
- 【纸张亮度】选项：设置画纸的明暗程度，取值范围为 0～50。画纸的颜色与背景色有关。参数设置得越大，画纸的颜色越接近背景色。

三、 粗糙蜡笔

【粗糙蜡笔】滤镜可在带纹理的背景上应用蜡笔描边。在高光区域，蜡笔效果明显，几乎看不到纹理；在暗调区域，纹理效果明显。【粗糙蜡笔】对话框的选项参数如图 11-74 所示，效果对比如图 11-75 所示。

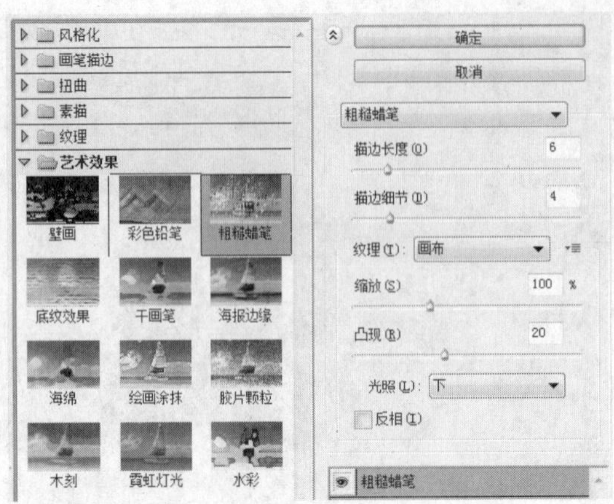

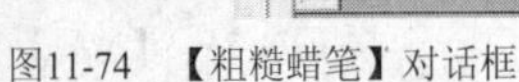
图11-74　【粗糙蜡笔】对话框

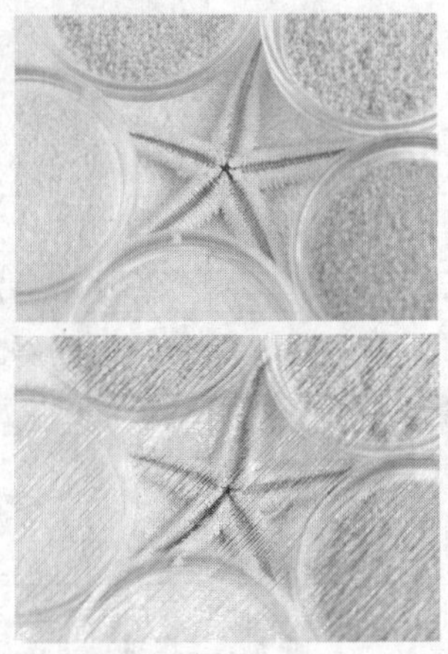
图11-75　【粗糙蜡笔】效果对比

- 【描边长度】选项：设置图像中蜡笔的线条长度，取值范围为 0～40。
- 【描边细节】选项：设置图像中蜡笔的细腻程度，取值范围为 1～20。
- 【纹理】下拉列表：设置图像中纹理的类型，其中包括【砖形】、【粗麻布】、【画布】和【砂岩】4 个选项。单击右侧的▾≡按钮，还可以载入自定义的图像作为纹理。
- 【缩放】选项：设置使用纹理的缩放比例，取值范围为 50%～200%。
- 【凸现】选项：设置使用纹理的凸出程度，取值范围为 0～50。
- 【光照】下拉列表：设置使用光线照射的方向。
- 【反相】复选框：勾选此复选框，可以将纹理的效果反转。

四、 底纹效果

【底纹效果】滤镜可以根据设置的纹理在画面中产生一种纹理涂抹的效果，也可以用来创建布料或油画效果。【底纹效果】对话框的选项参数如图 11-76 所示，效果对比如图 11-77 所示。

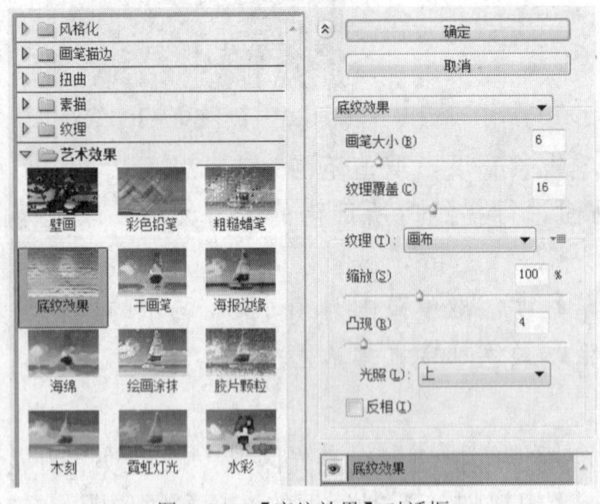

图11-76　【底纹效果】对话框

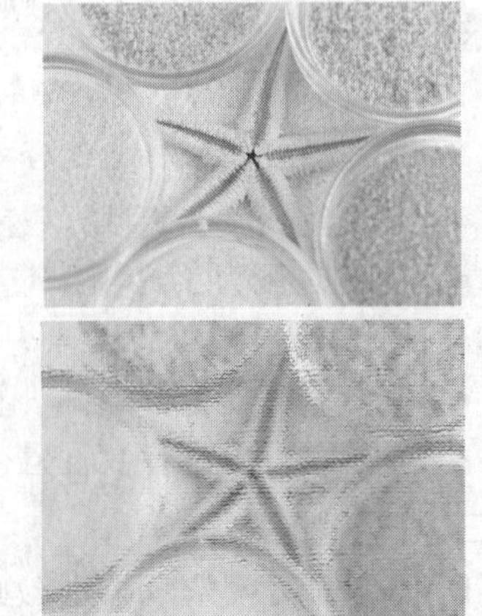
图11-77　【底纹效果】效果对比

- 【画笔大小】选项：设置图像中使用画笔笔触的大小，取值范围为 0～40。
- 【纹理覆盖】选项：设置图像中使用纹理的范围大小，取值范围为 0～40。
- 【纹理】下拉列表：设置图像中纹理的类型，其中包括【砖形】、【粗麻布】、【画布】和【砂岩】4 个选项。单击右侧的 按钮，还可载入自定义的图像作为纹理。

- 【缩放】选项：设置使用纹理的缩放比例，取值范围为 50%～200%。
- 【凸现】选项：设置使用纹理的凸出程度，取值范围为 0～50。
- 【光照】下拉列表：设置使用光线照射的方向。
- 【反相】复选框：勾选此复选框，可以将纹理的效果反转。

五、 干画笔

【干画笔】滤镜通过减少图像中的颜色来简化图像的细节，使图像呈现类似于油画和水彩画之间的效果。【干画笔】对话框的选项参数如图 11-78 所示，效果对比如图 11-79 所示。

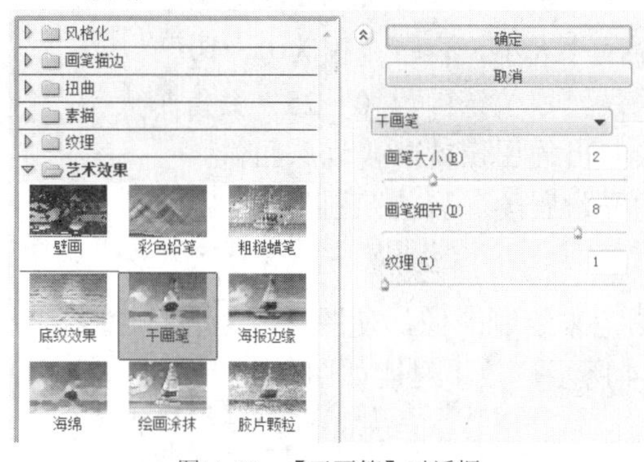

图11-78 【干画笔】对话框

图11-79 【干画笔】效果对比

- 【画笔大小】选项：设置图像中画笔笔触的大小，取值范围为 0～10。
- 【画笔细节】选项：设置图像中画笔的细腻程度，取值范围为 0～10。
- 【纹理】选项：设置颜色过渡区的纹理清晰程度，取值范围为 1～3。

六、 海报边缘

【海报边缘】滤镜可以根据设置的海报化参数减少图像中的颜色数量（色调分离），并查找图像的边缘绘制成黑色的线条。【海报边缘】对话框的选项参数如图 11-80 所示，效果对比如图 11-81 所示。

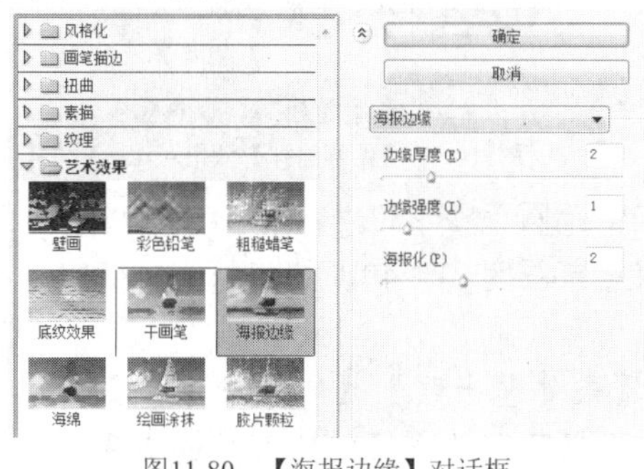

图11-80 【海报边缘】对话框

图11-81 【海报边缘】效果对比

- 【边缘厚度】选项：设置描绘图像轮廓的宽度，取值范围为 0～10。
- 【边缘强度】选项：设置描绘图像轮廓的强度，取值范围为 0～10。
- 【海报化】选项：设置图像的最终颜色数量，取值范围为 0～6。

七、 海绵

【海绵】滤镜可以在图像中颜色对比强烈、纹理较重的区域创建纹理，模拟海绵绘画的

效果。【海绵】对话框的选项参数如图 11-82 所示，效果对比如图 11-83 所示。

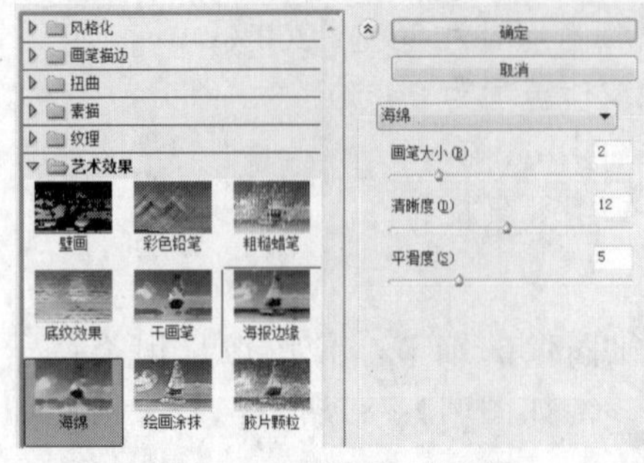

图11-82　【海绵】对话框　　　　图11-83　【海绵】效果对比

- 【画笔大小】选项：设置使用海绵纹理的尺寸大小，取值范围为 0～10。
- 【清晰度】选项：设置海绵铺设颜色的深浅，取值范围为 0～25。数值越大，绘制出的图像变化就越大；数值越小，绘制出的图像就越接近原图像。
- 【平滑度】选项：设置绘制的图像边缘的平滑程度，取值范围为 1 ~ 15。

八、 绘画涂抹

【绘画涂抹】滤镜可以用选取的各种类型的画笔来绘制图像，使图像产生各种涂抹的艺术效果。【绘画涂抹】对话框的选项参数如图 11-84 所示，效果对比如图 11-85 所示。

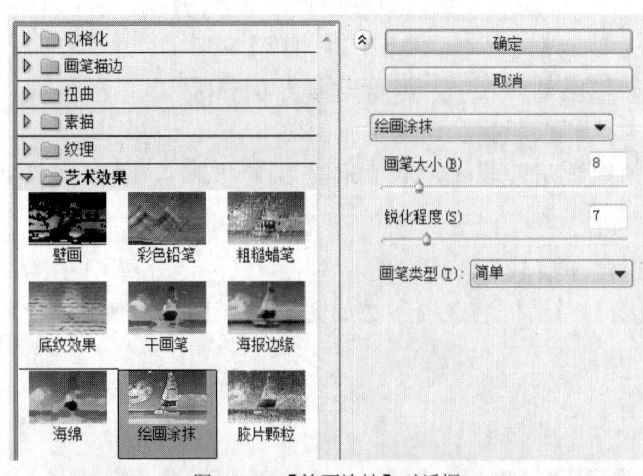

图11-84　【绘画涂抹】对话框　　　　图11-85　【绘画涂抹】效果对比

- 【画笔大小】选项：设置使用画笔的大小，取值范围为 1～50。
- 【锐化程度】选项：设置图像的锐化程度，取值范围为 0～40，数值越大，锐化程度越大。
- 【画笔类型】下拉列表：其中包括【简单】、【未处理光照】、【未处理深色】、【宽锐化】、【宽模糊】和【火花】6 个选项。选择不同的选项，所产生的效果也各不相同。

九、 胶片颗粒

【胶片颗粒】滤镜可以在画面中的暗色调与中间色调之间添加颗粒，使画面看起来色彩较为均匀平衡。【胶片颗粒】对话框的选项参数如图 11-86 所示，效果对比如图 11-87 所示。

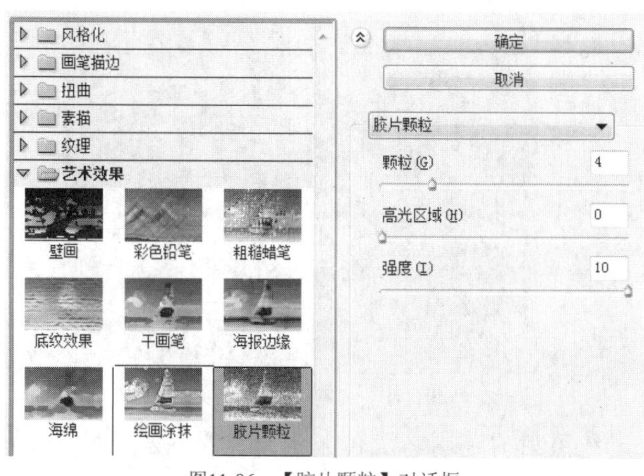

图11-86 【胶片颗粒】对话框

图11-87 【胶片颗粒】效果对比

- 【颗粒】选项：设置添加的颗粒大小，取值范围为 0～20，数值越大，添加的颗粒越明显。
- 【高光区域】选项：设置图像中高光区域的面积，取值范围为 0～20。
- 【强度】选项：设置颗粒效果的强度，取值范围为 0～10。

十、 木刻

【木刻】滤镜可以将图像中相近的颜色用一种颜色代替，使图像看起来是由简单的几种颜色绘制而成的。【木刻】对话框的选项参数如图 11-88 所示，效果对比如图 11-89 所示。

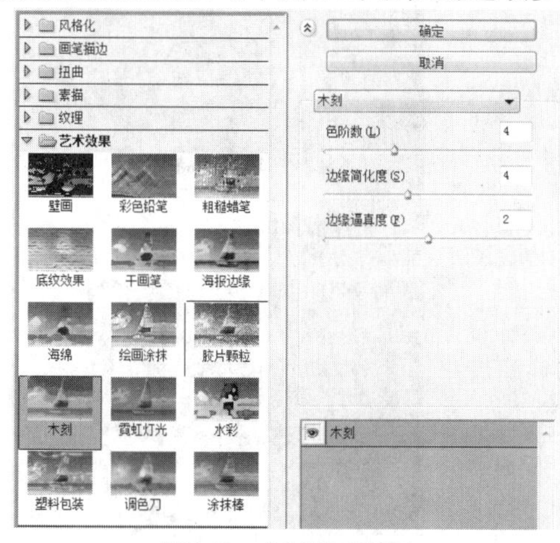

图11-88 【木刻】对话框

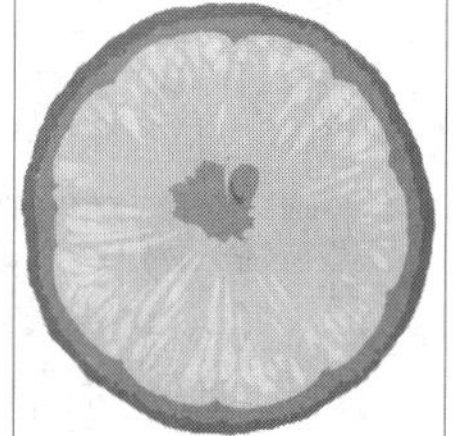

图11-89 【木刻】效果对比

- 【色阶数】选项：设置颜色层次的多少，取值范围为 2～8，数值越大，颜色层次越丰富。
- 【边缘简化度】选项：设置图像所产生块面的简化程度，取值范围为 0～10，数值越小，图像越近似于原图像。
- 【边缘逼真度】选项：设置生成的新图像与原图像的相似程度，取值范围为 1～3。

十一、 霓虹灯光

【霓虹灯光】滤镜可以将各种类型的灯光添加到图像中，产生一种类似霓虹灯一样的发光效果。【霓虹灯光】对话框的选项参数如图 11-90 所示，效果对比如图 11-91 所示。

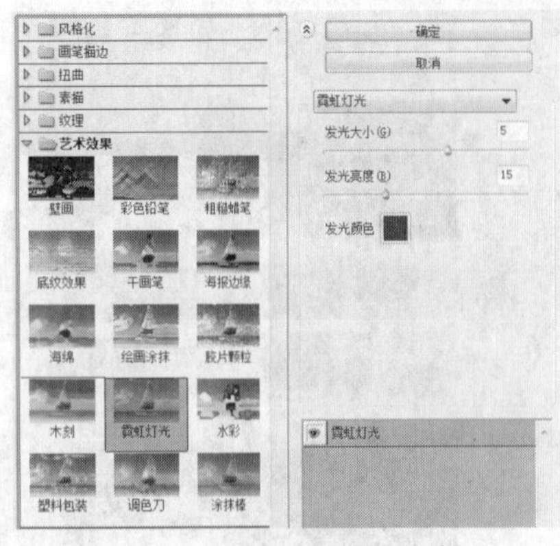

图11-90　【霓虹灯光】对话框

图11-91　【霓虹灯光】效果对比

- 【发光大小】选项：设置霓虹灯光线照射的范围，取值范围为 - 24～24，数值越大，照射的范围越小。
- 【发光亮度】选项：设置环境光的亮度，取值范围为 0～50。
- 【发光颜色】选项：单击其右侧的色块，可以在弹出的【拾色器】对话框中对发光的颜色进行设置。

十二、　水彩

【水彩】滤镜可以通过简化图像的细节来改变图像边界的色调及饱和度，使其产生类似于水彩风格的图像效果。【水彩】对话框的选项参数如图 11-92 所示，效果对比如图 11-93 所示。

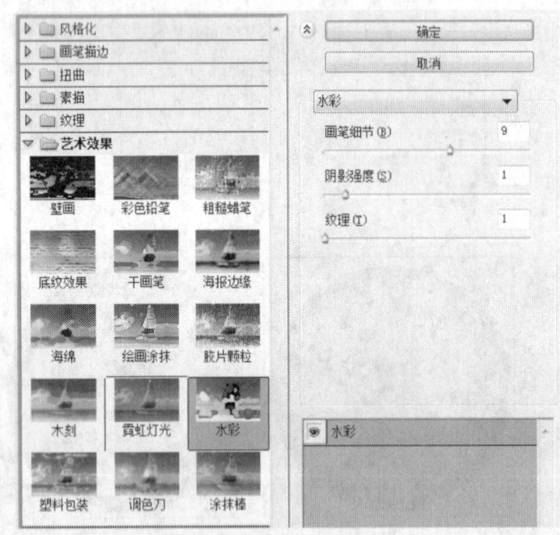

图11-92　【水彩】对话框

图11-93　【水彩】效果对比

- 【画笔细节】选项：设置水彩画笔在绘制画面时的细腻程度，取值范围为 1～14。
- 【阴影强度】选项：设置图像中阴影区域的表现强度，取值范围为 0～10。
- 【纹理】选项：设置图像边缘的纹理强度，取值范围为 1～3。

十三、　塑料包装

【塑料包装】滤镜可以给图像涂一层光亮的颜色以强调表面细节，从而使图像产生质感很强的塑料包装效果。【塑料包装】对话框的选项参数如图 11-94 所示，效果对比如图 11-95 所示。

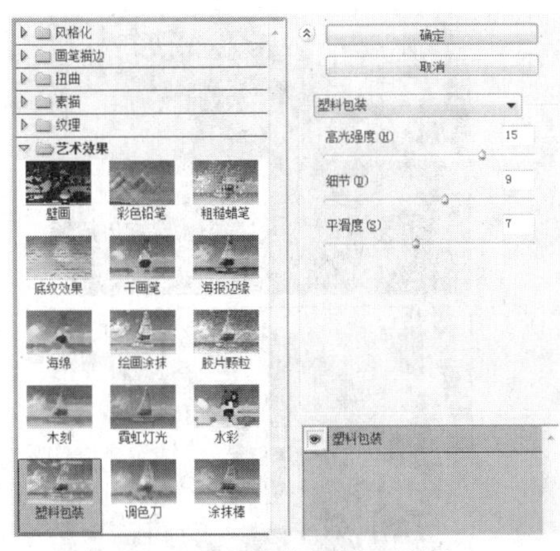

图11-94 【塑料包装】对话框

图11-95 【塑料包装】效果对比

- 【高光强度】选项：设置图像中生成高光区域的亮度，取值范围为 0～20。
- 【细节】选项：设置图像中生成高光区域的多少，取值范围为 1～15。
- 【平滑度】选项：设置图像中生成塑料包装效果的平滑度，取值范围为 1～15。

十四、 调色刀

【调色刀】滤镜可以减少图像的细节，产生一种类似于用油画刀在画布上涂抹出的效果。【调色刀】对话框的选项参数如图 11-96 所示，效果对比如图 11-97 所示。

- 【描边大小】选项：设置图像中的颜色混合程度，参数设置越高，图像的效果就越模糊。
- 【描边细节】选项：设置互相混合颜色的近似程度，取值范围为 1～3，参数设置越大，颜色相近的范围越大，颜色的混合程度就越明显。
- 【软化度】选项：设置画面边缘的柔化程度，取值范围为 0～10。

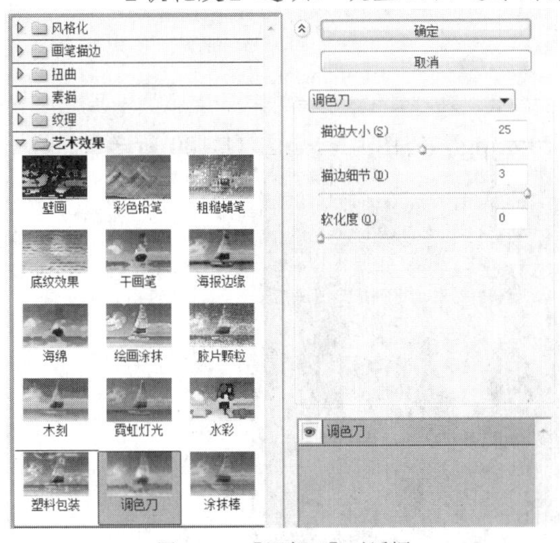

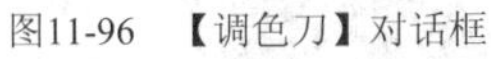
图11-96 【调色刀】对话框

图11-97 【调色刀】效果对比

十五、 涂抹棒

【涂抹棒】滤镜可使画面中较暗的区域被密而短的黑色线条涂抹，亮的区域将变得更亮而丢失细节。【涂抹棒】对话框的选项参数如图 11-98 所示，效果对比如图 11-99 所示。

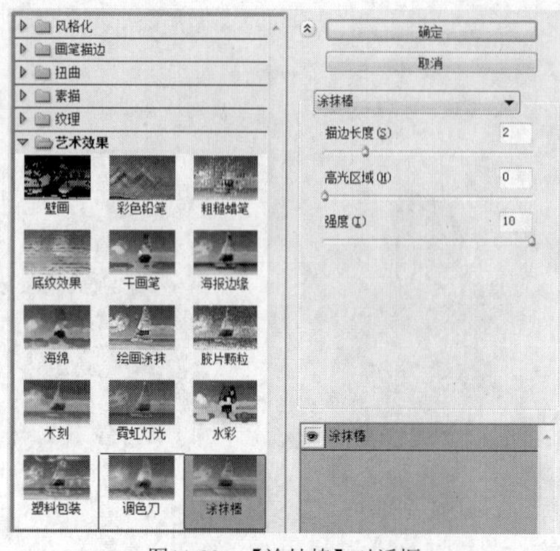

图11-98　【涂抹棒】对话框

图11-99　【涂抹棒】效果对比

- 【描边长度】选项：设置描边线条的长度，取值范围为 0～10。
- 【高光区域】选项：设置图像中高光区域的面积大小，取值范围为 0～20，数值越大，面积越大。
- 【强度】选项：设置涂抹强度的大小，取值范围为 0～10。

11.4　【自适应广角】命令

对于摄影师以及喜欢拍照的摄影爱好者来说，拍摄风景或者建筑物时必然要使用广角镜头进行拍摄。但广角镜头拍摄的照片，都会有镜头畸变的情况，让照片边角位置出现弯曲变形。而 Photoshop 中的【自适应广角】命令可以对镜头产生的畸变进行处理，得到一张完全没有畸变的照片。

下面以实例的形式来进行讲解。

【步骤解析】

1. 打开附盘中“图库\第 11 章”目录下名为“活动.jpg”的图片，如图 11-100 所示。

图11-100　打开的活动图片

2. 执行【滤镜】/【自适应广角】命令（或按 Alt+Shift+Ctrl+A 组合键），弹出【自适应广角】对话框，如图 11-101 所示。

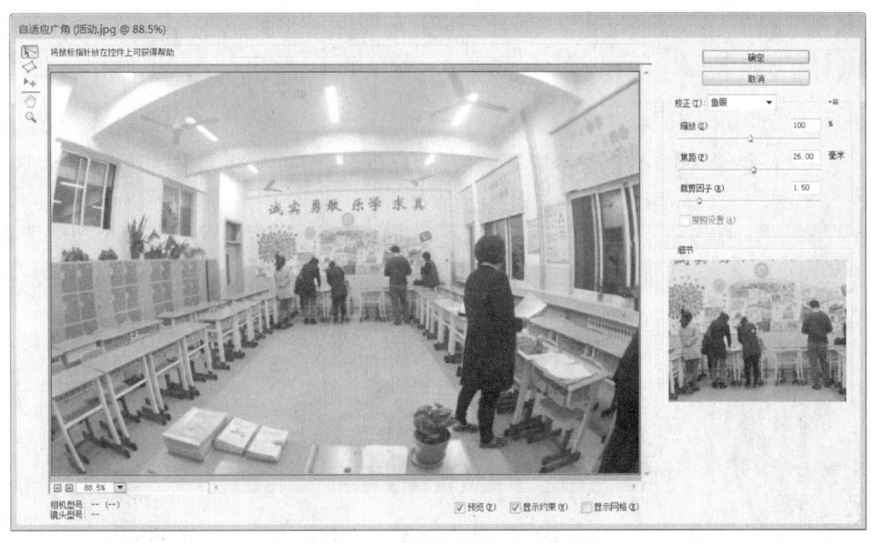

图11-101 【自适应广角】对话框

下面我们对图片时行校正。

3. 确认对话框左上角的【约束工具】按钮 处于激活状态，将鼠标指针移动到预览窗口中自左向右拖曳，状态如图 11-102 所示。
4. 释放鼠标后，弧线会自动变直，同时会将图像进行校正，效果如图 11-103 所示。

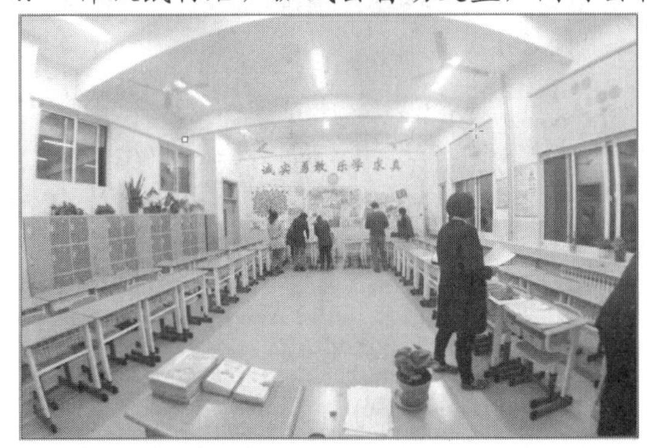

图11-102 拖曳鼠标状态

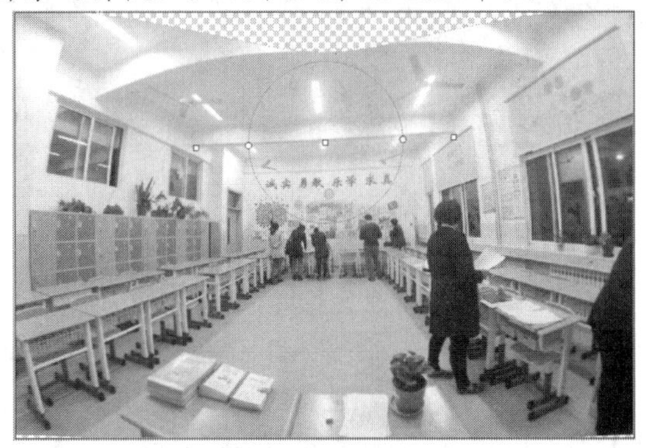

图11-103 校正的图像效果

5. 拖曳鼠标拉出右侧的线形，如图 11-104 所示，然后用相同的方法，分别在左侧和下方拉出如图 11-105 所示的直线，此时可以看到图像变形得到了校正，同时在图像的边缘出现空白区域。

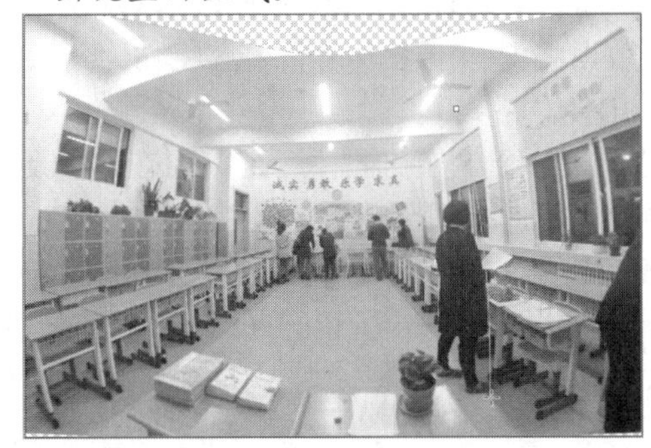

图11-104 拖曳鼠标状态

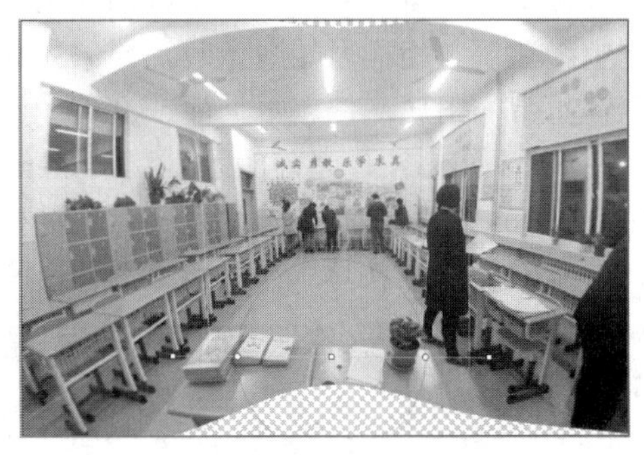

图11-105 绘制的直线

要点提示　在操作过程中，如果出现了失误，可以按 Ctrl+Z 组合键还原上一次操作；连续按下 Alt+Ctrl+Z 组合键可逐步还原之前操作；如果想要撤消全部操作，按住 Alt 键单击 复位 按钮，对话框中的图像将会恢复为初始状态。

6. 在对话框中将【缩放】选项的参数调整为“150%”，即将图像中边缘的空白区域裁剪，单击 确定 按钮，即可完成图像的校正，最终效果如图 11-106 所示。

图11-106　校正后的图像效果

7. 按 Shift+Ctrl+S 组合键，将此文件另命名为“自适应广角.psd”保存。

11.5　【Camera Raw 滤镜】命令

Photoshop Camera Raw 可以解释相机原始数据文件，该软件使用有关相机的信息以及图像元数据来构建和处理彩色图像。可以将相机原始数据文件看作是照片负片。您可以随时重新处理该文件以得到所需的效果，即对白平衡、色调范围、对比度、颜色饱和度以及锐化进行调整。在调整相机原始图像时，原来的相机原始数据将保存下来。调整内容将作为元数据存储在附带的附属文件、数据库或文件本身（对于 DNG 格式）中。

在 Photoshop CC 之前的版本，Camera Raw 是作为一个单独的插件运行；而在 CC 版本中则将 Camera Raw 插件内置为滤镜，这样可以更加方便地处理图层上的图片。

打开附盘中“图库\第 11 章”目录下名为“花.jpg”的图片，执行【滤镜】/【Camera Raw 滤镜】命令（或按 Shift+Ctrl+A 组合键），弹出如图 11-107 所示的【Camera Raw 滤镜】对话框。

图11-107 【Camera Raw 滤镜】对话框

在此对话框中可以在不损坏原片的前提下快速的处理图片，更高效、专业。各按钮及选项与第 10.2 节中讲解的【调整】命令的相应选项相同，在此不再赘述。

将白平衡设置为【自动】选项时，原图与生成的图像效果对比如图 11-108 所示。

图11-108 【Camera Raw 滤镜】对比效果

11.6 【镜头校正】命令

【镜头校正】命令可以修复常见的镜头瑕疵，例如，桶形和枕形失真、晕影、色差等。该滤镜命令在【RGB 颜色】模式或【灰度】模式下只能用于“8 位/通道”和“16 位/通道”的图像。

打开附盘中“图库\第 11 章”目录下名为“城市.jpg”的图片，执行【滤镜】/【镜头校正】命令（或按 Shift+Ctrl+R 组合键），弹出如图 11-109 所示的【镜头校正】对话框。

图11-109　【镜头校正】对话框

一、 滤镜工具

(1) 【移去扭曲】工具：激活此按钮，将鼠标指针移动到画面中按下并向边缘拖曳，可以校正桶形失真，如图 11-110 所示；向画面的中心拖曳鼠标，可以校正枕形失真，如图 11-111 所示。

图11-110　桶形失真

图11-111　枕形失真

(2) 【拉直】工具：此工具可以校正倾斜的图像，或者对图像的角度进行调整。激活此工具后，在图像中拖曳鼠标生成一条直线，如图 11-112 所示；释放鼠标后，图像会以该直线为基准进行角度校正，如图 11-113 所示。

图11-112　拖曳出的直线

图11-113　旋转后的效果

(3) 【移动网格】工具：用来移动网格，以便使它与图像对齐。

(4) 【抓手】工具和【缩放】工具：用于平移图像和缩放图像。

二、 操作窗口

(1) 【预览】选项：勾选此选项，可在操作窗口中预览校正后的效果。

(2) 【显示网格】选项：勾选此选项，将在窗口中显示网格。右侧的【颜色】和【大小】选项，可设置网格的颜色及大小。

三、 参数设置区

参数设置区分为自动校正和自定两种。

(1) 【自动校正】选项卡

- 【校正】栏：选择要修复的问题，包括几何扭曲、色差和晕影。
- 【自动缩放图像】复选框：当校正没有按预期的方式扩展或收缩图像，使图像超出了原始尺寸时，勾选此复选框可自动缩放图像。
- 【边缘】下拉列表：指定如何处理由于枕形失真、旋转或透视校正而产生的空白区域。可以使用透明或某种颜色填充空白区域，也可以扩展图像的边缘像素。
- 【搜索条件】栏：对【镜头配置文件】列表进行过滤。默认情况下，基于图像传感器大小的配置文件首先出现。
- 【镜头配置文件】列表：选择匹配的配置文件。默认情况下，Photoshop 只显示与用来创建图像的相机和镜头匹配的配置文件（相机型号不必完全匹配）。Photoshop 还会根据焦距、光圈大小和对焦距离自动为所选镜头选择匹配的子配置文件。
- 【联机搜索】按钮：当没有找到匹配的镜头配置文件时，单击 联机搜索(O) 按钮可以获取 Photoshop 社区所创建的其他配置文件。

(2) 【自定】选项卡

单击【镜头校正】对话框的【自定】选项卡，其各项参数如图 11-114 所示。

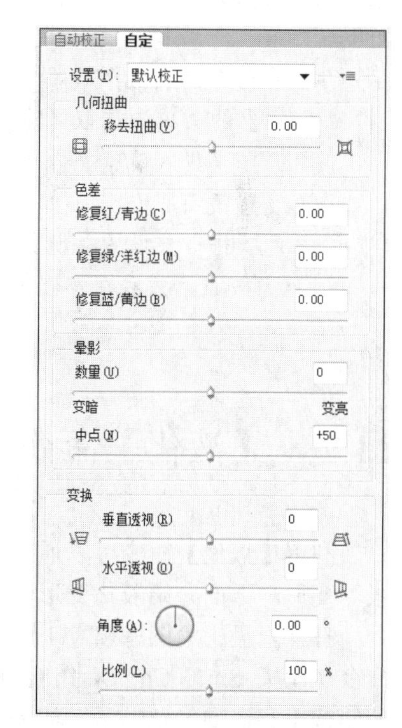

图11-114 【自定】选项卡

- 【设置】选项：单击选项右侧的倒三角图标，可在弹出的菜单中选择一个预设的设置。选择【镜头默认值】选项，可使用以前为图像制作的相机、镜头、焦距和光圈大小设置。选择【上一个校正】选项，可使用上一次镜头校正中使用的设置。
- 【移去扭曲】选项：通过拖曳滑块，可以校正镜头桶形或枕形失真。移动滑块可拉直从图像中心向外弯曲或朝图像中心弯曲的水平和垂直线条。也可以使用【移去扭曲】工具进行校正。朝图像的中心拖动可校正枕形失真，而朝图像的边缘拖动可校正桶形失真。

- 【修复红/青边】、【修复绿/洋红边】和【修复蓝/黄边】选项：通过拖曳相应的滑块，可以通过相对其中一个颜色通道调整另一个颜色通道的大小来补偿边缘。
- 【数量】选项：通过拖曳滑块，可以设置沿图像边缘变亮或变暗的程度。校正由于镜头缺陷或镜头遮光处理不正确而导致拐角较暗的图像。
- 【中点】选项：设置受【数量】滑块影响的区域宽度。如设置较小的参数，则会影响较多的图像区域。如设置较大的参数，则只会影响图像的边缘。
- 【垂直透视】选项：通过拖曳滑块，可以校正由于相机向上或向下倾斜而导致的图像透视，使图像中的垂直线平行。
- 【水平透视】选项：通过拖曳滑块，可以校正图像透视，并使水平线平行。
- 【角度】选项：通过拖曳滑块，可以旋转图像以针对相机歪斜加以校正，或在校正透视后进行调整。也可以使用拉直工具进行此校正。沿图像中想作为横轴或纵轴的直线拖曳。
- 【比例】选项：通过拖曳滑块，可以设置向上或向下调整图像缩放。图像像素尺寸不会改变。主要用途是移去由于枕形失真、旋转或透视校正而产生的图像空白区域。放大实际上将导致裁剪图像，并使插值增大到原始像素尺寸。

四、　设置相机和镜头的默认值

在【镜头校正】对话框中可以存储设置，以便重复使用相同相机、镜头和焦距拍摄的其他图像。Photoshop 将存储失真、晕影和色差的设置，但不会存储透视校正设置。具体操作如下。

- 手动存储和载入设置。在对话框中单击【设置】选项右侧的按钮，然后在弹出的菜单中选取【存储设置】命令。要使用存储的设置，可在弹出的菜单中选择【载入设置】命令载入菜单中未显示的已存储设置。
- 设置镜头默认值。如果图像包含相机、镜头、焦距和光圈的 EXIF 元数据，可以将当前设置存储为镜头默认值。要存储设置，可单击【设置】选项右侧的按钮，然后在弹出的菜单中选择【设置镜头默认值】命令。

11.7　【液化】命令

利用【液化】命令可以通过交互方式对图像进行拼凑、推、拉、旋转、反射、折叠和膨胀等变形，下面介绍液化变形命令的使用方法。

打开附盘中“图库\第 11 章”目录下名为“小狗.jpg”的图片，执行【滤镜】/【液化】命令（或按 Shift+Ctrl+X 组合键），弹出【液化】对话框。勾选【高级模式】选项，可将全部的按钮和选项参数显示，如图 11-115 所示。

图11-115 【液化】对话框

对话框左侧的工具按钮用于设置变形的模式，右侧的选项及参数可以设置使用画笔的大小、压力以及查看模式等。

一、 工具按钮

- 【向前变形】工具：在预览窗口中单击或拖曳鼠标，可以将图像向前推送，使之产生扭曲变形，如图 11-116 所示。
- 【重建】工具：在预览窗口中已经变形的区域单击或拖曳鼠标，可以修复图像。
- 【平滑】工具：在预览窗口中已经变形的区域单击或拖曳鼠标，可以对变形后的图像进行平滑处理。
- 【顺时针旋转扭曲】工具：在图像中单击或拖曳鼠标，可以得到顺时针扭曲效果，按住 Alt 键可以得到逆时针扭曲效果，如图 11-117 所示。
- 【褶皱】工具：在预览窗口中单击或拖曳鼠标，可以使图像在靠近画笔区域的中心进行变形，效果如图 11-118 所示。

图11-116 向前变形效果

图11-117 扭曲变形效果

图11-118 褶皱变形效果

- 【膨胀】工具：在预览窗口中单击或拖曳鼠标，可以使图像在远离画笔区域的中心进行变形，效果如图 11-119 所示。

- 【左推】工具：在预览窗口中单击或拖曳鼠标，可使图像向左或向上偏移，按住 Alt 键拖曳鼠标，可将图像向右或向下偏移，效果如图 11-120 所示。

图11-119　膨胀变形效果

图11-120　左推变形效果

- 【冻结蒙版】工具：可以将该区域冻结并保护该区域以免被进一步编辑。
- 【解冻蒙版】工具：可以将冻结的区域解冻，使该区域能够被编辑。
- 【抓手】工具：当图像被放大，在预览窗口中不能完全显示时，选取此工具在预览窗口中拖曳鼠标，或者按空格键并在预览窗口中拖曳鼠标，可以将图像在预览窗口平移位置。
- 【缩放】工具：利用此工具在预览窗口中单击或拖曳鼠标，可以将图像放大；按住 Alt 键在预览窗口中单击，可以将图像缩小。

二、 参数设置区

(1) 【工具选项】栏：用于设置当前选择工具的属性。

- 【画笔大小】选项：用来设置图像所用画笔的宽度。
- 【画笔密度】选项：用来设置画笔边缘的羽化范围。
- 【画笔压力】选项：用来设置画笔在图像上产生的扭曲速度。
- 【画笔速率】选项：用来设置旋转扭曲等工具在预览图像中保持静止时扭曲所应用的速度。
- 【光笔压力】选项：当电脑配置数位板和压感笔时，勾选此选项，可通过压感笔的压力控制工具。

(2) 【重建选项】栏：用来设置重建的方式，以及撤销所做的调整。

- 重建(U)... 按钮：单击此按钮，将弹出【恢复重建】对话框，设置【数量】选项的数值，可确定恢复重建的程度。
- 恢复全部(A) 按钮：单击此按钮，可取消所有扭曲效果，即使当前图像中有被冻结的区域也不例外。

(3) 【蒙版选项】栏：如果图像中有选区或蒙版，此选项可设置蒙版的保留方式。

- 替换选区：显示原图像中的选区、蒙版或透明度。
- 添加到选区：显示原图像中的蒙版，此时可以使用冻结工具添加到选区。
- 从选区中减去：从当前的冻结区域中减去通道中的像素。
- 与选区交叉：只使用当前处于冻结状态的选定像素。
- 反相选区：使当前的冻结区域反相。
- 无 按钮：单击此按钮，可解冻所有区域。

- 全部蒙住按钮：单击此按钮，可使图像全部冻结。
- 全部反相按钮：单击此按钮，可使冻结产解冻区域反相。

(4) 【视图选项】栏：用来设置图像、网格和背景的显示与隐藏。还可以对网格大小、颜色、蒙版颜色、背景模式和不透明度进行设置。

- 【显示图像】选项：决定是否在预览区中显示图像。
- 【显示网格】选项：决定是否在预览区中显示网格。通过网格可以更好地查看和跟踪扭曲。勾选此选项后，其下的【网格大小】和【网格颜色】选项即变为可用，通过它们可以设置网格的大小和颜色。
- 【显示蒙版】选项：使用蒙版颜色覆盖冻结区域。单击下方【蒙版颜色】选项右侧的长按钮，可在弹出的窗口中设置蒙版的颜色。
- 【显示背景】选项：如果当前图像中包含多个图层，可通过此选项使其他图层作为背景来显示，以便更好地观察扭曲的图像与其他图层的合成效果。在【使用】选项下拉列表中可以选择作为背景的图层；在【模式】选项下拉列表中可以选择将背景放在当前图层的前面或后面，以便跟踪对图像做出的修改；【不透明度】选项用来设置背景图层的不透明度。

11.8 【油画】命令

使用【油画】命令，可以将图像快速处理成油画效果。

打开附盘中“图库\第 11 章”目录下名为“花.jpg”的图片，执行【滤镜】/【油画】命令，弹出的【油画】对话框如图 11-121 所示。

图11-121 【油画】对话框

- 【描边样式】选项：设置画笔的描边样式，取值范围为 0.1～10。
- 【描边清洁度】选项：设置描边的平滑程度及清晰度，取值范围为 0～10。数值越大，纹理越清晰。
- 【缩放】选项：设置油画纹理的大小，取值范围为 0.1～10。
- 【硬毛刷细节】选项：设置画笔描边的精细程度，取值范围为 0～10。数值越大，图像越精细。
- 【角方向】选项：设置光照方向，取值范围为 0～360。

- 【闪亮】选项：设置光照的强度，取值范围为 0 ~ 10。

11.9 【消失点】命令

【消失点】命令可在包含透视平面的图像中（如建筑物的一侧）进行透视编辑。在编辑时，首先在图像中指定平面，然后应用绘画、仿制、复制、粘贴或变换等编辑操作，这些编辑操作都将根据所绘制的平面网格来给图像添加透视，如图 11-122 所示。

图11-122 利用【消失点】命令添加楼层前后的对比效果

打开附盘中“图库\第 11 章”目录下名为“大楼.jpg”的图片，执行【滤镜】/【消失点】命令，将弹出如图 11-123 所示的【消失点】对话框。

图11-123 【消失点】对话框

【消失点】对话框中也包括 3 部分内容，分别为滤镜工具、工具属性选项及操作窗口。

一、滤镜工具

- 【编辑平面】工具：该工具用来选择、编辑和移动平面的节点或调整平面的大小，该工具经常用来对创建的透视平面进行修改。

- 【创建平面】工具：用来定义透视平面的 4 个角节点。在画面中依次单击，即可以创建透视平面，如图 11-124 所示。当创建了角节点后可以拖曳角节点调整透视平面的形状。按住 Ctrl 键拖曳平面中的边节点可以创建垂直平面，如图 11-125 所示。

图11-124　创建的平面

图11-125　创建的垂直平面

在创建的平面中，4 个角的节点为角节点，四个边中间的节点为边节点。另外，在定义透视平面的节点时，如节点的位置不正确，按 Back space 键可将该节点删除；选择创建的平面，按 Back space 键可将选择的平面删除。

要点提示　在定义透视平面时，定界框和网格会以不同的颜色指明平面的当前情况。蓝色的定界框为有效平面，但有效平面并不能保证具有适当的透视，还应该确保定界框和网格与图像中的几何元素或平面区域精确对齐；红色的定界框为无效平面，消失点无法计算平面的长宽比，因此不能从红色的平面中拉出垂直平面；黄色的定界框也是无效平面，无法解析平面的所有消失点。尽管 Photoshop 可以在红色平面和蓝色平面中进行编辑，但却无法正确对齐结果的方向。

- 【选框】工具：在平面上单击并拖曳鼠标可以选择平面上的图像，当选择图像后将鼠标指针放到选区内，按住 Alt 键，可以将选区中的图像进行复制，按住 Ctrl 键拖曳选区，可以将原图像填充到选区中，如图 11-126、图 11-127 和图 11-128 所示。

图11-126　创建的选区

图11-127 按住 Alt 键向上移动复制出的图像

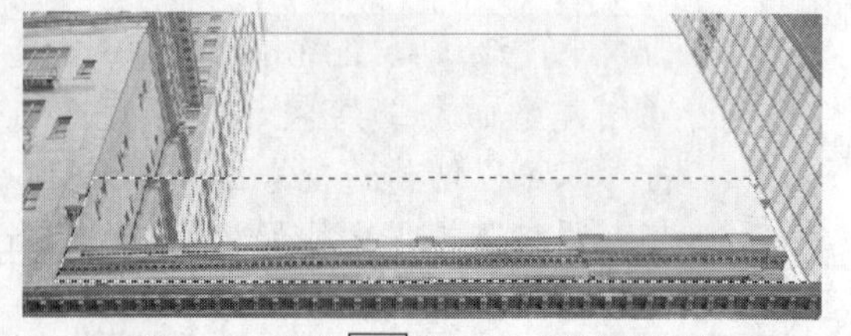

图11-128 按住 Ctrl 键向上移动填充的图像

- 【图章】工具：该【图章】工具与工具箱中的【图章】工具的使用方法相同。
- 【画笔】工具：可以在图像上绘制选定的颜色。
- 【变换】工具：该工具用来对定界框进行缩放、旋转操作和移动选区操作，与使用【自由变换】工具相似，对复制图像变换后的效果如图 11-129 所示。

图11-129 对复制图像变换后的效果

- 【吸管】工具：可以拾取颜色作为画笔的绘画颜色。
- 【测量】工具：可以在图像中测量图像的角度和距离。
- 【抓手】工具：该工具可以用来查看图像。
- 【缩放】工具：可以用来对图像进行放大或缩小。

二、 工具属性选项

(1) 图像预览区：在这里可以对图像进行操作并查看图像效果。

(2) 文字说明区：会根据鼠标指针的移动显示出移动时可以进行的操作。

11.10 综合实例 1——制作版画效果

本例主要利用【色彩平衡】和【色阶】调整命令以及【木刻】和【便条纸】滤镜命令来制作版画效果。

【步骤解析】

1. 将附盘中“图库\第 11 章”目录下名为“水乡.jpg”的图片打开。
2. 将“背景”层复制生成“背景 拷贝”层，然后按 Ctrl+B 组合键，弹出【色彩平衡】对话框，设置各选项及参数，如图 11-130 所示。
3. 单击 确定 按钮，调整色彩平衡后的图像效果如图 11-131 所示。

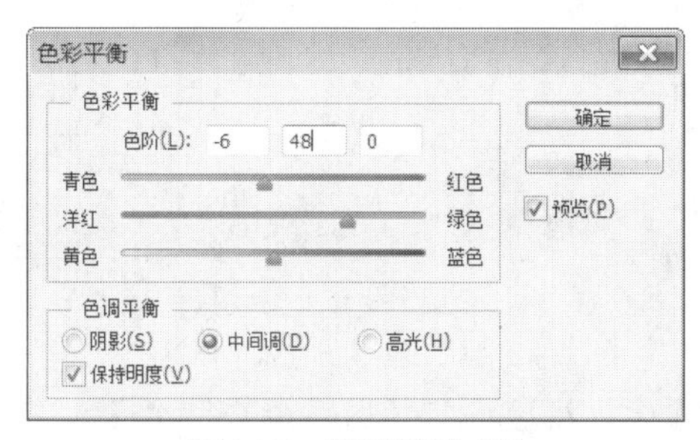

图11-130 设置的颜色参数

图11-131 调整色彩平衡后的图像效果

4. 按 Ctrl+L 组合键，弹出【色阶】对话框，设置各选项参数，如图 11-132 所示，然后单击 确定 按钮，调整色阶后的图像效果如图 11-133 所示。

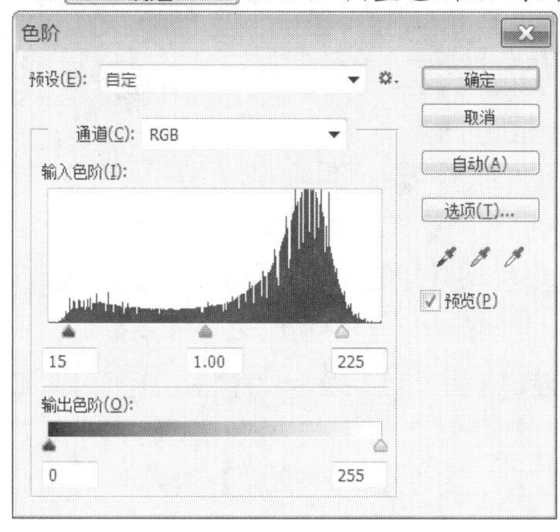

图11-132 设置的选项参数

图11-133 调整色阶后的图像效果

5. 执行【滤镜】/【滤镜库】命令，在弹出的对话框中选择【艺术效果】/【木刻】命令，弹出【木刻】选项参数，设置参数如图 11-134 所示。
6. 单击 确定 按钮，执行【木刻】命令后的图像效果如图 11-135 所示。

图11-134 设置的参数（1）

图11-135 【木刻】命令后的图像效果

7. 将“背景 拷贝”层依次复制 3 次，生成“背景 拷贝 2”～“背景 拷贝 4”层，然后将“背景 拷贝”层设置为当前层，并将“背景 拷贝 2”～“背景 拷贝 4”层隐藏。
8. 按 D 键，将前景色和背景色设置为默认的黑色和白色，然后执行【滤镜】/【滤镜库】命令，在弹出的对话框中选择【素描】/【便条纸】命令，弹出【便条纸】选项参数，设置参数如图 11-136 所示。
9. 单击 确定 按钮，执行【便条纸】命令后的图像效果如图 11-137 所示。

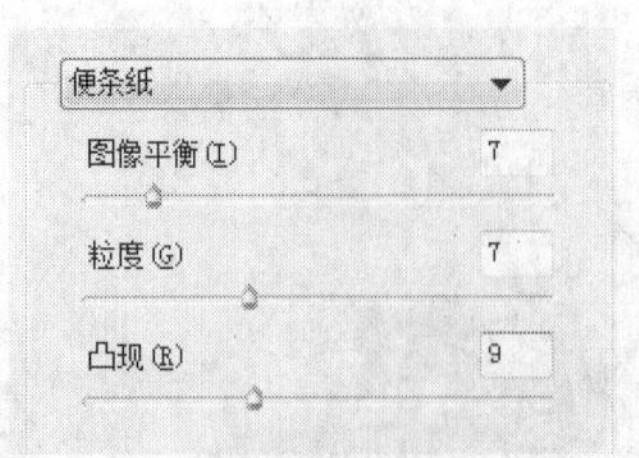

图11-136　设置的参数（2）

图11-137　【便条纸】命令后的图像效果

10. 将“背景 拷贝 2”层显示，并将其设置为当前层，然后将其【图层混合模式】选项设置为【正片叠底】模式。
11. 按 Ctrl+Alt+F 组合键，弹出【便条纸】对话框，设置各选项参数，如图 11-138 所示。
12. 单击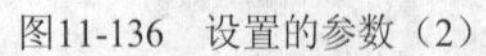按钮，选择【便条纸】命令后的图像效果如图 11-139 所示。

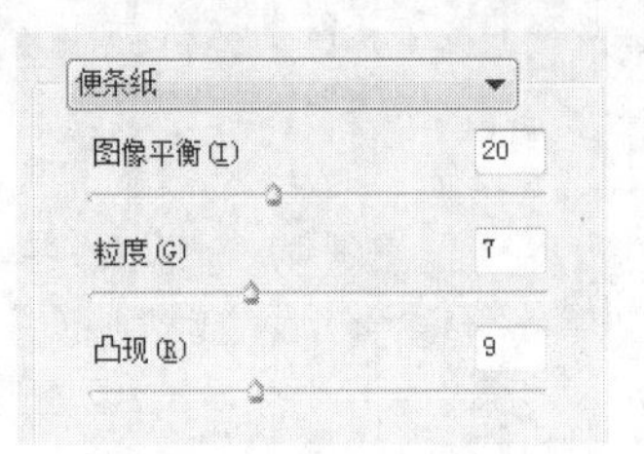

图11-138　设置的参数（3）

图11-139　【便条纸】命令后的图像效果

13. 用与步骤 10～步骤 12 相同的方法，依次将“背景 拷贝 3”层和“背景 拷贝 4”层显示，再分别为其应用【便条纸】命令，并将【图像平衡】选项的参数分别设置为“30”和“40”，然后将其【图层混合模式】选项设置为【正片叠底】模式，生成的画面效果如图 11-140 所示。

图11-140　设置图层混合模式后的效果

14. 单击【图层】面板下方的 按钮，在弹出的菜单中选择【色阶】命令，弹出【色阶】面板，各选项参数设置及调整色阶后的图像效果如图 11-141 所示。

图11-141　设置的选项参数及调整色阶后图片的效果

15. 单击【图层】面板下方的 按钮，在弹出的菜单中选择【色彩平衡】命令，弹出【色彩平衡】面板，设置各选项参数及调整色彩平衡后的图像效果如图 11-142 所示。

图11-142 设置的选项参数及调整色彩平衡后的图像效果

16. 利用 T 工具，依次输入如图 11-143 所示的英文字母。

图11-143 输入的字母

17. 按 Shift+Ctrl+S 组合键，将此文件另命名为“版画效果.psd”保存。

11.11 综合实例 2——为沙发贴图

本节将通过给沙发贴图的范例来学习【消失点】命令的使用方法。

【步骤解析】

1. 打开附盘中“图库\第 11 章”目录下名为“沙发.jpg”和“图案.jpg”的文件。
2. 将“沙发.jpg”文件设置为工作文件，利用 和 工具创建出如图 11-144 所示的选区。

图11-144 创建的选区

3. 按 Ctrl+I 组合键，将选区反选，然后按 Ctrl+J 组合键将沙发复制生成“图层 1”。
4. 将“图案.jpg”文件设置为工作文件，按 Ctrl+A 组合键全选图案，然后按 Ctrl+C 组合键将图案复制到剪贴版中，以备在【消失点】对话框中给沙发贴图用。
5. 将“沙发.jpg”文件设置为工作文件，新建“图层 2”，然后执行【滤镜】/【消失点】命令，弹出【消失点】对话框。
6. 选择【创建平面】工具，在沙发靠背左上方单击确定绘制网格的起点，然后向右移动鼠标指针并单击确定网格的第二个控制点，如图 11-145 所示。依次向下、向左、向上移动鼠标并单击，绘制出沙发靠背区域的网格，如图 11-146 所示。

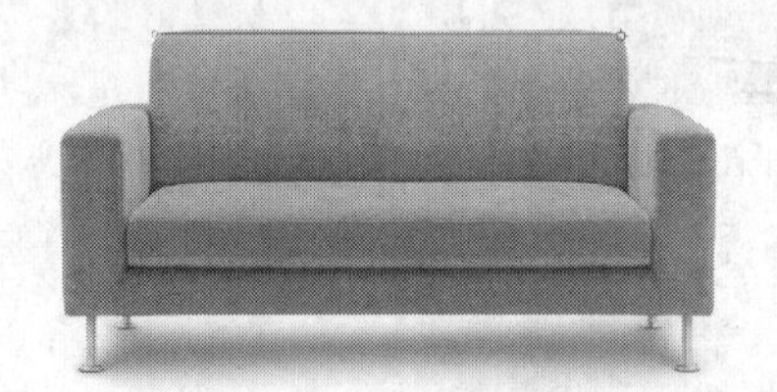

图11-145　确定网络控制点

图11-146　绘制的网格

7. 通过设置 网格大小: 20 的参数，可以控制网格的数量调整网格大小，如图 11-147 所示。
8. 利用工具再绘制沙发坐垫上的网格，如图 11-148 所示。

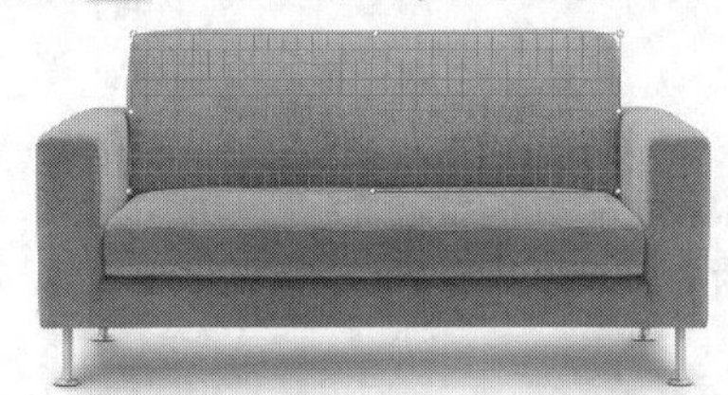

图11-147　调整的网格大小

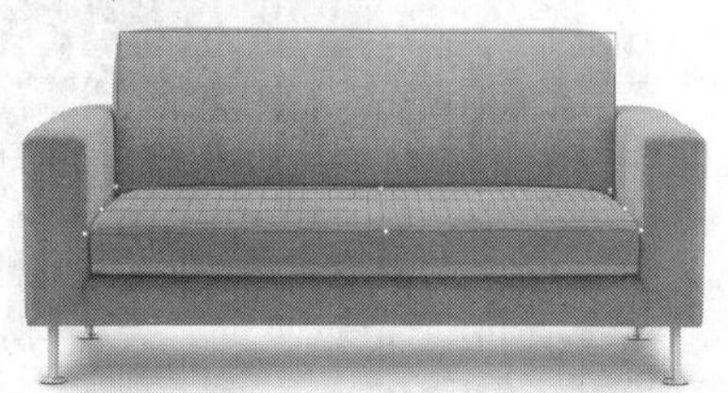

图11-148　绘制沙发坐垫上的网格

9. 根据沙发的机构，再分别绘制出其他区域的网格，如图 11-149 所示。
10. 按 Ctrl+V 组合键将前面复制到剪贴版中的图案粘贴到【消失点】对话框中。
11. 按 T 键，在图案的四周将显示控制点，拖曳控制点可调整图案的大小。
12. 将鼠标指针移动到左上角的控制点上按下并向右下方拖曳，将图案调小，如图 11-150 所示。

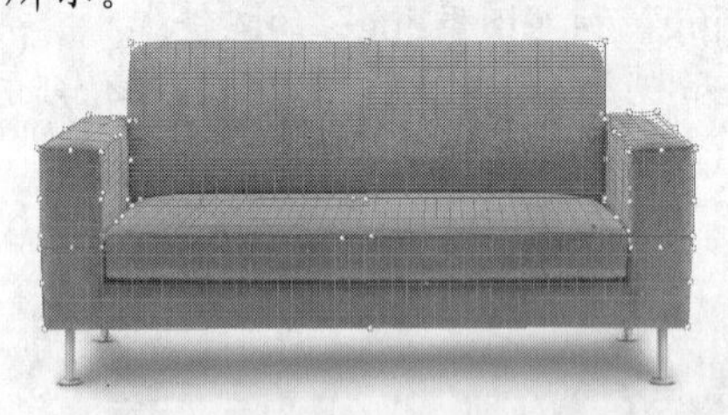

图11-149　绘制的网格

图11-150　调整后的图案

13. 在图案上按下鼠标左键，并向靠背网格中拖曳，可将图案移动到网格内，如图 11-151 所示。
14. 按 Ctrl+V 组合键再次将图案粘贴到【消失点】对话框中，并用鼠标将其拖曳到最下方的主体网格中。
15. 按住 Alt 键，在网格内的图案上按下鼠标左键并向另一网格内拖曳，可复制图案，用此方法，依次为各网格填充图案，如图 11-152 所示。

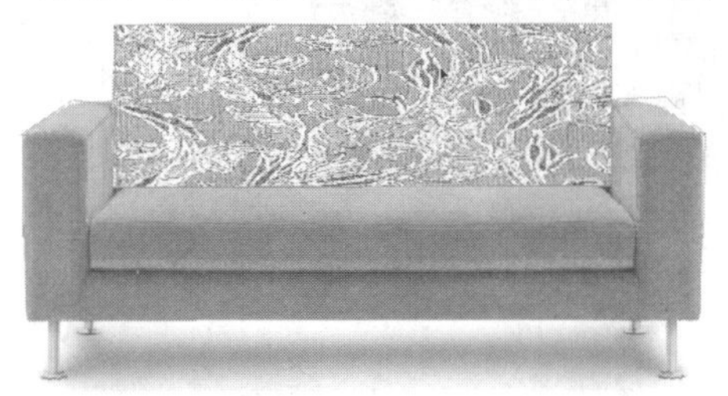

图11-151 置入的图案

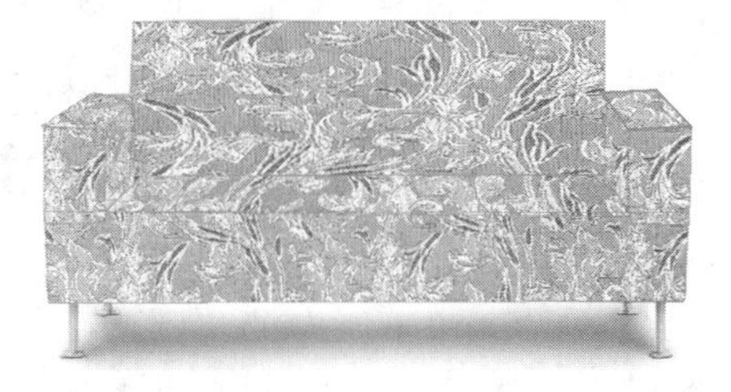

图11-152 复制出的图案

16. 单击按钮退出【消失点】对话框，得到如图 11-153 所示的画面效果。
17. 在【图层】面板中，将"图层 2"的【图层混合模式】设置为【颜色加深】选项，这样就得到了非常漂亮的沙发贴图效果，如图 11-154 所示。

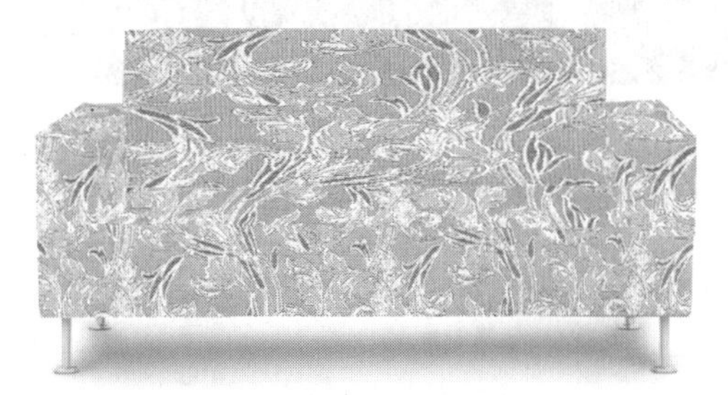

图11-153 生成的贴图

图11-154 设置混合模式后的效果

18. 按 Shift+Ctrl+S 组合键，将此文件另命名为"为沙发贴图.psd"保存。

11.12 习题

1. 灵活运用通道结合【滤镜库】命令中的【铬黄渐变】命令和【图层样式】命令来制作如图 11-155 所示的闪电字效果。

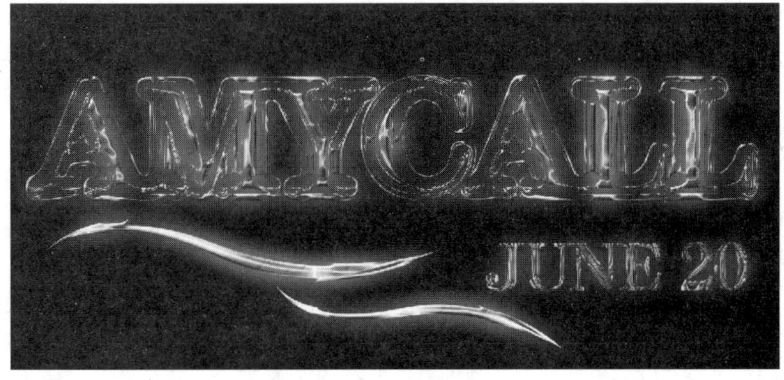

图11-155 制作的闪电字效果

【步骤提示】

(1) 新建背景为黑色的文件。

(2) 打开【通道】面板，新建"Alpha 1"通道，再利用 T 工具，输入如图 11-156 所示的英文字母，然后将选区去除。

图11-156　输入的英文字母

(3) 执行【滤镜】/【滤镜库】命令，在弹出的对话框中选择【素描】/【铬黄渐变】命令，然后设置各项参数如图 11-157 所示。

(4) 单击 确定 按钮，执行【铬黄渐变】命令后的文字效果如图 11-158 所示。

图11-157　设置的参数

图11-158　执行【铬黄渐变】命令后的文字效果

(5) 按住 Ctrl 键，单击“Alpha 1”通道，将其作为选区载入，再打开【图层】面板，新建“图层 1”，并为选区填充上蓝色（R:13,G:35,B:201），然后将选区去除。

(6) 执行【图层】/【图层样式】/混合选项”命令，在弹出的【图层样式】对话框中设置各项参数如图 11-159 所示。

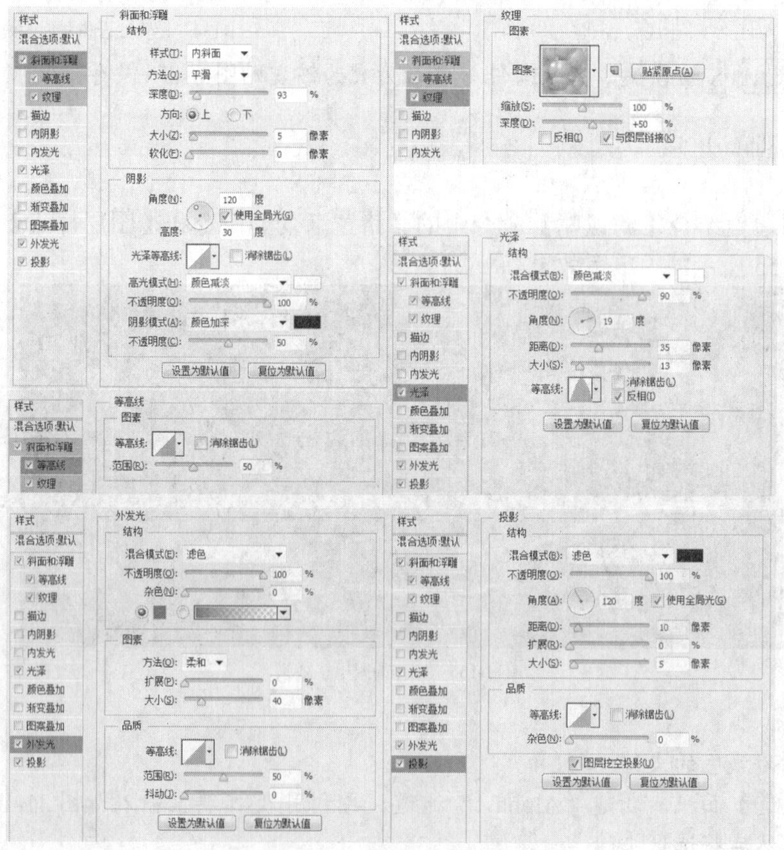

图11-159　【图层样式】对话框

(7) 单击[确定]按钮，添加图层样式后的文字效果如图 11-160 所示。

图11-160　添加图层样式后的文字效果

(8) 用与以上相同的方法，依次制作出其他文字及图形，即可完成闪电字的制作。

2. 综合运用【图像】/【调整】/【去色】命令结合滤镜菜单下的【高斯模糊】、【添加杂色】和【成角的线条】命令，将人物照片制作成素描效果，原图片及制作后的效果对比如图 11-161 所示。

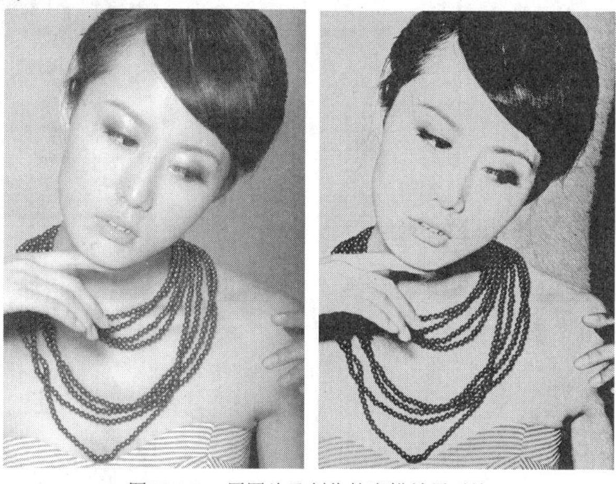

图11-161　原图片及制作的素描效果对比

【步骤提示】

(1) 将附盘中“图库\第 11 章”目录下名为“人物.jpg”的图片打开。

(2) 将“背景”层复制生成为“背景 拷贝”层，然后执行【图层】/【调整】/【去色】命令，将图像转换为相同颜色模式下的灰度图像。

(3) 按 Ctrl+L 组合键，在弹出的【色阶】对话框中设置各项参数如图 11-162 所示，然后单击[确定]按钮，调整色阶后的画面效果如图 11-163 所示。

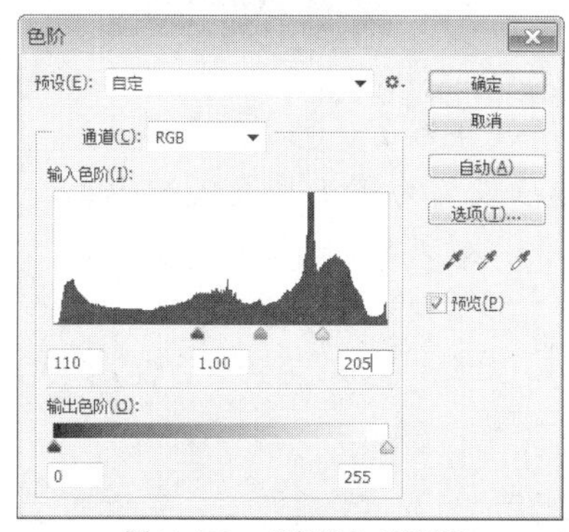

图11-162　【色阶】对话框

图11-163　调整色阶后的画面效果

(4) 将“背景 拷贝”层复制生成为“背景 拷贝 2”层，然后按 Ctrl+I 组合键，将画面反相显示。

(5) 执行【滤镜】/【模糊】/【高斯模糊】命令，在弹出的【高斯模糊】对话框中将【半径】选项的参数设置为“16”，单击 确定 按钮。

(6) 执行【滤镜】/【杂色】/【添加杂色】命令，在弹出的【添加杂色】对话框中设置各项参数如图 11-164 所示。

(7) 单击 确定 按钮，添加杂色后的画面效果如图 11-165 所示。

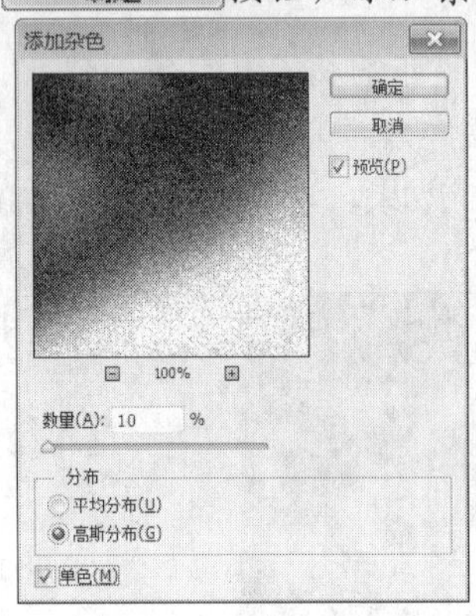

图11-164　【添加杂色】对话框

图11-165　添加杂色后的效果

(8) 执行【滤镜】/【滤镜库】命令，在弹出的对话框中选择【画笔描边】/【成角的线条】命令，然后设置各项参数如图 11-166 所示。

(9) 单击 确定 按钮，执行【成角的线条】命令后的画面效果如图 11-167 所示。

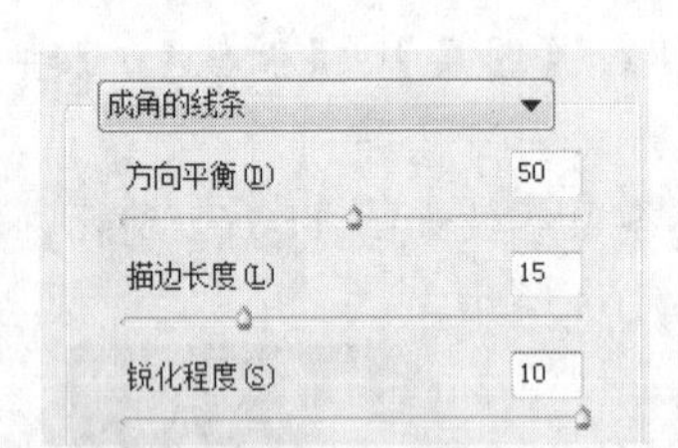

图11-166　设置【成角的线条】参数

图11-167　添加成角的线条后的效果

(10) 将“背景 拷贝 2”层的【图层混合模式】选项设置为【颜色减淡】模式。

(11) 新建“图层 1”，并将其【图层混合模式】选项设置为【正片叠底】模式，然后为其填充上黄灰色（R:200,G:190,B:170），即可完成素描效果的制作。

第12章　滤镜（下）

本章介绍滤镜命令的下半部分，主要包括【风格化】、【模糊】、【扭曲】、【锐化】、【视频】、【像素化】、【渲染】、【杂色】和【其它】9 组滤镜命令。在讲解过程中，我们依然会对各滤镜命令对话框中的参数及选项设置分别进行说明。另外，在本章的最后，还将对【Digimarc】菜单中的各种滤镜命令进行简单地介绍。

12.1　【风格化】滤镜

【风格化】滤镜组中的滤镜可以置换图像中的像素和查找并增加对比度，在图像中生成各种绘画或印象派的艺术效果，其下包括 8 个菜单命令，分别介绍如下。

12.1.1　查找边缘

【查找边缘】滤镜可以在图像中查找颜色的主要变化区域，强化过渡像素，产生类似于用彩笔勾描轮廓的效果，一般适用于背景单纯、主体图像突出的画面。选择此命令，产生的效果对比如图 12-1 所示。

图12-1　原图与选择【查找边缘】命令后的效果对比

12.1.2　等高线

【等高线】滤镜可以查找主要亮度区域的转换，并为每个颜色通道淡淡地勾勒主要亮度区域的转换，以获得与等高线图中的线条类似的效果。【等高线】对话框如图 12-2 所示，产生的效果对比如图 12-3 所示。

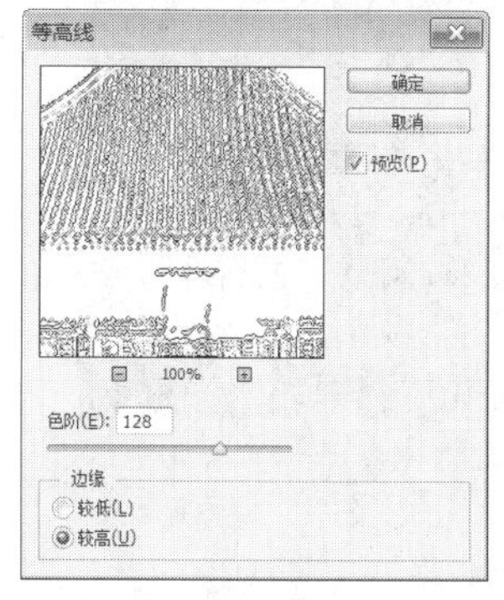

图12-2　【等高线】对话框

图12-3　【等高线】效果对比

- 【色阶】选项：设置边缘线对应的像素颜色范围，取值范围为 0～255。
- 【边缘】：包括【较高】和【较低】两个单选项，当单击【较高】单选项时，所查找颜色值高于指定的色阶边缘；当单击【较低】单选项时，所查找颜色值低于指定的色阶边缘。

12.1.3　风

【风】滤镜可以在图像中创建细小的水平线条来模拟风的效果。【风】对话框如图 12-4 所示，产生的效果对比如图 12-5 所示。

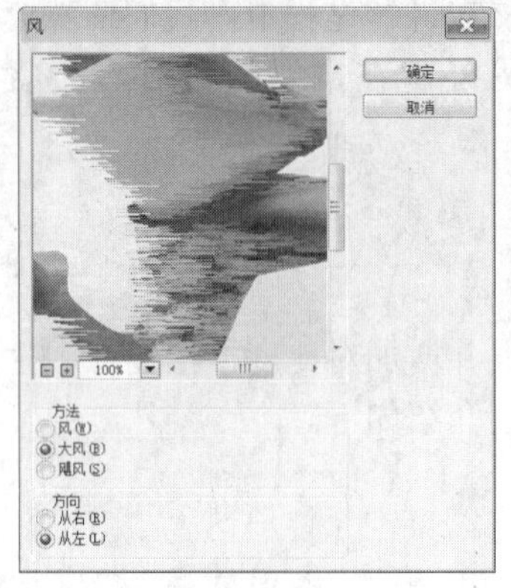

图12-4　【风】对话框

图12-5　【风】效果对比

- 【方法】栏：包括【风】、【大风】和【飓风】3 个单选项，这 3 个单选项所产生的效果基本相似，只是风的强度不同。
- 【方向】栏：单击【从左】单选项，将产生从左向右的起风效果；单击【从右】单选项，将产生从右向左的起风效果。

12.1.4　浮雕效果

【浮雕效果】滤镜可以使图像产生一种凸起或压低的浮雕效果。【浮雕效果】对话框如图 12-6 所示，产生的效果对比如图 12-7 所示。

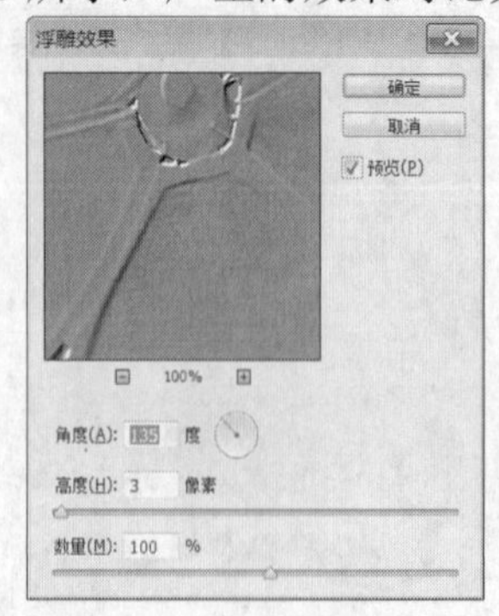

图12-6　【浮雕效果】对话框

图12-7　【浮雕】效果对比

- 【角度】选项：设置产生浮雕效果的光线照射方向。
- 【高度】选项：设置画面中凸起区域的凸起程度。取值范围为 1 ~ 110，数值越大，图像凸起的程度越明显。

- 【数量】选项：设置原图像中颜色的保留程度。取值范围为 1%～500%，数值越大，图像细节表现越明显；当数值为“1%”时，图像变为单一的颜色。

12.1.5　扩散

【扩散】滤镜可以根据设置的选项搅乱画面中的像素，使画面看起来聚焦不足，从而产生一种类似于冬天玻璃冰花融化的效果。【扩散】对话框如图 12-8 所示，效果对比如图 12-9 所示。

图12-8　【扩散】对话框

图12-9　【扩散】效果对比

- 【正常】单选项：通过随机移动图像中的像素点来实现向周围扩散的效果。
- 【变暗优先】单选项：用较暗的像素替换较亮的像素来实现扩散的效果。
- 【变亮优先】单选项：用较亮的像素替换较暗的像素来实现扩散的效果。
- 【各向异性】单选项：在颜色变化最小的方向上搅乱像素来实现扩散效果。

12.1.6　拼贴

【拼贴】滤镜可以将图像分解为一系列拼贴，使选区偏离其原来的位置。【拼贴】对话框如图 12-10 所示，效果对比如图 12-11 所示。

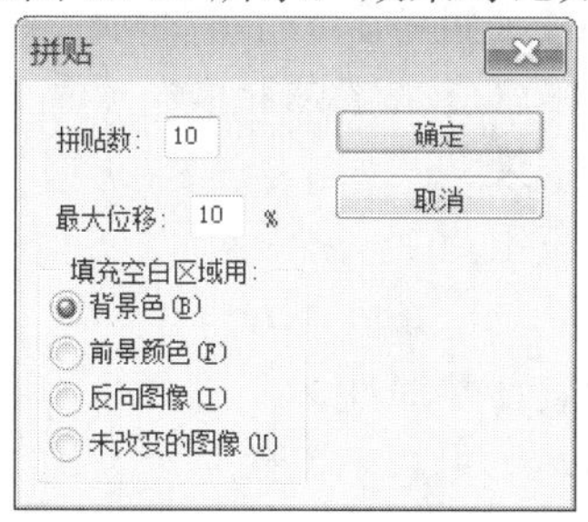

图12-10　【拼贴】对话框

图12-11　【拼贴】效果对比

- 【拼贴数】选项：设置图像高度方向上分割块的数量，数值越大，拼贴的分割越密。
- 【最大位移】选项：设置图像从原始位置产生偏移的最大距离。
- 【填充空白区域用】栏：决定用何种方式填充空白区域。单击【背景色】单选项，可以将间隙的颜色填充为背景色；单击【前景颜色】单选项，可以将拼

贴块之间的间隙颜色设置为前景色；单击【反向图像】单选项，可以将间隙的颜色设置为与图像相反的颜色；单击【未改变的图像】单选项，可以将图像间隙的颜色设置为图像中原来的颜色，设置拼贴后图像不会有很大的变化。

12.1.7　曝光过度

【曝光过度】滤镜可以使画面产生正片与负片混合的效果，类似于显影过程中将摄影照片短暂曝光。画面对比效果如图 12-12 所示。

图12-12　原图与选择【曝光过度】命令后的效果对比

12.1.8　凸出

【凸出】滤镜可以根据设置的不同选项，将图像转化为立方体或锥体的三维效果。【凸出】对话框如图 12-13 所示，效果对比如图 12-14 所示。

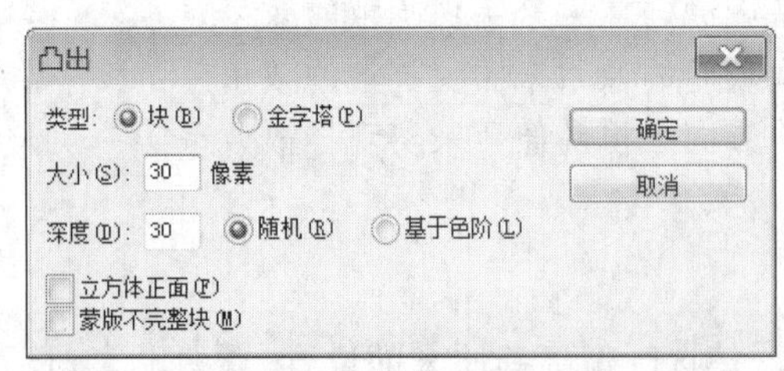

图12-13　【凸出】对话框

图12-14　【凸出】效果对比

- 【类型】选项：设置图像凸出的类型，包括【块】和【金字塔】2 个单选项。单击【块】单选项，可以创建出正方体凸出的效果；单击【金字塔】单选项，可以创建出具有相交于一点的 4 个三角形侧面凸出的效果。
- 【大小】选项：设置生成立方体或方锥的大小，取值范围为 2～255。

【深度】选项：设置生成立方体或方锥的高度，取值范围为 1～255。

- 【随机】单选项：单击此单选项，可为块或金字塔设置任意深度。
- 【基于色阶】单选项：单击此单选项，可使每个对象的深度与其亮度对应，越亮凸出得越多。
- 【立方体正面】复选框：只有在【类型】选项中单击【块】单选项时，此复选框才可用。勾选该复选框，可将图像的整体轮廓破坏，立方体只显示单一的颜色。
- 【蒙版不完整块】复选框：勾选此复选框，可以隐藏所有延伸出选区的对象。

12.2　【模糊】滤镜

【模糊】滤镜组中的滤镜可以对图像进行各种类型的模糊效果处理。它通过平衡图像中的线条和遮蔽区域清晰的边缘像素，使其显得虚化柔和。如果要在图层中应用【模糊】滤镜命令，必须取消【图层】面板左上角的（锁定透明像素）选项的锁定状态。

12.2.1　场景模糊

场景模糊可以对图片进行焦距调整。这与我们拍摄照片的原理一样，选择好相应的主体后，主体之前及之后的物体就会相应的模糊。选择的镜头不同，模糊的方法也略有差别。不过场景模糊可以对一幅图片全局或多个局部进行模糊处理。

使用方法：打开一副素材图片，执行【滤镜】/【模糊】/【场景模糊】命令，会弹出如图 12-15 所示的【场景模糊】设置面板。同时，图片的中心会出现一个黑圈带有白边的图形，鼠标会变成一个大头针并且旁边带有一个“+”号，在图片所需模糊的位置单击一下就可以新增一个模糊区域。鼠标单击模糊圈的中心就可以选择相应的模糊点，并且可以在【场景模糊】设置面板的数值栏中设置参数，在模糊点上按住鼠标左键拖曳可以对其进行移动，按 Delete 键可以将其删除。

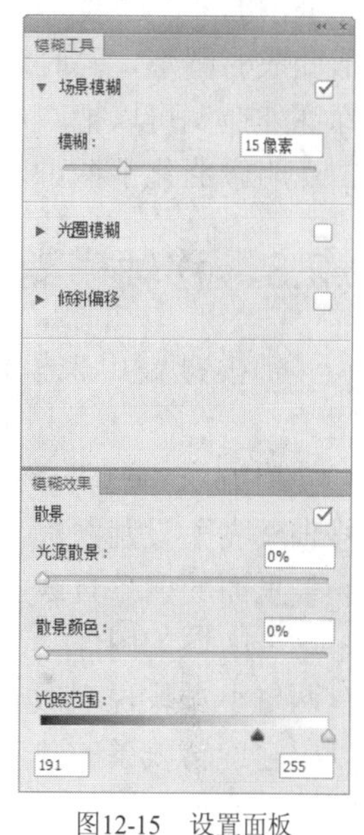

图12-15　设置面板

- 【散景】选项：是摄影术语，是指图像中焦点以外的发光区域，类似光斑效果。
- 【光源散景】选项：控制散景的亮度，也就是图像中高光区域的亮度，数值越大亮度越高。
- 【散景颜色】选项：控制高光区域的颜色，由于是高光，颜色一般都比较淡。
- 【光照范围】选项：用色阶来控制高光范围，数值为 0～255 之间，范围越大高光范围越大，相反高光就越少。

参数设置完成后，单击属性栏中的 确定 按钮，即可确认模糊效果；单击 取消 按钮，将取消模糊操作。

12.2.2　光圈模糊

光圈模糊，顾名思义就是用类似相机的镜头来对焦，焦点周围的图像会相应的模糊。

使用方法：打开一幅素材图片，执行【滤镜】/【模糊】/【光圈模糊】命令，会弹出【光圈模糊】设置面板，同时在图像上显示如图 12-16 所示的调节图形。

此时移动中心的黑白圆环，可调整图片中需要对焦的物体，然后可以在设置面板中进行参数及圆环的大小设置。跟场景模糊一样，光圈模糊也可以添加多个图标来控制图像不同区域的模糊。

图12-16　显示的调节图形

外围的4个小菱形叫做手柄，选择其中一个拖曳，可以把圆形区域的某个方向拉大，将圆形变成椭圆形，同时还可以进行旋转；圆环右上角的白色菱形叫做圆度手柄，选择后按住鼠标往外拖曳可以把圆形或椭圆形变成圆角矩形，再往里拖曳又可以缩回去；位于内侧的4个白点叫做羽化手柄可以控制羽化焦点到圆环外围的羽化过渡。

12.2.3　移轴模糊

移轴模糊是用来模仿微距图片拍摄的效果，比较适合俯拍或者镜头有点倾斜的图片使用。

使用方法：打开一幅素材图片，执行【滤镜】/【模糊】/【移轴模糊】命令，会弹出【移轴模糊】设置面板，同时在图像上显示如图12-17所示的平行线条。

最里面的两条直线区域为聚焦区，位于这个区域的图像是清晰的，并且中间有两个小方块，叫做旋转手柄，我们可以用它旋转线条的角度及调大聚焦区的区域；聚焦区以外，虚线区以内的部分为模糊过渡区，把鼠标放到虚线位置可以拖曳拉大或缩小相应模糊区的区域；最外围的部分为模糊区。我们先把中心点移到主体位置，这样就可以预览模糊后的效果，在参数设置栏有模糊的数值及扭曲的数值可以进行设置。

图12-17　显示的平行线条

【移轴模糊】设置面板中除【模糊】选项外，还有一个【扭曲度】选项，扭曲是广角镜或一些其他镜头拍摄出现移位的现象。扭曲只对图片底部的图像进行扭曲处理，勾选【对称扭曲】后顶部及底部图像同时扭曲。

12.2.4　表面模糊

表面模糊可以将图像的表面进行模糊，同时将图像中的杂色或颗粒进行去除，并且在模糊的同时保留图像的边缘。【表面模糊】对话框如图12-18所示，效果对比如图12-19所示。

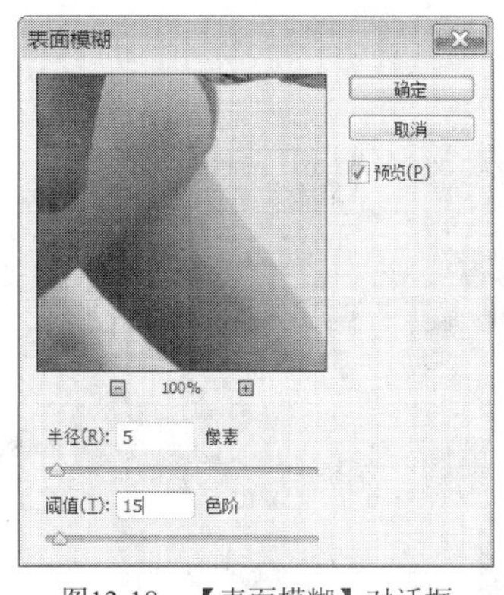

图12-18 【表面模糊】对话框

图12-19 【表面模糊】效果对比

- 【半径】选项：设置模糊时取样区域的大小。
- 【阈值】选项：控制相邻像素色调值与中心像素值相差多大时才能成为模糊的一部分。色调值差小于阈值的像素被排除在模糊之外。

12.2.5 动感模糊

【动感模糊】滤镜可以沿特定方向（-360°～360°）以指定的强度对图像进行模糊处理，类似于物体高速运动时曝光的摄影手法。【动感模糊】对话框如图 12-20 所示，效果对比如图 12-21 所示。

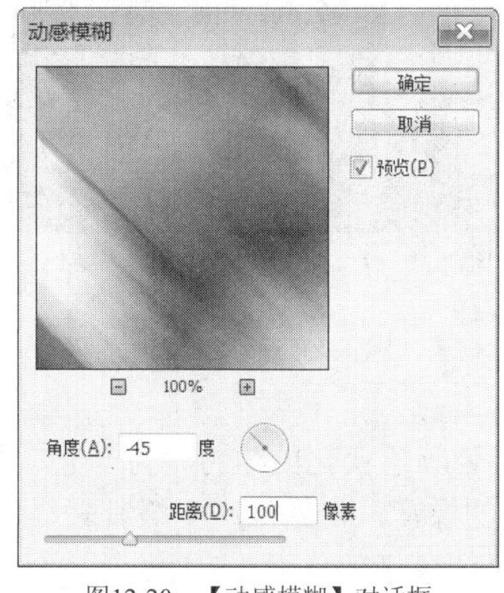

图12-20 【动感模糊】对话框

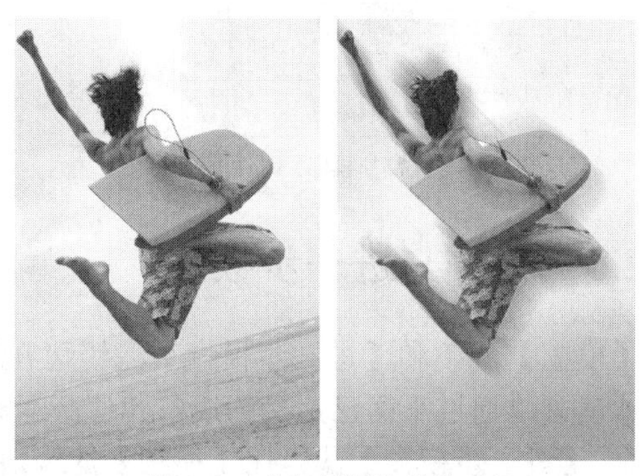

图12-21 【动感模糊】效果对比

- 【角度】选项：设置图像模糊的方向。
- 【距离】选项：设置模糊的程度，取值范围为 1～999，数值越大，模糊程度越强烈。

12.2.6 方框模糊

【方框模糊】滤镜是基于相邻像素的平均值来模糊图像。【方框模糊】对话框如图 12-22 所示，效果对比如图 12-23 所示。对话框中的【半径】选项主要用于设置计算像素平均值的区域大小。设置的参数越大，产生的模糊效果越好。

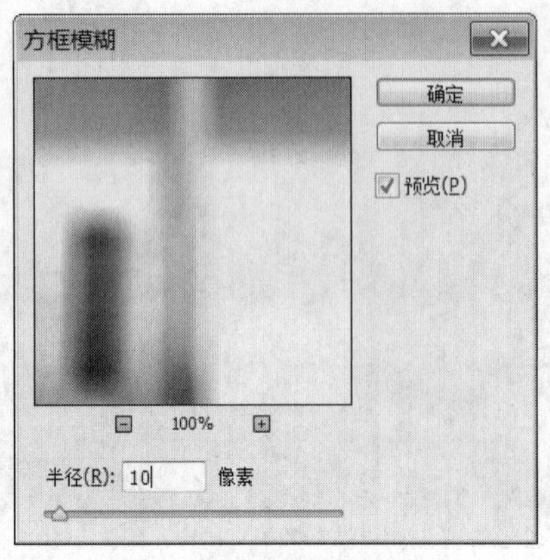

图12-22　【方框模糊】对话框

图12-23　【方框模糊】效果对比

12.2.7　高斯模糊

【高斯模糊】滤镜通过控制模糊半径参数来对图像进行不同程度的模糊效果处理，从而使图像产生一种朦胧的效果。【高斯模糊】对话框如图 12-24 所示，效果对比如图 12-25 所示。

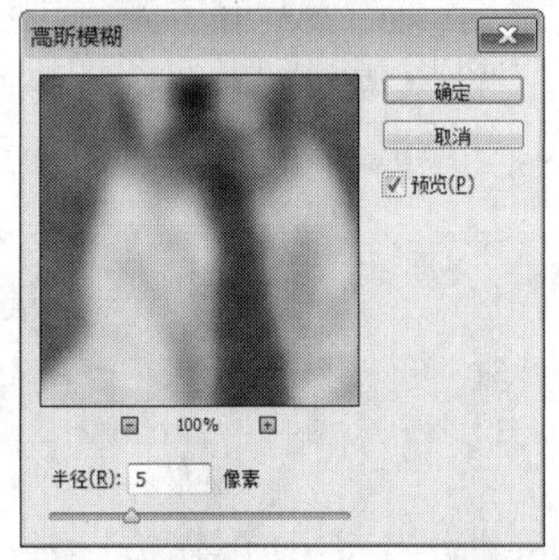

图12-24　【高斯模糊】对话框

图12-25　【高斯模糊】效果对比

12.2.8　模糊与进一步模糊

【模糊】滤镜和【进一步模糊】滤镜可在图像中有显著颜色变化的地方消除杂色。【模糊】滤镜可以通过平衡已定义的线条和遮蔽清晰边缘旁边的像素，使图像产生极其轻微的模糊效果；【进一步模糊】滤镜比【模糊】滤镜对图像所产生的模糊效果强 3～4 倍。

12.2.9　径向模糊

【径向模糊】滤镜是模拟移动或旋转的相机所拍摄的模糊照片效果。【径向模糊】对话框如图 12-26 所示，效果对比如图 12-27 所示。

- 【数量】选项：设置图像的模糊程度，取值范围为 1～100，数值越大，模糊程度越强烈。
- 【模糊方法】选项卡：包括【旋转】和【缩放】两种模糊方式。当单击【旋转】单选项时，图像以沿同心弧线的形式模糊；当单击【缩放】单选

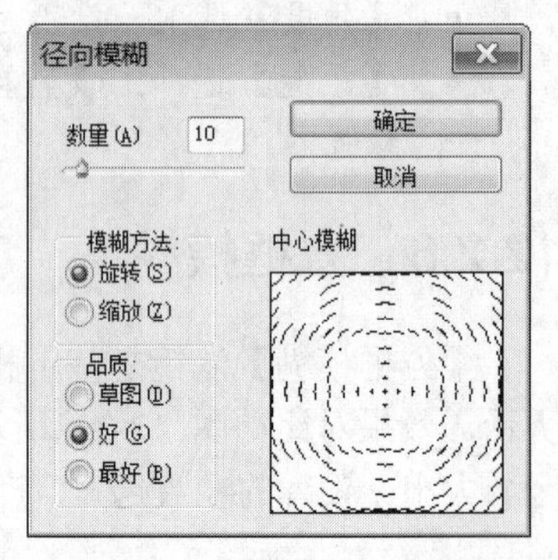

图12-26　【径向模糊】对话框

项时，图像以半径线径向模糊。

- 【品质】选项卡：决定产生模糊的质量，包括【草图】、【好】和【最好】3 种品质。单击【草图】单选项时图像的显示品质一般，并且会产生颗粒效果，但是此时的处理速度最快；单击【好】和【最好】单选项时都会将图像的效果处理得较为平滑，但是这两项的差别不大，除非在较大的图像上，否则不会看出区别。
- 【中心模糊】选项：在中心模糊的设置框内单击可以将单击点设置为模糊的原点。

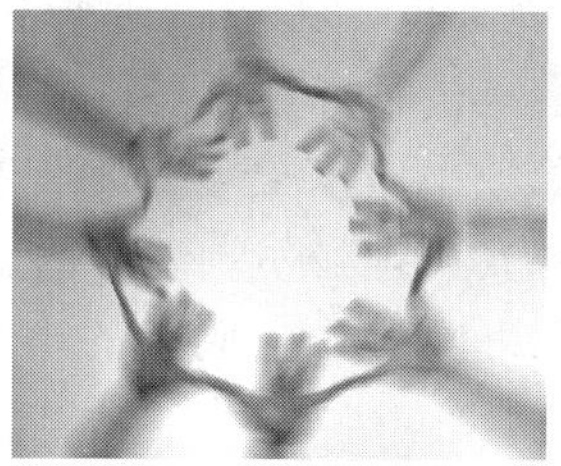

图12-27 【径向模糊】效果对比

12.2.10 镜头模糊

【镜头模糊】滤镜是向图像中添加模糊以产生更窄的景深效果，以便使图像中的一些对象在焦点内，而使另一些区域变模糊。【镜头模糊】对话框如图 12-28 所示，效果对比如图 12-29 所示。

图12-28 【镜头模糊】对话框

图12-29　【镜头模糊】效果对比

- 【预览】复选框：勾选此复选框，将在对话框左侧的预览窗口中显示模糊后的图像效果。单击【更快】单选项，在调整图像的模糊效果时，预览窗口中能够快速地显示调整后的图像效果；单击【更加准确】单选项，在调整图像的模糊效果时，预览窗口中能够精确地显示调整后的图像效果。
- 【源】下拉列表：设置镜头模糊产生效果的形式。其中包括【无】、【透明度】和【图层蒙版】3 个选项。
- 【模糊焦距】选项：设置位于焦点内的像素的深度。
- 【反相】复选框：勾选此复选框，可反相用作深度映射来源的选区或 Alpha 通道。
- 【形状】下拉列表：设置光圈的模糊形状，其中包括【三角形】、【方形】、【五边形】、【六边形】、【七边形】和【八边形】6 个选项。
- 【半径】选项：设置镜头模糊程度的大小，数值越大，模糊效果越明显。
- 【叶片弯度】选项：设置光圈边缘的平滑程度，数值越大，效果越明显。
- 【旋转】选项：设置光圈的旋转程度。
- 【亮度】选项：设置镜面高光的亮度，数值越大，图像效果越亮。
- 【阈值】选项：设置亮度截止点，比该截止点亮的所有像素都被视为镜面高光。
- 【数量】选项：设置图像产生杂色的多少。
- 【分布】栏：包括【平均】和【高斯分布】两个选项，选择不同的选项，图像添加的杂色将以不同的形式进行分布。
- 【单色】复选框：勾选此复选框，可在不影响颜色的情况下添加杂色。

12.2.11 平均

【平均】滤镜可以找出图像或选区的平均颜色，然后用该颜色填充图像或选区以创建平滑的外观。

12.2.12 特殊模糊

【特殊模糊】滤镜可以对图像进行精细的模糊，产生一种清晰边界的模糊效果，它只对有微弱颜色变化的区域进行模糊，不对图像轮廓边缘进行模糊。也就是说，【特殊模糊】滤镜能使图像中原来较清晰的部分不变，较模糊的部分更加模糊。【特殊模糊】对话框如图 12-30 所示，效果对比如图 12-31 所示。

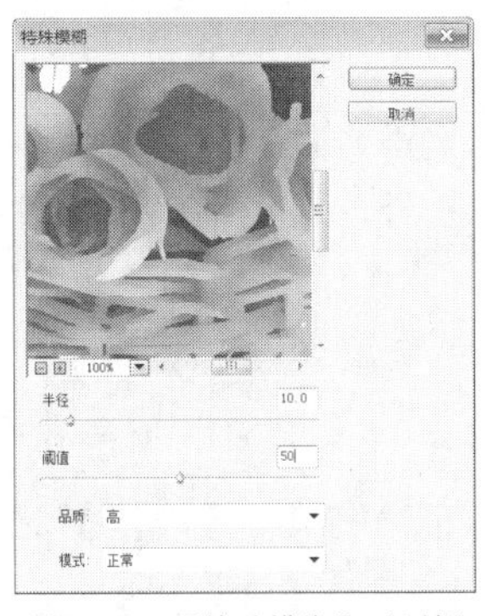

图12-30 【特殊模糊】对话框

图12-31 【特殊模糊】效果对比

- 【半径】选项：设置图像中不同像素模糊处理的范围，取值范围为 0.1～100。
- 【阈值】选项：设置像素具有多大差异后才会受到影响。在此选项中设定一个数值，使用【特殊模糊】命令对图像模糊后，所有低于这个阈值的像素都会被模糊。
- 【品质】下拉列表：决定图像模糊后的质量，包括【低】、【中】和【高】3 种品质。
- 【模式】下拉列表：包含【正常】、【边缘优先】和【叠加边缘】3 个选项，其中【边缘优先】应用黑色边缘，【叠加边缘】应用白色边缘。

12.2.13 形状模糊

【形状模糊】滤镜可以使用指定的形状模糊图像。【形状模糊】对话框如图 12-32 所示，效果对比如图 12-33 所示。

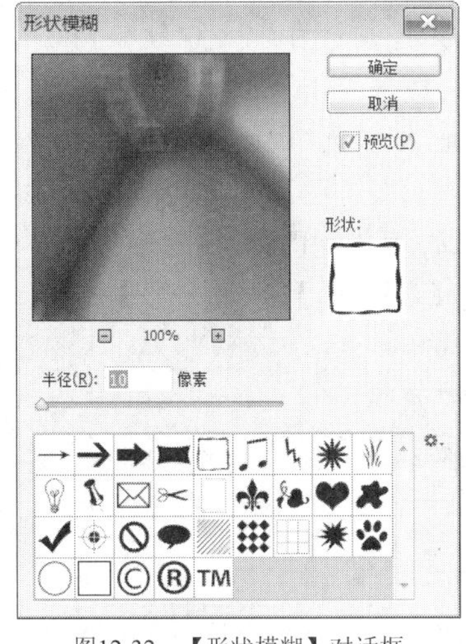

图12-32 【形状模糊】对话框

图12-33 【形状模糊】效果对比

- 【半径】选项：设置模糊时形状的大小。
- 【形状列表】选项：设置模糊时的形状。通过单击其右上角的⚙.按钮，在弹出的列表中选择相应的形状，可以载入不同的形状库。

12.3　【扭曲】滤镜

【扭曲】滤镜组中的滤镜除前面【滤镜库】对话框中讲解的 3 种外，还包括以下 9 种，下面来分别讲解。

12.3.1　波浪

【波浪】滤镜可使图像产生强烈的波纹效果。用户可以设置波长和波幅。【波浪】对话框如图 12-34 所示，效果对比如图 12-35 所示。

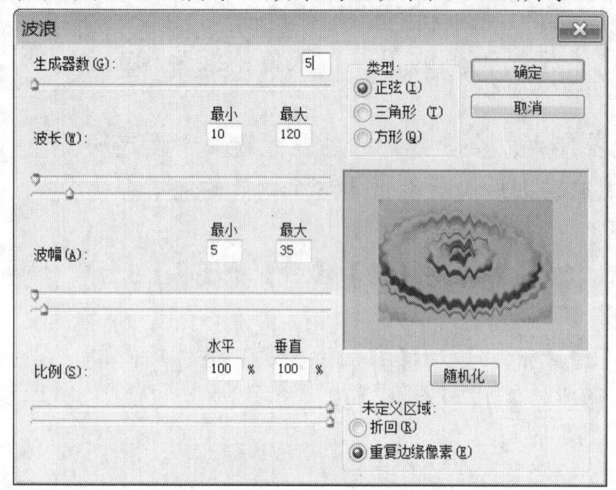

图12-34　【波浪】对话框

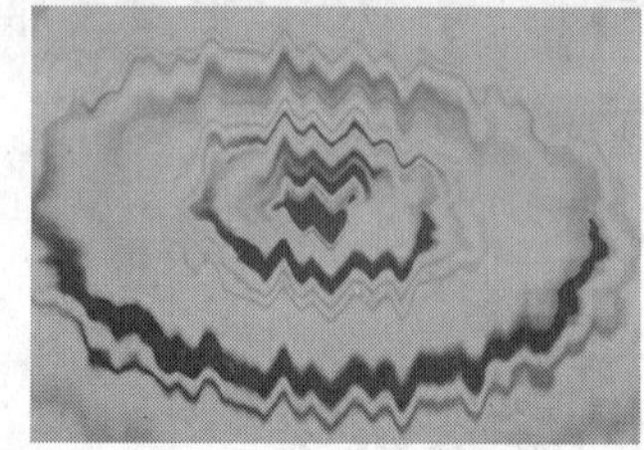

图12-35　【波浪】效果对比

- 【生成器数】选项：设置生成波纹的数量，取值范围为 1～999，参数越大，产生的波动越大。
- 【波长】选项：设置相邻两个波峰间的水平距离，该选项分为最大和最小两个波长，最小波长不能超过最大波长。
- 【波幅】选项：设置波幅的大小，与波长一样分为最大和最小波幅，最小波幅不能超过最大波幅。
- 【比例】选项：设置生成的波纹在水平和垂直方向上的缩放比例。
- 【类型】栏：设置生成波纹的类型，包括【正弦】、【三角形】和【方形】选项。
- 

按钮：单击此按钮，系统将随机生成一种波纹效果。
- 【未定义区域】栏：设置图像移动后产生的空白区域以何种方式进行填充。单击【折回】单选项可以将空白区域填入溢出的内容；单击【重复边缘像素】单选项可以填入扭曲边缘的像素颜色。

12.3.2　波纹

【波纹】滤镜可以在图像上创建波状起伏的图案，像水池表面的波纹。【波纹】对话框如图 12-36 所示，效果对比如图 12-37 所示。

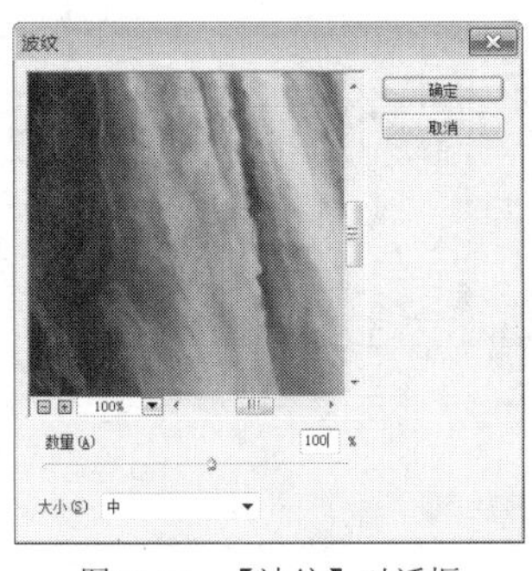

图12-36 【波纹】对话框

图12-37 【波纹】效果对比

- 【数量】选项：设置图像生成波纹的数量，取值范围为 1～999。
- 【大小】下拉列表：设置图像生成波纹的大小，其中包括【较小】、【中间】和【较大】3 个选项。

12.3.3 极坐标

【极坐标】滤镜可以根据指定的选项，将图像从平面坐标转换到极坐标，或从极坐标转换到平面坐标。【极坐标】对话框如图 12-38 所示，效果对比如图 12-39 所示。

- 【平面坐标到极坐标】单选项：单击此单选项，可将直角坐标转换成极坐标。
- 【极坐标到平面坐标】单选项：单击此单选项，可将极坐标转换成直角坐标。

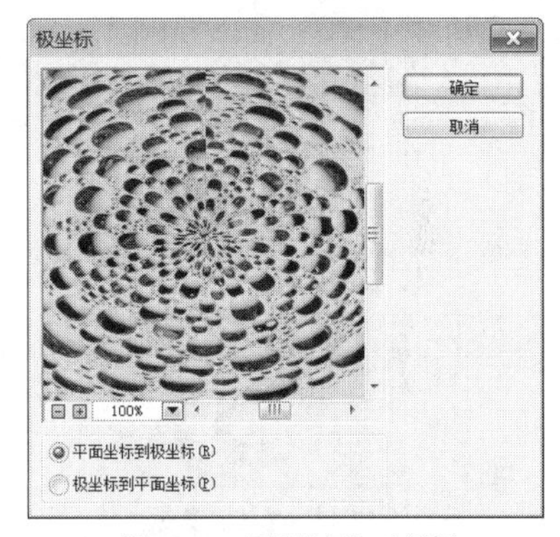

图12-38 【极坐标】对话框

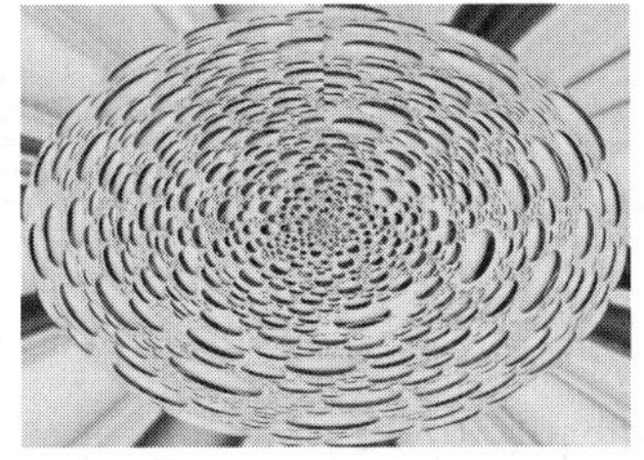
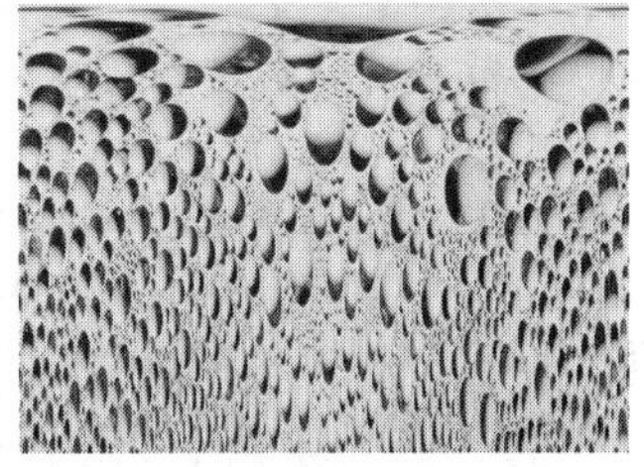

图12-39 【极坐标】效果对比

12.3.4 挤压

【挤压】滤镜可以使图像产生向外或向内挤压的效果。【挤压】对话框如图 12-40 所示。

其中的【数量】选项用于设置图像挤压的程度，数值为负值时，图像向外挤压；数值为正值时，图像向内挤压。效果对比如图 12-41 所示。

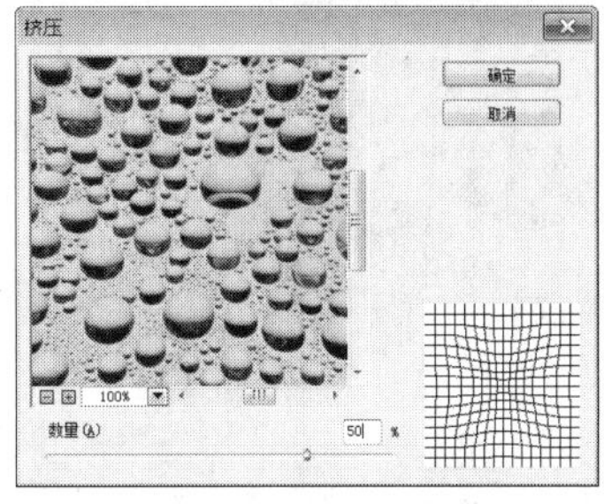

图12-40 【挤压】对话框

图12-41　【挤压】效果对比

12.3.5　切变

【切变】滤镜可以将图像沿设置的曲线进行扭曲。【切变】对话框左上角有一条垂直线，通过单击鼠标左键，可以在这条直线上添加节点，通过拖曳这些节点来调整线条的弯曲形态。如果想删除某一节点，只要用鼠标将此节点拖曳出矩形框外即可。【切变】对话框如图 12-42 所示，效果对比如图 12-43 所示。

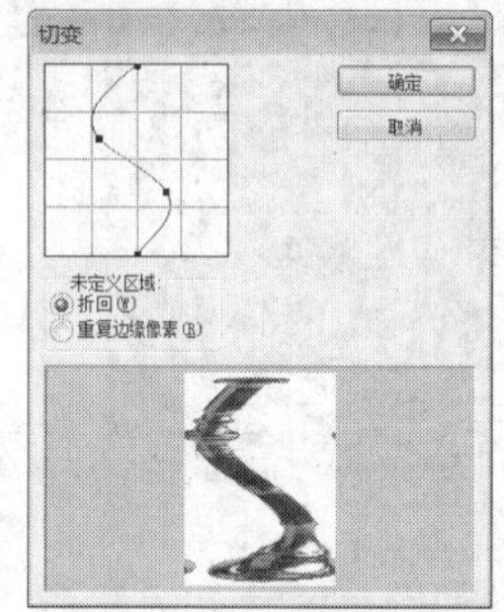

图12-42　【切变】对话框

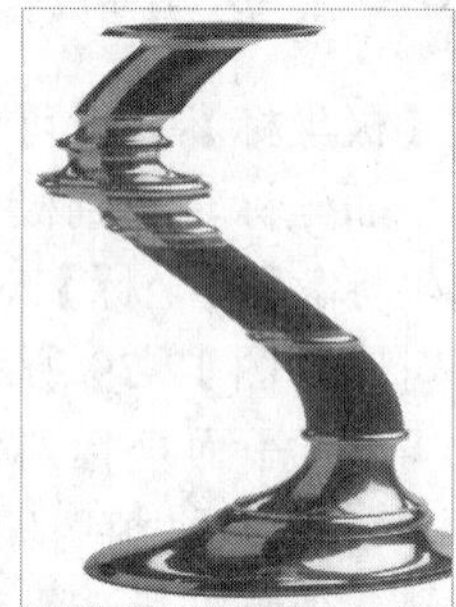

图12-43　【切变】效果对比

- 【折回】单选项：用图像的对边内容填充未定义的区域。
- 【重复边缘像素】单选项：按指定方向对图像的边缘像素进行扩展填充。

12.3.6　球面化

【球面化】滤镜是通过将图像折成球形、扭曲图像以及伸展图像以适合选中的曲线，使其具有 3D 效果。【球面化】对话框如图 12-44 所示，效果对比如图 12-45 所示。

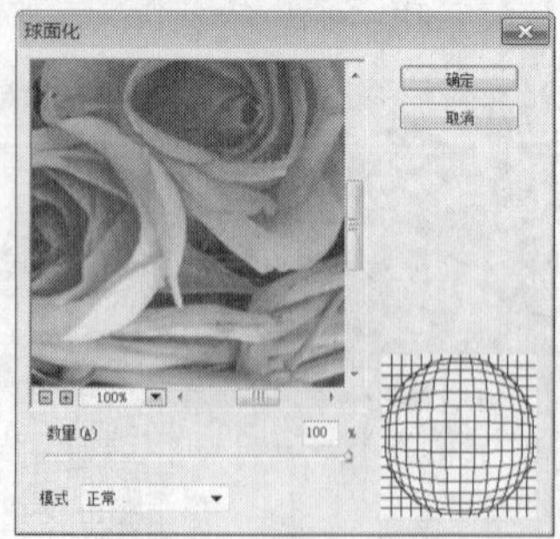

图12-44　【球面化】对话框

图12-45　【球面化】效果对比

- 【数量】选项：设置图像生成球面化的程度。此值为负值时，图像向内凹陷；数值为正值时，图像向外凸出。
- 【模式】下拉列表：设置图像挤压的方式。其中包括【正常】、【水平优先】

和【垂直优先】3 个选项。当选择【水平优先】选项时，画面将产生竖直的柱面效果；当选择【垂直优先】选项时，画面将产生水平的柱面效果。

12.3.7 水波

【水波】滤镜所生成的效果类似于投石入水的涟漪效果。【水波】对话框如图 12-46 所示，效果对比如图 12-47 所示。

要点提示 在制作如图 12-47 所示的水波时，要首先利用[ ]工具在下方的水区域绘制一个选区，然后再执行【滤镜】/【扭曲】/【水波】命令，即可使选择的水区域形成水波效果。否则会在整个图像的中心位置生成水波效果。

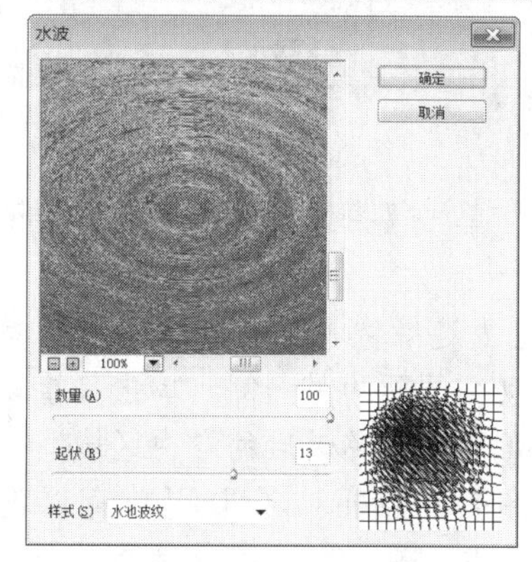

图12-46 【水波】对话框

图12-47 【水波】效果对比

- 【数量】选项：设置生成波纹的凸出或凹陷程度，取值范围为 - 100～100。参数为正值时，图像隆起；参数为负值时，图像向内凹陷。
- 【起伏】选项：设置生成波纹的数量，取值范围为 1～20。
- 【样式】下拉列表：设置波纹的样式，包括【围绕中心】、【从中心向外】和【水池波纹】3 个选项。

12.3.8 旋转扭曲

【旋转扭曲】滤镜可以使图像产生旋转扭曲的变形效果。【旋转扭曲】对话框如图 12-48 所示，其中的【角度】选项用于设置图像旋转扭曲的程度与方向。参数为负值时，图像以逆时针方向进行旋转扭曲；参数为正值时，图像以顺时针方向进行旋转扭曲。效果对比如图 12-49 所示。

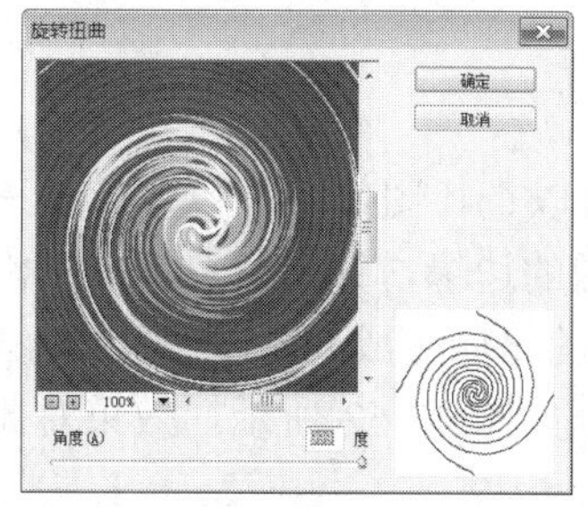

图12-48 【旋转扭曲】对话框

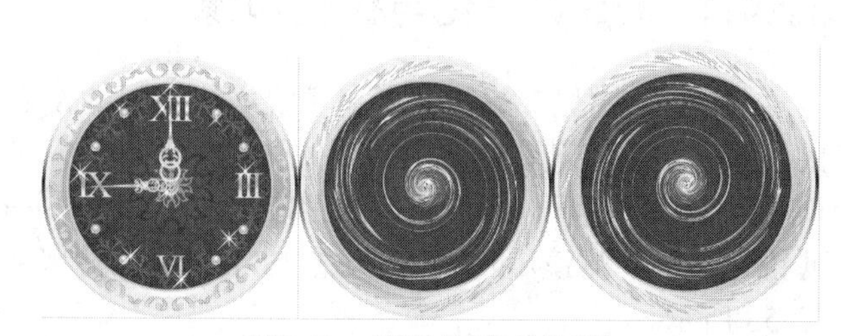

图12-49 【旋转扭曲】效果对比

12.3.9　置换

【置换】滤镜可以将图像根据另一张图像的像素进行置换，在置换的时候，需要找到用于置换的另一张 PSD 格式的图像。

打开一幅图像，执行【滤镜】/【扭曲】/【置换】命令，弹出如图 12-50 所示的【置换】对话框。

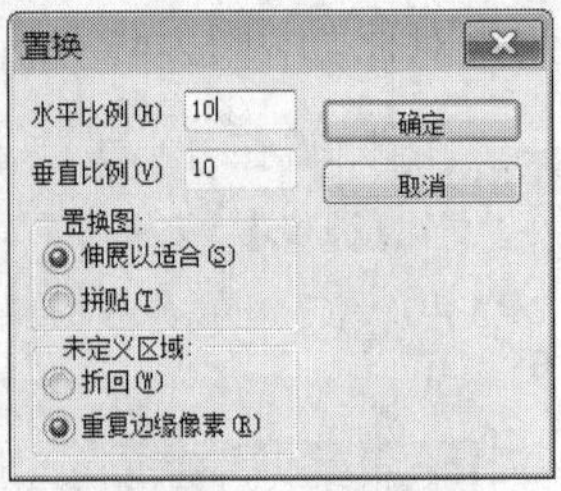

- 【水平比例】选项：此选项将根据原图与置换图的相应关系，决定图像在水平方向上缩放的尺度，取值范围为 - 999～999。
- 【垂直比例】选项：设置图像在垂直方向上缩放的尺度，取值范围为 - 999～999。
- 【置换图】栏：其中包括【伸展以适合】和【拼贴】两个单选项。单击【伸展以适合】单选项，置换图像进行缩放使其与当前图像适配；单击【拼贴】单选项，置换图像在当前图像中重复排列。
- 【未定义区域】栏：其中包括【折回】和【重复边缘像素】两个单选项。单击【折回】单选项，可以将画面一侧的像素移动到画面的另一侧；单击【重复边缘像素】单选项，可以自动利用附近的颜色填充图像移动后的空白区域。

图12-50　【置换】对话框

单击 确定 按钮，在弹出的【选择一个置换图】对话框中选取提前存储的“水纹.psd”图像文件，单击 打开(O) 按钮，置换图像操作完成，图 12-51 所示为置换前后的对比效果。

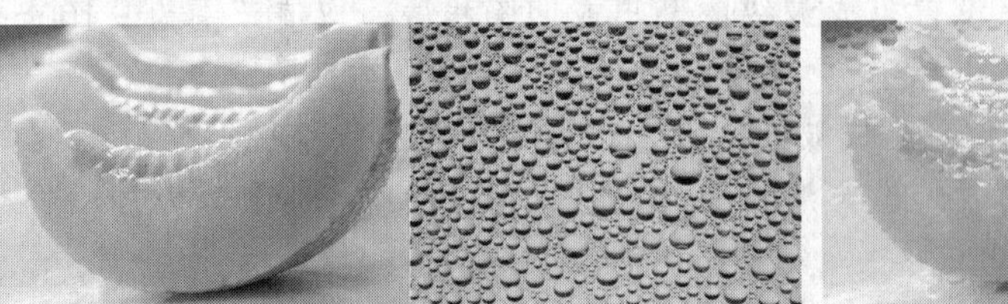

图12-51　素材图片及置换后的效果

12.4　【锐化】滤镜

【锐化】滤镜组中的滤镜可以通过增加图像中色彩相邻像素的对比度来聚焦模糊的图像，从而使图像变得清晰。

12.4.1　USM 锐化与锐化边缘

【USM 锐化】滤镜命令和【锐化边缘】滤镜命令都可以查找图像中颜色发生显著变化的区域，然后将其锐化。只是【锐化边缘】滤镜只锐化图像的边缘，并保留总体的平滑度，而【USM 锐化】滤镜可调整边缘细节的对比度，并在边缘的每侧生成一条亮线和一条暗线。【锐化边缘】滤镜没有对话框，【USM 锐化】滤镜的对话框如图 12-52 所示，效果对比如图 12-53 所示。

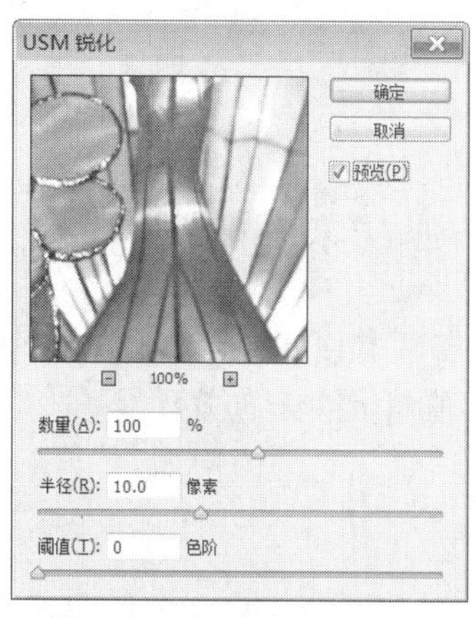

图12-52 【USM 锐化】对话框

图12-53 【USM 锐化】效果对比

- 【数量】选项：设置锐化效果的强度，参数设置越高，锐化的效果越明显。
- 【半径】选项：设置锐化的范围，参数设置越大，锐化范围越大。
- 【阈值】选项：设置相邻像素间的差值，达到该值所设定的范围时才会被锐化，因此该值越高，被锐化的像素就越小。

12.4.2 防抖

【防抖】滤镜命令能在一定程度上降低由于抖动产生的模糊效果。【防抖】对话框如图12-54 所示。

图12-54 【防抖】对话框

- 【模糊临摹边界】选项：整个处理过程中最基础的锐化，即由它先勾出大体轮廓，再由其他参数辅助修正。取值范围为 10～199，数值越大锐化效果越明

显。当该参数取值较高时，图像边缘的对比会明显加深，并会产生一定的晕影，这是很明显的锐化效应。

- 【源杂色】选项：该选项是对原片质量的一个界定，通俗地讲就是原片中的杂色多少，分为 4 个值，自动、低、中、高。一般对于普通用户来说，这里可以直接勾选自动，实测中发现自动的效果比较理想。
- 【平滑】和【伪像抑制】选项是对锐化效果的打磨和均衡，其中【平滑】选项有点像以前的全图去噪。取值范围在 0%～100%之间，值越大去杂色效果越好，但细节损失也大。【伪像抑制】选项则是专门用来处理锐化过度的问题，取值范围为 0%～100%。

12.4.3 锐化与进一步锐化

【锐化】滤镜和【进一步锐化】滤镜都可以增大图像像素之间的反差，从而使图像产生较为清晰的效果。只是【进一步锐化】滤镜比【锐化】滤镜对图像所产生的锐化效果更强。

12.4.4 智能锐化

【智能锐化】滤镜可以通过设置锐化算法或控制阴影和高光中的锐化量来锐化图像。【智能锐化】对话框如图 12-55 所示。

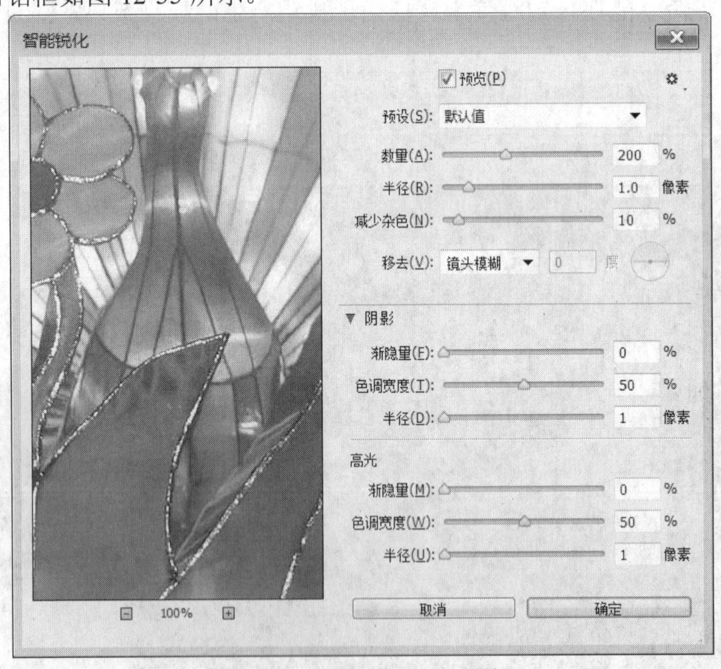

图12-55 【智能锐化】滤镜对话框

一、 基本选项

- 【预设】下拉列表：可从中选择保存了的锐化设置。
- 【数量】选项：设置锐化的数量，较高的数值可以将对比度增大，使图像更加锐利。

- 【半径】选项：设置边缘像素周围受锐化影响的像素数量，参数设置得越大，受影响的边缘就越宽，锐化的效果也就越明显。
- 【减少杂色】选项：设置移去随机的颜色像素。参数设置越大，减少的杂色越多。
- 【移去】下拉列表：设置用于对图像进行锐化的锐化算法。其中包含 3 个选项：高斯模糊、镜头模糊和动感模糊。高斯模糊是【USM 锐化】滤镜使用的方法；镜头模糊将检测图像中的边缘和细节，可对细节进行更精细的锐化，并减少锐化光晕；动感模糊将尝试减少由于相机或主体移动而导致的模糊效果，当选择该选项时，可在下方的【角度】选项中设置模糊的运动方向。

二、【阴影】和【高光】

- 【渐隐量】选项：设置阴影或高光中的锐化量。
- 【色调宽度】选项：设置阴影或高光中色调的修改范围。
- 【半径】选项：设置每个像素周围的区域大小，以确定是在阴影还是在高光中。

12.5 【视频】滤镜

- 【视频】滤镜组中包括【NTSC 颜色】和【逐行】两种滤镜。

12.5.1 NTSC 颜色

【NTSC 颜色】滤镜可以将图像的色彩限制在电视机可接受的范围内，以防止发生颜色过渡饱和而电视机无法正确扫描的现象。

12.5.2 逐行

【逐行】滤镜可以通过移去视频图像中的奇数或偶数隔行线，使在视频上捕捉的运动图像变得平滑。【逐行】对话框如图 12-56 所示。

- 【消除】栏：包括【奇数行】和【偶数行】两个单选项。单击【奇数行】单选项，可以消除奇数行隔行线；单击【偶数行】单选项，可以消除偶数行隔行线。
- 【创建新场方式】栏：用来选择删除扫描线后以何种方式填补空白区域。单击【复制】单选项时，可以复制被删除部分周围的像素来填充空白区域；单击【插值】单选项时，可以将被删除的部分以插值的方式进行填补。

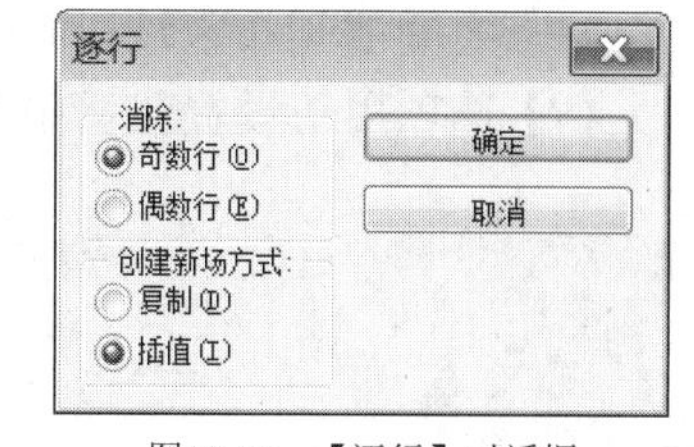

图12-56 【逐行】对话框

12.6 【像素化】滤镜

【像素化】滤镜组中的滤镜可以将图像通过使用颜色值相近的像素结成块来清晰地表现图像，其中包括 7 种滤镜命令，分别介绍如下。

12.6.1　彩块化

【彩块化】滤镜可以将图像中的纯色或颜色相似的像素转化为像素块，从而生成具有手绘感觉的效果，该滤镜处理图像后的效果一般不太明显，需要将图像放大后才可以看出具体变化。

12.6.2　彩色半调

【彩色半调】滤镜可以在图像的每个通道上模拟出现放大的半调网屏效果。【彩色半调】对话框如图 12-57 所示，效果对比如图 12-58 所示。

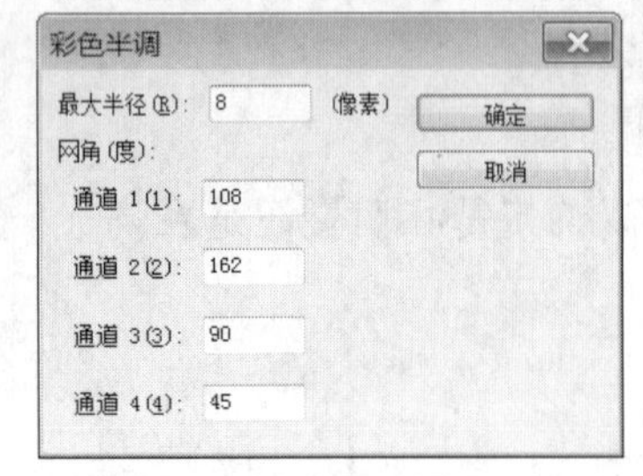

图12-57　【彩色半调】对话框

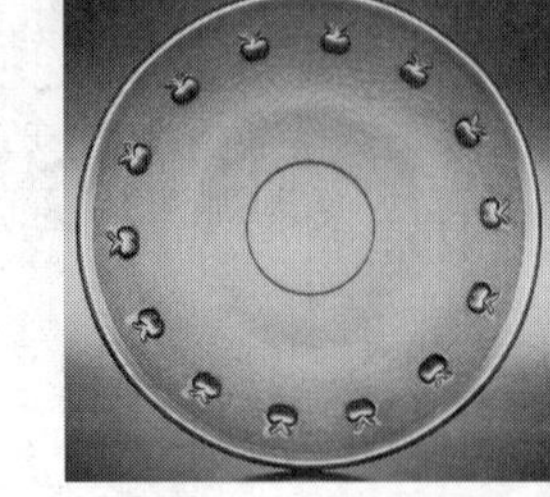
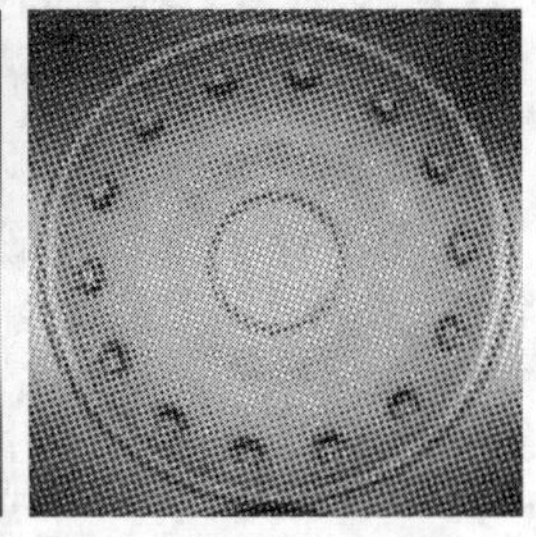

图12-58　【彩色半调】效果对比

- 【最大半径】选项：设置图像中生成网点的半径，取值范围为 4～127 像素。
- 【网角（度）】栏：其中的参数值决定每个颜色通道的网屏角度。不同模式的图像使用的颜色通道也不同。对于灰度模式的图像，只能使用【通道 1】，并且是黑色通道；对于 RGB 模式的图像，使用【通道 1】、【通道 2】和【通道 3】，分别对应红色、绿色和蓝色通道；对于 CMYK 模式的图像，使用【通道 1】、【通道 2】、【通道 3】和【通道 4】，分别对应青色、洋红、黄色和黑色通道。

12.6.3　点状化

【点状化】滤镜可以将图像中的颜色分解为随机分布的网点，如同绘画中的点彩派绘画效果，网点之间的画布区域以背景色填充。【点状化】对话框如图 12-59 所示，其中的【单元格大小】选项用于设置图像中生成网点的大小，取值范围为 3～300。效果对比如图 12-60 所示。

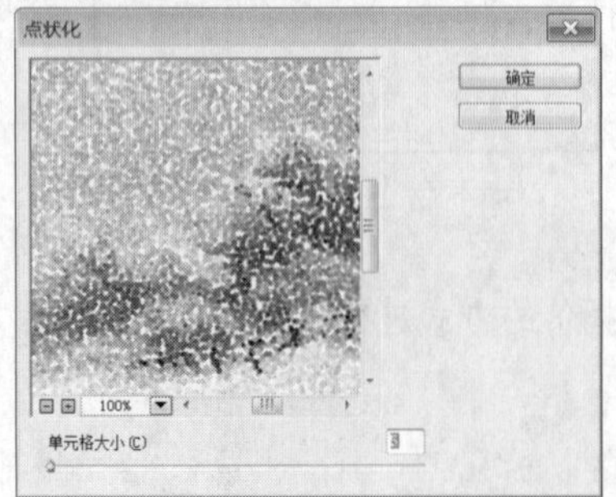

图12-59　【点状化】对话框

图12-60　【点状化】效果对比

12.6.4 晶格化

【晶格化】滤镜可以使图像中的色彩像素结块，生成颜色单一的多边形晶格形状。【晶格化】对话框如图 12-61 所示，其中的【单元格大小】选项与【点状化】对话框中的该选项作用相似。效果对比如图 12-62 所示。

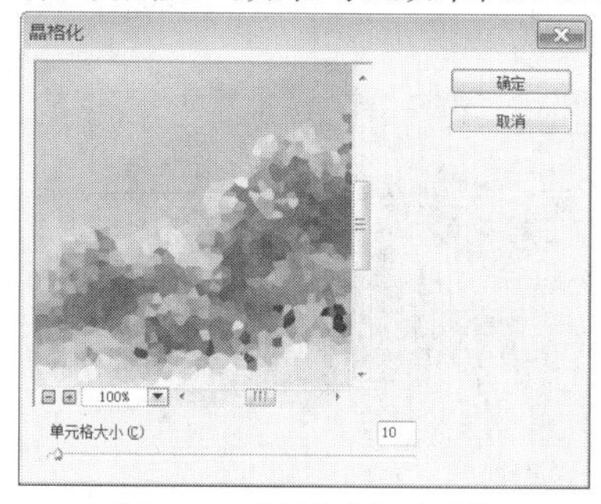

图12-61 【晶格化】对话框

图12-62 【晶格化】效果对比

12.6.5 马赛克

【马赛克】滤镜可以将画面中的像素分解，将其转换成颜色单一的色块，从而生成马赛克效果。【马赛克】对话框如图 12-63 所示。其中的【单元格大小】选项与【点状化】对话框中的该选项功能相似。效果对比如图 12-64 所示。

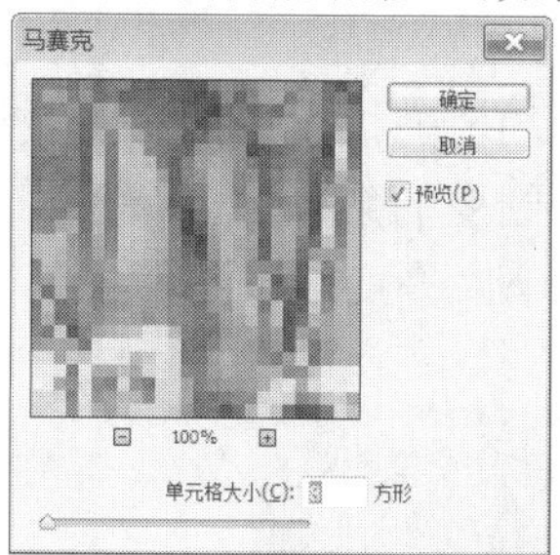

图12-63 【马赛克】对话框

图12-64 【马赛克】效果对比

12.6.6 碎片

【碎片】滤镜可以将图像中的像素进行平移，使图像产生一种不聚焦的模糊效果，该滤镜没有对话框，效果对比如图 12-65 所示。

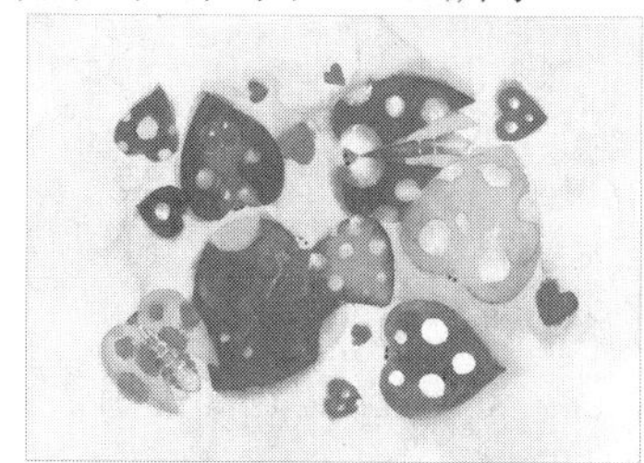

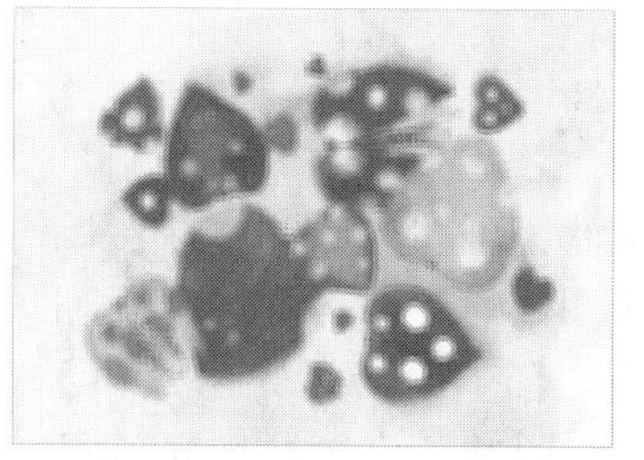

图12-65 【碎片】效果对比

12.6.7　铜版雕刻

【铜板雕刻】滤镜可以将图像转换为黑白区域的随机图案或彩色图像中完全饱和颜色的随机图案。【铜板雕刻】对话框如图 12-66 所示。【类型】下拉列表用于设置图像生成的网点图案。效果对比如图 12-67 所示。

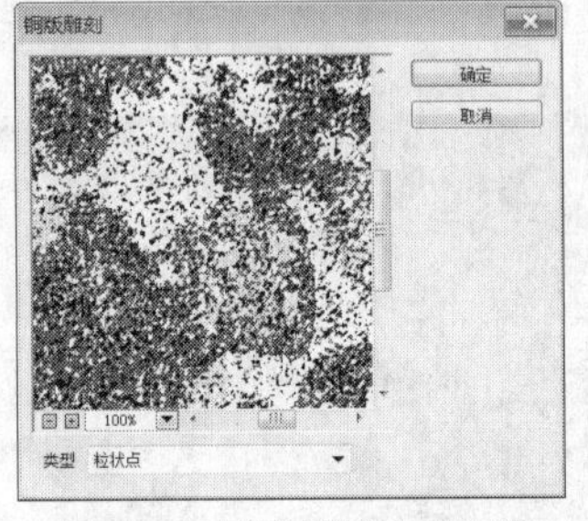

图12-66　【铜板雕刻】对话框

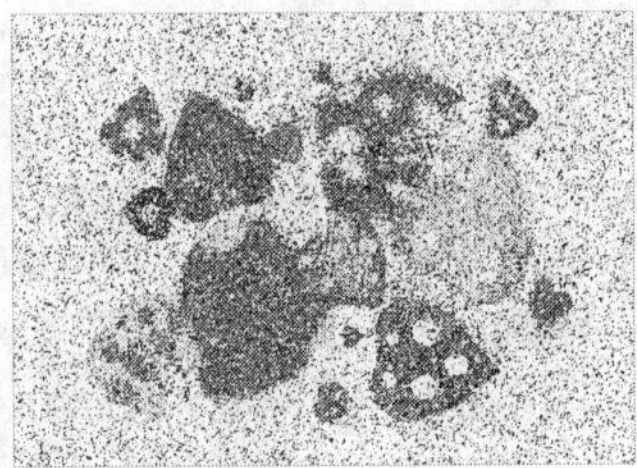

图12-67　效果对比

12.7　【渲染】滤镜

【渲染】滤镜组中的滤镜可以在图像中创建云彩图案、纤维和光照等特殊效果。其中包括 5 种滤镜命令，分别介绍如下。

12.7.1　分层云彩

【分层云彩】滤镜是在图像中按照介于前景色与背景色之间的值随机生成的云彩效果，并将生成的云彩图案与现有的图像混合。第一次选取该滤镜时，图像的某些部分被反相为云彩图案，多次应用此滤镜之后，会创建出与大理石纹理相似的叶脉图案。该滤镜没有对话框，效果对比如图 12-68 所示。

图12-68　【分层云彩】效果对比

12.7.2　光照效果

【光照效果】滤镜可以在 RGB 图像上产生无数种光照效果，还可以使用灰度文件的纹理制作出类似三维图像的效果，并存储自己的样式以便在其他图像中使用。

执行【滤镜】/【渲染】/【光照效果】命令，将弹出【光照效果】设置面板，如图 12-69 所示，同时在图像上将显示灯光效果，如图 12-70 所示。

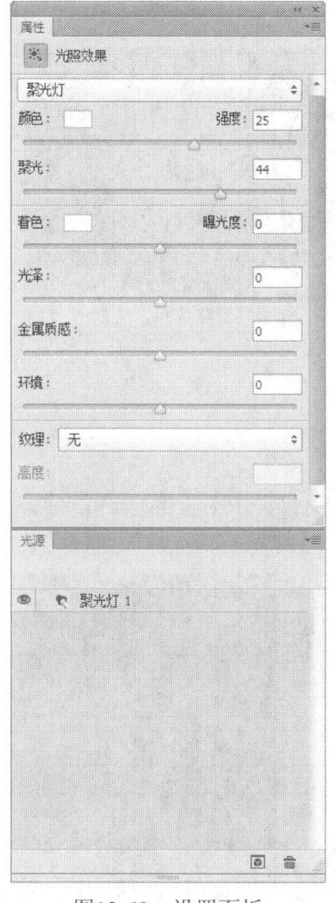

图12-69　设置面板

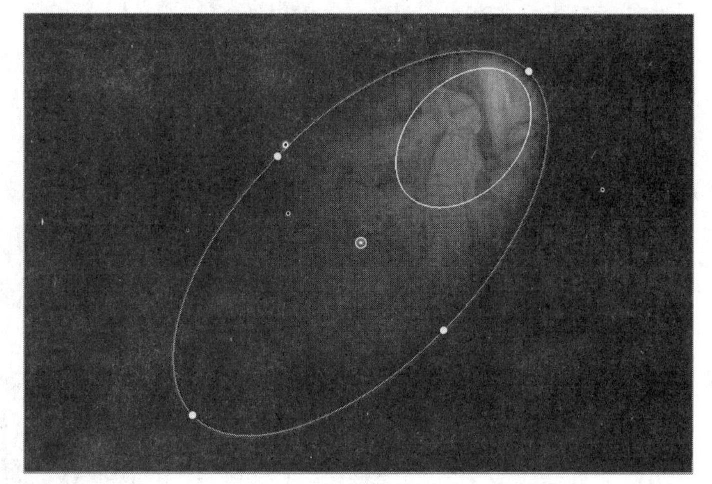
图12-70　显示的灯光效果

- 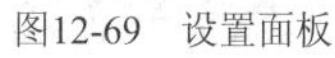

【光照类型】下拉列表：设置光源的类型，包括【点光】、【聚光灯】和【无限光】3种光照类型。
- 【颜色】选项：单击其右侧的色块，可以在弹出的【拾色器（光照颜色）】对话框中设置光照的颜色。
- 【强度】选项：设置灯光的光照强度。
- 【聚光】选项：在【光照类型】下拉列表中选择【聚光灯】选项时，此命令才可用，它主要是设置图像中所使用灯光的光照范围。
- 【着色】选项：单击右侧的色块，可以在弹出的【拾色器（环境色）】对话框中设置环境颜色。
- 【曝光度】选项：设置图像光照强度。参数为正值，将增加光照；参数为负值，将减少光照；当参数为“0”时，则没有效果。
- 【光泽】选项：设置图像表面反射光的多少。
- 【金属质感】选项：设置光照或光照投射到的对象的反射强度。向左拖曳滑块（石膏效果），将反射光照颜色；向右拖曳滑块（金属质感），将反射对象的颜色。
- 【环境】选项：设置添加的光照效果与室内其他光照效果（日光或荧光）的结合程度。单击右侧的色块，可以在弹出的【选择环境色】对话框中设置环境颜色。
- 【纹理】下拉列表：设置用于产生立体效果的通道。
- 【高度】选项：设置图像中立体凸起的高度，数值越大，凸起越明显。

原图与添加灯光后的效果对比如图 12-71 所示。

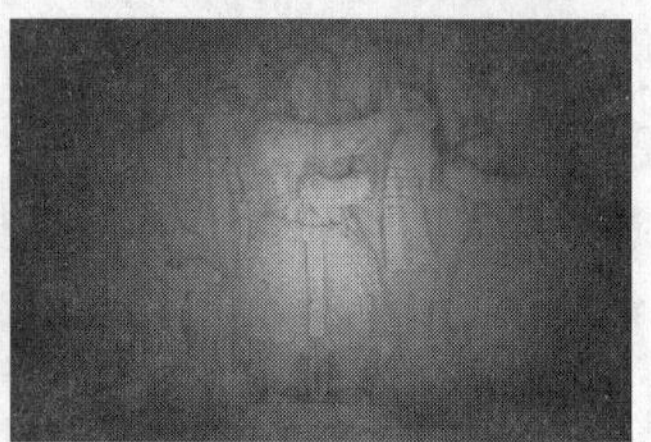

图12-71　【光照效果】效果对比

12.7.3　镜头光晕

【镜头光晕】滤镜可以模拟亮光照射到相机镜头所产生的折射效果。【镜头光晕】对话框如图 12-72 所示，效果对比如图 12-73 所示。

图12-72　【镜头光晕】对话框

图12-73　【镜头光晕】效果对比

- 【光晕中心】选项：在预览窗口中单击并拖曳鼠标，可设置光晕的中心位置。
- 【亮度】选项：设置添加光晕的亮度，取值范围为 0%～300%。
- 【镜头类型】栏：包括【50-300 毫米变焦】、【35 毫米聚焦】、【105 毫米聚焦】和【电影镜头】4 个单选项，可以根据不同的需要对其进行选择。

12.7.4　纤维

【纤维】滤镜可以使用前景色和背景色创建编织纤维效果。【纤维】对话框如图 12-74 所示。将前景色设置为黄色，背景色设置为褐色，应用【纤维】命令后生成的纤维效果如图 12-75 所示。

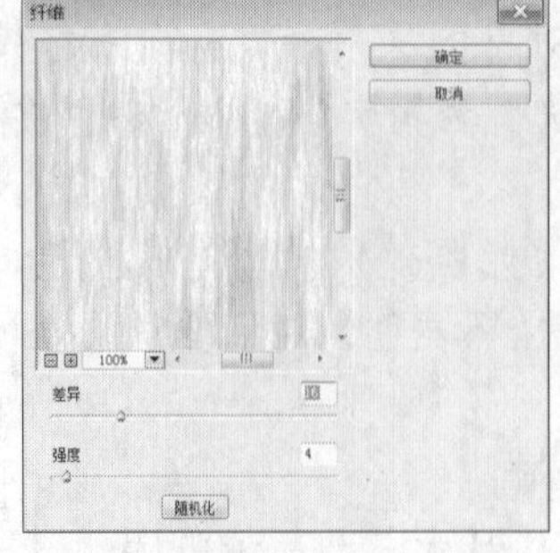

图12-74　【纤维】对话框

图12-75　生成的纤维效果

- 【差异】选项：设置颜色的变化方式。设置较低的参数，会产生较长的颜色条纹；而较高的参数，会产生非常短且颜色分布变化较大的纤维。
- 【强度】选项：设置每根纤维的外观。设置较低的参数，会产生松散的织物；而设置较高的参数，会产生短的绳状纤维。
- 随机化按钮：单击此按钮，可更改图案的外观。可多次单击该按钮，选择喜欢的图案。

12.7.5 云彩

【云彩】滤镜可以使用介于前景色与背景色之间的随机值，生成柔和的云彩图案。此滤镜命令没有对话框，每次使用此命令时，所生成的画面效果都会有所不同。

12.8 【杂色】滤镜

【杂色】滤镜组中的滤镜可以添加或移去杂色或带有随机分布色阶的像素，以创建各种不同的纹理效果，它包括 5 种滤镜命令，分别介绍如下。

12.8.1 减少杂色

【减少杂色】滤镜可以在基于影响整个图像或各个通道的用户设置保留边缘的同时减少杂色。【减少杂色】对话框如图 12-76 所示，效果对比如图 12-77 所示。

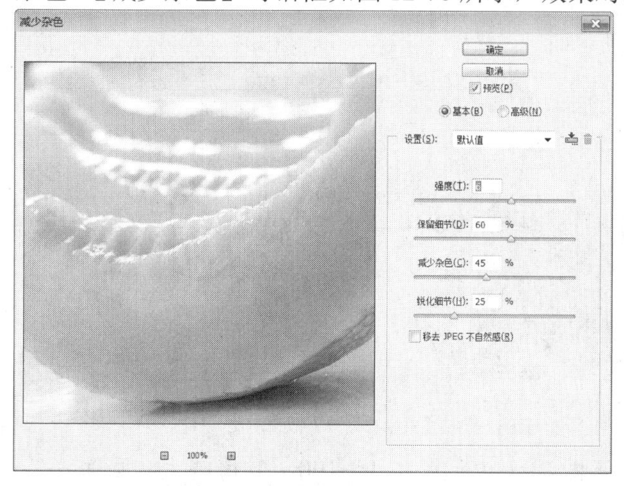

图12-76 【减少杂色】对话框

图12-77 【减少杂色】效果对比

在【减少杂色】对话框中可以对【基本】和【高级】两个单选项进行设置。

一、 【基本】单选项

- 【设置】下拉列表：可在该下拉列表中选择预设的参数，当没有预设参数时，可以选择【默认值】选项，当需要保存参数时，单击按钮即可将当前的参数保存；当保存了预设的参数时，可以直接单击按钮并在其下拉列表中选择该数值；当需要删除参数时，单击按钮即可。
- 【强度】选项：设置所有图像通道的亮度杂色的减少量。

- 【保留细节】选项：设置图像边缘的细节保留程度。
- 【减少杂色】选项：设置移去随机的颜色像素。参数设置越大，减少的杂色越多。
- 【锐化细节】选项：设置对图像的锐化程度。
- 【移去 JPEG 不自然感】复选框：勾选此复选框，可以去除由于使用低 JPEG 品质设置存储图像而导致的斑驳的图像伪像和光晕。

二、【高级】单选项

单击【高级】单选项，其下【整体】选项卡中的选项与单击【基本】单选项弹出的界面中的设置选项一样。单击【每通道】选项卡，弹出的界面如图 12-78 所示。

- 【通道】下拉列表：设置对一个通道进行减少杂色的处理。
- 【强度】选项：设置减少杂色的强度。
- 【保留细节】选项：设置保留细节的程度。

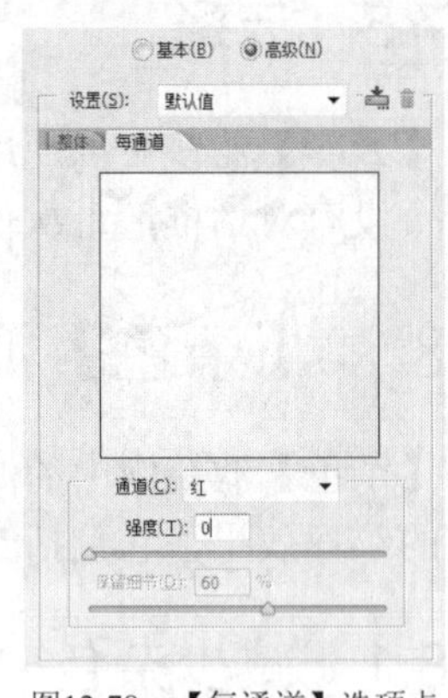

图12-78　【每通道】选项卡

12.8.2　蒙尘与划痕

【蒙尘与划痕】滤镜可以通过更改图像中相异的像素来减少杂色，使图像在清晰化和隐藏的缺陷之间达到平衡。【蒙尘与划痕】对话框如图 12-79 所示，效果对比如图 12-80 所示。

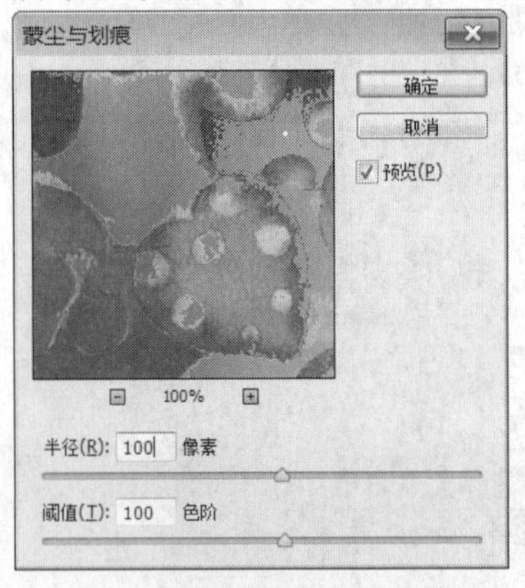

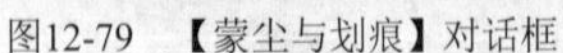

图12-79　【蒙尘与划痕】对话框

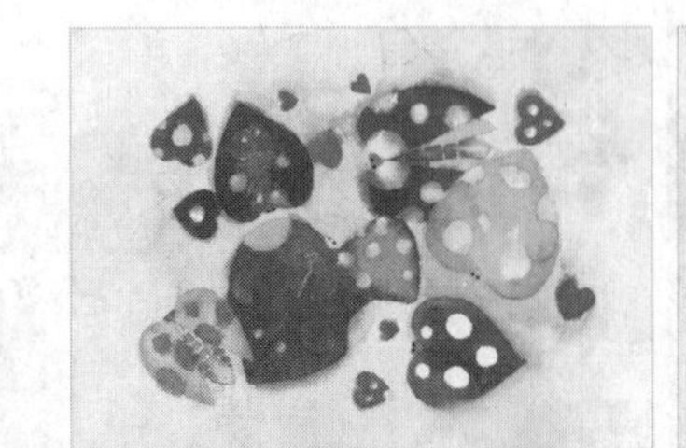

图12-80　【蒙尘与划痕】效果对比

- 【半径】选项：设置清除缺陷的范围，取值范围为 1～100，数值越大，画面越模糊。
- 【阈值】选项：决定像素与周围像素有多大的亮度差值，取值范围为 0～255。当该参数设置较高时，可以保护图像中的细节。

12.8.3　去斑

【去斑】滤镜可以检测发生显著颜色变化的图像边缘，并模糊边缘外的所有图像。此命令没有对话框，使用此命令时，系统将自动进行斑点的去除，当图像窗口较小时，效果不会很明显。

12.8.4 添加杂色

【添加杂色】滤镜可以将一定数量的杂色以随机的方式添加到图像中来模拟在高速胶片上拍照的效果。【添加杂色】对话框如图 12-81 所示，效果对比如图 12-82 所示。

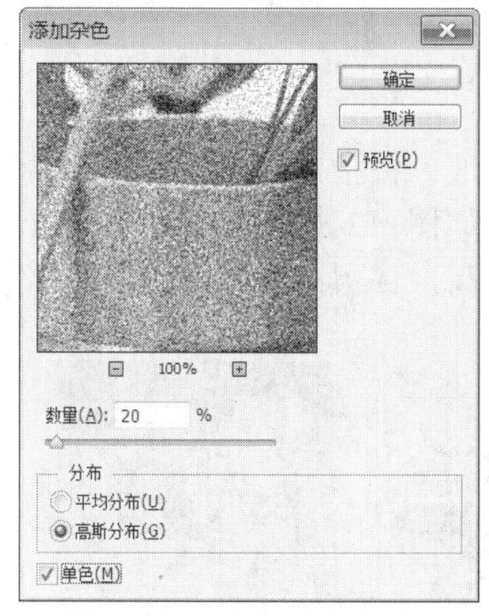

图12-81 【添加杂色】对话框

图12-82 【添加杂色】效果对比

- 【数量】选项：设置图像中所产生杂色的多少，取值范围为 1%～999%。
- 【分布】栏：设置添加杂色的分布方式。其中包括【平均分布】和【高斯分布】两个单选项。选择不同的单选项，添加杂色的方式也会不同。
- 【单色】复选框：勾选此复选框，添加的杂色将只应用于图像中的色调元素，而不改变颜色。

12.8.5 中间值

【中间值】滤镜可以通过混合图像中像素的亮度来减少杂色。它可以搜索像素选区中的半径范围以查找亮度相近的像素，然后将差异太大的像素进行去除。【中间值】对话框如图 12-83 所示，其中的【半径】选项用于设置平滑图像的强弱程度，取值范围为 1～100。效果对比如图 12-84 所示。

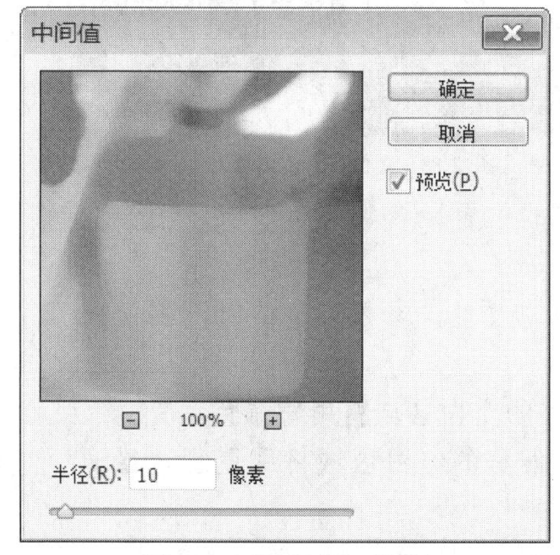

图12-83 【中间值】对话框

图12-84 【中间值】效果对比

12.9　【其他】滤镜

利用【其他】滤镜组中的滤镜可以创建自己的滤镜、使用滤镜修改蒙版、在图像中使选区发生位移和快速调整颜色，它包括 5 种滤镜命令，分别介绍如下。

12.9.1　高反差保留

【高反差保留】滤镜可以在图像中有强烈颜色过渡的地方按指定的半径保留边缘细节，并且不显示图像的其余部分。【高反差保留】对话框如图 12-85 所示，其中，【半径】选项用于设置图像中的高反差保留大小，参数设置越高，保留的像素就越多。效果对比如图 12-86 所示。

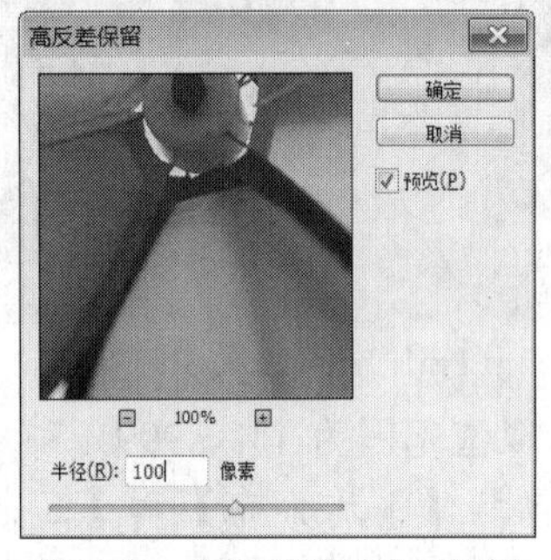

图12-85　【高反差保留】对话框

图12-86　【高反差保留】效果对比

12.9.2　位移

【位移】滤镜可以将图像在水平或垂直位置上以指定的距离移动，而图像移动后的原位置会变成背景色或图像的另一部分。【位移】对话框如图 12-87 所示，效果对比如图 12-88 所示。

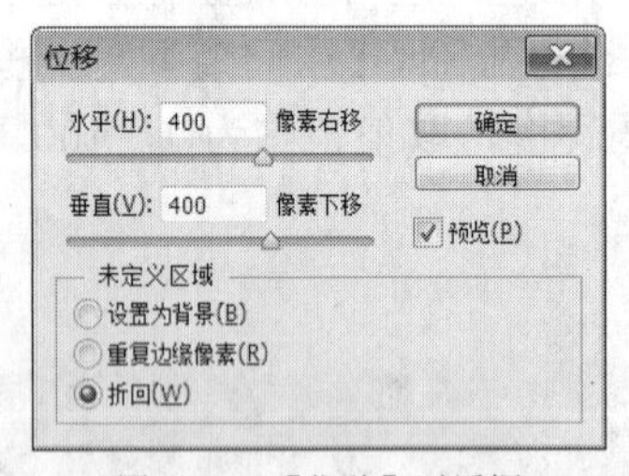

图12-87　【位移】对话框

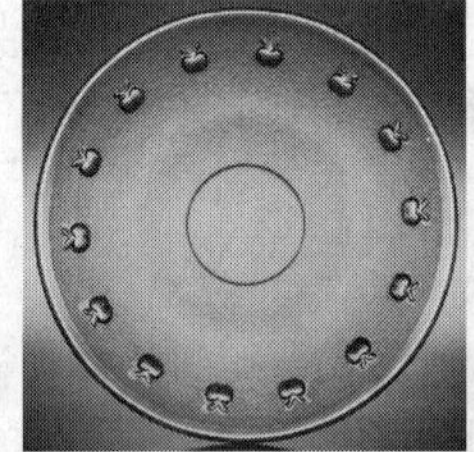

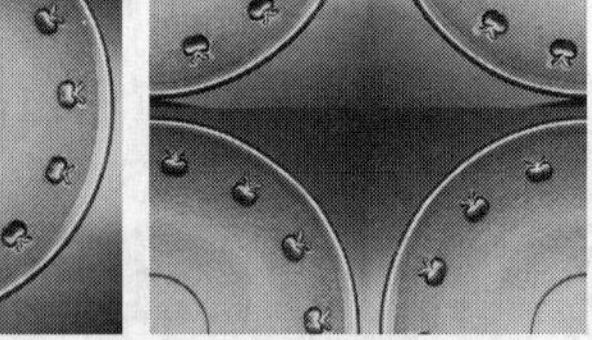

图12-88　【位移】效果对比

- 【水平】选项：设置图像在水平方向上偏移的位置，参数为负值时，图像向左偏移；参数为正值时，图像向右偏移。
- 【垂直】选项：设置图像在垂直方向上偏移的位置，参数为负值时，图像向上偏移；参数为正值时，图像向下偏移。
- 【设置为背景】单选项：单击此单选项，偏移的空白区域将用背景色填充。
- 【重复边缘像素】单选项：单击此单选项，偏移的空白区域将用重复边缘像素填充。
- 【折回】单选项：单击此单选项，偏移的空白区域将用图像的折回部分填充。

12.9.3 自定

【自定】滤镜可以设计自己的滤镜，根据预定义的数学运算可以更改图像中每个像素的亮度值，此操作与通道的加、减计算类似。【自定】对话框如图 12-89 所示。

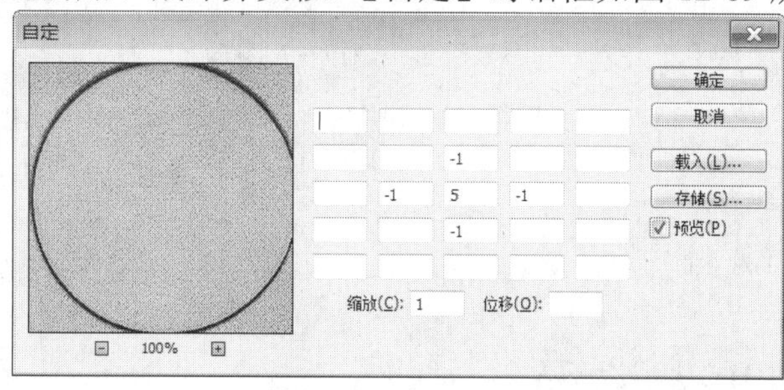

图12-89　【自定】对话框

在该对话框中有一组排列成 5×5 矩阵的文本框，中心位置文本框的数值表示要将当前像素的亮度值增加的倍数，与中心位置文本框临近的其他文本框中的数值表示相对的亮度关系。在 Photoshop 中，将中心像素的亮度值与文本框中的数值相乘即得到相应像素的亮度值。

- 【缩放】选项：设置计算中包含的像素亮度值总和的除数值。
- 【位移】选项：设置要与缩放计算结果相加的值。
- 存储(S)... 按钮：单击此按钮，可以将当前设置的自定滤镜进行保存。
- 载入(L)... 按钮：单击此按钮，可在当前图像中载入保存了的自定滤镜。

12.9.4 最大值

【最大值】滤镜可以将图像中的白色区域进行扩展，将黑色区域进行收缩。【最大值】对话框如图 12-90 所示，效果对比如图 12-91 所示。

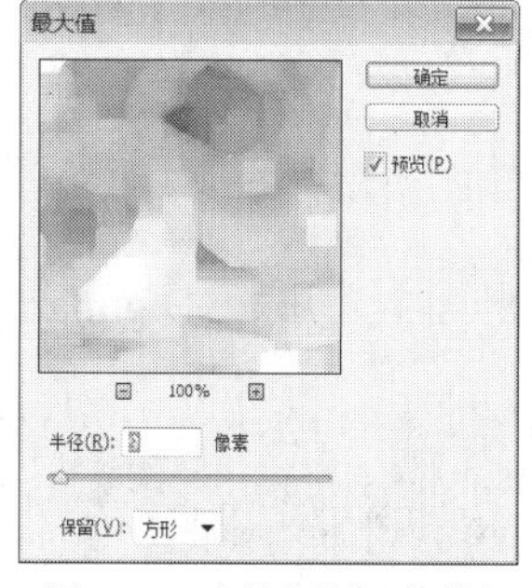

图12-90　【最大值】对话框

图12-91　【最大值】效果对比

- 【半径】选项：用于设置周围像素的最高亮度值替换当前像素的亮度值。
- 【保留】下拉列表：可在该下拉列表中选择图像保留的样式，包括【方形】和【圆度】选项。

12.9.5 最小值

【最小值】可以将图像中的黑色区域进行扩展，将白色区域进行收缩。【最小值】对话框如图 12-92 所示，其中的【半径】选项用于设置周围像素的最低亮度值替换当前像素的亮

度值。效果对比如图 12-93 所示。

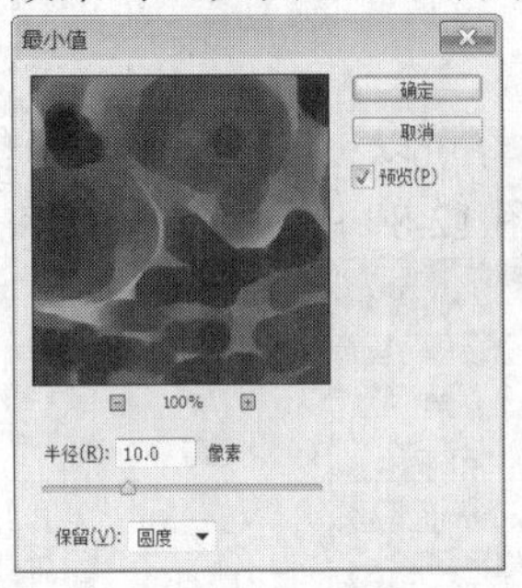

图12-92 【最小值】对话框

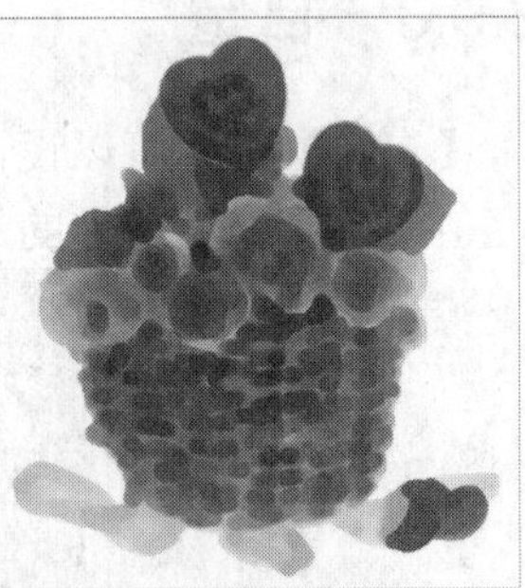

图12-93 【最小值】效果对比

12.10 【Digimarc】滤镜

【Digimarc（作品保护）】滤镜组中的滤镜可以将数字水印嵌入到图像中以储存版权信息，它包括【嵌入水印】和【读取水印】两个滤镜命令。

12.10.1 嵌入水印

【嵌入水印】滤镜可以在图像中加入识别图像创建的水印，每幅图像中只能嵌入一个水印。

如果要在分层图像中嵌入水印，应在嵌入水印之前拼合图像，否则水印将只影响现用图层。如果向索引颜色模式的图像添加水印，可以先将图像转换为 RGB 模式再嵌入水印，然后将图像转换回索引颜色模式。

使用【嵌入水印】命令在图像中加入识别图像创建者水印的操作步骤如下。

(1) 打开一幅需要嵌入水印的图像文件，然后执行【滤镜】/【Digimarc】/【嵌入水印】命令，弹出【嵌入水印】对话框，如图 12-94 所示。

如果是第一次使用此滤镜，则要先获得一个 ID 号才能使用这一功能，该号码需要支付一定的费用。获得 ID 号的方法如下。

- 单击【嵌入水印】对话框中的 个人注册... 按钮，弹出【个人注册 Digimarc 标识号】对话框，如图 12-95 所示。

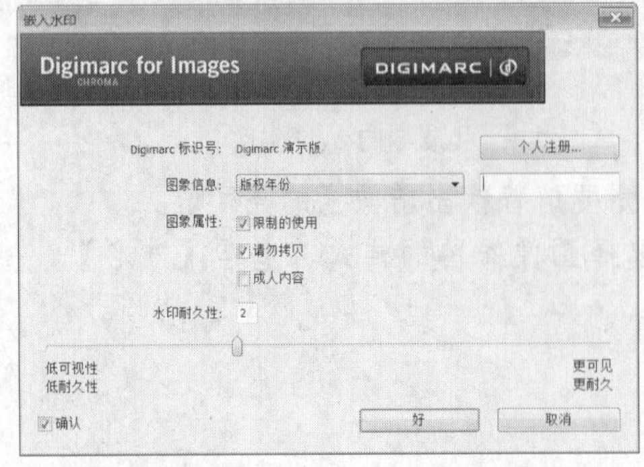

图12-94 【嵌入水印】对话框

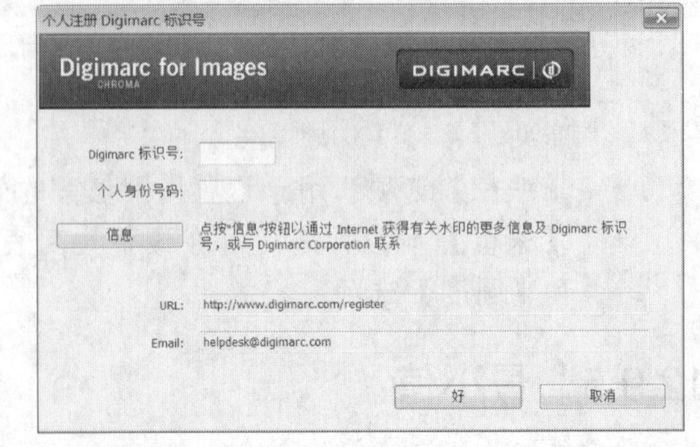

图12-95 【个人注册 Digimarc 标识号】对话框

- 单击 信息 按钮，启动 Web 浏览器并访问位于 www.digimarc.com 的

Digimarc Web 站点，或者通过对话框中列出的电话号码与 Digimarc 联系，即可获得一个 ID 号。

(2) 在【Digimarc 标识号】文本框中输入 PIN 和 WID 号码，单击 好 按钮。输入了 Digimarc ID 后，【嵌入水印】对话框中的 个人注册... 按钮变成【更改】按钮，此时单击此按钮允许更改新的 Digimarc ID 号。

(3) 在【图像信息】选项右侧的下拉列表中选择【版权年份】选项，并在其右侧的文本框中输入图像的版权年份。

(4) 在【图像属性】栏中选择下列图像属性选项。

- 【限制的使用】复选框：限制图像的使用。
- 【请勿拷贝】复选框：指定该图像不被复制。
- 【成人内容】复选框：将图像内容标记为只适合成人（在 Photoshop 软件中，该选项并不限制访问适合成人的图像，但其他应用程序的未来版本也许会限制这些图像的显示）。

(5) 在【水印耐久性】文本框中输入一个值或拖曳滑块的位置，指定水印的耐久性。

(6) 勾选【确认】复选框，在嵌入水印后系统自动评定水印的耐久性。

(7) 单击 好 按钮，完成水印设置。

12.10.2 【读取水印】滤镜

【读取水印】滤镜可以检查图像中是否有水印。如果图像中没有水印存在，将弹出一个【找不到水印】的提示框；如果有水印存在，就会显示创建者的相应信息。

12.11 综合实例 1——制作龟裂纹效果

本节学习将一个光滑的瓷盆制作成古瓷器的裂纹效果。在制作过程中读者要注意【滤镜】命令的使用。原图片及添加裂纹后的效果如图 12-96 所示。

图12-96 原图及添加裂纹后的效果

【步骤解析】

1. 打开附盘中“图库\第 12 章”目录下名为“瓷盆.jpg”的图片。
2. 选择工具，确认属性栏中的【连续】选项处于勾选状态，将鼠标指针移动到画面中的白色背景处单击，将背景选取。
3. 按 Shift+Ctrl+I 组合键，将选区反选，然后按 Ctrl+J 组合键，将选区内的图片通过复制后生成“图层 1”。

4. 将“背景”层设置为工作层，然后将前景色和背景色分别设置为黑色和灰色（R:160,G:160,B:160）。
5. 选择工具，按住 Shift 键，在画面中按下鼠标左键拖曳，由上到下进行渐变颜色填充，效果如图 12-97 所示。
6. 将“图层 1”设置为工作层，并按住 Ctrl 键单击“图层 1”的缩览图，载入选区，然后按 Shift+Ctrl+I 组合键，将选区反选。
7. 按 Shift+F6 组合键，弹出【羽化选区】对话框，将【羽化半径】值设置为“2”像素，单击 确定 按钮。
8. 按 Delete 键，删除选区内图片边缘的白色杂边，然后按 Ctrl+D 组合键，去除选区。

要点提示：利用【魔棒】工具在背景中选取图像时，由于选取的图像不够精确，往往会在选取图像的周围留有粗糙的边缘像素。遇到这种情况时，可以利用缩小选区后再反选删除的办法或者羽化选区反选删除的办法来解决。

9. 将“图层 1”复制生成“图层 1 拷贝”，然后执行【滤镜】/【像素化】/【晶格化】命令，弹出【晶格化】对话框，参数设置如图 12-98 所示。

图12-97　填充渐变颜色后的效果

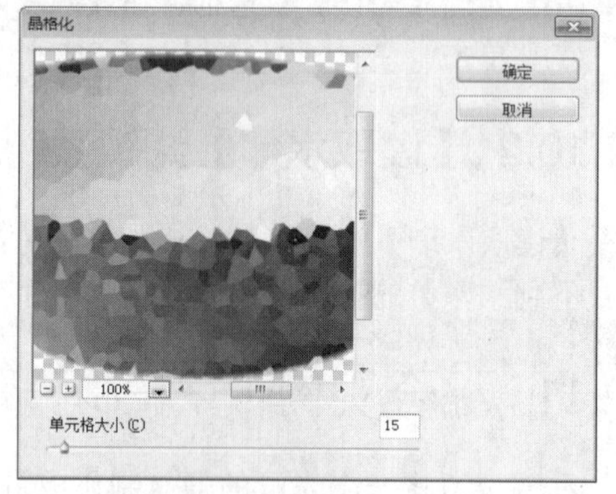

图12-98　【晶格化】对话框

10. 单击 确定 按钮，执行【晶格化】命令后的效果如图 12-99 所示。
11. 执行【图像】/【调整】/【去色】命令，将“图层 1 拷贝”层中图像的颜色去除。
12. 执行【滤镜】/【风格化】/【查找边缘】命令，产生的画面效果如图 12-100 所示。

图12-99　执行【晶格化】命令后的效果

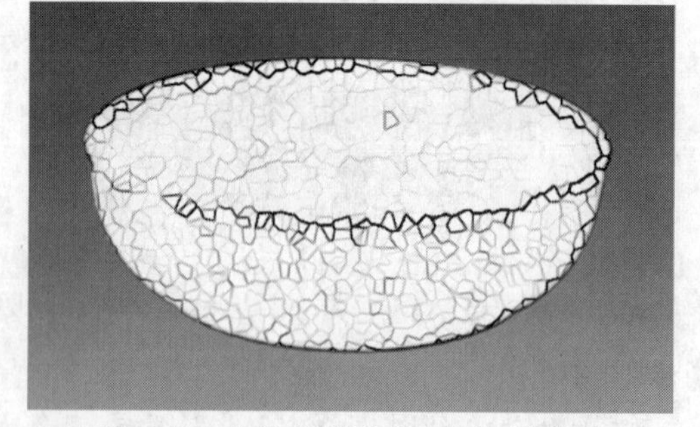

图12-100　执行【查找边缘】命令后的效果

13. 按 Ctrl+L 组合键，弹出【色阶】对话框，调整参数如图 12-101 所示。
14. 单击 确定 按钮，调整【色阶】后的图像效果如图 12-102 所示。

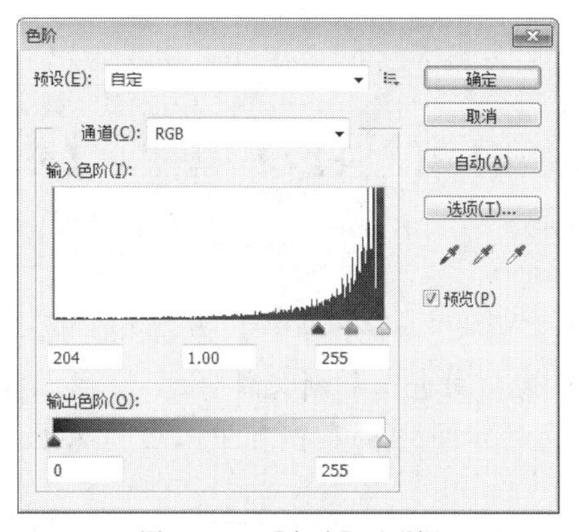

图12-101 【色阶】对话框

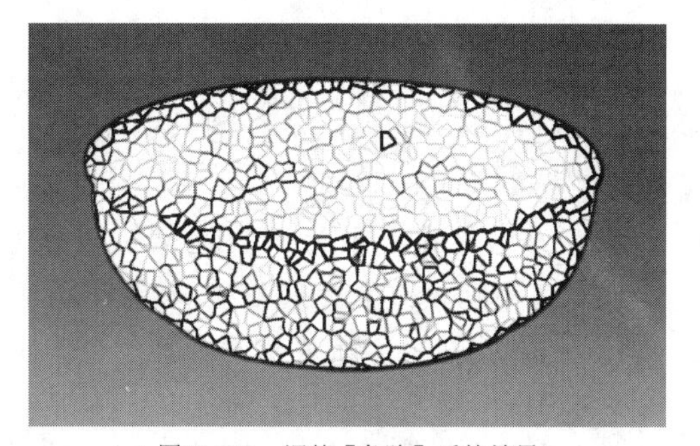

图12-102 调整【色阶】后的效果

15. 执行【滤镜】/【风格化】/【浮雕效果】命令，弹出【浮雕效果】对话框，参数设置如图 12-103 所示。
16. 单击 确定 按钮，执行【浮雕效果】命令后的画面效果如图 12-104 所示。

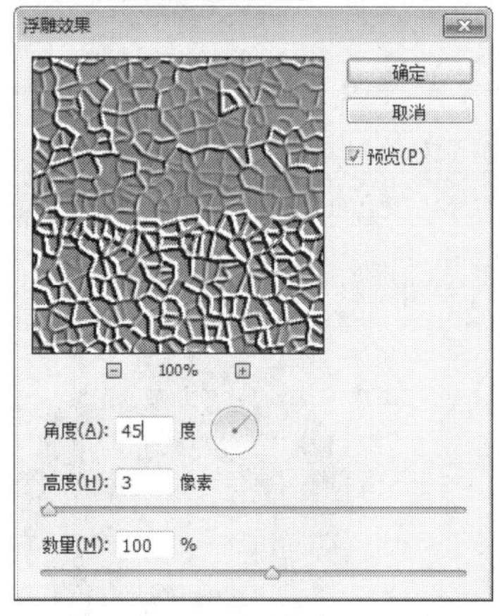

图12-103 【浮雕效果】对话框

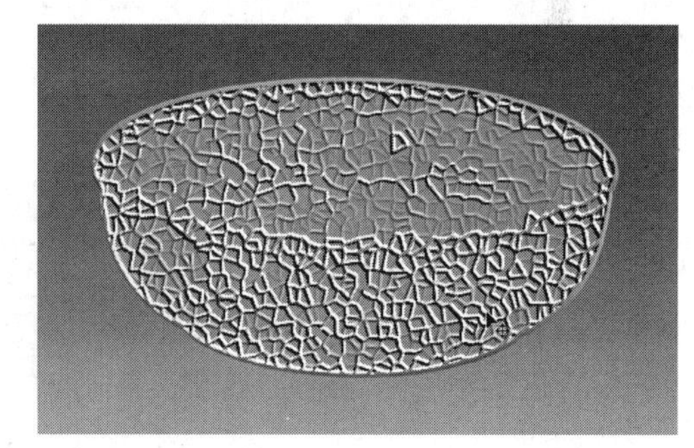

图12-104 执行【浮雕效果】命令后的效果

17. 将“图层 1 拷贝”的【图层混合模式】设置为“正片叠底”，并将【不透明度】选项的参数设置为“10%”，更改混合模式和降低不透明度后的画面效果如图 12-105 所示。
18. 将“图层 1”设置为工作层，然后执行【图层】/【图层样式】/【投影】命令，弹出【图层样式】对话框，设置参数如图 12-106 所示。

图12-105 调整后的效果

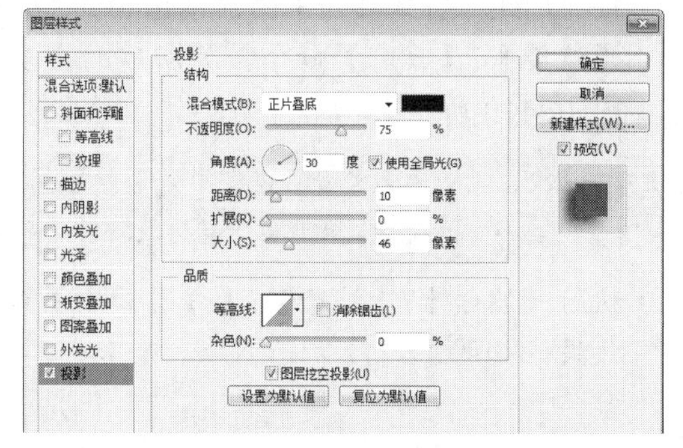

图12-106 【图层样式】对话框

19. 单击 确定 按钮，即可完成裂纹效果的制作，按 Shift+Ctrl+S 组合键，将此文件另命名为“龟裂纹效果.psd”保存。

12.12　综合实例 2——制作玉佩效果

下面来制作玉佩效果，在制作过程中，利用【滤镜】/【渲染】/【云彩】和【分层云彩】命令制作纹理的方法是本例的重点，希望读者注意。

【步骤解析】

1. 新建一个【宽度】为“5 厘米”，【高度】为“5 厘米”，【分辨率】为“300 像素/英寸”，【颜色模式】为“RGB 颜色”，【背景内容】为“白色”的新文件。
2. 利用【视图】/【新建参考线】命令，分别在画面的水平中心和垂直中心位置添加一条参考线。
3. 在【图层】面板中新建“图层 1”，然后选择工具，按住 Shift+Alt 组合键，将鼠标指针放置在参考线的交点位置处按下并拖曳，绘制以参考线交点为圆心的圆形选区，如图 12-107 所示。
4. 将工具箱中的前景色设置深灰色（R:110,G:110,B:110），按 Alt+Delete 组合键，将设置的前景色填充至圆形选区中。
5. 执行【选择】/【变换选区】命令，并激活属性栏中的【保持长宽比】按钮，再设置【W】选项的参数值为“40%”，选区等比例缩小后的形态如图 12-108 所示。
6. 单击属性栏中的按钮，确认选区的等比例缩小变形，然后按 Delete 键，删除选区中的图形，如图 12-109 所示。

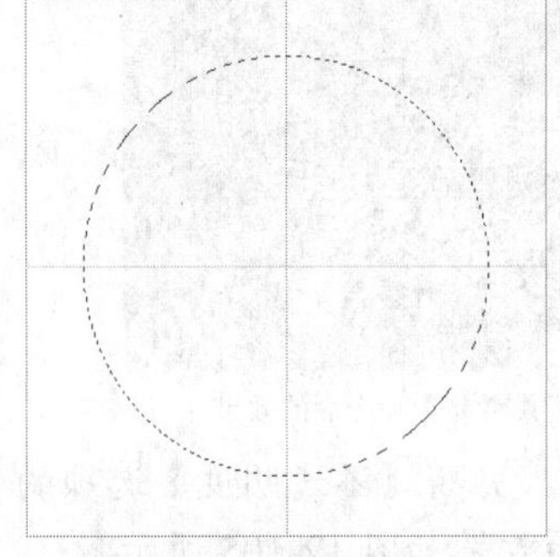

图12-107　绘制的圆形选区

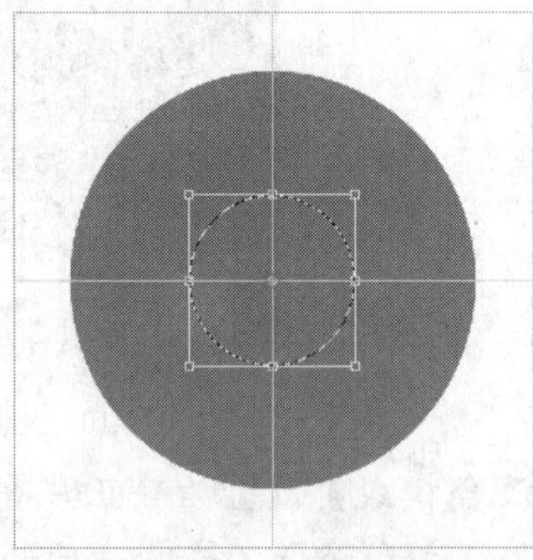

图12-108　选区缩小后的形态

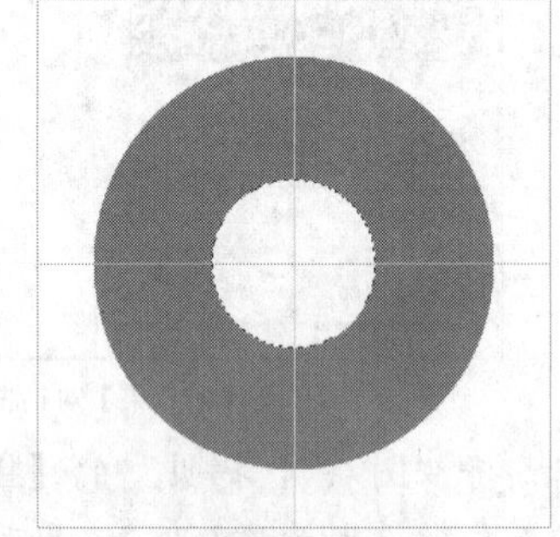

图12-109　删除图形后的形态

7. 按 Ctrl+D 组合键去除选区，然后在【图层】面板中新建“图层 2”。
8. 按 D 键，将工具箱中的前景色和背景色设置为默认的黑色和白色，然后执行【滤镜】/【渲染】/【云彩】命令，为新建的图层添加前景色与背景色混合而成的云彩效果，如图 12-110 所示。

要点提示　执行【云彩】命令可以使用介于前景色与背景色之间的随机颜色，生成柔和的云彩效果。设置不同的前景色和背景色后再执行【云彩】命令，所产生的效果也各不相同。

9. 执行【滤镜】/【渲染】/【分层云彩】命令，为添加云彩效果后的图层再添加分层云彩效果，如图 12-111 所示。

图12-110　生成的云彩效果

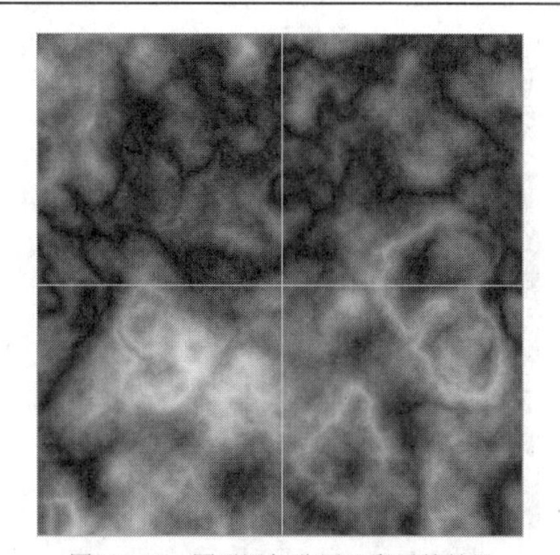

图12-111　图形添加分层云彩后的效果

每次使用【云彩】和【分层云彩】命令，所生成的效果都会有所不同，因为这两个命令是随机性的。如果此处读者制作出的效果与本例相差太大，可在执行每个命令时都执行多次，直至出现与本例抓图中的画面相同或相仿的效果即可。

10. 执行【选择】/【色彩范围】命令，弹出【色彩范围】对话框，设置参数如图 12-112 所示。
11. 单击 确定 按钮，画面中生成的选区如图 12-113 所示。

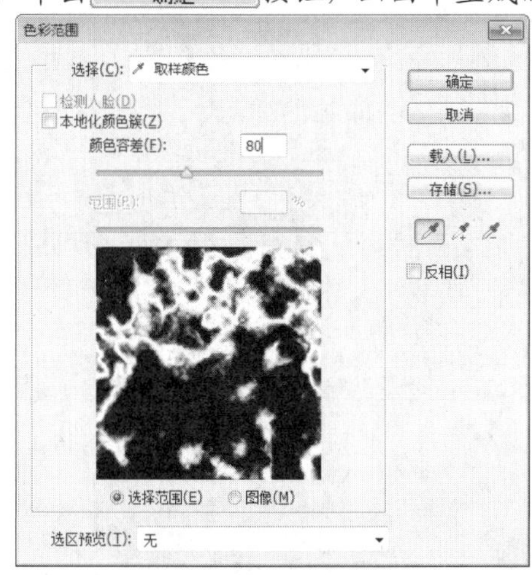

图12-112　【色彩范围】对话框

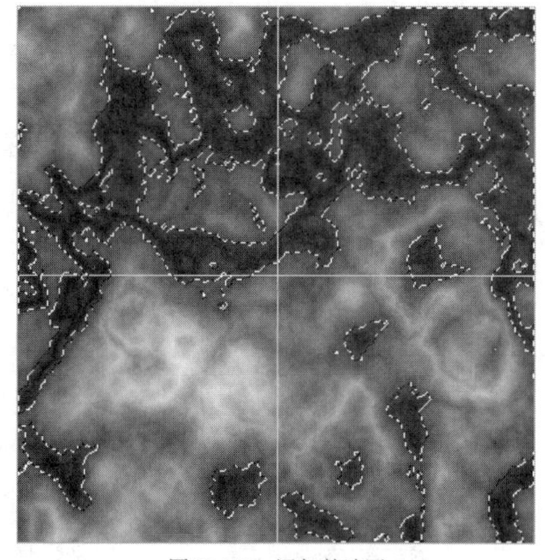

图12-113　添加的选区

12. 在【图层】面板中新建“图层 3”，然后将工具箱中的前景色设置为深绿色（G:120,B:55），按 Alt+Delete 组合键，将设置的颜色填充至选区内。
13. 按 Ctrl+D 组合键去除选区，然后将“图层 2”设置为当前工作层，选择 工具，确认属性栏中激活的 按钮，将鼠标指针移动到画面中自左向右拖曳添加渐变色，生成的效果如图 12-114 所示。
14. 将“图层 3”设置为工作层，按 Ctrl+E 组合键，将“图层 3”合并到“图层 2”中，然后按住 Ctrl 键，将鼠标指针放置在“图层 1”的图层缩览图位置单击添加选区。
15. 按 Shift+Ctrl+I 组合键，将选区反选，然后按 Delete 键删除选区内的图像，生成的效果如图 12-115 所示。

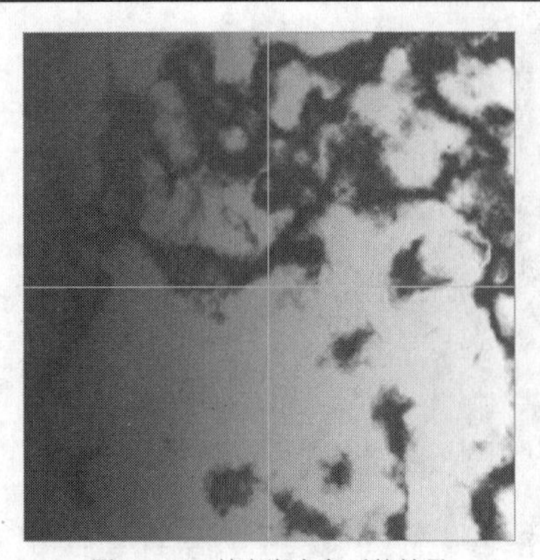

图12-114　填充渐变色后的效果

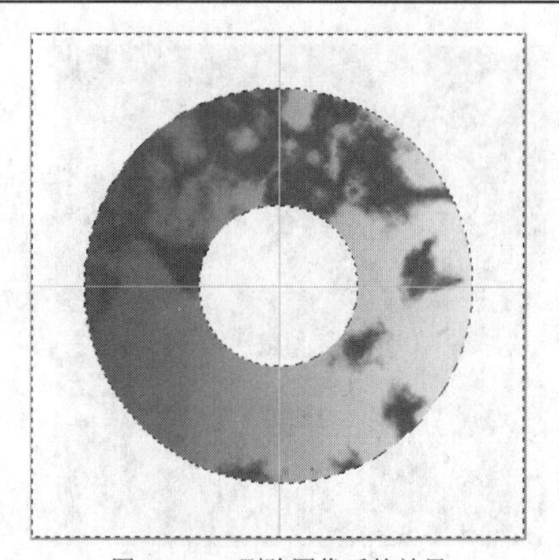

图12-115　删除图像后的效果

16. 按 Ctrl+D 组合键，去除选区，然后执行【图层】/【图层样式】/【混合选项】命令，在弹出的【图层样式】对话框中依次设置各选项参数如图 12-116 所示。

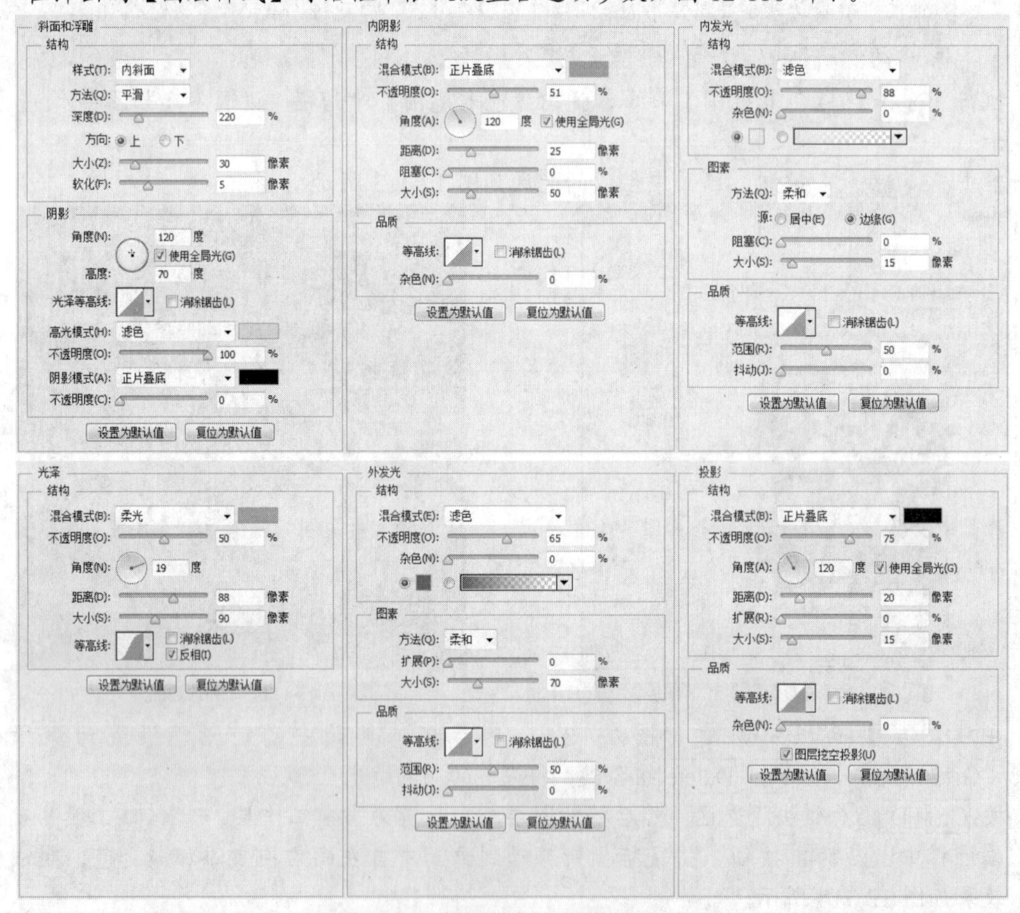

图12-116　【图层样式】对话框参数设置

添加的图层样式中【斜面和浮雕】的颜色为灰绿色（R:200,G:230,B:210）;【内阴影】的颜色为绿色（G:255,B:48）;【内发光】的颜色为浅绿色（R:210,G:255,B:200）;【光泽】的颜色为亮绿色（G:255,B:145）;【外发光】的颜色为草绿色（R:45,G:140）;【投影】的颜色为黑色。

17. 单击 确定 按钮，图形添加图层样式后的效果如图 12-117 所示。

18. 将背景色设置为工作层，然后为其填充黑色，即可完成玉佩效果的制作，最终效果如图 12-118 所示。

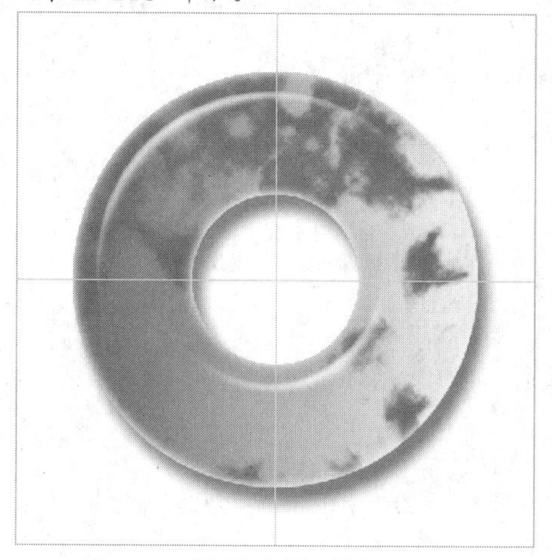

图12-117　图形添加图层样式后的效果

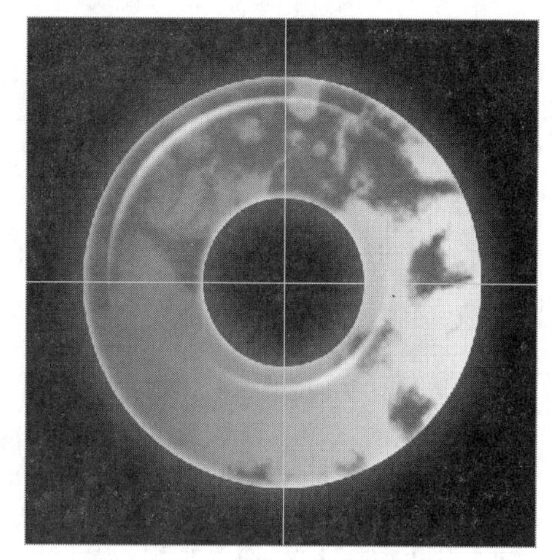

图12-118　制作完成的玉佩效果

19. 按Ctrl+S组合键，将此文件命名为“玉佩.psd”保存。

12.13　综合实例 3——制作光线效果

下面灵活运用【动感模糊】和【高斯模糊】命令来制作光线效果。

【步骤解析】

1. 将附盘中“图库\第 12 章”目录下名为“黄昏.jpg”的图片打开，如图 12-119 所示。
2. 选择工具，激活属性栏中的按钮，然后在画面中依次绘制出如图 12-120 所示的矩形选区。

要点提示：在绘制选区时可随意绘制，让绘制的矩形选区长短、宽窄不一样，只有这样，生成的光线效果才更自然。

图12-119　打开的图片

图12-120　绘制的矩形选区

3. 新建“图层 1”，为选区填充上白色，然后按Ctrl+D组合键，将选区去除。
4. 执行【滤镜】/【杂色】/【添加杂色】命令，在弹出的【添加杂色】对话框中设置参数如图 12-121 所示。
5. 单击 确定 按钮，执行【添加杂色】命令后的效果如图 12-122 所示。

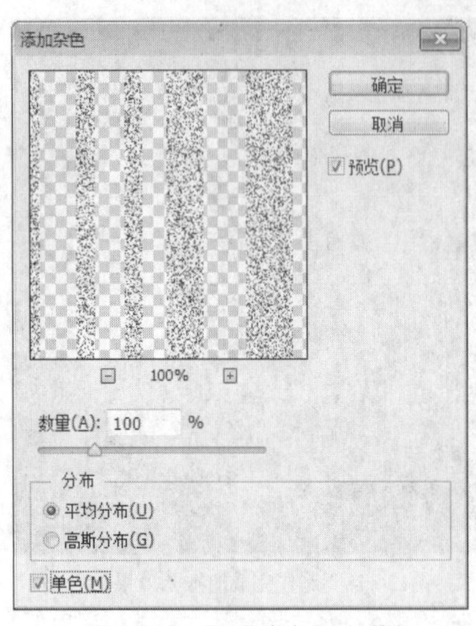

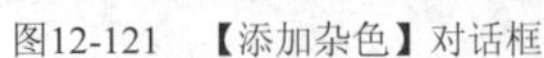
图12-121　【添加杂色】对话框

图12-122　执行【添加杂色】命令后的效果

6. 执行【滤镜】/【模糊】/【动感模糊】命令，在弹出的【动感模糊】对话框中设置参数如图 12-123 所示。
7. 单击 确定 按钮，执行【动感模糊】命令后的效果如图 12-124 所示。

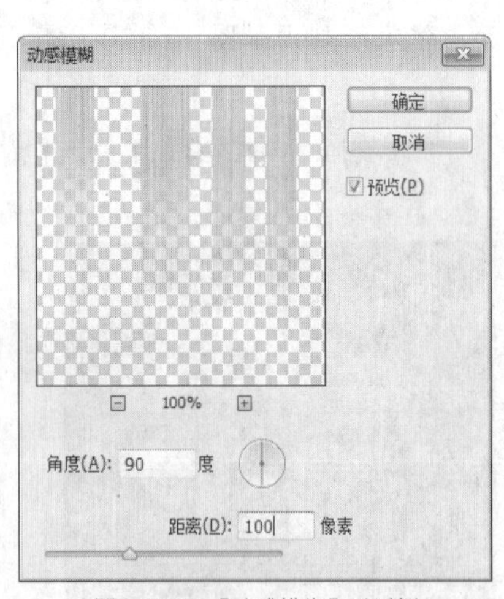

图12-123　【动感模糊】对话框

图12-124　执行【动感模糊】命令后的效果

8. 按 Ctrl+T 组合键，为“图层 1”中的图形添加自由变换框，并按住 Ctrl 键，将其调整至如图 12-125 所示的形态，然后按 Enter 键，确认图形的变换操作。
9. 再次执行【滤镜】/【模糊】/【动感模糊】命令，在弹出的【动感模糊】对话框中将【角度】选项的参数设置为“90° ”，【距离】选项的参数设置为“30 像素”，单击 确定 按钮，执行【动感模糊】命令后的效果如图 12-126 所示。

图12-125　调整后的图形形态

图12-126　执行【动感模糊】命令后的效果

10. 按 Ctrl+U 组合键，在弹出的【色相/饱和度】对话框中设置参数如图 12-127 所示，然后单击 确定 按钮，调整后的图形效果如图 12-128 所示。

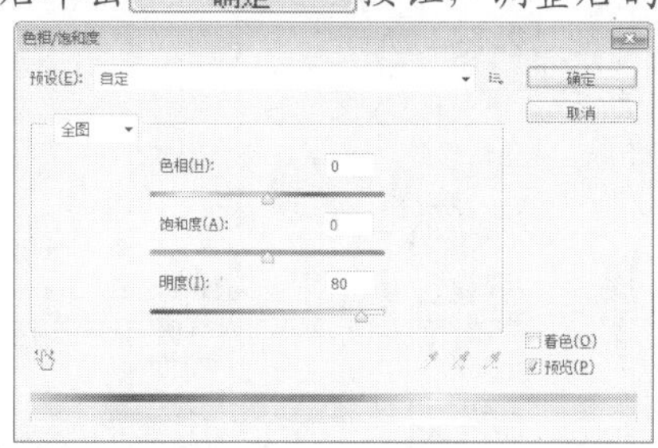

图12-127　【色相/饱和度】对话框

图12-128　调整后的效果

11. 执行【滤镜】/【模糊】/【高斯模糊】命令，在弹出的【高斯模糊】对话框中设置参数如图 12-129 所示。
12. 单击 确定 按钮，执行【高斯模糊】命令后的图形效果如图 12-130 所示。

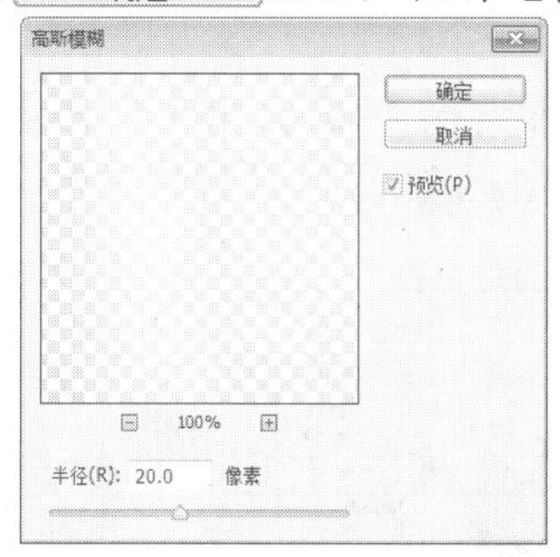

图12-129　【高斯模糊】对话框

图12-130　执行【高斯模糊】命令后的效果

13. 按 Shift+Ctrl+S 组合键，将文件另命名为“制作光线效果.psd”保存。

12.14 习题

1. 主要利用【半调图案】命令和【极坐标】命令，结合选区的灵活运用来制作如图 12-131 所示的游泳圈效果。

【步骤提示】

(1) 新建文件。

(2) 新建“图层 1”，为其填充白色，然后将前景色设置为浅蓝色（R:82,G:145,B:255）。

(3) 执行【滤镜】/【素描】/【半调图案】命令，在弹出的【半调图案】对话框中设置参数，如图 12-132 所示，执行【半调图案】命令后的效果如图 12-133 所示。

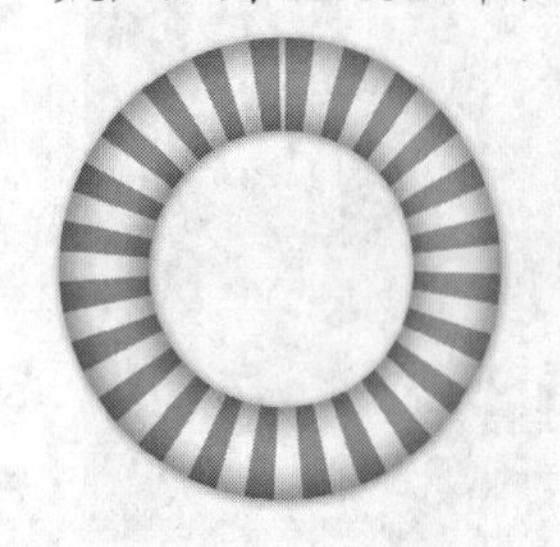

图12-131　制作的游泳圈效果

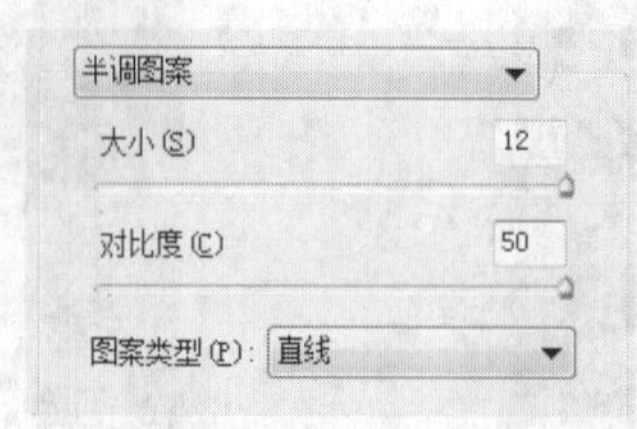

图12-132　设置的参数

图12-133　半调图案命令后的效果

(4) 执行【图像】/【图像旋转】/【90 度（顺时针）】命令，将图像旋转。
(5) 执行【滤镜】/【扭曲】/【极坐标】命令，在弹出的【极坐标】对话框中单击【平面坐标到极坐标】单选项，单击 确定 按钮，效果如图 12-134 所示。
(6) 利用 工具将多余的图像删除，效果如图 12-135 所示。

图12-134　执行【极坐标】命令后的效果

图12-135　删除多余的图像

(7) 利用【图层样式】命令为图形添加【投影】和【内阴影】效果，即可完成游泳圈的绘制。

2. 使用【去色】和【曲线】调整命令，以及【高斯模糊】滤镜和【喷溅】滤镜命令，结合图层混合模式等功能，将图片制作为水墨画效果，原图片及制作出的效果如图 12-136 所示。

图12-136　原图片及制作的水墨画效果

【步骤提示】

(1) 打开附盘中“图库\第 12 章”目录下名为“荷花.jpg”的图片，然后将“背景”层复制为“图层 1”，再执行【图像】/【调整】/【去色】命令，将图片去色。

(2) 打开【曲线】面板，调整曲线形态如图 12-137 所示，调整后图像效果如图 12-138 所示。

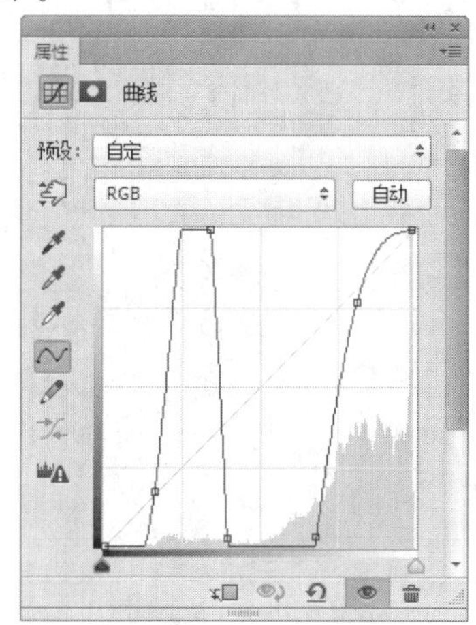

图12-137 调整的曲线形态

图12-138 调整后的荷花效果

(3) 按 Shift+Ctrl+Alt+E 组合键盖印图层。

(4) 执行【滤镜】/【模糊】/【高斯模糊】命令，再执行【滤镜】/【滤镜库】对话框中的【画笔描边】/【喷溅】命令。

(5) 新建“图层 3”，将【图层混合模式】选项设置为【颜色】模式，然后利用工具在画面中润色，最后输入相关的文字即可。